건축전기설비기술사
기출문제해설 ❸

Professional Engineer Building Electrical Facilities

(93.94.95.96.97.98회)(2011~2012년)

건축전기·전기응용기술사
김 일 기 저

- 문제를 쉽게 풀이하여 누구나 이해 할 수 있도록 함
- 최근 개정된 법규를 반영함
- 그림과 표를 많이 삽입하여 쉽게 이해 하도록 함
- 중요한 내용은 암기비법으로 쉽게 암기하도록 함

nt media

건축전기설비기술사 기출문제해설 (3권)

초 판	2013년 06월 20일	
2 판	2015년 01월 05일	
저 자	김일기	

발 행 인	이재선
발 행 처	도서출판 nt media
주 소	서울시 영등포구 영등포동 618-79
대 표 전 화	02) 836-3543~5
팩 스	02) 835-8928
홈 페 이 지	www.ntmedia.kr

값 35,000원
ISBN 978-89-92657-58-7(94560)
978-89-92657-57-0 (세트)

이 책의 저작권은 도서출판 NT미디어에 있으며, 무단복제 할 수 없습니다.

상담전화 02) 836-3543~5
홈페이지 www.ginamedu.co.kr

머 리 말

　기술사법에 기술사는 "과학기술에 관한 전문적 응용능력을 필요로 하는 사항에 대하여 계획, 연구, 설계, 분석, 조사, 시험, 시공, 감리, 평가, 진단, 시험 운전, 사업 관리, 기술 판단, 기술 중재 또는 이에 관한 기술자문과 기술지도를 그 직무로 한다"라고 되어 있습니다.
　이와 같이 기술사는 그 직무 분야가 다양한 만큼 시험 문제도 매우 폭 넓게 출제되고 있습니다.
　본인이 건축전기설비 기술사 자격을 취득하면서 겪은 애로 사항은 좋은 교재를 찾기가 쉽지 않은 것이었습니다. 그래서 이 교재를 만들게 되었습니다.

　이 책의 특징은
1. 최근 기출 문제를 누구나 알기 쉽게 작성하였습니다.
2. KSC IEC 60364(건축전기설비) 및 Green Energy 관련 법규등 최근 개정 내용을 반영 하였습니다.
3. 그림도 세부 내용이 필요한 일부를 제외하고는 본인이 직접 CAD를 이용하여 쉽게 그려서 수험생 여러분도 답안지에 옮겨 그릴 수 있도록 하였습니다.
4. 일부 답안은 본인이 강의하고 있는 학원 기본서를 수정없이 옮겼기 때문에 질문과 약간의 차이가 있을 수 있으니 양해 해 주시기 바라며 10점 문제도 차후를 생각하여 가능한 25점 답안으로 작성하였습니다.

본인이 기술사 시험공부를 하면서 나름대로 터득한 기술사 공부 방법 10계명을 정리해 드리니 공부 하는데 지침이 되시길 바랍니다.

기술사 공부방법 10계명

1. 주변을 정리하고 애경사는 가족의 도움을 받으세요.
　기술사는 많은 시간과 노력이 필요합니다. 보통 3,000시간 이상은 투자를 한다고 보시면 될 것이며 집중을 안 하면 그 보다도 훨씬 더 많은 시간이 소요된다고 보시면 됩니다.
　기술사가 영어로는 Professional Engineer입니다. 즉 그 분야의 프로가 되어야 가능하다는 말이겠지요. 프로는 1등을 해야지 2등은 별 의미가 없지 않습니까?

2. 주변에 공부하는 것을 알리세요.
　어느분들은 공부하는 것을 알리지 않고 몰래 하던데 이는 만약 떨어지면 창피하다는 이유겠지요.

그러면 중간에 그만 둘 수도 있다는 말이 아닙니까?
그래서는 안 됩니다.
나는 죽어도 합격할 때까지 하겠다는 마음이 아니면 대부분 중간에 포기합니다. 주변분 들께 공부하는 것을 알리고 회식 등에서 빼 달라고 솔직하게 이야기 하십시오. 그러면 좋은 결과가 있을 것입니다.

3. **좋은 교사와 좋은 교재를 선택하세요.**
   제가 공부하면서 제일 어려웠던 부분이 이 부분이었다면 이해가 되시겠지요?

4. **매일 3시간 이상 꾸준히 투자하세요.**
   평일 근무시간 후 적어도 3시간씩을 투자하라고 권하고 싶습니다.
   회식이 끝나고 집에 와서 공부를 하지 못하고 책을 폈다가 바로 덮는다 해도 정신만은 하루 3시간이 필요합니다.

5. **휴가와 공휴일을 최대한 활용하세요.**
   기술사 자격 취득하는 몇 년간만 가족들의 양해를 구하고 휴가와 공휴일은 도서관으로 직행하세요.

6. **자기만의 Sub-Note를 반드시 만들고 암기 비법을 개발하세요.**
   PC가 아닌 손으로 직접 Sub-Note를 만들고 암기 비법을 개발하여 자신의 암기비법 노트를 만드세요.

7. **짬을 최대한 이용하세요.**
   출퇴근 때 전철이나 운전 중 신호 대기 시간에 암기 노트를 활용하시고 회사에서도 최대한 짬을 만들어 보세요.

8. **기술 관련 매스컴, 정보등을 가까이 하세요.**
   전기 신문등을 수시로 보시고 전기관련 잡지등과 가까이 하세요. 보물이 숨겨져 있을 수 있습니다.

9. **기본에 충실하고 이해를 한 다음 외우세요.**
   기술사 시험은 기사와 달리 공부의 양이 방대하고 답안도 짜임새가 있도록 기술해야 합니다. 그러려면 기본에 충실해야 하고, 이해를 한 다음에는 열심히 외워야 시험장에서 답안 작성이 가능합니다.

10. **중간에 포기하지 마세요.**
    건축전기설비 기술사는 평균 합격률이 매회 1% 정도입니다. 결코 쉬운 시험이 아니지만 포기하지 않고 열심을 다한다면 언젠가는 합격의 기쁨을 맛볼 수 있습니다.

아무쪼록 본서를 통해 기술사라는 관문을 통과하여 한 단계 Up-Grade 된 인생을 살 수 있기를 바라고 하나님의 축복이 본서를 공부하시는 모든 분들과 발간에 도움을 주신 여러분에게 함께 하시길 기도드립니다.

2013년 5월
저자 씀

목차

1장 제93회(2011.02) 문제지 ··· 7
　　　제93회(2011.02) 문제해설 ··· 15

2장 제94회(2011.05) 문제지 ··· 83
　　　제94회(2011.05) 문제해설 ··· 89

3장 제95회(2011.08) 문제지 ··· 153
　　　제95회(2011.08) 문제해설 ··· 161

4장 제96회(2012.02) 문제지 ··· 229
　　　제96회(2012.02) 문제해설 ··· 237

5장 제97회(2012.05) 문제지 ··· 311
　　　제97회(2012.05) 문제해설 ··· 321

6장 제98회(2012.08) 문제지 ··· 379
　　　제98회(2012.08) 문제해설 ··· 385

제93회 (2011.02)
기출문제

건축전기설비
　　기술사
　　기출문제

국가기술 자격검정 시험문제

기술사 제 93 회   제 1 교시 (시험시간: 100분)

| 분야 | 전 기 | 자격종목 | 건축전기설비기술사 | 수험번호 | | 성명 | |

※ 다음 문제 중 10문제를 선택하여 설명하시오. (각10점)

1. 전력기술관리법의 설계감리업무 수행지침에 의한 설계감리원의 업무에 대하여 설명하시오.

2. 케이블 포설조건이 전압강하에 미치는 영향에 대하여 설명하시오.

3. 태양광 발전(PV : Photo Voltaic)에서 최대 전력점(MPP : Maximum Power Point)을 설명하시오.

4. 최근의 IT(Information Technology)기술이 전력계통에 접목되어 설계기술이 정확도가 크게 개선되고, 설계시간의 단축에 크게 기여하고 있다. 설계에 사용되는 상용 프로그램 3가지 이상을 제시하고, 사용가능한 기능들을 설명하시오.

5. LED(Light Emitting Diode) 조명분야와 관련된 인증제도에 대하여 설명하시오.

6. 최근 기후변화 협약에 따른 에너지 문제와 친환경 건축에 대한 사회적 요구에 따라 그린 빌딩(Green Building)의 도입이 확산되고 있다. 그린 빌딩의 도입배경 및 개념에 대해 설명하시오.

7. 정전기의 발생을 유발하는 정전기의 대전종류 5가지를 제시하고 설명하시오.

8. 비상발전기의 출력용량을 결정하고자 할 때 전동기의 기동특성을 고려한 산정식을 제시하고 설명하시오.

9. 분산형 전원을 전력계통에 연계하여 운전할 때, 분산형 전원을 전력계통으로부터 분리되어야 할 경우에 대하여 설명하시오.

10. 테브난 정리와 노튼의 정리를 설명하고 두 정리가 본질적으로 동일함을 보이시오.

국가기술 자격검정 시험문제

기술사 제 93 회   제 1 교시 (시험시간: 100분)

| 분야 | 전 기 | 자격종목 | 건축전기설비기술사 | 수험번호 | | 성명 | |

11. 아래 그림에서 변압기 1차측은 전압 230[KV]인 무한 모선에 연결되어 있다고 가정하고 2차측에 3상 단락고장이 발생하였을 경우 변압기 1차 및 2차측 선로에 흐르는 고장전류[A]를 구하시오.

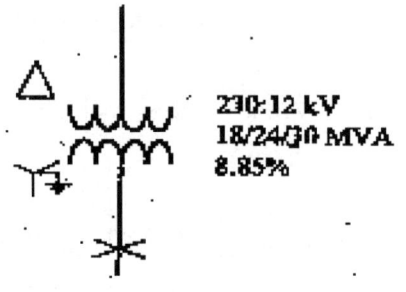

12. 도시형 풍력발전시스템의 설치시 고려할 사항을 설명하시오.

13. 3상 4선식의 옥내 배전방식에서 전압강하를 고려한 전선의 단면적 유도과정을 설명하시오.

국가기술 자격검정 시험문제

기술사 제 93 회　　　　　　　　　제 2 교시 (시험시간: 100분)

| 분야 | 전기 | 자격종목 | 건축전기설비기술사 | 수험번호 | | 성명 | |

※ 다음 문제 중 4문제를 선택하여 설명하시오.　　(각25점)

1. 건축물에 설치하는 저압 SPD(Surge Protective Device)의 선정 및 설치시 고려사항에 대하여 설명하시오.

2. 항공장애등 설비와 관련하여 다음 사항을 설명하시오.
   1) 항공장애등 설치대상
   2) 항공장애등 종류와 성능
   3) 항공장애등 설치방법
   4) 항공장애등의 관리

3. 축전지 및 충전기의 용량산정을 위한 흐름도를 제시하고 용량산정방법에 대하여 설명하시오.

4. 공용접지와 단독접지의 개념, 신뢰도, 전위상승, 경제성등에 대한 장점과 단점을 설명하시오.

5. 연료전지(Fuel Cell)의 전해질에 따른 종류를 제시하고 발전효율에 대하여 설명하시오.

6. 병렬로 연결된 2대의 변압기가 6,000 [m]의 선로를 통하여 배전반에 전력(3상계통)을 공급하고 있다. 공급된 전력은 배전반의 차단기를 통하여 부하에 연결 된다. 변압기 규격 및 선로 데이터는 다음과 같으며 선로는 4개의 XLPE 3심 케이블로 부하까지 병렬로 연결되어 있다.
   변압기 1, 2차 ; 1차 정격전압 132 [kV]
   　　　　　　　　2차 정격전압 11 [kV]
   　　　　　　　　용량 S = 20 [MVA]
   　　　　　　　　% 임피던스 Z = 10 [%]
   XLPE 3심 케이블 ; 굵기 185 [㎟]
   　　　　　　　　　정격전류 410 [A]
   　　　　　　　　　임피던스 0.1548 [Ω/km]
   1) 선로 임피던스를 무시한 배전반 차단기 선정을 위한 고장전류를 구하시오.
   2) 선로 임피던스를 고려한 배전반 차단기 선정을 위한 고장전류를 구하시오.

국가기술 자격검정 시험문제

기술사 제 93 회　　　　　　　　　　제 3 교시 (시험시간: 100분)

분야	전 기	자격종목	건축전기설비기술사	수험번호		성명	

※ 다음 문제 중 4문제를 선택하여 설명하시오. (각25점)

1. 국제표준화기구(ISO)에 등록된 전력선 통신(PLC : Power Line Communication)방식의 구성과 특징 및 응용분야에 대하여 설명하시오.

2. 신·재생에너지를 이용한 분산형 전원의 종류를 제시하고 발전전력방식과및 계통연계 형태에 대하여 설명하시오.

3. 초고층 빌딩의 대용량 저압수직간선의 구비조건들을 제시하고 알루미늄 파이프 모선과 절연 부스덕트 방식을 비교 설명하시오.

4. 과도회복전압의 유형에서 지수형과 진동형, 삼각파형의 특성을 설명하시오.

5. 건축물 에너지 절약 설계기준(국토해양부 고시 제2010-371호)에 의한 다음사항을 설명하시오.
　1) 대기전력의 정의
　2) 대기전력의 종류
　3) 대기전력의 차단장치
　4) 대기전력의 차단장치 설치 의무사항

국가기술 자격검정 시험문제

기술사 제 93 회   제 3 교시 (시험시간: 100분)

| 분야 | 전 기 | 자격종목 | 건축전기설비기술사 | 수험번호 | | 성명 | |

---

6. 다음과 같은 계통에서 변압기 출력단으로부터 50 [m] 지점의 F_1 에서 3상 단락사고가 발생하였다. 주어진 값을 참조하여 F_1 지점에서의 단락전류를 계산하시오.
(단, 변압기 용량 기준으로 퍼센트 임피던스법으로 계산하시오.)

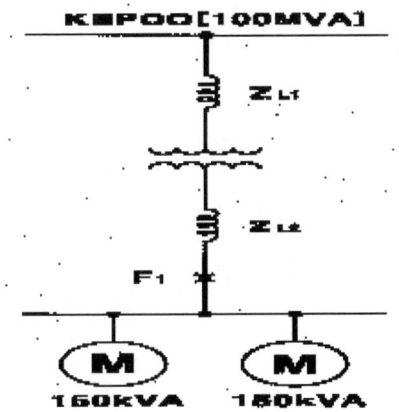

여기서
1) KEPCO 측 임피던스 : 100 [MVA], (X/R : 10),
2) Z_{L1} = 0.2 + j0.15[Ω/km] : 2[km]
3) TR:22.9/0.38 [kV], 3상 500[kVA], %Z=2.0 +j5.0,
4) Z_{L2} =0.1 + j0.1[Ω/km] : 50[m]
5) 전동기 = %Z 및 용량 (각각 j15, 150 [kVA])

국가기술 자격검정 시험문제

기술사 제 93 회   제 4 교시 (시험시간: 100분)

분야	전기	자격종목	건축전기설비기술사	수험번호		성명	

※ 다음 문제 중 4문제를 선택하여 설명하시오.   (각25점)

1. RLC로 구성된 부하에 공급되는 전압 v(t), 전류 i(t)의 순시 값이 다음과 같다.
$$v(t) = V_{max} \cos(\omega t + \alpha) \quad [V]$$
$$i(t) = I_{max} \cos(\omega t + \beta) \quad [A]$$

   1) 부하에 공급하는 순간전력 p(t)를 구하시오.

   2) 앞의 결과를 이용하여 부하에 공급되는 유효전력 P[W]와 Q[Var]를 정의하고 그 의미를 설명하시오.

2. 발광원리에 따른 광원을 분류하고 할로겐램프에 대하여 설명하시오.

3. 건축물의 설비기준등에 관한 규칙 제20조(2010. 11. 5 시행)의 피뢰설비에 관한 내용을 설명하시오.

4. 480[V] 모선에 고조파 발생원인 가변속 모터와 일반 부하가 병렬로 연결되어 운전되고 있다. 이 모터의 정격과 발생되는 고조파는 다음과 같다.

   정격 ; 500[HP], 전압 480[V], 전류(기본파) 601[A]

고조파	%	전류[A]
5	20	120
7	12	72
11	7	42
13	4	24

   이 모선은 용량 1500[kVA], 임피던스 6[%]의 변압기에서 전력을 공급 받고 있다. 이때 480[V] 모선에서의 전압왜형율(THD)을 구하시오.(단, 변압기 고압측 임피던스 효과는 무시한다.)

5. 전력품질의 신뢰도를 향상시킬 수 있는 장치를 제시하고 설명하시오.

6. 초고층빌딩의 조명설계시 에너지 절약을 위한 조명기구의 배치방법과 조명제어방법에 대하여 설명하시오

제93회 (2011.02)
문제해설

건축전기설비
　기술사
　기출문제

제 1 교 시

1.1. 전력기술관리법의 설계감리업무 수행지침에 의한 설계감리원의 업무에 대하여 설명하시오.

1. 설계감리원의 업무 (설계감리업무 수행지침 제4조)
    (1) 주요 설계용역 업무에 대한 기술자문
    (2) 사업기획 및 타당성조사 등 전 단계 용역 수행 내용의 검토
    (3) 시공성 및 유지관리의 용이성 검토
    (4) 설계도서의 누락, 오류, 불명확한 부분에 대한 추가 및 정정 지시 및 확인
    (5) 설계업무의 공정 및 기성관리의 검토·확인
    (6) 설계감리 결과보고서의 작성
    (7) 그 밖에 계약문서에 명시된 사항

2. 설계감리를 받아야 하는 전력시설물 (전력기술관리법 시행령 제18조)
    (1) 용량 80만킬로와트 이상의 발전설비
    (2) 전압 30만볼트 이상의 송전·변전설비
    (3) 전압 10만볼트 이상의 수전설비·구내배전설비·전력사용설비
    (4) 전기철도의 수전설비·철도신호설비·구내배전설비·전차선설비·전력사용설비
    (5) 국제공항의 수전설비·구내배전설비·전력사용설비
    (6) 21층 이상이거나 연면적 5만제곱미터 이상인 건축물의 전력시설물. 다만, 「주택법」 제2조제2호에 따른 공동주택의 전력시설물은 제외한다.
    (7) 그 밖에 지식경제부령으로 정하는 전력시설물

1.2. 케이블 포설조건이 전압강하에 미치는 영향에 대하여 설명하시오.

1. 전압강하

    전압강하 계산법에는 임피던스법, 등가 저항법, %임피던스법, 암페어 터법등이 있으며 주로 임피던스법을 이용한다.

    (1) 임피던스법에 의한 전압강하
    $$\Delta V = E_s - E_r = I(R\cos\theta + X\sin\theta)$$

전기방식	전압강하
- 1φ2w - 직류 2선식 (Kw:2)	$e = \dfrac{35.6\,L\,I}{1000\,A}$
- 3φ3w (Kw: $\sqrt{3}$)	$e = \dfrac{30.8\,L\,I}{1000\,A}$
- 3φ4w, 1φ3w (Kw:1)	$e = \dfrac{17.8\,L\,I}{1000\,A}$

여기서 e : 각 선간의 전압강하(V)　　L : 선로 길이 (m)
　　　 I : 전부하 전류 (A)　　　　　A : 전선 단면적 (㎟)

(2) 전류 보정 계수

전압강하는 선로의 전류에 비례하는데 이 전류는 KSCIEC 60364-52를 보면 다음의 영향을 받는다.

1) 주위온도

30°일 때 1이고 온도가 낮아지면 보정계수가 커지고 온도가 올라갈수록 작아진다.

2) 복수 회로 포설

회로수가 많아질수록 보정계수 작아짐

3) 시공 방법
- 노출 배선 또는 매입 배선
- 전선관 방식, 케이블 트레이, 케이블 덕트
- 가공 또는 지중
  지중시에는 토양의 열저항 영향

4) 전선의 종류

절연전선보다 케이블이 허용 전류가 커짐

(3) 인덕턴스 (L)

선로정수 중 케이블 포설조건에 따른 영향은 인덕턴스에 의한 영향이 제일 크다.

$$L = 0.05 + 0.4605 \log_{10} D/r \text{ (mH/km)}$$

D : 전선간 거리　　　r : 전선 반 지름

여기에서 전선간 거리 D가 다르면 인덕턴스 값이 더 커지게 되어 허용전류가 줄어들고 이에 따라 전압강하가 더 커진다.

2. 결론
  (1) 전선의 허용전류는 위 시공 방법등의 영향을 받으며
  (2) 전선의 전압강하는 전류에 비례하기 때문에 결과적으로 위 시공방법 (포설조건)의 영향을 받는다.

1.3. 태양광 발전(PV : Photo Voltaic)에서 최대 전력점(MPP : Maximum Power Point)을 설명.

1. 개요

   태양광 발전 시스템에서 가장 중요한 파워콘디셔너는 아래와 같이 구성되어 있고 그 중에 최대 전력점 추종 기능은 인버터의 기능중 하나임
   (1) 인버터부 : 태양전지의 직류출력을 교류로 변환하여 전력을 공급하는 장치
   (2) 보호장치 : 계통측에 이상 발생시 안전하게 정지
   (3) 필터부 : 인버터에서 발생되는 고주파를 제거

2. 인버터(POWER CONDITIONER)의 기능
   (1) 기능
      - 태양전지에서 출력된 직류전력을 교류 전력으로 변환
      - 한전의 전력 계통에 역 송전
      - 태양전지의 성능을 최대한으로 하는 설비
      - 이상시나 고장시 보호기능 등을 종합적으로 갖춤.

3. 인버터의 추가 요구 기능
   (1) 최대 전력 추종 제어 기능
      - 태양전지는 일사량에 따라 출력 특성이 많이 변동됨.

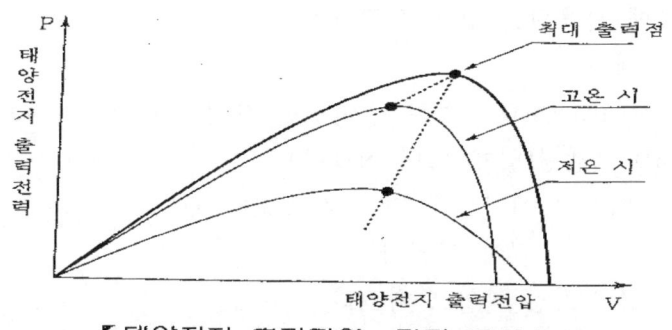

【 태양전지 출력전압-전력 특성 】

- 인버터의 최대 전력점에서 응답제어 하도록 최대 전력 추종 제어가 요구됨.
(2) 고 효율 제어 기능
- 스위칭 손실 및 고정 손실도를 최대한 억제 할 수 있는 제어기 적용
(3) 고조파 및 고주파 억제 기능
- 주로 IGBT를 고속으로 ON, OFF 하기 때문에 고주파 노이즈 발생
- 다상 펄스 방식 및 필터를 이용하여 제거
(4) 계통 연계 보호 기능
- 인버터의 고장이나 계통 사고시에 피해 범위를 최소화하기 위해 사고시 계통 분리 또는 인버터 정지등 기능
(5) 보호 시스템
- 단락 및 과전류 보호
- 지락 보호
- 과전압 및 저전압 보호등
(6) 소음 저감 기능
- 동작 주파수를 가청 주파수(20 kHz) 이상으로 동작

1.4. 최근의 IT(Information Technology)기술이 전력 계통에 접목되어 설계기술이 정확도가 크게 개선되고, 설계시간의 단축에 크게 기여하고 있다. 설계에 사용되는 상용 프로그램 3가지 이상을 제시하고, 사용가능한 기능들을 설명하시오

1. 개요
도면 작성용 설계 프로그램에는 Auto CAD를 비롯한 다음의 몇 종류가 있지만 국가별, 회사별로는 다른 많은 종류들을 이용하기도 한다.

2. 설계에 사용되는 상용 프로그램
(1) 설계용
- Auto CAD : 주로 평면도면 작성시 이용
(2) 3D 모델링(입체 도면 작성용)
- 맥스 : 예전부터 많이 사용되다 보니 각종 많은 데이터와 자료들이 많아 편리함
- 스케치업 : 쉽고 빠르다.
- 라이노 : 유선형 작업시 매우 유용

(3) 리터칭
- 포토샵 : 3D모델링으로 뽑아낸 것들을 후 보정해야 하는데 그때 많이 사용
판넬이나 기타 다이어그램 작업시에도 많이 사용
- 일러스트 : 포토샵과 일러스트는 벡터 방식과 픽셀 방식의 차이로 일러스트는 확대, 축소시 파일들이 깨지지 않는다. 그렇기 때문에 다이어그램이나 판넬 작업시 많이 사용한다. 하지만, 포토샵만큼의 다양한 리터칭 기능은 없다. 그렇기에 포토샵과 일러스트를 혼용해서 사용하면 편리함.

(4) BIM
BIM은 Building Information Modeling의 약자로서 건물의 모든 정보를 담고 있기 때문에 최근에 각광을 받고 있다.
3차원모델이며 도면작성, 구조계산, 공정관리, 내역서 산출등이 연계되어있는 프로그램임.

1.5. LED(Light Emitting Diode) 조명분야와 관련된 인증제도에 대하여 설명하시오.

1. 녹색인증제도

(1) 녹색인증제도란
- 정부의 저탄소 녹색성장정책의 기반구축 일환으로, 유망 녹색산업에 대한 민간 투자 활성화를 위해 시행
- 녹색기술 및 녹색사업 인증, 녹색 전문기업 확인을 통해 녹색분야 기술발전을 견인하고 녹색성장 정책의 실질적인 성과창출을 도모
- 관련근거 저탄소 녹색성장 기본법

대분류	중분류
신재생 에너지	태양광
	연료전지
	에너지 저장
	풍력
	청정연료
	해양에너지
탄소저감	Non-CO2 온실가스 처리
	원자력
그린IT	LED
	스마트그리드
그린차량	그린카
첨단그린 주택·도시	U-City
	ITS
	GIS(공간정보)
	저에너지 친환경주택

(2) 녹색 인증대상

2. KS 인증

(1) 2009. 02 LED 램프가 KS로 제정됨.
- KSC 7651 : 컨버터 내장형 LED 램프
- KSC 7652 : 컨버터 외장형 LED 램프

(2) 시험항목
- 절연저항, 전자기 적합성 등의 시험과 전등효율 등 전기적, 광학적, 기계적시험 등을 통하여 KS로 인증

3. 고효율 에너지 기자재 인증
   (1) 제도 개요
   - 고효율 기기 보급을 위한 자발적 인증제도
   - 고효율 에너지 기자재
     지정 시험 기관에서 측정한 에너지 소비효율 및 품질 시험 결과 전 항목을 만족하고, 에너지 관리 공단에서 고 효율 에너지 기자재로 인증 받은 제품
   (2) 대상 품목 : 30여 품목
     형광 램프(26mm 32W), 형광 램프용 안정기 고조도 반사갓, 유도 전동기 등 LED : 2009년 추가됨.
   (3) 관련 규정
     에너지 이용 합리화법(산자부)

1.6. 최근 기후변화 협약에 따른 에너지 문제와 친환경 건축에 대한 사회적 요구에 따라 그린 빌딩(Green Building)의 도입이 확산되고 있다. 그린 빌딩의 도입배경 및 개념에 대해 설명하시오.

1. 개념

   친환경건축물의 건설을 유도·촉진하기 위하여 친환경건축물(이하 그린빌딩「Green Building」이라 함)인증제도를 도입 시행하고 운영체계, 인증 심사기준, 심사절차 등 시행에 필요한 세부사항을 정함
   그린빌딩은 "에너지 절약. 자원 절약 및 재활용, 자연환경의 보전, 쾌적한 주거환경을 목적으로 설계, 시공, 운영 및 유지관리, 폐기까지의 라이프사이클에서 환경에 대한 피해가 최소화되도록 계획된 건축물"로 정의된다. 관련 법규 : 건축법 제65조(친환경 건축물 인증)

2. 그린빌딩인증 취득 건물 유형
   (1) 주거용 건물 : 단독주택, 공동주택, 주상복합건물
   (2) 비주거용 건물 : 업무용 건물, 백화점, 공장, 학교 등
   (3) 준공된 건축물을 대상으로 인증하되 건축주가 희망하는 경우에는 설계단계에서 심사하여 예비인증 수여

3. 인증 절차

구분	설계·시공단계	사용승인	유지관리
인 증		인증신청 ↓ 인증심사 ↓ 인증수여	인증연장신청 ↓ 인증심사 ↓ 1차인증연장 ↓ 2차인증연장신청
예비인증부터 신청하는 경우	예비인증신청 ↓ 인증심사 ↓ 예비인증수여	인증신청 ↓ 인증심사 ↓ 인증수여	
비 고	○ 예비인증서 발급 - 임대광고에 활용 ○ 인증유효기간 - 사용승인까지	○ 인증서 및 인증현판 발급 - 건축물에 부착 ○ 인증유효기간 - 5년	○ 1차인증연장은 인증 내용유지를 심사하여 결정 ○ 2차는 신규인증신청과 동일

4. 항목별 평가기준

부 문	세 부 항 목
1. 실내환경	- 공간별 냉난방 조절능력 　　- 공기정화성능 - 설비기계실 및 설비기기의 방음 대책 - 외부소음 차음 대책　　- 업무 공간 내 자연광 유입 - 업무 공간 내 실내 조명설비 설계 - 환기 설계, 습식 냉각탑 관리
2. 환경부하	- CO_2 배출 저감　　　　- 우수부하 절감대책 - 재활용 생활폐기물 분리수거
3. 입지·교통 및 생태환경	- 대중교통에의 근접성　　- 자전거 이용 - 기존 자연자원 보존률　　- 표토 재활용율 - 생태환경을 고려한 인공환경녹화기법
4. 자원소비	- 연간 운영에너지 소비절감률　- 환경친화제품 사용 - 업무용 상수 절감 대책　　- 우수 및 중수도 이용 - 대체에너지 이용 (태양열 등)　- 기존 구조체의 사용
5. 관리	- 환경관리 계획의 타당성 및 시행 - 운영/관리 문서 및 지침 제공의 타당성 - 사용자 매뉴얼 제공
6. 서비스의 질	- 기계실 및 전기실장비의 유지보수 및 교환작업의 용이성 - 설비시스템의 유지보전 및 교환작업의 용이성 - 정보통신 및 첨단 보안설비 채용의 타당성 - 노약자·장애자 배려의 타당성(4개 항목)
6개부문	총 34개 항목

5. 인증기준

등 급	평가점수	비 고
최우수 그린빌딩	80점 이상	100점 만점
우 수 그린빌딩	70점 이상	
그린빌딩	60점 이상	

6. 친환경 주택 건설기준 (2009년 10월 20일. 국토해양부장관)

제9조(고효율 기자재의 사용)

가정용보일러, 변압기, 전동기(단, 0.7kW 이하 전동기, 소방 및 제연 송풍기용 전동기는 제외)는 고효율에너지기자재로 인증받은 제품을 사용하여야 한다.

제13조(대기전력자동차단장치의 설치)

거실, 침실, 주방에는 대기전력자동차단콘센트 또는 대기전력차단스위치를 각 개소에 1개 이상 설치하여야 한다.

제14조(일괄소등스위치의 설치)

　세대 내에는 일괄소등스위치를 설치하여야 한다. 다만, 전용면적이 60㎡ 이하인 경우에는 적용하지 않을 수 있다.

제15조(조명) 조명은 다음 각 호의 기준에 따라 설치한다.

1. 세대 및 공용부위에 설치되는 조명기구는 고효율조명기기 제품 또는 동등 이상의 성능을 가진 제품을 사용하여야 한다. 단, LED는 제외한다.
2. 단지 내의 공용화장실에는 화장실의 사용여부에 따라 자동으로 점멸되는 스위치를 설치하여야 한다.
3. 세대 내 조명, 공용부 보안등, 경관등 또는 지하주차장 조명등은 LED 조명으로 설치할 것을 권장한다.

제16조(실별 온도조절장치의 설치)

　세대 내에는 각 실별로 난방온도를 조절할 수 있는 실별 온도조절장치를 설치하여야 한다. 다만, 전용면적이 60㎡ 이하인 경우에는 적용하지 않을 수 있다.

제19조(신·재생에너지의 설치)

　각종 신·재생에너지 설비는 지식경제부고시 「신·재생에너지설비의 지원·설치·관리에 관한 기준」에 따라 설치하여야 한다.

1.7. 정전기의 발생을 유발하는 정전기의 대전종류 5 가지를 제시하고 설명하시오.

1. 정의
정전기란 공간에서 전하의 이동이 없는 즉, 주파수가 "0"인 전기임.

2. 정전기 발생원인
(1) 물체의 마찰
   필름, 종이등과 같이 고체 물질끼리의 마찰 또는 액체를 파이프 등에 흘렸을 때의 마찰에 의해 정전기 발생

(2) 박리
   서로 밀착 되어 있던 물체가 분리 되었을 때 전하 분리에 의해 발생하며 접촉 압력이나 박리 속도에 의해 발생량이 변화한다.

   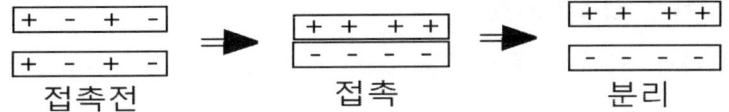

(3) 충돌
   분체 도장과 같이 입자 상호간이나 입자와 고체가 충돌할 때 정전기 발생

(4) 분출
   작은 분출구를 통해 분체 액체 기체 등이 공기중으로 분출할 때 분출 물질의 상호간 또는 분출 물질과 분출구와의 마찰에 의해 정전기 발생

   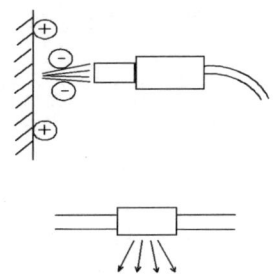

(5) 유동

   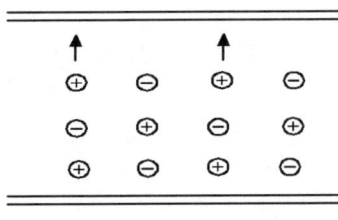

   액체 등이 파이프등을 유동할 때 발생하는 정전기로 유동 속도에 의해 정전기 발생량이 달라진다.
   고체와 액체의 경계면에서 전기 이중층 -> 전하 일부 유동 -> 정전기

   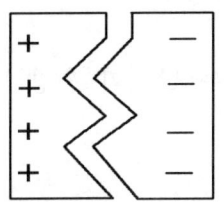

(6) 파괴

물체가 파괴될 때 전하가 분리 되면서 +, - 의 전하가 균형을 잃으면서 정전기 발생

(7) 기타 대전
- 진동(교반) : 탱크로리 등에서 액체가 진동할 때
- 비말 대전 : 액체류가 비산할 때
- 적하 대전 : 고체 표면 액체가 -> 물방울 -> 낙하할 때
- 유도 대전 : 대전체 근처에서 정전유도에 의해

1.8. 비상발전기의 출력용량을 결정하고자 할 때 전동기의 기동특성을 고려한 산정식을 제시하고 설명하시오.

1. PG2 (부하중 최대 기동전류를 갖는 전동기 기동시 순시 전압 강하를 고려한 발전기 용량)

$$PG2 = Pm \times \beta \times C \times Xd'' \times \frac{100 - \Delta V}{\Delta V} (kVA)$$

Pm : 최대 기동 전류를 갖는 전동기 출력 (kW)
β : 전동기 기동 계수 (분명하지 않을 경우 7.2)
C : 기동 방식에 따른 계수 (직입:1.0 Y-Δ:0.67)
Xd'' : 발전기 정수 (0.25~0.3)
ΔV : 발전기 허용 전압 강하율
(승강기 경우 20%, 기타 25%)

2. PG3 (발전기를 가동하여 부하에 사용중 최대 기동 전류를 갖는 전동기를 마지막으로 기동할 때)

$$PG3 = [(\frac{\Sigma PL - Pm}{\eta}) + (Pm \times \beta \times C \times Pf)] \times \frac{1}{\cos\theta}$$

Σ PL : 부하 출력 합계 (kW)
Pf : 최대 기동 전류를 갖는 전동기 기동시 역율
(분명하지 않을 경우 0.4)
$\cos\theta$: 부하의 종합역율 (분명하지 않을 경우 0.8)

3. PG4 (부하중 고조파부분을 고려한 경우 발전기 용량)

PG4 = Pc x (2~2.5) + PG1
Pc: 고조파분 부하

1.9. 분산형 전원을 전력계통에 연계하여 운전할 때, 분산형 전원을 전력계통으로부터 분리되어야 할 경우에 대하여 설명하시오.

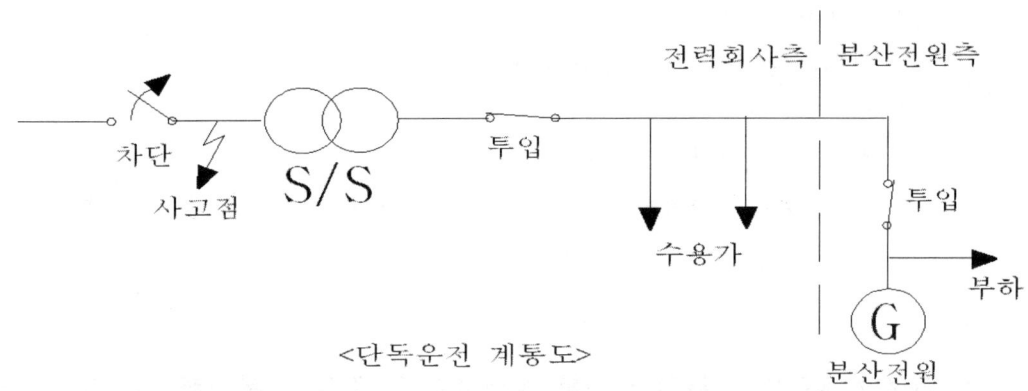

<단독운전 계통도>

1. **단독 발전 운전이란**
   (1) 위 그림처럼 계통측의 사고나 단전으로 계통측의 모선에 전압이 인가되지 않더라도, 그 계통의 부하와 그에 연계된 분산형 전원의 수급이 균형을 이룬다면 분산형 전원의 단독 운전이 이루어진다.
   (2) 이렇게 단독운전이 계속 된다면 계통측의 전원이 복전 되었을 때 여러 가지 문제가 발생된다.
   (3) 단독 발전 운전 문제점
      1) 단독 운전이 계속되고 있을 때 계통측의 전원이 복전 된다면 전력회사 전원과 분산형 전원의 위상차로 인하여 단락사고나 탈조가 일어나 계통에 악영향을 끼치게 된다.
      2) 전력 회사측에서 이 계통이 정전일거라 생각하고 작업을 하게 되는 작업원에게 감전의 우려
   (4) 방지 대책
      1) 수동(Passive) 방식의 검출 장치
         - 과부족 전압 신속 검출 차단
         - 과전류 차단
         - 주파수 변동 차단
      2) 능동(Active) 방식의 검출 방식
         - 설비의 유효전력 및 무효전력 등을 상시 변동을 주어 분산형 전원이 단독운전으로 이행할 때 나타나는 주파수 등을 검출하여 단독 운전을 판단

2. 배전선 및 설비내 사고시
   (1) 단락 및 지락 사고등
   (2) 계통보호설비와 협조
   (3) 단락고장시의 단락전류 추정

3. 전원 왜란 발생시
   전압, 고조파, 주파수, 출력변동, 상불평형, 역률 등이 목표값에서 벗어날 때 등

1.10. 테브난 정리와 노튼의 정리를 설명하고 두 정리가 본질적으로 동일함을 보이시오.

1. 노튼의 정리

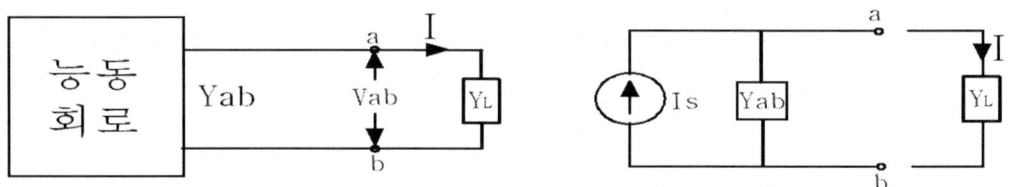

- 개방된 두단자 a, b로부터 임의의 회로망을 들여다 본 어드미턴스가 Yab, a, b 두 단자를 단락하였을 때 흐르는 전류를 Is라 하면 개방된 두단자 a, b사이에 부하 어드미턴스 YL을 연결하면 부하에 흐르는 전류는 $I = \dfrac{Y_L}{Y_{ab} + Y_L} \times I_s = \dfrac{Z_{ab}}{Z_{ab} + Z_L} \times I_s$ 가 된다.
- 즉, 노튼의 정리는 복잡한 회로망의 전원을 전류원으로 환산하고 여기에서 계산한 단락전류와 병렬회로로 환산한 어드미턴스를 가지고 부하 전류를 구하는 방식이나 계산이 제일 복잡한 단점이 있음.

2. 테브난의 정리

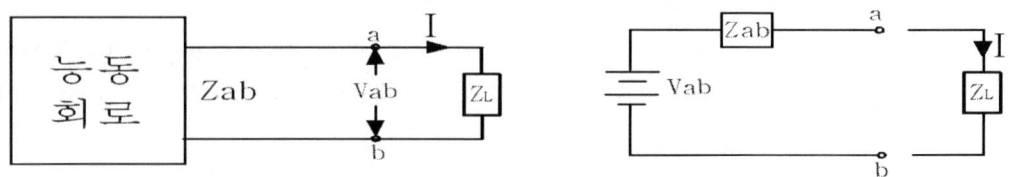

- 개방된 두단자 a,b로부터 임의의 회로망을 들여다 본 임피던스가 Zab, a, b 두 단자를 개방하였을 때 전압을 Vab라 하면 개방된 두단자 a, b사이에

부하 임피던스 ZL을 연결하면 부하에 흐르는 전류는 $I = \dfrac{Vab}{Zab + Z_L}$ 가 된다.
- 즉, 테브난의 정리는 복잡한 회로망의 전원을 전압원으로 환산하고 여기에서 전압과 직렬회로로 환산한 임피턴스를 가지고 부하 전류를 구하는 방식으로 노튼의 정리보다는 계산이 간단하다.

3. 두 정리가 동일한 이유
- 위 노튼의 정리에서 Zab X Is = Vab가 되어 테브난의 정리와 결과가 같다.

1.11. 아래 그림에서 변압기 1차측은 전압 230[KV]인 무한 모선에 연결되어 있다고 가정하고 2차측에 3상 단락고장이 발생하였을 경우 변압기 1차 및 2차측 선로에 흐르는 고장전류[A]를 구하시오.

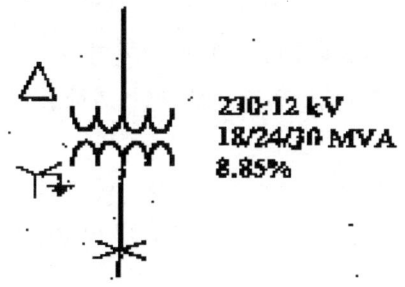

1. 1차측 고장전류

$$Is_1 = \dfrac{100}{\%Z} \times I_1 = \dfrac{100}{8.85} \times \dfrac{30 \times 10^3}{\sqrt{3} \times 230} = 851\,(A)$$

2. 2차측 고장전류

$$Is_2 = \dfrac{100}{\%Z} \times I_2 = \dfrac{100}{8.85} \times \dfrac{30 \times 10^3}{\sqrt{3} \times 12} = 16.31\,(kA)$$

1.12. 도시형 풍력발전시스템의 설치시 고려할 사항을 설명하시오.

1. 풍력발전의 입지 조건

풍력 발전소는 바닷가 육상에 설치하는 방법과 바다 위에 설치하는 방법이 있으며, 미관의 문제, 장소의 제약, 기술적인 문제 등 여러 가지 이유로 육상보다는 해상이 선호되고 있으며 다음과 같은 조건을 고려해야 한다.
- 설치 지역의 풍속, 풍향 조건
- 설치 지역 토양이 큰 하중을 견딜 수 있는지 여부
- 출입 가능 도로 존재 여부 (공사 자재 등의 공급이 가능한지 여부)
- 송전 선로의 존재 여부
- 건설에 따른 부지 확보 가능 여부
- 경관 영향 및 발생 소음 영향

2. 도시형 풍력발전시스템의 설치시 고려할 사항

(1) 안전성
   1) 태풍
      - 도시에 건설하는 풍력 발전기가 태풍 등에 날개가 추락하는 사고가 난다면 엄청난 인적, 물적인 피해를 가려올 수도 있다.
   2) 낙뢰
      - 낙뢰시에 풍력 발전 근처는 낙뢰의 직접적인 피해 지역이 될 수도 있고 낙뢰 유입시 전위상승에 의한 피해들도 고려해야 한다.

(2) 소음
   1) 풍력 발전은 풍차를 이용한 발전방식이다.
   2) 여기서 발생하는 소음은
      - 회전날개 바람 소리
      - 날개 회전 마찰 소음
      - 날개와 발전기 사이의 기어 마찰 소음
      - 각종 릴레이 접점 개폐소음 등이 있을 수 있다.
   3) 이러한 소음은 도시인들에게는 상당한 공해가 될 수 있으며, 이런 이유로 수면 방해를 일으킬 수도 있다.

(3) 경관
   - 풍력 발전이 도시 미관을 해치지 않는 형태이어야 하고, 일반적인 3-Blade Type은 도시의 대형으로는 적합하다고 볼 수 없다.
   - 따라서 도시 미관에 적합한 회전날개가 필요하다.

1.13. 3상 4선식의 옥내 배전방식에서 전압강하를 고려한 전선의 단면적 유도과정을 설명하시오.

1. 전압강하 계산법
전압강하 계산법에는 임피던스법, 등가 저항법, 암페어미터법, %임피던스법 있으며 그 중에 임피던스법이 제일 많이 사용된다.

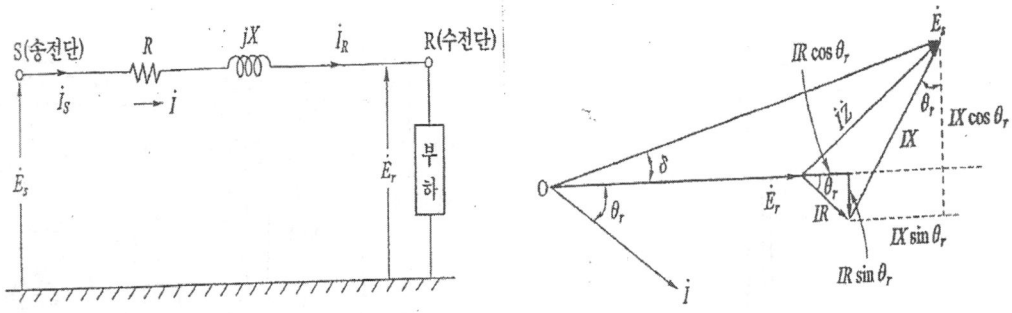

2. 암페어 미터법
(1) 전압강하 △V = Es − Er =I (R cosθ + X sinθ) 상기식은 상전압임.

위에서 역률을 1로 보고 저항 $R = \dfrac{1}{58} \cdot \dfrac{L}{A}$ 을 넣어 계산하여 간단히 하면 다음과 같이 된다.

전 기 방 식	전 압 강 하
3φ4w, 1φ3w	$e = \dfrac{17.8 \, L \, I}{1000 \, A}$

여기서 e : 각 선간의 전압강하(V)
      L : 선로 길이 (m)
      I : 전부하 전류 (A)
      A : 전선 단면적 (㎟)

3. 전선 단면적
위 공식에서 전선 단면적은 다음과 같이 구하면 된다.

$$A = \dfrac{17.8 \, L \, I}{1000 \, e} \ (\text{mm}^2)$$

제 2 교 시

2.1. 건축물에 설치하는 저압 SPD(Surge Protective Device)의 선정 및 설치시 고려 사항에 대하여 설명하시오.

1. 옥내 배전계통의 과전압 Catagory(IEC60364-534 고전압보호)

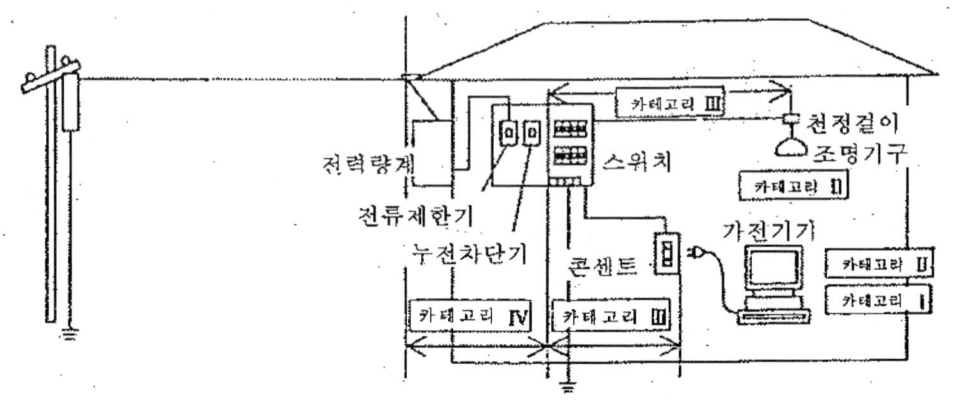

카테고리 IV	카테고리 Ⅲ	카테고리 Ⅱ	카테고리 Ⅰ
전력량계 누전차단기 인입용전선	주택분전반 배선용 차단기(분기) 콘센트 스위치 조광스위치 팬던트 조명스위치 실내배선용전선	조명기구 냉장고·에어컨 세탁기·전자레인지 TV·비디오 다기능전화기· FAX 컴퓨터	전자기기 기기내부

2. SPD 형식

형 식	설치 위치 및 보호대상	시험 항목
Class Ⅰ	인입구 부근, 직격뢰 보호	Iimp
Class Ⅱ	인입구 부근, 유도뢰 보호	IMAX
Class Ⅲ	기기 부근, 유도뢰 보호	Uoc

3. SPD 구조 및 기능
   (1) 전압 스위칭형
      서지가 인가되지 않은 경우는 높은 임피던스 상태에 있다가, 서지가 유입되면 급격히 임피던스가 낮아져 이상전압을 방전시키는 것

(2) 전압 제한(LIMIT)형
   서지가 인가되지 않은 경우는 높은 임피던스 상태에 있다가, 서지가 유입되면 연속적으로 임피던스가 낮아져 이상전압을 방전시키는 것
(3) 복합형
   전압 스위칭 소자 및 전압 제한형 소자 모두를 갖는 TYPE으로 가스 방전관과 배리스터를 조합한 것이 대표적이다.

4. **SPD의 구비조건**
   - 상시에는 전압강하와 손실이 적고 정상 신호에 영향을 주지 말아야 한다.
   - 이상전압 유입시에는 가능한 낮은 동작전압과 빠른 시간에 응답하여 이를 차단한 후
   - 이상전압이 해소된 후에는 즉각 원래 상태로 회복되는 능력을 가지고 있어야 한다.

5. **SPD 설치시 고려사항**

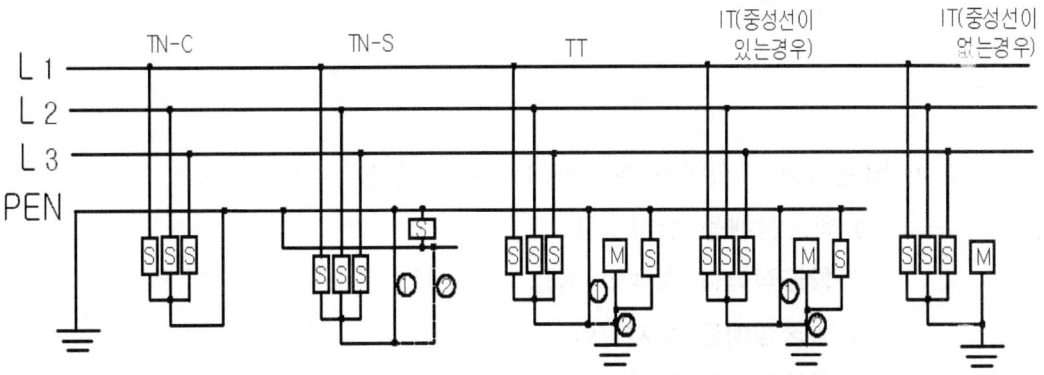

(1) 보호 가능 모드 (KSC IEC 61643 표3)

SPD위치	TN-C	TN-S	TT	IT(중성선 있는 경우)	IT(중성선 없는 경우)
상-중성선 사이	-	①	①	①	-
상 - PE 사이	-	②	②	②	O
상-PEN 사이	O	-	-	-	-
중성선-PE 사이	-	O	O	O	-
상 - 상 사이	+	+	+	+	+

O : 적용 가능   - : 적용 불가   + : 선택사항   ①② : 둘중 택1

(2) SPD규격이 보호 대상 기기의 특성에 적합해야 한다.

(3) SPD는 건축물 인입구 또는 설치 인입구와 가까운 장소에 설치
(4) SPD의 접지는 가능한 한 공통접지를 하는 것이 좋다.
(5) 접속도체는 가능한 짧게 배선하고(0.5m이하)
(6) 접지극에 직접 접속하는 것이 좋다.
(7) 접지도체 단면적은 10㎟ 이상의 동선 또는 이와 동등할 것
　(단, 건축물에 피뢰설비가 없는 경우는 단면적이 4㎟ 이상의 동선가능)
(8) SPD 보호 장치 설치 장소
　1) 전력 공급을 우선하는 회로 : SPD의 회로내에 설치
　2) 기기 보호를 우선하는 회로 : SPD의 전원측에 설치
　3) 위 1) 및 2)를 동시 확보하는 회로 : SPD를 병렬로 설치

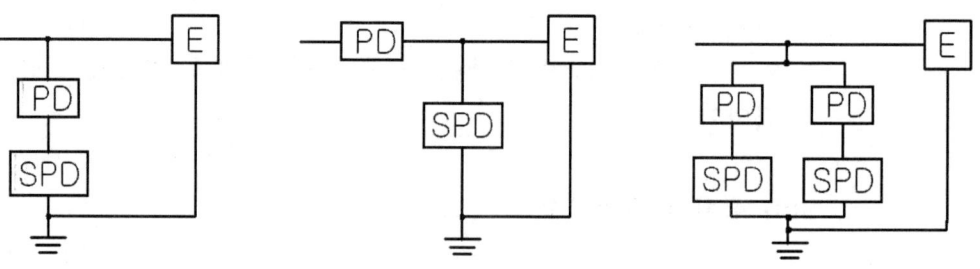

2.2. 항공장애등 설비와 관련하여 다음 사항을 설명하시오.
1) 항공장애등 설치대상
2) 항공장애등 종류와 성능
3) 항공장애등 설치방법
4) 항공장애등의 관리

1. 개요

　항공 장애등은 야간에 운행하는 항공기에 대하여 항공에 장애가 되는 고층빌딩, 굴뚝, 대교의 교각탑, 송전탑 등을 보호 하는 것은 물론 항공기의 안전을 위해 설치하며 설치 기준은 항공법과 항공법 시행규칙으로 정한다.

2. 설치 대상

　항공기 운항에 안전을 저해할 우려가 있다고 인정하는 구조물로서 아래와 같은 구조물에 설치한다.
　(1) 지표 또는 수면으로부터 150m이상(장애물 제한 구역 에서는 60m) 높

이의 구조물
(2) 그러나 다음의 구조물은 150m미만이라도 설치하여야 한다.
- 굴뚝, 철탑, 기둥과 같이 그 높이에 비하여 그 폭이 좁은 구조물
- 뼈대로만 이루어진 구조물
- 가공선을 지지하는 탑
- 계류장치
 (주간에 시정이 5000m 미만이거나 야간에 계류하는 것)
(3) 다만 다음의 경우는 설치하지 아니할 수 있다.
- 항공 장애등이 설치된 구조물로 부터 반지름 600m 이내에 위치한 구조물로서 그 높이가 항공 장애등이 설치된 구조물의 정상으로부터 수평면에 대한 하방 경사도가 10분의 1인 경사도 보다 낮은 구조물
- 항공 장애등이 설치된 구조물로부터 반지름 45m 이내의 지역에 위치한 구조물로서 그 높이가 항공기 장애등이 설치된 구조물과 동일하거나 낮은 구조물

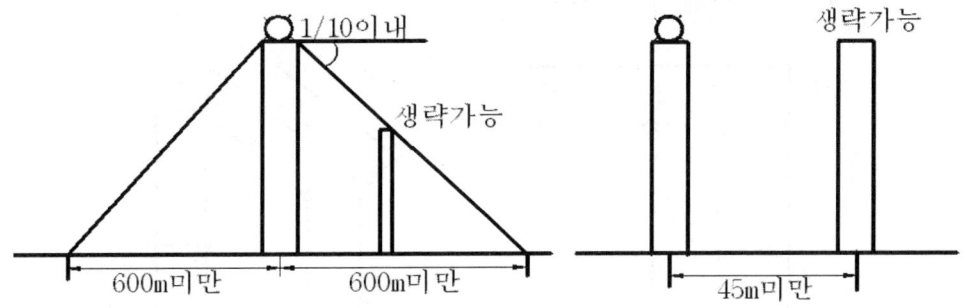

3. 항공 장애등의 종류

항공 장애등의 종류에는 다음의 3종이 있으며 점멸방법, 점멸등의 색상, 광도 등은 항공법 시행규칙 248조에 상세히 설명되어 있으며 대략적인 내용은 다음과 같다.

No.	종 류	색채	분당섬광주기(회)	광도(Cd)
1	저광도 A	적	고정	10 이상
2	저광도 B	적	고정	32 이상
3	중광도 A	백	20~60	2000 이상
4	중광도 B	적	20~60	2000 이상
5	고광도 A	백	40~60	2000 이상
6	고광도 B	백	40~60	20000 이상

4. 설치방법

(1) 저광도 항공 장애등 과 중광도 항공 장애등 수평면 아래 $15°$상방의 모든 방향에서 식별이 가능할 것
(2) 고광도 항공 장애등은 수평면 아래 $5°$ 상방의 모든 방향에서 식별이 가능할 것
(3) 구조물의 정상(피뢰침 제외)에 1개 이상 설치

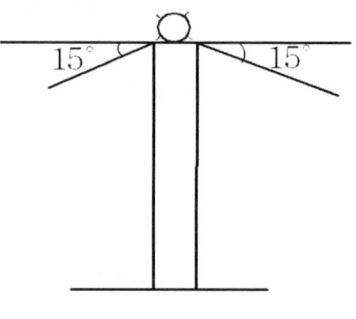

(4) 구조물의 높이가 45m 초과하는 구조물 : 수직거리 45m이내마다 설치
(5) 구조물의 폭이 45m넘는 경우는 가장자리에 45m이내 마다 설치
(6) 굴뚝등 기능이 저하될 우려가 있는 곳 : 정상에서 1.5~3m아래쪽에 설치
(7) 구조물의 평균 직경이 6m미만 : 3등을 $120°$로 배치
(8) 평균 직경이 6m이상 30m 미만 : 4등을 $90°$로 배치
(9) 다른 인접 물체에 가려지는 경우 : 인접물체상의 대응 위치에 설치
(10) 건조물에 따른 설치 예

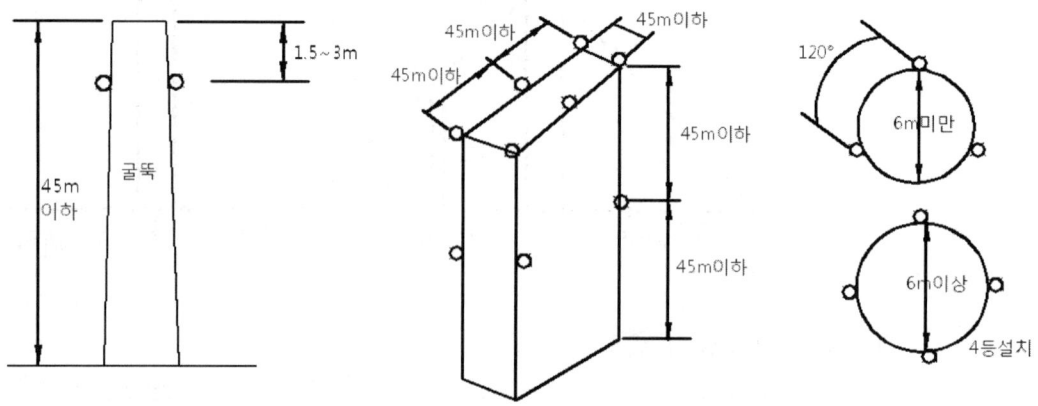

5. 관리

(1) 섬광장치와 전원부는 10m이내 거리에 설치
(2) 보수를 위한 발판을 견고히 설치
(3) 주기적인 램프 교체 및 청소

2.3. 축전지 및 충전기의 용량산정을 위한 흐름도를 제시하고 용량산정방법에 대하여 설명하시오.

1. 개요
축전지 설비는 정전시 또는 비상비 신뢰할 수 있는 예비 전원이며 건축법이나 소방법의 규정에 의하여 예비 전원이나 비상 전원으로 사용되고 있다. 예를 들면 비상용 조명, 유도등의 전원뿐만 아니라 수변전기기의 조작 및 제어용 전원으로도 사용된다.
구성은 축전지, 충전 장치, 제어장치 등으로 구성된다.

2. 축전지 용량 산출 순서(흐름도)
(1) 축전지 부하 용량 산출
(2) 축전지 종류 결정
(3) 방전 전류 및 방전 시간 결정
(4) 축전지 부하 특성 곡선 작성
(5) 축전지 셀수 결정
(6) 방전 종지 전압 (허용 최저 전압)결정
(7) 환산계수, 보수율 결정
(8) 축전지 용량의 계산

3. 축전지 용량 산출
(1) 축전지 부하 용량 산출
    가. 순시 부하
        - 차단기 조작 전원
        - 소방 설비용 부하등
    나. 상시 부하
        - 배전반 및 감시반의 표시등
        - 비상 조명등
        - 연속 여자 코일등

(2) 축전지 종류 및 특성
   1) 내부 구조에 따른 종류

구 분	연(납)축전지	알칼리 축전지
1. 공칭 전압	2.0 V	1.2 V
2. 구조	+극:PbO_2 －극:Pb 전해질:H_2SO_4	+극:NiOOH －극:Cd 전해질 : KOH
3. 충전시간	길다	짧다 (장점)
4. 과충전 과방전	약함	강함 (장점)
5. 수명	10~20년	30년 이상 (장점)
6. 정격 용량	10시간	5시간 (약점)
7. 용도	장시간일정전류	단시간, 대전류
8. 가격	싸다	비싸다

   2) 외함의 구조에 따른 종류
      가. 개방형(Open Type) : 가스 제거 장치가 없는 것
      나. 밀폐형(Bended Type) : 배기 마개에 필터를 설치하여 산무가 나오지 못하게 한 구조
      다. Sealed Type : 사용중 발생하는 산소와 수소를 결합하여 물로 합성 하는 특수 구조로 물의 보충을 필요로 하지 않는 구조
      라. Gel Type : 전해액을 액으로 사용하지 않고 Gel을 주입한 구조
(3) 방전 전류 및 방전 시간 결정
   1) 방전 전류 $I = \dfrac{\text{부하용량(VA)}}{\text{정격전압(V)}}$ (A)
   2) 방전 시간 결정
      - 단시간 부하 : 통상 1분을 기준
      - 연속 부하 : 통상 30분을 기준
(4) 축전지 부하 특성 곡선 작성
   - 방전 전류와 방전 시간이 결정되면 그림과 같은 특성 곡선을 그리되 최악의 조건을 고려하여 방전의 종기에 큰 방전 전류가 오도록 작성한다.
(5) 축전지 셀수 결정
   $$\text{축전지 셀수} = \dfrac{\text{계통 정격 전압}}{\text{1셀당 공칭 전압}}$$

(6) 셀당 허용 최저 전압 (방전 종지 전압)

$$V = \frac{Va + Vc}{n} \;(V/Cell)$$

여기서 Va : 부하의 허용 최저 전압 (V)
　　　Vc : 축전지와 부하 사이의 전압강하 (V)
　　　n : 축전지의 Cell 수

(7) 보수율(L) 및 용량 환산 계수 결정(K)

　1) 보수율
　　축전지에는 수명이 있어 그 말기에 있어서도 부하를 만족하는 용량을 결정하기 위한 계수로 보통 0.8 로 선정한다.

　2) 용량 환산 계수
　　위에서 축전지 종류, 방전시간, 방전 종지 전압을 결정하고 최저 사용 온도(보통 5℃ 기준)를 고려하여 다음 표에 의해 용량 환산 계수 K를 결정

형 식	온 도 (℃)	방전시간 10분 허용최저전압 (V/셀)		
		1.6	1.7	1.8
C S	25	0.90	1.15	1.60
		0.80	1.06	1.42
	5	1.15	1.35	2.0
		1.10	1.25	1.8

비　고 : 상단은 900Ah를 넘고 2000Ah이하인 것, 하단은 900Ah이하인 것

(8) 축전지 용량 결정

$$축전지용량 C = \frac{1}{L}(K_1 I_1 + K_2(I_2 - I_1) + K_3(I_3 - I_2) \cdots)$$

　L : 보수율 (보통 0.8)
　I_1, I_2, I_3 : 방전 전류
　K_1, K_2, K_3 : 용량 환산 계수

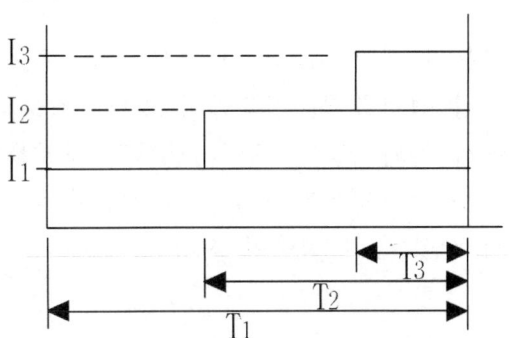

$$\text{축전지용량} C = \frac{1}{L}(K_1 I_1 + K_2 I_2 + K_3 I_3 \cdots)(Ah)$$

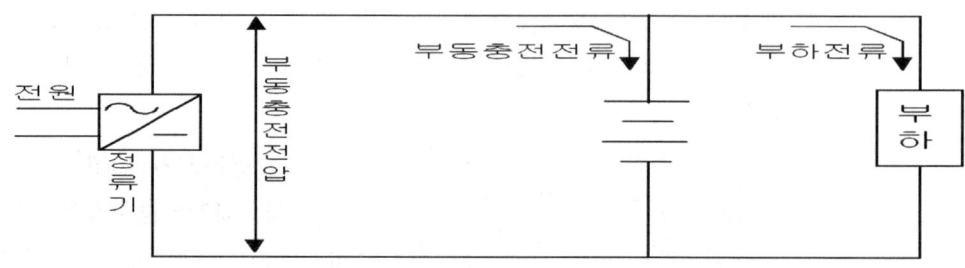

4. 충전기 용량 산출

교류측 입력 용량 $\text{Pac} = \dfrac{(Il + Ic)}{\cos\theta \times \eta \times 10^3}(kVA)$

교류측 입력 전류 $\text{Iac} = \dfrac{(Il + Ic) \times Vd}{\sqrt{3} \times E \times \cos\theta \times \eta}(A)$

Il : 직류측 부하전류 (A)   Ic : 축전지 충전 전류 (A)
Vd : 직류측 전압 (V) $\cos\theta$: 정류기 역율(%)
η : 정류기 효율 (%)   E : 교류측 전압 (V)

2.4. 공용접지와 단독접지의 개념, 신뢰도, 전위상승, 경제성 등에 대한 장점과 단점을 설명하시오.

1. 개요

기존 건축물의 접지 형태는 보호용, 기능용, 뇌 보호용의 접지를 분리한 이른바 독립 접지를 한 건축물이 많다. 건물의 부지 면적이 한정되어 있는 상황에서 독립 접지는 전위 간섭의 영향을 받기 쉽고 접지 기능을 충족시키지 못하는 경우가 많다. 그러나 공통 접지는 접지 계통의 전위가 같고 전위 간섭 등의 영향이 적다.

2. 독립접지
   - 개별적으로 접지하되 상호 20m 이상 이격 설치 할 것
   - 가장 이상적이나 현실적으로 어려움
   - 1접지극이 타접지극에 영향을 미치지 않을 것
   - 접지 전극간 이격거리에 영향을 주는 요인
   (1) 접지 전류의 최대치

   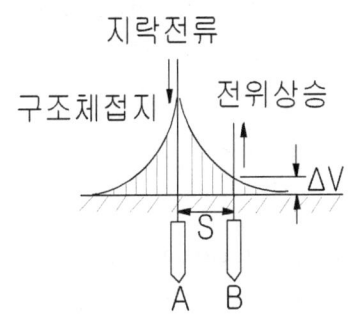

   (2) 전위상승 허용치

산정전류	전위상승 허용값(V)		
	2.5	25	50
10	63	6	3
50	318	32	16
100	637	64	32

   (3) 접지 장소의 대지 저항율
   - 하나의 예로 위그림과 같이 접지전극 (직경 7mm, 길이3m) 2개로 독립접지 공사를 시행한 경우 독립접지의 상정 접지전류 I(A)에 의한 전위상승 ΔV 와 이격거리 S(m) 관계는 위표와 같다.
   (대지저항율 ρ =100 Ω.m)

3. 판단기준 제18조 (접지공사의 종류)
   (1) 접지공사는 다음 표에서 정한 것으로 하며 각 접지공사별 접지저항 값은 표에서 정한 값 이하로 유지하여야 한다.
   다만 공통접지 및 통합 접지를 하는 경우는 제외한다.

접지공사의 종류	접지저항 값
제1종 접지공사	10 Ω
제2종 접지공사	변압기의 고압측 또는 특고압측의 전로의 1선 지락전류의 암페어 수로 150(1초를 초과하고 2초 이내에 자동적으로 전로를 차단하는 장치를 설치할 때는 300, 1초 이내에 자동적으로 고압전로 또는 사용전압 35 kV 이하의 특고압전로를 차단하는 장치를 설치할 때는 600)을 나눈 값과 같은 Ω 수
제3종 접지공사	100 Ω
특별 제3종 접지공사	10 Ω

4. 공통 접지 (common earthing system)

(1) 고압 및 특고압과 저압 전기설비의 접지극이 서로 근접하여 시설되어 있는 변전소 또는 이와 유사한 곳에서는 다음 각 호에 적합하게 공통 접지공사를 할 수 있다.

1) 저압 접지극이 고압 및 특고압 접지극의 접지저항 형성 영역에 완전히 포함되어 있다면 위험전압이 발생하지 않도록 이들 접지극을 상호 접속하여야 한다.

즉, 전력계통의 접지를 공통으로 하는 것을 말한다.

2) 공통 접지공사를 하는 경우 고압 및 특고압계통의 지락사고로 인해 저압계통에 가해지는 상용주파 과전압은 다음 표에서 정한 값을 초과해서는 안 된다.

고압계통에서 지락고장시간(초)	저압설비의 허용 상용주파 과전압(V)
>5	$U_o + 250$
≤	$U_o + 1,200$

중성선 도체가 없는 계통에서 U_o는 선간전압을 말한다.

3) 그 밖에 공통접지와 관련된 사항은 KS C IEC 60364-4-44 및 KS C IEC 61936-1의 10에 따른다.

5. 통합 접지 (global earthing system)

전기설비의 접지계통과 건축물의 피뢰설비 및 통신설비 등의 접지극을 공용하는 통합접지(국부접지계통의 상호접속으로 구성되는 그 국부접지계통의 근접구역에서는 위험한 접촉전압이 발생하지 않도록 하는 등가 접지계통)공사를 할 수 있다.

즉, 전력계통, 통신계통, 피뢰계통까지 공동으로 하는 접지를 말한다.

이 경우 제6항의 규정을 따르며, 낙뢰 등에 의한 과전압으로부터 전기설비 등을 보호하기 위해 KS C IEC 60364-5-53-534에 따라 서지보호장치(SPD)를 설치하여야 한다.

6. 설치 요건

(1) 공통접지는 대부분 철골, 철근 등을 접지 전극으로 활용하여 접지하는데 이 경우 대지와의 사이에 전기저항치가 2Ω 이하이여야 한다.

(2) 철골, 철근 등을 접지 전극으로 활용하는데 문제점 고려
   1) 접지 도선을 통해 많은 노이즈와 서지 전류 유입
   2) 철골 구조 하부에 전식
   3) 콘크리트 균열에 의한 안전성등

(3) 특히 IEC 60364와 62305 도입에 따라 통합접지(등전위접지)를 하기 위해서는 반드시 철골 등 건축물의 모든 금속부분을 등전위 본딩을 해야 한다.

항목	개별 접지	통합 접지
구성방식	- 통신용, 보안용, 피뢰용 등을 각각 분리 접지 - 이격거리 필요	- 구조체접지등을 이용하여 통신용, 보안용, 피뢰용등의 접지를 공통으로 구성
장점	- 다른 기기의 영향이 적다. - 노이즈 영향이 적다 - 원인 규명이 용이하다.	- 장비간 전위차 미 발생 - 접지계통이 단순하여 유지보수 용이 - 합성저항 저감효과 크다 - 경제적이다.
단점	- 소요접지저항을 얻기 어렵다. - 공사비 고가 - 고장시 시스템간전위차 발생으로 기기 고장 우려	- 뇌격 등에 의해 정보통신기기 등에 노이즈 영향 발생 - 계통 접지에 이상전압 발생시 타 기기에 영향
채택국가	한국, 일본	미국 및 유럽

2.5. 연료전지(Fuel Cell)의 전해질에 따른 종류를 제시하고 발전효율에 대하여 설명하시오.

1. 개요
(1) 연료전지는 연료(수소)와 공기(산소)를 직접 전기화학 반응시켜 전기를 생산하는 차세대 청정 발전시스템으로

(2) IT · 휴대용(수W~수십W급), 가정 · 산업용(수kW~수십kW급), 수송용(수십kW급), 발전용(수백kW~수MW급)으로 구분된다.

(3) 연료전지는 제1세대 PAFC(1988~1992년), 제2세대 MCFC(1996~2001년), 제3세대 SOFC(연구개발 중)로 불리우고 있다.

(4) SOFC의 경우 전지효율 측면에서 600~1000℃의 고온에서 작동하기 때문에 타 연료전지보다 전기효율이 50~60%(복합발전시 70%)로서 가장 높고, CO_2, NO_x, SO_x 및 소음이 거의 없는 친환경 미래 발전시스템임.

2. 연료 전지
(1) 원리 및 구성

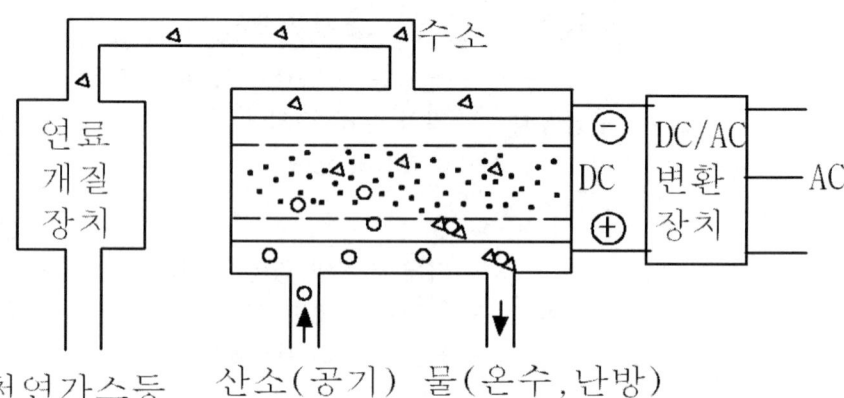

위의 그림에서 산이나 알칼리성의 전해액을 사이에 둔 두장의 전극에 각각 수소와 산소를 공급하는 장치로 되어 있다.

1) 연료 개질 장치
 - 수소를 함유한 일반 연료(LPG, LNG, 메탄, 석탄가스 메탄올 등)로부터 연료 전지가 요구하는 수소를 제조하는 장치.

2) 연료 전지 본체
 연료 개질 장치에서 들어오는 수소와 공기 중의 산소로 직류 전기와 물 및 부산물인 열을 발생

3) 전력 변환 장치

    연료 전지에서 나오는 직류를 교류로 변환

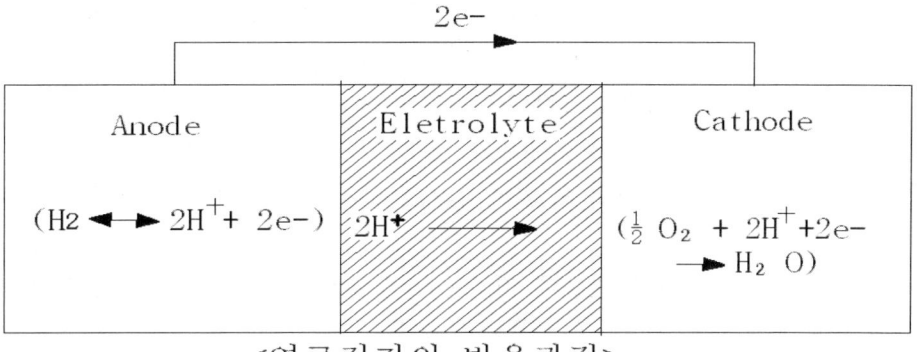

<연료전지의 반응과정>

4) 부속장치

    플랜트의 효율을 높이기 위해서는 연료 전지 반응에서 생기는 반응열과 연료 개질 과정에서 나오는 폐열 등을 이용하는 장치가 부수적으로 필요하다.

(2) 연료 전지의 특징

1) 고효율 (60 ~ 65%)

    연료의 연소과정과 열에너지를 기계적 에너지로 변환시키는 과정이 없어 기존에너지원보다 효율이 10 - 20 % 정도 높아진다.

2) 저공해

    연료로써 화석연료를 사용하므로 개질기에 의한 조작이 반드시 필요하다. 이 경우 탈황, 분진제거를 충분히 할 수 있어서 SOx와 분진의 방출은 거의 없다.

    또, 종합 효율이 높기 때문에 이산화탄소(CO_2)의 발생도 적게 된다.

3) 열의 유효 이용

    - 반응의 과정에서 발생하는 열을 유효하게 이용하는 것이 가능하고,
    - 전기와 열을 동시에 발생하는 코제네레이션 시스템에 최적입니다.
    - 투입한 도시 가스의 에너지의 약 40%가 전기로, 약 40%가 온수나 증기로 되고, 종합적으로는 약 80%가 유효하게 이용할 수 있는 에너지 절약성이 뛰어난 장치이다.

4) 연료의 다양성

    - 신뢰도가 중요시 되는 특수목적용으로 순수소가 사용되나
    - 일반전력 공급용으로는 비교적 가격이 저렴한 탄화수소계열의 연료가 모두 사용이 가능하다.

5) 부지선정의 용이성

    - 연료전지를 이용해 발전을 할 경우 공해요인이 없으므로

- 도심지 속에서의 건설이 가능하고,
- 다른 발전방식에 비해 소요면적이 적으며
- 지속적인 냉각수 공급이 불필요하기 때문에 발전소용 부지의 선정이 용이하다.

6) 저소음, 저진동

기계적 구동부분이 없고, 가스공급기 등에 약간의 소음, 진동 등이 있을 뿐이므로 기계식의 발전기와는 비교도 안될 정도로 적다.

7) 단점
- 부하변동에 따르는 반응속도가 느려서 차량 냉각시 출발과 급가속성능이 떨어지는 것이다.
- 시스템 가격이 약 $200/kw으로 엔진시스템($30/kw)에 비해 크게 높아 실용화에 중요한 장애요인으로 작용하고 있다.

(3) 연료 전지의 종류 (77.3.2.기술현황)

구분	인산형 (PAFC)	용융탄산염형 (MCFC)	고체산화물형 (SOFC)	고분자전해질형 (PEMFC)
전해질	인산염	탄산염	세라믹	이온교환막
동작온도 (℃)	220 이하	650 이하	1,200 이하	80 이하
효율(%)	70	80	85	75
용도	중형건물(200kW)	중·대형건물(100kW~MW)	소·중·대용량 발전(1kW~MW)	가정·상업용(1~10kW)
선진수준	200kW	MW 이상	MW 이상	1~10kW보급중
국내수준	50kW	250kW	1kW	3kW

2.6. 병렬로 연결된 2대의 변압기가 6,000 [m]의 선로를 통하여 배전반에 전력 (3상계통)을 공급하고 있다. 공급된 전력은 배전반의 차단기를 통하여 부하에 연결 된다. 변압기 규격및 선로 데이터는 다음과 같으며 선로는 4개의 XLPE 3심 케이블로 부하까지 병렬로 연결되어 있다.

변압기 1, 2차 ; 1차 정격전압 132 [kV]

2차 정격전압 11 [kV]

용량 S = 20 [MVA]

% 임피던스 Z = 10 [%]

XLPE 3심 케이블 ; 굵기 185 [㎟]

정격전류 410 [A]

임피던스 0.1548 [Ω/km]

1) 선로 임피던스를 무시한 배전반 차단기 선정을 위한 고장전류를 구하시오.
2) 선로 임피던스를 고려한 배전반 차단기 선정을 위한 고장전류를 구하시오.

1. 선로 임피던스를 무시한 차단기 선정을 위한 고장전류
   (1) 기준용량 = 20 (MVA)로 함.
   (2) $Is = \dfrac{100}{\%Z} \times In = \dfrac{100}{5} \times \dfrac{20 \times 10^3}{\sqrt{3} \times 11} ≒ 21\,(kA)$

2. 선로 임피던스를 고려한 차단기 선정을 위한 고장전류
   (1) 선로의 % 임피던스

   $\%Z_l = \dfrac{P \cdot Z}{10\,V^2} = \dfrac{20 \times 10^3 \times 0.1584 \times 6}{10 \times 11^2 \times 4} = 3.925\,(\%)$

   (2) 합성 임피던스

   $\%Z = \%Z_{TR} + \%Z_l = \dfrac{10}{2} + 3.925 = 8.925\,(\%)$

   (3) $Is = \dfrac{100}{\%Z} \times In = \dfrac{100}{8.925} \times \dfrac{20 \times 10^3}{\sqrt{3} \times 11} ≒ 11.76\,(kA)$

제 3 교시

3.1. 국제표준화기구(ISO)에 등록된 전력선 통신(PLC : Power Line Communication) 방식의 구성과 특징 및 응용분야에 대하여 설명하시오.

1. 정의
(1) '전기통신 설비의 기술기준에 관한 법칙' 제3조(정의)에 따르면 "전력선 통신"이란 전력공급선을 매체로 이용하여 행하는 통신을 말한다.
(2) 즉, PLC(Power Line Communication)란 전력선을 통신선으로 사용하여 전원과 통신 신호를 다중화하여 동시에 전송하는 시스템이다.
(3) KSX 4600-1 전력선 통신 2006년 제정됨.
(4) 자동화, 제어 및 빌딩관리용 ISO/IEC 14908 전자시스템용 ISO/IEC 14543 국제 표준 제정 등 전력선 통신의 국제 표준이 전 세계적으로 활발히 진행되고 있다.

2. 전력선 통신(PLC)의 원리

(1) 전력선을 통신 매체로 이용하여 저주파 전력신호인 상용주파수 60 Hz에 수백KHz ~ 수십MHz의 고주파 신호를 싣는 방식임.
(2) 전력선의 통신 신뢰도를 확보하고 전원의 품질(Ripple)에 영향을 주지 않는 통신 방식을 적용하면, 전원 콘센트를 통신 단자로 활용해 어느 곳에서나 편리하고 저렴하게 통신망으로 활용 가능하다.

3. PLC 계통도(구성)

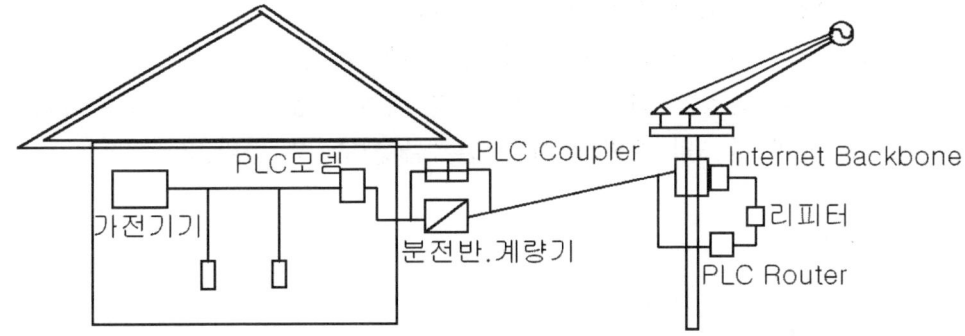

(1) Internet Backbone
  인터넷망에서 전력선에 신호를 증폭 재생 중계하는 장치
(2) 리피터 : 신호 감쇄를 증폭시켜 주는 장치
(3) PLC Router : 광역통신망(WAN)에서 근거리 통신망(LAN)으로 연결
(4) PLC Coupler : 분전반이나 전력량계를 By pass시켜 신호 단절 제거
(5) PLC MODEM : 통신신호를 변조/복조해 주는 장치

4. PLC 분류
(1) PLC는 통신 속도에 따라 저속, 중속, 고속 통신으로 구분된다.
(2) 또한 전송 속도에 따라 적용 대상이 구분되는데, 그 이유는 적용 대상별로 필요한 데이터량이 다르며 이에 따라 요구되는 속도도 달라지기 때문이다.

구분	통신 속도	적용 대상
저속	60bps~수백 bps	· Home-Network (가스 · 조명 등 단순 제어용)
중속	2400bps~1,9200bps	· Home-Network (가전기기 Networking) · Industrial 기기 제어 및 감시 (조명제어 · 전력감시제어 등)
고속	1Mbps 이상	· Broadband Network(BPLC) · AMR(광역 원격검침) · 디지털 영상 전송

5. 전력선 통신의 특징
(1) 전송로가 송전선과 배전선이므로 안정적이고 견고함.
(2) 별도의 통신선이 불필요하므로 구성비가 저렴함.

(3) 확장성이 우수
(4) 배전선 도달 지점까지 가능하다.
(5) 단일 매체에 의해 양방향 통신 가능하다.
(6) 자동 검침 이외에 부하관리 및 배전 자동화 시스템이 가능하다.
(7) 국내 기술의 개발에 따라 원가를 낮출 수 있다.

6. 응용분야
(1) 초고속 인터넷 통신
(2) 인터넷전화
(3) 홈네트워킹
(4) 홈오토메이션
(5) 원격검침
(6) DSM(직접 부하 제어)에 이르기까지 다양한 활용이 가능함.
(7) 조명·전력제어
(8) 가로등 제어·감시
(9) 에어컨 순환 제어

3.2. 신·재생에너지를 이용한 분산형 전원의 종류를 제시하고 발전전력방식과 계통 연계 형태에 대하여 설명하시오.

1. 신재생 에너지 개요
(1) 석탄, 석유, 원자력 및 천연가스가 아닌 에너지로 우리나라는 11개 분야를 지정함.
(2) 신에너지 : 기존의 화석연료를 변환시켜 이용하는 에너지
(3) 재생에너지 : 햇빛, 물, 지열 등 재생 가능한 에너지를 변환시켜 이용하는 에너지

2. 신 에너지

종류	개요	특징
연료전지	- 수소(천연가스, 메탄올)와 산소의 화학에너지를 전기 에너지로 변환 - 개질기, 스택 및 전력변환 장치로 구성됨.	- 공해배출이 적은 청정에너지임. - 시스템 효율이 높다. - 단기간 건설 가능
수소에너지	- 수소를 기체상태에서 연소시 발생하는 폭발력을 이용하여 생산하는 에너지 - 물의 전기분해로 수소 발생 -> 저장 -> 이용	- 화석연료에 의존하지 않음. - 연소 후에 물이 되므로 무공해임. - 수송과 저장이 간편함. - 실용화를 위해서는 막대한 제조비용과 안전성확보가 문제됨.
석탄액화가스화	고체상태인 석탄을 액화 또는 가스화 하여 얻어지는 에너지로 가스터빈 및 증기터빈을 구동하여 생산하는 에너지	- 발전효율 높음 (40~60%) - SO_x, NO_x, CO_2 등이 적은 환경 친화적 에너지임.

3. 재생 에너지

종류	개요	특징
태양광	반도체 소자에 일정량의 태양광을 입사 그 전위차를 이용하여 생산	- 무공해 - 수명 길고 보수 용이 - 효율이 좋음
태양열	태양으로부터 방사되는 복사에너지를 흡수·저장하고, 열기관을 통하여 전기에너지로 변환시키어 생산하는 발전방식	- 무공해이나 집열장치 등 장치가 필요하고 대용량의 생산이 어려움.
풍력	공기의 역학적 특성을 이용하여 회전자를 회전시켜 생산하는 에너지	- 무공해이며 - 에너지 수요에 적응이 쉬움. - 간헐적이며 지점에 따라 에너지량이 다르므로 에너지 저장장치가 필요함. - 대규모 발전은 어려우나 낙도, 해안지방, 산간지방에 유용함
해양에너지	해양의 조석, 파도, 조류 등의 변환으로	- 잠재적인 자원량은 많으나 에너지 밀도가 낮고

	부터 얻어지는 에너지	- 전원밀도가 낮은 해상에 설치되어 송전선로 길이가 길어짐.
소수력	개천, 강, 호수 등에서 물의 흐름을 인공적으로 유도하여 수차터빈을 회전시켜 생산하는 에너지	- 국토의 효율성을 높일 수 있음 - 피크부하시 유용함 - 농촌, 산간오지 등의 문화, 경제적인 파급 효과 증진
지열 에너지	지하에 존재하는 뜨거운 물(온천)과 돌(마그마)을 포함하여 땅이 가지고 있는 열을 이용하여 생산하는 에너지	- 지하열의 효율적 이용 - 농업, 공업, 지역난방 등에 유용함.
바이오 에너지	메탄가스, 위생처리장에서 발생하는 가스등을 이용하여 발전.	- 저장 및 취급이 용이 - 자연 생태계 파괴가 적음 - 일기, 계절의 영향이 있음.
폐기물 에너지	가정 또는 사업장에서 발생되는 가연성 폐기물 소각시 발생하는 열을 이용하여 생산하는 에너지	- 환경 오염(다이옥신, 분진 등) 우려 있음.

4. 계통 연계 형태

(1) 독립형 시스템
- 전력회사와 연계하지 않고 독립적으로 운전
- 전력을 축전지에 저장해 두었다가 야간이나 흐린 날 이용
- 등대나 무선 중계소 등에서 조명, 동력으로 사용
- 가로등, 공원 등에서 이용

(2) 하이브리드형 시스템

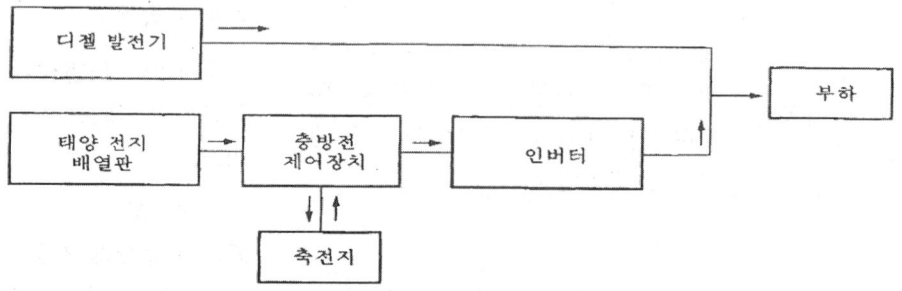

- 태양광 발전 시스템과 디젤 발전기를 조합시켜 운전하여 안정성 향상
- 디젤 발전기 대신 풍력발전, 연료전지 등 신재생에너지 이용 가능

(3) 계통 연계형 시스템

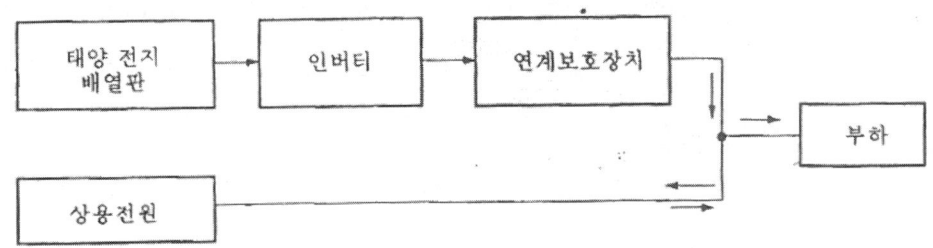

- 상용 전원과 계통 연계하여 운전
- 태양광 발전량이 부족시에는 상용전원으로 지원받고
- 남을 때는 축전지에 저장하는 Back Up방식과 남는 전력을 상용 전원에 공급하는 완전 연계형 시스템이 있음.

(4) 전압별 연계설비용량과 전기방식
1) 분산형전원의 발전출력용량이 100 kW 미만의 경우는 저압연계
   (단상2선 220V, 또는 3상4선 380V)
2) 100 kW 이상 10000 kW 미만의 경우는 특고압 연계(3상4선 22,900V)를 적용
3) 연계설비
   기존의 전력계통과 분산형 전원을 연결하여 운전하는 데 필요한 인터페이스 설비로서
   - 계통연계 보호장치(보호계전장치, 차단기, 개폐기)
     - 변압기
     - 측정설비(전압, 전류, 주파수, 전력, 전력량)
     - 품질보상장치(필터, 역률보상장치) 등을 갖추도록 한다.

3.3. 초고층 빌딩의 대용량 저압수직간선의 구비조건들을 제시하고 알루미늄 파이프 모선과 절연 부스덕트 방식을 비교 설명하시오.

1. 초고층 빌딩의 대용량 저압수직간선의 구비조건
   초고층 빌딩은 수변전설비, 간선설비, 승강기설비, 방재설비(화재,피뢰), 내진설계 등이 특히 중요하다.
   (1) 전압강하
      초고층빌딩은 수직으로 전압강하가 크기 때문에 간선의 용량 설계시 전압강하의 계산이 매우 중요

구 분	120 m 이하	200m 이하	200m 초과
전기사업자로부터 공급	4 % 이하	5 % 이하	6 % 이하
전기사용장소 안에 시설한 변압기에서 공급	5 % 이하	6 % 이하	7 % 이하

(2) 허용 전류

　　초고층 빌딩의 간선은 대용량이어서 Bus duct가 필수임.

(3) 수직 하중

　　- EPS에 간선 시공시 수직 하중에 대한 대책
　　- 자중에 의한 전선 탈락 방지, 신축

(4) 단락전류에 의한 전자력

　　사고시 단락전류에 의한 전자력 등을 함께 고려해야 한다.

(5) 사고시를 대비한 간선 방식

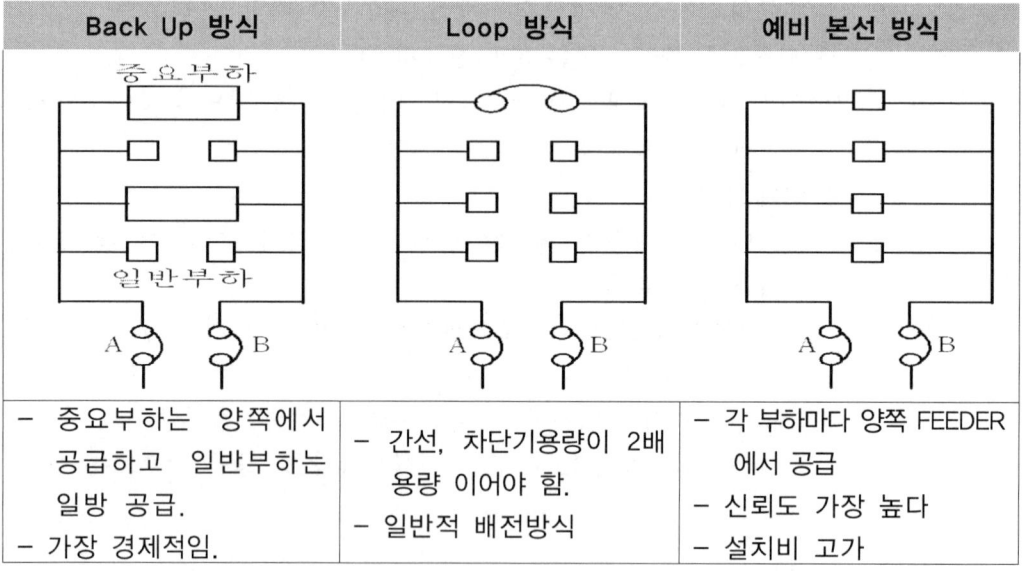

Back Up 방식	Loop 방식	예비 본선 방식
- 중요부하는 양쪽에서 공급하고 일반부하는 일방 공급. - 가장 경제적임.	- 간선, 차단기용량이 2배 용량 이어야 함. - 일반적 배전방식	- 각 부하마다 양쪽 FEEDER에서 공급 - 신뢰도 가장 높다 - 설치비 고가

2. 알루미늄 파이프 모선 특징

파이프는 Bar Type의 모선에 비하여 다음과 같은 특징이 있다.

(1) 표피 효과가 적어 허용전류 증대

　　- 전선에는 주파수에 의한 자속이 발생하고 이에 의한 표피효과가 있어 교류 도체 실효저항이 커진다.
　　- 이 현상은 다음 공식과 같이 두께가 두꺼울수록 더 커진다.
　　- 침투 깊이 $\delta = \dfrac{1}{\sqrt{\pi f \mu k}}$ (mm)

　　　여기서 f : 주파수　　μ : 투자율(H/m)　　k : 도전율

(2) 비중이 적어 수직 하중 감소
- 알루미늄은 도체로 주로 사용하는 동에 비해 비중이 1/3밖에 안되어 수직 간선에 유리하다.

  동 비중 : 7.87 　　　　　　 알루미늄 비중 : 2.7
- 도전율이 알루미늄은 연동의 약60%로서 같은 양의 전류를 통과 시킬 때 중량은 약 57%로 감소한다.

  (중량비 = $\dfrac{2.7}{7.87} \times \dfrac{100}{60}$ = 0.57)

(3) 단락시 전자력 감소

　　파이프는 Bar에 비하여 굴곡에 대한 내력이 크다.
　　따라서 알루미늄 파이프는 Bus Bar에 비하여 단락시 전자력에 대해 더 큰 힘에 견딜 수 있다.

3. 알루미늄 파이프 모선과 절연 부스덕트 방식 비교

구 분	알루미늄 파이프 모선	절연부스덕트
1. 전압강하	유리함.	불리함
2. 허용전류	표피 현상이 적어 유리함.	불리함
3. 단락시 전자력, 진동, 충격	파이프 이므로 강함	약함
4. 하중	비중이 적어 가벼움	무거움
5. 대용량 처리	훨씬 유리함	불리함
6. 지지 공법	파이프가 때문에 외함 제작시 어려움	사각 Bus사용시 외함 제작이 용이

4. 특징 비교

(1) 알루미늄 파이프

장 점	단 점
1. 표피계수가 적고 단위면적당 전류밀도가 크다. 2. 가볍다. 3. 관성 모멘트가 크고 강성이 크므로 굽힘에 강하다. 4. 구조재이므로 안정감이 있다.	1. 분기가 어렵다. 2. 지지 및 절연이 어렵다. 3. 중간 접속이 많이 필요하다. 현장에서 용접기로 접속을 해야 하므로 공사비 상승

(2) 절연 버스덕트

장 점	단 점
1. Compact하다. 2. 임피던스가 적고 전압강하가 적다. 3. 단락강도가 크다. 4. 분기가 비교적 간단하다. 5. 직각 굽힘이 간단하다.	1. 중간 접속이 많이 필요하다. 2. 도체 신축에 대한 Expansion이 필요하다. 3. 고가

3.4. 과도회복전압의 유형에서 지수형과 진동형, 삼각파형의 특성을 설명하시오.

1. 개요

    차단기의 차단 후에 나타나는 특성 중 회복전압, 과도 회복전압, 재점호 등이 있으며 이에 대해 설명하면 다음과 같다.

2. 회복전압 Recovery Voltage

    (1) 차단기의 차단직후 차단기의 극간에 나타나는 전압을 말하며 단락고장 차단시 다음 그림처럼 2가지 성분으로 나타난다.

    (2) 한가지는 전류차단 직후에 나타나는 과도회복전압이고 (TRV:Transient Recovery Voltage), 다른 하나는 TRV진동이 진정된 후 상용주파수와 같이 진동하는 상용 주파 회복전압 (PFRV:Power Frequency Recovery Voltage)이다.

    (3) TRV는 차단기 차단능력에을 직접적으로 영향을 주며 PFRV는 회로조건과 고장조건에 따라 다르며 TRV진동의 중심을 결정하기 때문에 중요하다.

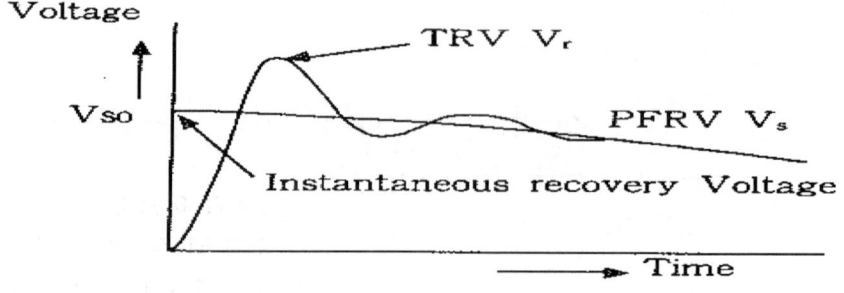

3. 과도 회복 전압(TRV:Transient Recovery Voltage)

    (1) 과도 회복전압이란 차단기 차단직후 접촉자간에 발생하는 과도 자연

진동을 말하며 차단기의 차단능력을 측정하는 중요한 요소로 작용한다.
(2) TRV의 크기와 파형은 계통전압, 계통구성, 설비상수, 차단기 설치위치, 고장전류 등에 따라 변하며
(3) 정격 과도 회복전압은 차단기 정격차단전류 또는 그 이하의 전류를 차단할 때 부과될 수 있는 고유 회복전압의 한도로서 2 Parameter법과
(4) Parameter법의 규약치로 표시한다.

4. 초기 과도 회복전압(ITRV : Initial Transient Recovery Voltage)

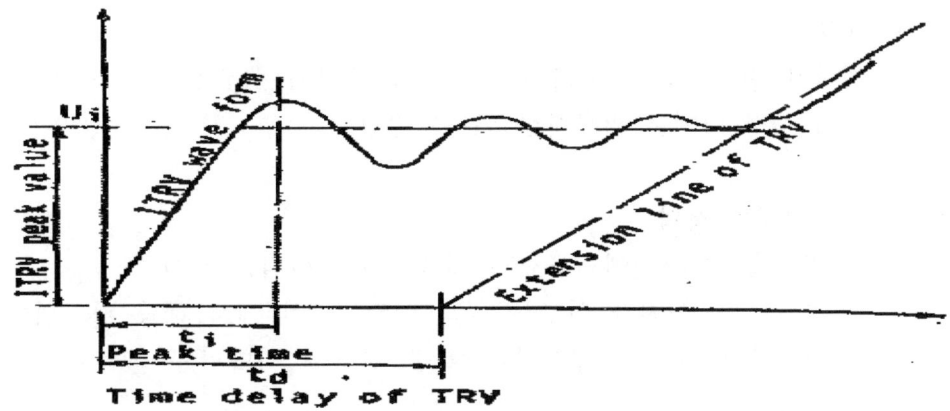

(1) 차단기 용량증대와 차단기 차단능력 향상을 위해서는 더욱 자세한 TRV의 측정이 필요한데 차단기 종류에 따른 차단능력에 특별한 영향을 주는 ITRV는 열적 파괴 특성에 상당한 영향을 준다.
(2) 차단기와 고장점간 소폭 전압진동에 의하여 정해지는 ITRV는 전류 0점에서 최대값에 이르는 시간은 $1\mu S$이내이다.

5. 파형의 종류
(1) 정현파 : 사인(sine)파 라고도 하며 삼각함수 사인곡선을 이룬다. 발전소에서 나오는 교류는 주파수 60Hz를 갖는 정현파이다.
(2) 삼각파 : 파형이 삼각형 모양을 하고 있다.
(3) 톱니파 : 삼각파에서 기울기가 가파라서 톱니모양인 파이다.
(4) 사각파(구형파) : 사각형 모양을 하고 있어 디지털신호를 전달하는데 사용하는 파형이다
(5) 지수형 : 지수 함수형
(6) 진동형 (oscillatory type)
진동 초기에 변위(變位) 또는 운동이 외부로부터 주어지고, 그것에 의

해 진동이 시작된다. 일반적으로는 진동 중에 에너지가 소멸되기 때문에 그 진폭은 점차 감쇠해 간다.

3.5. 건축물 에너지 절약 설계기준(국토해양부 고시 제 2010-371호)에 의한 다음사항을 설명하시오.
1) 대기전력의 정의   2) 대기전력의 종류
3) 대기전력의 차단장치   4) 대기전력의 차단장치 설치 의무사항

1. 개요
에너지 절약 설계기준의 대기전력이 종전에는 권장사항 이었으나 2010. 6. 8 개정 때에는 의무사항으로 변경됨.

2. 대기전력의 정의
(1) 전원을 끈 상태에서도 전기제품에서 소비되는 전력
(2) 즉, 기기(器機)가 외부 전원과 연결된 상태에서 해당 기기의 주기능을 수행하지 않거나 내외부의 켜짐 신호를 기다리는 상태에서 소비되는 전력임.
(3) 가구당 연간 306kWh(35,000원)를 소비하여 우리나라 가정 전력소비량의 11% 정도가 대기전력으로 소모됨.
(4) 2004년 에너지관리공단에 따르면 우리나라에서 사용되는 전자기기의 평균 대기전력은 3.6W로 총 100만kW 전력을 소비한다.
(5) 낭비되는 에너지를 줄이기 위해 세계적으로 '대기전력 1W 이하 운동'이 추진되고 있으며, 우리나라도 전자 제품 대기전력을 2010년까지 1W 이하로 낮추기 위한 국가 로드맵(스탠바이 코리아 2010)을 2005년 확정했다

3. 대기전력의 종류

구 분	개 념	해 당 기 기
무부하 모드 (No Load)	플러그가 꽂혀있는 상태에서 소비되는 전력	어댑터(직류전원장치, 교류어댑터, 휴대전화, 충전기, 전기충전기)
OFF 모드	전원버튼을 이용해 전원을 꺼도 소비되는 전력. 0~3W 전력 소비	TV, 비디오, DVD 플레이어, 전자레인지, PC, 모니터, 프린터, 복사기

수동 대기 Mode	리모컨을 이용해 전원을 꺼도 소비되는 전력. 3W 수준	TV, 비디오, DVD 플레이어, 오디오, 휴대전화 충전기
능동 (Avtive) 대기 Mode	네트워크로 연결된 디지털기기는 전원을 꺼도 20~40W의 전력이 소비된다. 사용자는 꺼진 것으로 착각	홈네트워크, 셋톱박스(아날로그 TV로도 디지털hd방송을 수신할 수 있게 만든 것)
슬립(수면 Sleep)모드	기기가 작동중 사용하지 않는 대기상태에서 소비되는 전력	PC, 모니터, 프린터, 팩시밀리, 복사기, 스캐너, 복합기

4. 대기전력 차단장치

   대기전력 차단장치에는 위 설계기준 용어해설에 보면 다음과 같은 종류가 있다.

   (1) 대기전력 자동 차단콘센트

   건물 매입형 배선용 꽂음 접속기로서 지식경제부 고시「대기전력저감 프로그램 운용규정」에 의하여 대기전력저감 우수제품으로 등록된 자동절전 제어장치를 말한다.

   (2) 대기전력 차단스위치

   대기전력 차단을 위해 2개 이상의 콘센트가 연결되어 있고, 연결된 전체 콘센트를 한꺼번에 전원을 켜고 끌 수 있는 일괄 제어기능과 개별 콘센트를 분리하여 전원을 켜고 끌 수 있는 개별 제어기능 등 2가지 기능을 모두 갖춘 수동 또는 자동스위치를 말한다.

5. 대기전력차단장치 설치 의무사항

   (1) 공동주택은 거실, 침실, 주방에는 대기전력자동차단 콘센트 또는 대기전력차단스위치를 1개 이상 설치하여야 하며, 대기전력자동차단콘센트 또는 대기전력 차단스위치를 통해 차단되는 콘센트 개수가 전체 콘센트 개수의 30% 이상이 되어야 한다.

   (2) 공동주택 외의 건축물은 대기전력자동차단콘센트 또는 대기전력차단스위치를 설치하여야 하며 대기전력 자동차단콘센트 또는 대기전력차단 스위치를 통해 차단되는 콘센트 개수가 전체 콘센트 개수의 30% 이상이 되어야 한다.

3.6. 다음과 같은 계통에서 변압기 출력단으로부터 50 [m] 지점의 F1 에서 3상 단락 사고가 발생하였다. 주어진 값을 참조하여 F1 지점에서의 단락전류를 계산하시오. (단, 변압기 용량 기준으로 퍼센트 임피던스법으로 계산하시오.)

여기서
1) KEPCO 측 임피던스 : 100 [MVA], (X/R : 10),
2) ZL1 = 0.2 + j0.15[Ω/km] : 2[km]
3) TR:22.9/0.38 [kV], 3상 500[kVA], %Z=2.0 +j5.0,
4) ZL2 =0.1 + j0.1[Ω/km] : 50[m]
5) 전동기 = %Z 및 용량 (각각 j15, 150 [kVA]

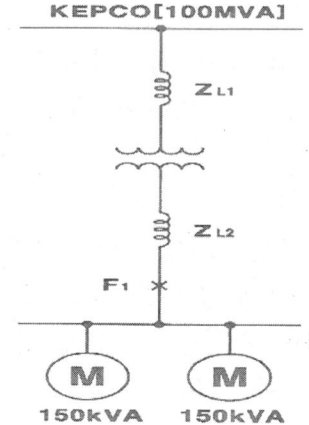

1. 각 회로 % 임피던스
   (기준용량 : 500[kVA])
   (1) 전원측 % 임피던스

   $$Ps = \frac{100}{\%Z} \times Pn \text{ 에서}$$
   $$\%Z = \frac{Pn}{Ps} \times 100 = \frac{500}{100 \times 10^3} = 0.5\,(\%)$$

   $$\%Z = \%R + j\%X = \%R(1+j\frac{X}{R}) = \%R(1+j10)$$

   $$\therefore \%R = \frac{\%Z}{1+j10} = \frac{0.5}{\sqrt{1^2+10^2}} = 0.04975 ≒ 0.05\,(\%)$$

   %X = 10 x %R = 10 x 0.05 = 0.5 (%)
   ∴ %Z = 0.05 + j 0.5 (%)

(2) TR 1차 선로 % 임피던스

$$\%Z = \frac{PZ}{10\,V^2} = \frac{500 \times (0.4 + j\,0.3)}{10 \times 22.9^2} = 0.038 + j\,0.029\,(\%)$$

(3) TR % Z = %Z=2.0 +j5.0

(4) TR 2차 선로 % 임피던스

선로임피던스=(0.1 + j0.1)X0.05 = 0.005+j0.005(Ω)

$$\%Z = \frac{PZ}{10\,V^2} = \frac{500 \times (0.005 + j\,0.005)}{10 \times 0.38^2} = 1.731 + j1.731\,(\%)$$

(5) 모터 % 임피던스

$$\%Z = \frac{Pn}{Ps} \times \%Z = \frac{500}{150} \times j15 \times \frac{1}{2} = j25\,(\%)$$

2. 합성 % 임피던스

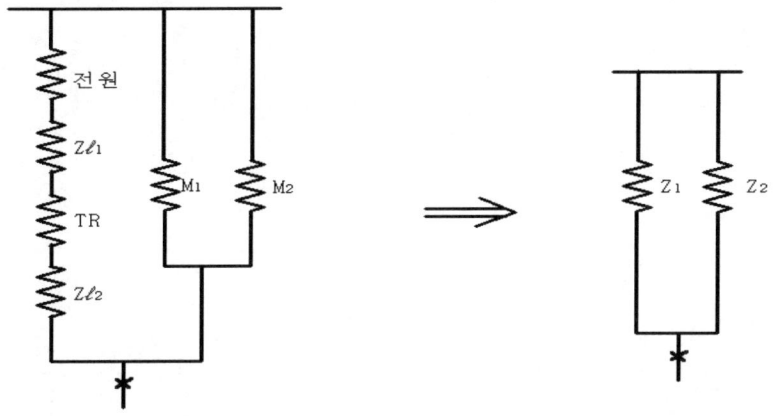

(1) 사고점 1차측

% Z1 = 0.05 + j0.5 + 0.038 + j 0.029 + 2.0 + j 5.0 + 1.732 + j 1.732 = 3.82 + j 7.26 (%)

(2) 기여 전류측

% Z2 = j 25 (%)

(3) 임피던스 합계 = $\dfrac{(3.82+j7.26)(j25)}{3.82+j7.26+j25} = 6.31\,(\%)$

3. 단락전류 계산

$$Is = \frac{100}{\%Z} \times In = \frac{100}{\%Z} \times \frac{P}{\sqrt{3}\,V}$$

$$= \frac{100}{6.31} \times \frac{500}{\sqrt{3} \times 0.38} \fallingdotseq 12.04(kA)$$

제 4 교시

4.1. RLC 로 구성된 부하에 공급되는 전압 v(t), 전류 i(t)의 순시 값이 다음과 같다.

$v(t) = V_{\max} \cos(\omega t + \alpha)$ [V]

$i(t) = I_{\max} \cos(\omega t + \beta)$ [A]

1) 부하에 공급하는 순간전력 p(t) 를 구하시오.
2) 앞의 결과를 이용하여 부하에 공급된 유효전력 P[W]와 무효전력 Q[Var]를 정의하고 그 의미를 설명하시오.

1. 순간전력

$$\begin{aligned} p(t) &= v(t) \cdot i(t) \\ &= \sqrt{2}\, V \cos(\omega t + \alpha) \cdot \sqrt{2}\, I \cos(\omega t + \beta) \\ &= 2VI \cos(\omega t + \alpha)\cos(\omega t + \beta) \\ &= 2VI \left[\frac{1}{2}\{\cos(\omega t + \alpha + \omega t + \beta) + \cos(\omega t + \alpha - \omega t - \beta)\}\right] \\ &= VI[\cos(2\omega t + \alpha + \beta) + \cos(\alpha - \beta)] \\ &= VI\cos(\alpha - \beta) + VI\cos(2\omega t + \alpha + \beta) \end{aligned}$$

참고 : 삼각함수 공식

$$\cos\alpha \cdot \cos\beta = \frac{1}{2}[\cos(\alpha + \beta) + \cos(\alpha - \beta)]$$

$$\sin\alpha \cdot \sin\beta = -\frac{1}{2}[\cos(\alpha + \beta) - \cos(\alpha - \beta)]$$

2. 유효전력 P[W]와 무효전력 Q[Var] 정의 및 의미

(1) 유효전력과 무효전력은 전력공학의 가장 중요한 개념에 속하는데, 유효전력은 실제 전달되는 전력이고, 무효전력은 전달되지 않고 공급원과 사용자 사이에 오가기만 하는 전력이다.

(2) 위 풀이에서 앞항의 $VI\cos(\alpha - \beta)$는 일정전력(시간에 따라 변하지 않는 성분)을 말하며 뒤의 항 $VI\cos(2\omega t + \alpha + \beta)$는 전원 주파수의 두 배의 주파수로 진동하는 평균치가 0인 성분을 나타내는 항이다.

즉 전달되는 전력의 크기는 $VI\cos(\alpha - \beta)$ 가 되고

오가기만 하는 전력의 크기는 $VI\cos(2\omega t + \alpha + \beta)$ 가 된다.

(3) 전압과 전류의 위상차에 따른 전력 파형

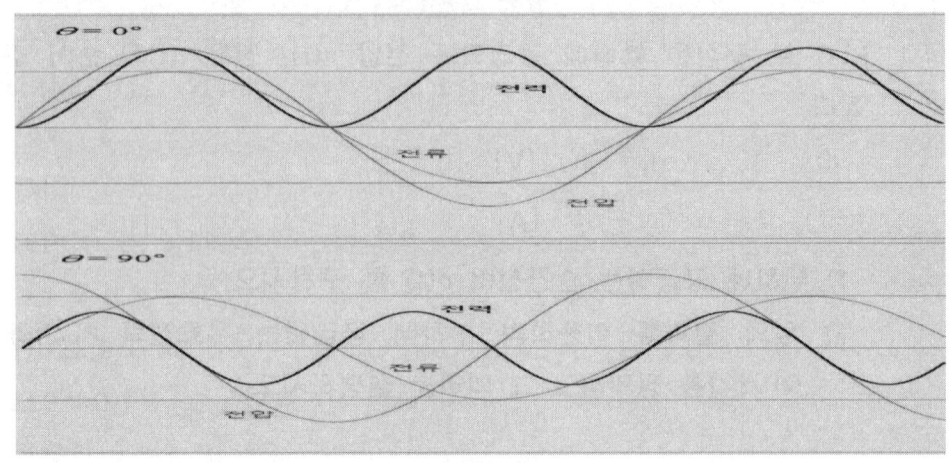

3. 유효 전력과 무효전력의 성분분석

무효전력, 유효전력 및 피상전력의 관계는 다음 그림과 같다.

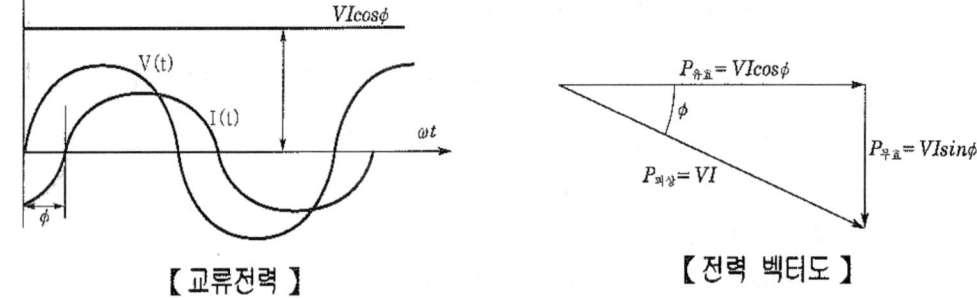

【 교류전력 】　　　　　　　【 전력 벡터도 】

(1) 유효전력

1) 유효전력은 실제로 일을 행하는 전력을 말하며 실제의 열 소비를 행하는 전력인 평균전력 $P = VI\cos\phi$ 이다.

2) 유효전력의 SI 단위는 와트(W)로 표시하고 이 값을 10^3 배한 (kW)를 주로 사용한다.

(2) 무효 전력

L 또는 C에 교류 전류를 흘릴 때와 같이 전원에서의 에너지의 전달이 반주기마다 교번하여 실제로는 어떤 일도 행하지 않으며 열 소비를 일으키지 않는 전력을 말한다.

(3) 성분분석

교류 전압의 실효치를 V, I 라 하고 위상각을 ϕ라 하면 피상 전력은 VI가 되고, 유효전력 및 무효전력은 $VI\cos\phi$ 및 $VI\sin\phi$로 표시한다. 이를 벡터도로 표시하면 위의 그림과 같다.

4.2. 발광원리에 따른 광원을 분류하고 할로겐램프에 대하여 설명하시오.

1. 발광원리에 따른 광원 분류
발광원리에 따른 광원의 분류를 보면 온도방사를 이용한 발광과 Luminescence를 이용한 발광이 있다.

(1) 온도 방사를 이용한 발광
  1) 원리
    물체를 가열하면 가시광선이 방사되는데 이 현상을 온도방사(복사)라 하며 여기에는 스테판 볼츠만의 원리와 윈의 변위 법칙, 플랭크 방사의 법칙이 적용된다.
  2) 광원
    백열등, 할로겐 램프 등

(2) Luminescence를 이용한 발광
  1) 원리
    열을 동반하지 않고 어떤 자극에 의해 발광을 하는 현상을 Luminescence라 하는데 빛을 조사할 때 조사광을 제거해도 계속 발광하는 것을 인광(야광)이라 하며 조사광을 제거하면 바로 소멸해 버리는 것을 형광이라 한다.
  2) Luminescence에 의한 광원 종류
    가. 전기 루미네선스
      - 기체 또는 금속 증기 내에서의 방전에 따른 발광현상
      - 네온싸인, 방전등, CDM, PLS등
    나. 방사 루미네선스
      - 어떤 종류의 화합물이 자외선 또는 X선등의 방사를 받아서 발광을 하는 현상(스토크스 법칙)
      - 형광등, 무전극 램프, CCFL, EEFL
    다. 전계 루미네선스
      - 전계에 의해서 고체가 발광하는 것
      - 발광 다이오드(LED), OLED, EL 등
    라. 기타 Luminescence의 종류
      - 열 루미네선스   - 음극선 루미네선스
      - 화학 루미네선스   - 초(Pyro) 루미네선스
      - 생물(Bio) 루미네선스 - 마찰 루미네선스
      - 결정(Crystal) 루미네선스

2. 할로겐 램프

(1) 원리

1) 할로겐 화합물(요드, 브롬, 염소 등으로 구성)을 유리구 내에 봉입
2) 할로겐의 재생 사이클 원리를 이용하여 흑화 방지 수명 연장
3) 재생 사이클 원리

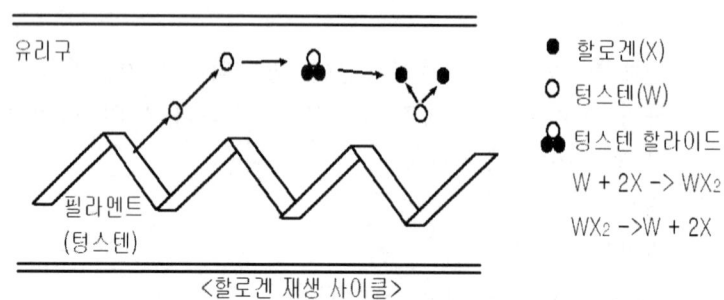

〈할로겐 재생 사이클〉

- 증발한 텅스텐과 낮은 온도에서 결합
- 고온에서 분해
- 텅스텐은 다시 필라멘트에 부착되고 할로겐 화합물은 유리구내로 확산

(2) 구조

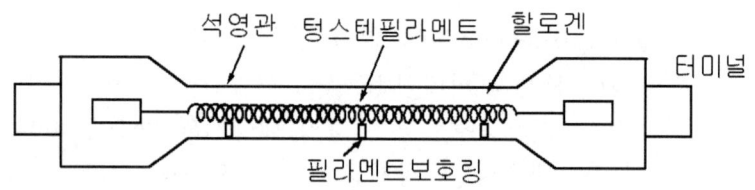

- 위의 과정을 반복

1) 유리구 : 석영이나 경질유리
   관벽온도 : 250 ~850 (^{0}C)
2) 유리구 내부 금속 : 텅스텐 또는 몰리브덴
3) 할로겐 가스 : $CH_3 Br$, I_2, Cl_2, Br_2

(3) 특성

1) 분광 분포 특성
   - 가시광선 영역에서는 방사 에너지가 선형적으로 변화하여 안정적임.
2) 적외선 영역에서는 방사가 많기 때문에 히터, 복사기 등의 열원으로 사용함.

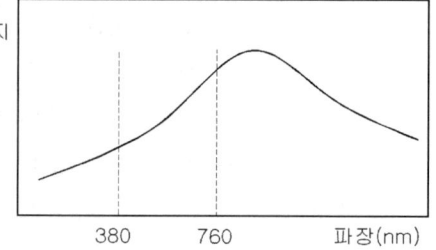

3) 전압 특성

전압이 상승하면 광속과 전력은 상승하지만 수명 감소

4) 기타 특성

용량 : 500~1,500 (W)

효율 : 20~22 (lm/w)

수명 : 2,000~3,000 (h)

색온도 : 3,000 (K)

연색성(Ra) : 100

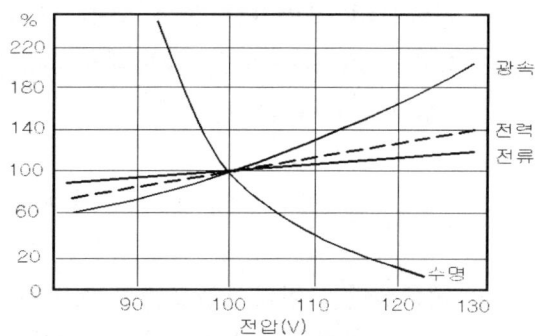

(4) 특징

1) 장점

초소형 경량의 전구를 제작할 수 있다. 효율이 높다.(할로겐 사이클에 의함. 백열전구의 약2배) 수명이 길다.(백열전구에 비해 약2배) 수명의 말기까지 밝기 및 온도가 일정하다. 설치 및 광원의 교체가 간편하다. 열 충격에 강하다. 정확한 빔을 가지고 있다. 조광이 원활하다. 연색성이 우수하다 건축화 조명에 유리하다 매우 경제적이다

2) 단점

관벽 온도가 높다

방사열이 많아 냉방공조부하의 증가를 초래한다.

휘도가 높다(눈부심에 주의)

유리부분의 오염으로 수명이 짧아진다.

(5) 용도

- 옥외 투광 조명, 고천장 조명, 광학용, 비행장 활주로, 자동차용, 복사기용, 히터용
- 백화점등 상점의 Spot light
- Studio Spot light
- 점멸이 잦은 장소
- 연색성을 요구하는 장소

4.3. 건축물의 설비기준 등에 관한 규칙 제20조(2010. 11. 5 시행)의 피뢰설비에 관한 내용을 설명하라.

〈 건축물의 설비기준 등에 관한 규칙 〉
[2010.11.5 일부개정. 국토해양부령 제306호]

제20조(피뢰설비)
낙뢰의 우려가 있는 건축물 또는 높이 20미터 이상의 건축물에는 다음 각 호의 기준에 적합하게 피뢰설비를 설치하여야 한다.

1. 피뢰설비는 한국산업표준이 정하는 피뢰레벨 등급에 적합한 피뢰설비 일 것. 다만, 위험물저장 및 처리시설에 설치하는 피뢰설비는 한국산업표준이 정하는 피뢰 시스템 레벨 Ⅱ 이상이어야 한다.

2. 돌침은 건축물의 맨 윗부분으로부터 25Cm 이상 돌출시켜 설치하되, 「건축물의 구조기준 등에 관한 규칙」에 따른 설계하중에 견딜 수 있는 구조일 것

3. 피뢰설비의 재료는 최소 단면적이 피복이 없는 동선을 기준으로 수뢰부, 인하도선 및 접지극은 50㎟ 이상 이거나 이와 동등 이상의 성능을 갖출 것

4. 피뢰설비의 인하도선을 대신하여 철골조의 철골구조물과 철근콘크리트조의 철근 구조체 등을 사용하는 경우에는 전기적 연속성이 보장될 것. 이 경우 전기적 연속성이 있다고 판단되기 위해서는 건축물 금속 구조체의 최상단부와 지표레벨 사이의 전기저항이 0.2Ω 이하이어야 한다.

5. 측면 낙뢰를 방지하기 위하여 높이가 60m를 초과하는 건축물 등에는 지면에서 건축물 높이의 5분의 4가 되는 지점부터 최상단부분까지의 측면에 수뢰부를 설치하여야 한다.
다만, 건축물의 외벽이 금속부재(部材)로 마감되고, 금속부재 상호간에 제4호 후단에 적합한 전기적 연속성이 보장되며 피뢰시스템레벨 등급에 적합하게 설치하여 인하도선에 연결한 경우에는 측면 수뢰부가 설치된 것으로 본다.

6. 접지(接地)는 환경오염을 일으킬 수 있는 시공방법이나 화학 첨가물 등을 사용하지 아니할 것

7. 급수·급탕·난방·가스 등을 공급하기 위하여 건축물에 설치하는 금속 배관 및 금속재 설비는 전위(電位)가 균등하게 이루어지도록 전기적으로 접속 할 것

8. 전기설비의 접지계통과 건축물의 피뢰설비 및 통신설비 등의 접지극을 공용하는 통합접지공사를 하는 경우에는 낙뢰 등으로 인한 과전압으로부터 전기설비 등을 보호하기 위하여 한국산업표준에 적합한 서지보호장치(SPD)를 설치할 것

4.4. 480 [V] 모선에 고조파 발생원인 가변속 모터와 일반 부하가 병렬로 연결되어 운전되고 있다. 이 모터의 정격과 발생되는 고조파는 다음과 같다.

고조파	%	전류[A]
5	20	120
7	12	72
11	7	42
13	4	24

정격 ; 500[HP], 전압 480[V], 전류(기본파) 601[A]
이 모선은 용량 1500[kVA], 임피던스 6[%]의 변압기에서 전력을 공급 받고 있다. 이때 480[V] 모선에서의 전압왜형율(THD)을 구하시오.
(단, 변압기 고압측 임피던스 효과는 무시한다.)

1. 개요
   (1) 고조파는 주기적인 왜형파의 각 성분중 기본파 이외의 것
       즉, 기본파에 비해 2배 이상의 정수배 주파수를 갖는 파를 의미한다.
   (2) 고조파를 평가하는 방법은 전압THD, 전류THD, 전류TDD, EDC등이 있다.

2. 고조파 왜형율
   (1) THD (종합 고조파 왜형율. Total Harmonics Distortion)
       종합 고조파 왜형율 (THD)은 다음식과 같이 고조파전압(전류) 실효치와 기본파 전압(전류) 실효치의 비로 나타내며, 고조파의 발생 정도를 나타내는데 많이 사용된다.

1) 전압 종합 고조파 왜형율(VTHD)

기본파 전압 파형에 대한 전체 고조파 전압 파형의 실효치의 비

$$VTHD = \frac{\sqrt{\sum_{2}^{n} Vn^2}}{V_1} \times 100 = \frac{\sqrt{V_2^2 + V_3^2 + V_n^2}}{V_1} \times 100(\%)$$

여기서 V_1 : 기본파 전압(V)
V_2, V_3, Vn : 각 차수별 고조파 전압(V)

(2) 고조파 허용기준치

전압	계통항목	지중선로가 있는 S/S에서 공급하는 고객		가공선로가 있는 S/S에서 공급하는 고객	
		전압왜형율(%)	등가방해전류(A)	전압왜형율(%)	등가방해전류(A)
66KV이하	3	3	—	3	—
154KV이상	1.5	1.5	3.8	1.5	—

3. 문제 풀이

(1) 각 고조파의 차수별 임피던스

1) 기본파 임피던스

$$Z_1 = \frac{10\, V^2 \times \%Z}{P} = \frac{10 \times 0.48^2 \times 6}{1500} = 9.22 \times 10^{-3}(\Omega)$$

2) 제5고조파 임피던스

$$Z_5 = \frac{10\, V^2 \times \%Z}{P} \times 5 = \frac{10 \times 0.48^2 \times 6}{1500} \times 5 = 0.046(\Omega)$$

3) 제7고조파 임피던스

$$Z_7 = \frac{10\, V^2 \times \%Z}{P} \times 7 = \frac{10 \times 0.48^2 \times 6}{1500} \times 7 = 0.065(\Omega)$$

4) 제11고조파 임피던스

$$Z_7 = \frac{10\, V^2 \times \%Z}{P} \times 11 = \frac{10 \times 0.48^2 \times 6}{1500} \times 11 = 0.1(\Omega)$$

5) 제13고조파 임피던스

$$Z_7 = \frac{10\, V^2 \times \%Z}{P} \times 13 = \frac{10 \times 0.48^2 \times 6}{1500} \times 13 = 0.12(\Omega)$$

(2) 각 차수별 전압

1) 기본파 전압 : 480 (V)

2) 제5고조파 전압

$$V_5 = (I_5 \times Z_5) = (120 \times 0.046) = 5.53(V)$$

3) 제7고조파 전압
$$V_7 = (I_7 \times Z_7) = (72 \times 0.065) = 4.645(V)$$

4) 제11고조파 전압
$$V_{11} = (I_{11} \times Z_{11}) = (7 \times 0.1) = 0.7(V)$$

5) 제13고조파 전압
$$V_{13} = (I_{13} \times Z_{13}) = (4 \times 0.12) = 0.48(V)$$

(3) 모선의 전압 왜형율

$$\text{VTHD} = \frac{\sqrt{V_2^2 + V_3^2 + V_n^2}}{V_1} \times 100(\%)$$

$$= \frac{\sqrt{5.53^2 + 4.645^2 + 0.7^2 + 0.48^2}}{480} \times 100 = 1.56(\%)$$

4.5. 전력품질의 신뢰도를 향상시킬 수 있는 장치를 제시하고 설명하시오.

1. 개요

   전력 품질은 국가별로 관리항목이 약간씩 다르지만 우리나라는 전기 사업법에 의해서 아래 표와 같이 전압 유지율, 주파수 유지율, 연간 정전 시간 및 정전 횟수로 관리하도록 되어 있으며, 현재 우리나라의 전력품질의 수준은 선진국 수준으로 볼 수 있으며 여기에서는 주로 전력에서 문제가 되는 전원 외란에 대해 설명하기로 한다.

2. 전력 품질 기준

   (1) 전압, 주파수, 정전시간

항목	표준	허용오차	우리 나라 현황
전압	110V 220V 380V	± 6 V ± 13 V ± 38 V	비교적 양호
주파수	60 Hz	± 0.2Hz	0.1Hz 정도
정전 시간	년간 호당 20분 미만으로 선진국 수준이다.		

(2) 고조파

전압	지중선로가 있는 S/S 에서 공급하는 고객		가공선로가 있는 S/S 에서 공급하는 고객	
	전압왜형율(%)	등가방해전류 (A)	전압왜형율(%)	등가방해전류 (A)
66KV이하	3	-	3	-
154KV이상	1.5	3.8	1.5	-

3. 전력 품질

(1) 외란의 종류 및 원인

1) 전압 이도. 순간 전압 강하 (Voltage Sag or Dip)

낙뢰, 중부하 이상의 개폐, 대형 전동기의 기동, 계통의 순간적 부하 급증 등으로 나타나는 순간 전압 강하 현상을 말한다.
- 지속 시간 : 0.5~30Cycle
- 전압 저하 : 0.1~0.9 p.u.

2) 전압 융기. 순간 전압 상승 (Voltage Sweel)

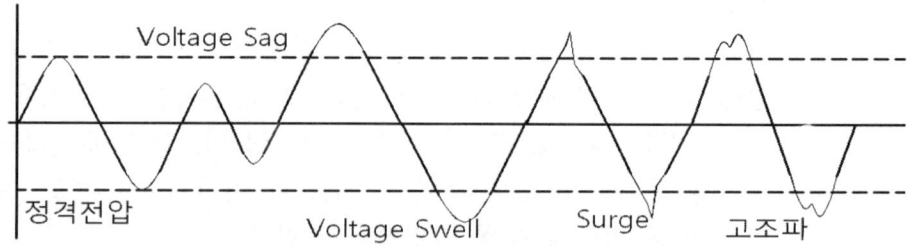

부하의 급감, 다른 상의 사고등에 의한 순간적인 전압 상승을 말함
- 지속 시간 : 0.5~30Cycle
- 전압 상승 : 1.1~1.4 p.u.

3) 정전 (Interruption)

전력선 사고, 발전기나 변압기 고장, 퓨즈 단선, 차단기 작동 등으로 나타나며 순간 정전(0.07~2초), 단시간 정전(2초~10분), 장시간 정전 (30분 이상)으로 구분한다.

4) 전압 변동 (Flicker)

부하의 잦은 변동, 돌입 전류, 사고, 계통 절체등에 기인하며 특히 무효전력과 고조파 부하가 많은 경우 더 심하다.

5) 전압 불평형 (Voltage Unbalance)

3상 전압의 평균치에 대한 편차로 나타내며, 단상부하의 심한 편중, 무효전력 및 고조파 전력 증가, 접촉불량 등이 원인이다.

6) 써지(Surge)

   낙뢰, 단락, 전력 간선의 개폐 등으로 발생하며 전압 상승이 수 μS ~ 수 mS 동안 지속된다.

7) 고조파에 의한 파형 왜곡(Hamonics)

   비선형 부하나 스위칭 소자로 인해 발생하며 정현파에 연속적인 왜형 현상을 나타낸다.

4. 전력품질의 신뢰도를 향상시킬 수 있는 장치

(1) 정전 및 순간 전압강하 대비

1) 발전기

   저소음, 저진동, 경량, 소형인 가스 터빈 발전기가 전력 품질이 훨씬 좋다.

2) U P S

   UPS는 잠시도 정전 또는 전압 변동을 허용할 수 없는 중요한 부하기기에 상용 전원이 정전 되거나 긴급 사고가 발생할 때 부하측 전원이 차단 또는 전압 변동이 되지 않도록 무정전으로 준비된 비상 전원에 의해 양질의 전원을 공급하는 장치로서 IGBT 전력 소자를 이용한 PWM 방식 권장

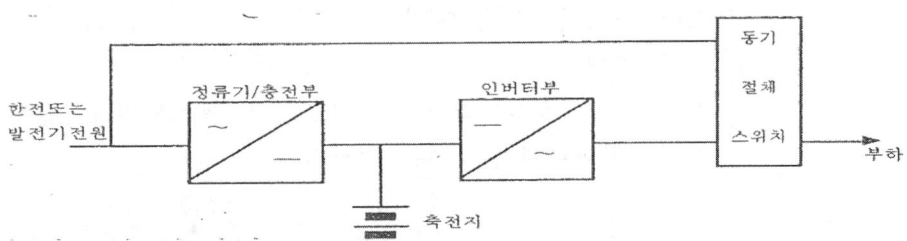

3) 축전지

   축전지 설비는 정전시 또는 비상비 신뢰할 수 있는 예비 전원이며 건축법이나 소방법의 규정에 의하여 예비 전원이나 비상 전원으로 사용되고 있다.

   예를 들면 비상용 조명, 유도등의 전원뿐만 아니라 수변전기기의 조작 및 제어용 전원으로도 사용.

   구성은 축전지, 충전 장치, 제어장치 등으로 구성

4) DPI(Voltage Dip Proofing Inverters)

   - DPI는 순간적인 전원 장애로 인한 전력 공급 중단을 방지하는 순간 전압 강하 보상기이다.
   - 순간 전압 강하가 일어나면 $600\mu S$ 이내에 Inverter 가 구형파 전력을 공급
   - 콘덴서는 1초 이내에 재충전이 된다.

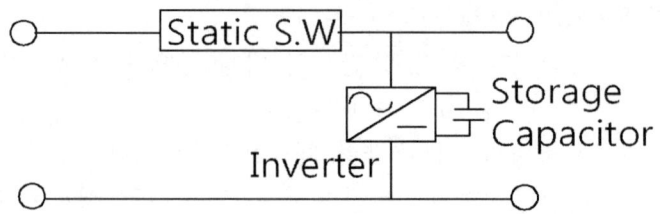

(2) 뇌 및 개폐서지 대비
   1) L A
   선로에 발생하는 이상 전압을 대지로 방전시킴으로써 기기의 절연이 파괴되지 않도록 하는데 있으며 탄화규소(Si C)를 주 소재로 한 GAP형과산화아연(ZnO)을 주성분으로 한 GAPLESS형이 있으며 여러 가지 특성상 GAPLESS형이 유리.
   2) S A
   개폐써지 등 파고치가 낮고 이상전압의 지속시간이 긴 곳에 사용

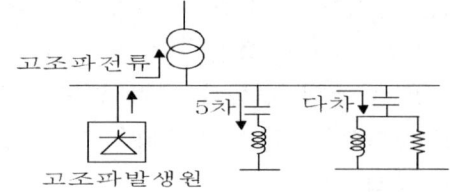

(3) 고조파 등 전원 왜란 대비
   1) 수동 필터
   부하단 근처에 저 임피던스 회로(L-C 동조필터)를 접속하여 고조파 전류를 그 회로에 흡수하는 원리임

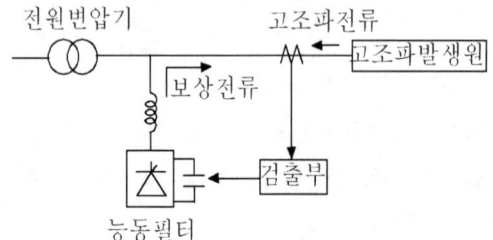

   2) 능동 필터
   유출되는 고조파 전류와 반대 위상의 고조파 전류를 발생시켜 상쇄시킴.
   3) 라인 필터

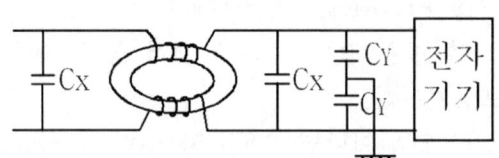

Cx : 노말모드용
Cy : Common Mode용

4) S P D
   - 전압 스위칭형
     서지가 유입되면 급격히 임피던스가 낮아져 이상전압을 방전시키는 것
   - 전압 제한(LIMIT)형
     서지가 유입되면 연속적으로 임피던스가 낮아져 이상전압을 방전시키는 것.
   - 복합형
     전압 스위칭 소자 및 전압 제한형 소자 모두를 갖는 TYPE

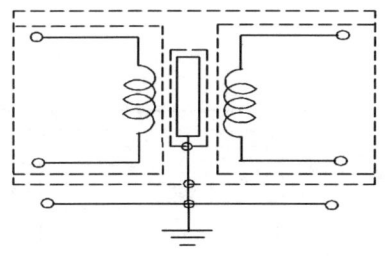

5) N C T
   외부에 다중 피복 전자차폐판을 설치하고 노이즈의 자속이 통과하지 않도록 제작된 변압기

6) ZED(Zero Hamonic Eliminating Divice)
   - 같은 철심에 2개의 권선을 반대방향으로 감은 것(Zig Zag TR)으로 영상분 전류는 위상을 같게 하여 제거 되게 하였으며 정상 역상분 전류는 벡터합성이 크게 되게 한 것이다.

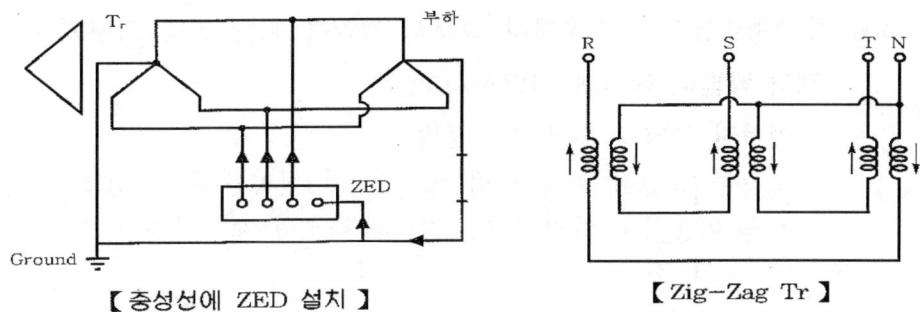

【 중성선에 ZED 설치 】   【 Zig-Zag Tr 】

7) Blocking Filter
   L - C 공진을 이용하여 중성선의 고조파를 제거

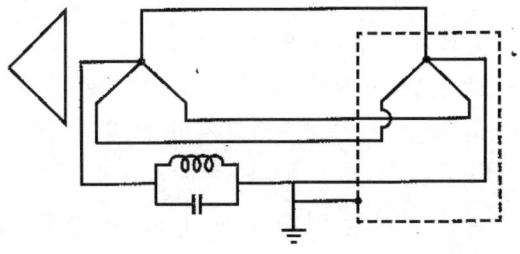

8) 리액터 설치
- ACL : AC 고조파 방지
- DCL : DC 고조파 방지정지형 무효 전력 보상 장치

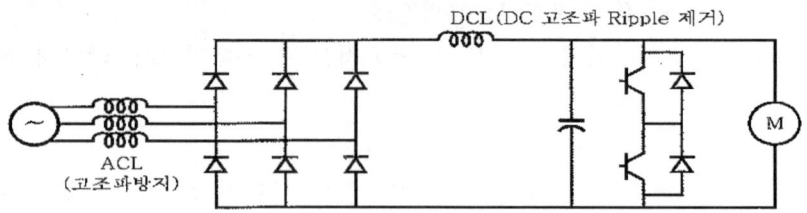

9) SVC

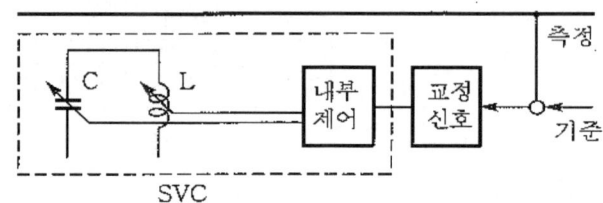

10) 기타
- 자동 전압 조정기
- 전력용 콘덴서
- 직렬 리액터 등

4.6. 초고층빌딩의 조명설계시 에너지 절약을 위한 조명 기구의 배치방법과 조명 제어 방법에 대하여 설명하시오..

1. 에너지 절약을 위한 조명방법
초고층 빌딩의 조명 방법 중 에너지 절약을 위한 방법은 최대한 자연 채광을 이용하는 방법이고 이에 따른 조명 제어기술이 필요하다.

2. 천창을 통한 자연광 도입
(1) 일반천창
(장점)
- 비교적 적은 비용이 든다.
- 날이 맑을 경우 어두운 공간에 가장 효과적인 조명을 제공한다.
- 태양고도가 높은 적도지방에 효과적이다.

(단점)
- 온도 변화의 영향이 크며, 특히 추운 기후에 문제가 있다.

- 눈부심의 문제를 일으킬 수 있다.
- 수평 유리창은 수직유리창보다 파손의 위험성이 크다.

(고려사항)
- 가능한한 경사지고 동쪽으로 향하는 천창을 계획하는 것이 좋다.
- 투명한 유리를 사용한 작은 천창이 바람직하다.
- 작업 면을 간접적으로 조명
- 눈부심을 제어하고 빛을 넓은 지역으로 반사하기 위한 조절장치를 계획한다.
- 원하지 않는 빛을 외부로 다시 반사하여 빛의 양을 조절하는 것이 바람직하다.
- 빛을 정확히 원하는 곳으로 보내기 위하여 루버나 반사경을 사용하는 것이 바람직하다.

(2) 광정
- 경사진 면으로 형성된 광정은 하늘과 천장 부분의 휘도차를 완화시키는데 효과적임.
- 우물 형태의 측면은 반사율이 높아야하며, 무광택성 마감이 바람직하다.

(3) 모니터형과 톱날형 천창(Monitor Roof, Sawtooth Roof)
- 모니터형은 반사율이 높은 지붕표면을 사용하면 내부조도를 향상시킬 수 있다.
- 톱날형 천창은 하늘을 향하여 창을 기울이면 주광의 도입을 증가시킬 수 있으나 유리 위에 먼지가 많이 쌓이므로 장점이 상쇄한다.

3. 측창 자연광 도입

(1) 빛 선반장치
창으로 유입된 태양광을 실내 천장면으로 반사시켜 자연채광을 실 안쪽 부분까지 깊숙이 장치 경사 각도를 알맞게 하여 실 깊숙한 부분까지 자연채광을 도달시켜 조명에너지의 절감을 도모.

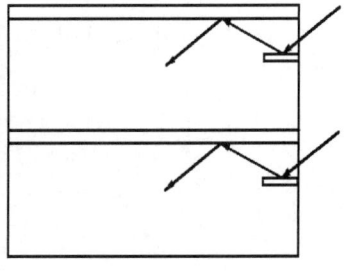

(2) 프리즘 윈도우
자연채광을 적극적으로 실 안쪽 깊숙이 도입

4. 설비형 자연채광 방식

(1) 추미방식 채광장치 (반사경 방식)

1) 태양광 자동추미방식 채광장치
   마이크로컴퓨터를 이용하여 태양광을 자동적으로 추미하는 방식
2) 태양광 수동 추미방식 채광장치
   태양광의 위치변화를 미리 컴퓨터로 계산하고, 최적 반사각도에 적합하도록 반사 거울을 설정

(2) 덕트방식

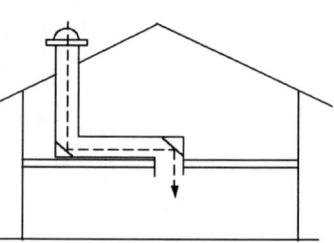

곡면경이나 평면경으로 모은 태양광을 반사율이 높은 거울면으로 원하는 곳에 빛을 비추는 방법 인공조명과 함께 쓰일 수 있어 야간이나 모든 기상조건에서도 시스템이 작용한다는 장점이 있다.
- 수직형 덕트 방식
- 수평형 덕트 방식
- 수직, 수평 병용형 덕트 방식

(3) 광섬유 케이블 방식

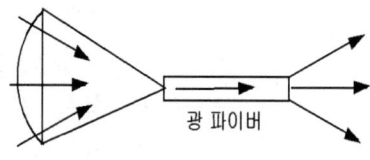

광섬유 케이블은 구부릴 수 있고 기존건물에도 작은 덕트를 통해 쉽게 설치될 수 있는 우수한 장치이지만 전달되는 빛의 양에 비해 가격이 비싼 단점이 있음

(4) 설비형 자연채광방식의 비교
   자연광이 인공조명과 유사한 장치로부터 제공된다면 사용자들은 변화와 자극의 부족함과 조망의 불가능으로 인하여 자연광을 접하고 있다는 느낌을 받지 못하게 될 것이고 따라서 자연광임을 느끼게 해주는 조명 디자인 및 실내디자인이 요구된다.

설비형 자연채광방식의 특성을 비교하면 다음과 같다.

종류	구성	광 송전방식	특징
반사경 방식	태양광추적센서 경면제어장치 반사경	반사율이 높은 여러 개의 거울이용	구조가 간단하다. 평균 조도가 높다. 값이 저렴하다.
덕트방식	태양광 집광장치 내부가 반사율이 높은 거울면으로 구성된 스텐레스 튜브나 금속제 덕트	광덕트를 이용하여 밀폐된 공간으로 빛을 전달	값이 저렴하다. 채광장소가 실내 근거리와 지하에 국한된다.
광섬유 방식	태양광 집광장치 광추적 콘트롤러 조사단말	광섬유 케이블을 이용하여 빛을 전달	효율이 높다. 양질의 빛을 전송한다. 광범위 채광 가능하다.

제94회 (2011.05)
기출문제

건축전기설비
　기술사
　기출문제

INDEX

국가기술 자격검정 시험문제

기술사 제 94 회 　　　　　　　　　　제 1 교시 (시험시간: 100분)

| 분야 | 전기 | 자격종목 | 건축전기설비기술사 | 수험번호 | | 성명 | |

※ 다음 문제중 10문제를 선택하여 설명하시오. (각10점)

1. 전력용 콘덴서의 개폐현상에 대하여 설명하시오.

2. PCM(Pulse Code Modulation)의 표본화 정리에 대하여 설명하시오.

3. 변류기(Current Transformer)포화전압의 정의와 포화전압과 부하 임피던스의 관계에 대하여 설명하시오.

4. 전력용 변압기의 누설전류가 설비에 미치는 영향에 대하여 설명하시오.

5. 전력간선 굵기 산정의 흐름도를 제시하시오.

6. 피뢰기 정격전압 결정시 고려할 기술적 사항을 설명하시오.

7. 정전압원과 정전류원의 의미와 적용방법을 설명하시오.

8. 연료전지의 일반적인 특징과 가정용으로 사용시 시스템 구성에 대하여 설명하시오.

9. 광원의 특성을 평가할 때 사용하는 연색성 평가지수(CRI: Color Rendering Index)에 대하여 설명하시오.

10. 무선통신 보조설비의 방식 3가지를 설명하시오.

11. 동력설비를 사용하는 3상 유도전동기를 신속하게 정지시킬 때나 속도를 일정속도로 제한하기 위한 전기적 제동(breaking) 방법에 대하여 설명하시오.

12. 단락사고 시 전동기 기여전류와 과도 리액턴스를 설명하시오.

13. KSC IEC 61312-1에 의한 저압 배전계통의 서지보호장치(SPD : Surge Protective Device)의 형식에 대하여 설명하시오.

국가기술 자격검정 시험문제

기술사 제 94 회 제 2 교시 (시험시간: 100분)

분야	전기	자격종목	건축전기설비기술사	수험번호		성명	

※ 다음 문제중 4문제를 선택하여 설명하시오. (각25점)

1. 배전설비 간선의 고조파 전류의 발생원인, 영향 및 대책에 대하여 설명하시오.

2. 용량 370kw, 효율 95%, 역률 85%인 배수펌프용 농형 유도전동기 3대에 아래조건에 적합하게 전력을 공급하기 위한 변압기 용량과 발전기 용량을 산출하시오.
   (조건)
   - 각 전동기 역률은 95%로 개선
   - 리액터 기동방식 (TAP 65%)으로 시동계수 (B * C) : 7.2 * 0.65
   - 전동기 기동시 역률   : 21.4%
   - 전동기 기동시 전압변동율   : 5%
   - 변압기 % 임피던스   : 6.0%

3. KSC IEC 규격에 의한 보호용, 기능용, 뇌보호용 등전위본딩에 대하여 설명하시오.

4. 초전도 기술의 개발동향과 전력분야에서의 기여방향을 기술하시오.

5. 변압기 고장 여부를 진단할 수 있는 방법을 설명하시오.

6. 인체의 감전현상을 표현하기 위한 인체 임피던스의 전기적 등가회로를 나타내고 감전의 과정과 방지대책을 설명하시오.

국가기술 자격검정 시험문제

기술사 제 94 회 　　　　　　　　　　　제 3 교시 (시험시간: 100분)

| 분야 | 전 기 | 자격종목 | 건축전기설비기술사 | 수험번호 | | 성명 | |

※ 다음 문제중 4문제를 선택하여 설명하시오. (각25점)

1. K-factor 적용 변압기와 허용용량계수를 적용하여 산출 예를 들어 설명하시오.
   (와전류는 Pu = 13, K-factor = 20)

2. 수용가 수전설비의 보호계전기(OCR/OCGR/OVGR/OVR/UVR)정정시 고려사항과 정정치에 대하여 설명하시오.

3. LED의 광발생과 관련된 직접천이형(direct transition)반도체의 빛에너지와 발광파장의 상관관계를 나타내고, 백색광을 출력하기 위한 각종 방안의 장단점을 설명하시오.

4. 건축물 정보통신설비의 전송매체에 대하여 설명하시오.

5. 전기설비기술기준의 판단기준 제18조에 공통접지 및 통합접지시스템이 도입되었다. 이 시스템의 도입사유와 판단기준에서 정하는 설치요건에 대하여 설명하시오.

6. 역률개선용 콘덴서를 적용할 때 발생하는 고조파 장해에 대한 대책으로 직렬리액터를 사용한다. 직렬리액터를 사용하는 이유를 설명하고, 영향이 큰 제 3,5고조파 저감을 의한 직렬리액터의 용량을 산정하시오.

국가기술 자격검정 시험문제

기술사 제 94 회   제 4 교시 (시험시간: 100분)

| 분야 | 전 기 | 자격종목 | 건축전기설비기술사 | 수험번호 | | 성명 | |

※ 다음 문제중 4문제를 선택하여 설명하시오. (각25점)

1. LCC(Life Cycle Cost) 분석을 통한 경제적인 조명설계 방법을 설명하시오.

2. 주택 정보화의 핵심요소인 홈네트워크 설비의 기능 및 설비구성에 대하여 설명하시오.

3. IEEE std.80에 의한 접지설계 흐름도를 제시하고 설명하시오.

4. 고층건물 내부에 수변전설비 계획시 고려할 사항에 대하여 설명하시오.

5. 일반적으로 사용하는 승강설비인 로프식 엘리베이터의 전동기 용량을 산정하기 위한 방안을 설명하시오.

6. 최근 개정된 터널조명의 기준에 대하여 개정 전·후의 사항을 비교 설명하시오.

2장

제94회 (2011.05)
문제해설

건축전기설비 기술사 기출문제

제 1 교시

1.1. 전력용 콘덴서의 개폐현상에 대하여 설명하시오.

1. 개요

   콘덴서의 개폐는 일반 유도 회로 개폐에 비하여 다음과 같은 특이성이 있다.
   (1) 투입시 돌입전류가 대단히 크다.
   (2) 개방시 개폐기 극간의 회복전압이 크고, 재점호시 이상전압 발생

2. 콘덴서 투입시 현상 및 대책

   (1) 돌입 전류와 돌입 주파수 발생에 따른 과전압 발생 콘덴서가 완전히 방전된 상태에서 전압이 인가되면 콘덴서는 순간적으로 단락 상태가 되어 정격전류의 약 5~6배의 전류가 흐르고 주파수도 정격의 약 4배가 된다.

   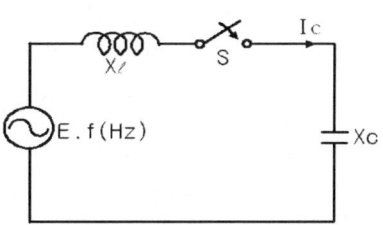

   * 최대 돌입 전류 $I_{max} = I_c \left(1 + \sqrt{\dfrac{X_c}{X_l}} \right)$

   * 최대 주파수 $f_{max} = f \sqrt{\dfrac{X_c}{X_l}}$

   * 돌입 전류는 다음과 같은 상황에서 크게 발생한다.

원 인	영 향
유도 리액턴스(Xl)가 적은 경우	콘덴서 과열 소손
콘덴서 잔류 전하가 있는 경우	전동기 과열 소음 진동
전원의 단락용량이 큰 경우	계기 오동작 및 계측기 오차 증대
직렬 리액터가 없는 경우	CT 2차측 과전압 발생

   (대책) 직렬 리액터 설치

   (2) 모선의 순시 전압 강하 발생

   전압 강하 $\Delta V = V \times \dfrac{X_s}{X_s + X_l} \times 100(\%)$

   여기서 Xs : 전원측 리액턴스
   　　　 Xl : 직렬 리액터 리액턴스

   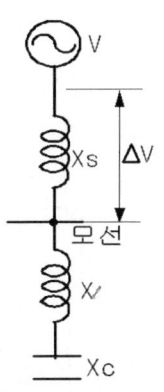

   - 투입시 Xc는 거의 0, Xl ≪ Xs 이면 ΔV가 크게 되어 Thyristor 변환기의 轉流 실패 가능

   (대책)
   직렬 리액터의 리액턴스 (Xl)를 수전측 리액턴스에 대해 문제가 되지 않을 만큼 크게 한다.

3. 개방시 현상

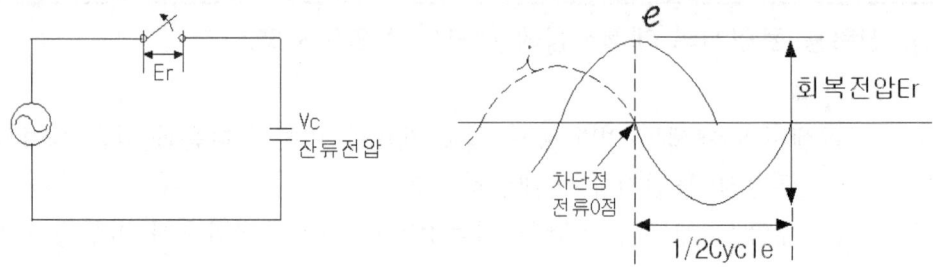

(1) 잔류전하 축적으로 감전사고 우려

콘덴서에 전원 인가시 축적된 전하량 Q = C V 로 축적되어 있다가 방전 회로를 갖지 못하면 스위치를 개방하여도 전하는 콘덴서에 남게 되어 감전사고의 원인이 된다.

(잔류 전하 방전 대책)
- 콘덴서 용량 Q (KVA) 에 대하여 방전코일은 5초내, 방전저항은 5분 내 개방후 잔류 전하를 50V 이하로 방전 시킬 수 있어야 한다.
- 그러나 부하에 직결시킬 경우는 부하를 통해 방전 되므로 불필요.

(2) 재점호에 의한 이상 전압 발생

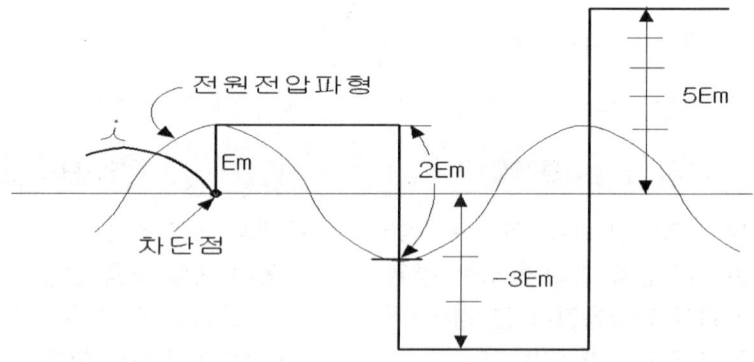

1) 재점호 : 콘덴서를 개방 후 1/2사이클 후 콘덴서의 잔류전압과 전원 전압의 차인 회복전압을 견디지 못하여 절연파괴가 일어나는 현상임.
2) 위 그림에서 전류 0 점에서 차단시 부하단에는 파고치의 전원전압이 되고 1/2사이클 후 차단기의 극간에는 2배(2Em)의 전압이 나타난다.
3) 1/2 사이클후 극간전압 상승으로 절연파괴가 일어난다면 이를 재점호라하고 전원 전압의 약 3배(3Em)정도이며 다시 1/2사이클 후 극간전압의 상승으로 5배의 전압이 나타난다.
4) 실제 회로에서는 3.5배 이하의 써지 전압으로 나타난다.
5) 영향
   - 콘덴서 절연 파괴

            - 모선에 접속되어 있는 기기의 절연파괴
        6) 대책
            - 차단 속도가 빠르고 절연 회복 성능이 좋은 개폐기 선정
                고압 회로 : 진공 개폐기, 가스 개폐기
                저압 회로 : MCB, 전자 개폐기
            - 직렬 리액터 설치
    (3) 유도 전동기의 자기 여자 현상에 의한 소손
            - 왼쪽 그림에서 콘덴서 단자 전압이 즉시 "0"
              이 되지 않고 이상 상승하거나 장시간 감쇄하지
              않는 경우 과전압으로 전동기가 소손될 우려가
              있으며 이를 자기 여자 현상이라 한다.
            - 콘덴서 용량이 전동기의 여자 용량보다 클 때 발
              생한다.
        (대책)
            - 콘덴서용량을 전동기의 자기여자용량보다 작게 한다.
              (전동기 여자용량은 전동기 정격출력의 25~50%정도임)

1.2. PCM(Puise Code Modulation)의 표본화 정리에 대하여 설명하시오.

1. PCM (Pulse Code Modulation)
    (1) 아날로그신호를 디지털로 바꿔주는 것으로
    (2) 아날로그 신호를 그대로 전기적 신호로 전달하면 전기적 소모도 많고
        대역폭의 낭비가 심해지므로 디지털 신호로 전환하여 전달한다.
    (3) PCM 과정

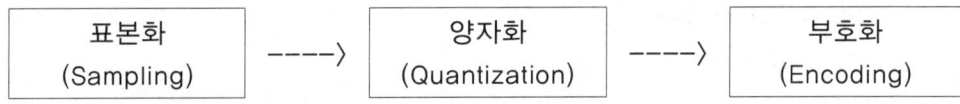

2. 표본화(Seampling) 정리

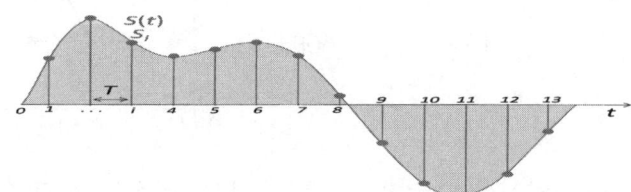

    (1) 필요한 정보를 취하기 위해 음성 또는 영상과 같은 연속적인 아날로그
        신호를 불연속적인 디지털 신호로 바꾸는 과정이며, 원 신호를 시간
        축 상에서 일정한 주기로 추출하는 것을 말한다.

(2) 제출된 신호의 진폭을 표본값이라 하며, 이 표본값은 일정한 간격으로 추출 되는데 이 간격을 프레임 (frame) 또는 표본 간격 (sampling interval)이라 한다.

(3) 이렇게 표본값으로 이루어진 펄스 열(列)을 펄스 진폭 변조 (PAM : Pulse Amplitude Modulation)라 한다.

(4) 그런데 연속적인 아날로그 신호를 불연속적인 디지털 신호로 바꾸면서 그 특성을 잃어버리지 않게 하려고 하는 것이 표본화이다.

3. 양자화(정량화, Quantization)

표본화 된 수치를 반올림하여 정수화하는 것으로 데이터의 양을 줄이기 위한 것

예) 3.23232 -> 3.0 5.8521 -> 6.0

4. 부호화(Encoding)

PCM에서 디지털 신호를 만들기 위한 마지막 단계로서 양자화된 신호의 표본값을 2진법으로 표현한 것

예) 1-> 0001, 2->0010, 3->0011

1.3. 변류기(Current Transformer)포화전압의 정의와 포화전압과 부하 임피던스의 관계에 대하여 설명하시오.

1. 포화 전압 정의

CT는 1차 전류가 증가하면 2차 전류도 변류비에 비례하여 증가한다. 그러나 어느 한계에 도달하면 1차 전류는 증가하여도 2차 전류는 포화되어 증가하지 않는다.

(1) 포화점(Knee Point)

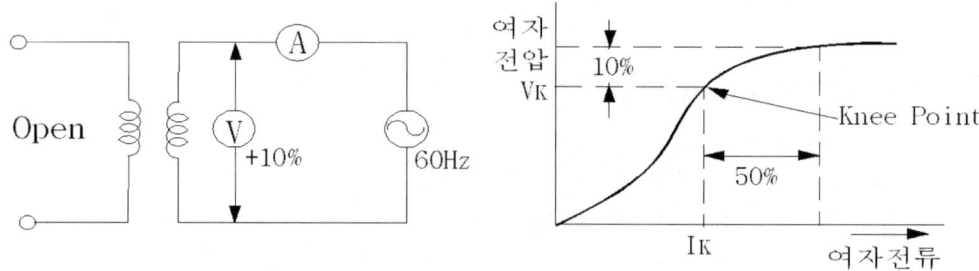

CT 의 1차 권선을 개방하고 2차 권선에 정격 주파수의 교류 전압을 서서히 증가시키면서 여자 전류를 측정할 때, 여자 전압 10% 증가시 여자 전류 50% 증가하는 점.

(2) 포화 전압 (Knee Point Voltage)

포화점의 인가전압을 포화 전압이라 하고, 이것이 충분히 높아야 대전류영역에서 확실한 보호가 가능하다.

계전기용에서 이 Knee Point Voltage가 작은 CT를 사용하면 계전기가 오동작이나 부동작 할 수 있다.

2. 포화전압과 부하 임피던스의 관계

- 포화점이 낮으면 CT가 빨리 포화되어 계전기 등이 동작하지 않을 수 있다.

  이는 CT2차의 부담이 얼마나 존재하느냐에 따라 그 현상이 커지게 된다.

- 예를 들어 C200의 경우 포화전압은 200V가 된다.

  만약 2차에 4(Ω)의 계전기, 계기, CT2차 배선저항 등이 존재한다면 CT2차는 전류 50(A)에서 포화가 된다.

  즉 CT2차 전류 5(A)의 10배에서 포화가 된다.

- 이 회로의 %임피던스가 5%라 하면 단락시 20배의 단락전류가 흘러 CT의 포화점이 단락전류보다 적어 포화가 되어 단락 차단을 할 수 없다.

- 이렇게 CT의 부담은 계전기 동작에 중요한 변수 이므로 CT2차의 부담을 충분히 낮추든지 아니면 포화점이 큰 CT를 적용하여야 한다.

- 결론 : CT의 포화점과 CT2차의 부담과는 서로 반비례 관계가 있다 할 수 있다.

1.4. 전력용 변압기의 누설전류가 설비에 미치는 영향에 대하여 설명하시오.

1. 누설전류 [漏泄電流, leakage current]

- 절연체에 전압을 가했을 때 흐르는 약한 전류를 말한다.
- 내부를 흐르는 것과 표면을 흐르는 것이 있으나, 보통 표면을 흐르는 것이 더 크며, 이것을 표면 누설전류라 한다.

  내부상태나 표면의 상태·형상에 따라 크게 차이가 난다.

- 옴의 법칙에서 벗어나는 수가 많으며, 내부온도나 표면의 습도 등 주위의 조건에 의해서도 좌우된다.

2. 누설 전류 원인

누설전류는 용량성 누설 전류와 저항성 누설전류로 나타나며 일반적으로 용량성과 저항성이 함께 나타난다.

(1) 케이블의 대지 정전 용량

Ic = jω CE (A)

(2) 기기의 외함과 내부 정전 용량의 결합
(3) 각종 기기의 노이즈 필터
(4) 선로나 기기의 절연 불량, 노화
(5) 작업자 등의 실수에 의한 피복손상 등
(6) 주변에 물기나 습기, 오염에 따라 더 심할 수 있음

3. 누설전류 영향

누설전류 중 용량성 누설전류는 전압보다 $90°$ 앞서기 때문에 열을 발생하지 않지만 저항성 누설전류는 전압과 전류가 동상이므로 열을 발생시키고 심한 경우는 화재에까지 이를 수 있다. 즉 누설 전류의 영향은 다음과 같이 정리할 수 있다.

(1) 케이블이나 기기의 열화, 과열, 소손
(2) 화재, 폭발 사고   (3) 감전 사고
(4) 누전 차단기 오동작   (5) 통신선의 유도장해

4. 대책

(1) 배선이나 기기의 절연 보강
(2) 습기, 오염 등 환경 개선
(3) 고조파 등 발생 억제
(4) 내선규정 준수

(1440-2) 정전이 어려운 경우 누설전류가 1mA 이하

(1440-3) 누설전류가 최대공급전류의 $\dfrac{1}{2000}$ 를 넘지 않도록 유지해야 한다.

1.5. 전력간선 굵기 산정의 흐름도를 제시하시오.

1. 흐름도

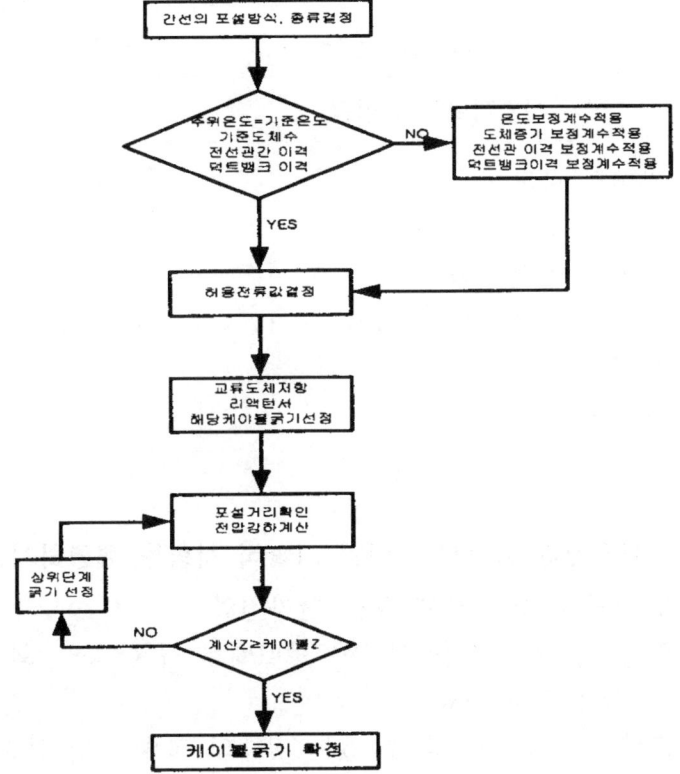

2. 간선 굵기 설계

(1) 허용 전류 계산
  1) 연속시(상시) 허용 전류
  2) 단시간 허용전류
  3) 단락시 허용 전류
  4) 순시(기동시) 허용 전류

(2) 허용 전압 강하 계산
  1) 임피던스 법
   - 전압강하 $\Delta e = Es - Er = Kw\,L\,I\,(R\cos\theta + X\sin\theta)$
  2) 간이법
   $$e = \frac{Kw\,L\,I}{1000\,A}$$

3) 내선 규정에 의한 전압강하

구 분	60m 이하	60~120 m	120~200m	200m 초과
자가 수전 설비에서 공급	3 %	5 %	6 %	7 %
전기 사업자로부터 공급		4 %	5 %	6 %

(3) 기계적 강도
   1) 단락시 열적 용량
   2) 단락시 전자력
      F = K × 2.04 × 10^{-8} × Im^2 / D (kg/m)
   3) 진동
   4) 신축

1.6. 피뢰기 정격전압 결정시 고려할 기술적 사항을 설명하시오.

1. 정격 전압 = 상용 주파 허용 단자전압
   - 양단자간에 전압을 인가한 상태에서 규정 동작 회수를 수행 할 수 있는 상용 주파 전압.
   - 또한 속류를 차단할 수 있는 최대의 교류 전압(실효값).
   (1) 계산에 의한 방법
      1) 접지 계통

      $$정격전압\ Er = \alpha\ \beta * \frac{Vm}{\sqrt{3}} = 1 * 1.15 * \frac{25.8}{\sqrt{3}} = 18\ (KV)$$

      여기서 α : 접지 계수 = $\dfrac{고장중\ 건전상의\ 최대\ 대지\ 전압}{최대\ 선간\ 전압}$

      (보통 1 적용)
      β : 여유도 (1.15 적용)
      Vm : 최고 허용 전압 (KV)

      2) 비 접지 계통

      $$정격전압\ Er = 공칭전압 \times \frac{1.4}{1.1} = 22 \times \frac{1.4}{1.1} = 28\ (KV)$$

(2) 내선 규정에 의한 방법

선로 공칭전압 (KV)	중성점 접지	피뢰기 정격 전압 / 공칭 방전 전류	
		변 전 소	배전선로.수용가
6.6	비 접지	7.5KV / 2.5KA	7.5KV / 2.5KA
22.9	다중 접지	21 KV / 5KA	18KV / 2.5KA

1.7. 정전압원과 정전류원의 의미와 적용방법을 설명하시오.

1. 정전압원
- 정전압원은 외부 회로의 구성에 관계없이 일정한 전압을 출력하는 기능을 가지고 있다.
- 만약 전압 V를 내는 정 전압원의 내부 저항이 0이 아니고 Ri 라는 값을 가진다면, 외부 회로에 아무 것도 연결되지 않을 때에는 V의 전압이 출력되지만
- 외부 회로에 R이라는 저항이 걸린다면 출력 단자의 전압은 $V \times \dfrac{R}{Ri + R}$ 라는 전압이 출력되어 V와는 다른 값이 측정된다. 따라서, 정전압원이 되지 않는다.
- 따라서, 정전압원의 내부 저항은 그 값을 되도록 작게 만들어 주어야 하며, 회로 해석 시 사용되는 이상적인 전압원의 내부 저항을 0으로 두는 것은 그것이 "이상적"이기 때문이다.
- 정전압원을 단락시키면 전류가 무한대가 된다.
  정전압원의 내부저항은 영이다. 즉, 저항이 영이므로 전압/0=무한대(A)가 된다.

2. 정전류원
- 정전류원의 내부 저항은 전류원에 저항이 병렬로 연결되어 있으므로 그 내부 저항으로 전류가 흐르지 않기 위해서는 내부 저항이 무한대가 되어야 합니다.
- 정전류원을 개방하면 양단전압은 무한대가 된다.
  정전류원의 내부저항은 무한대이다.
  즉, 저항이 무한대 이므로 전류 x 무한대 = 무한대(V)가 된다.

3. 테브난의 정리 및 노튼의 정리와의 관계
   (1) 정전압원의 내부 저항은 Thevenin의 등가 회로를 생각하면 됨.

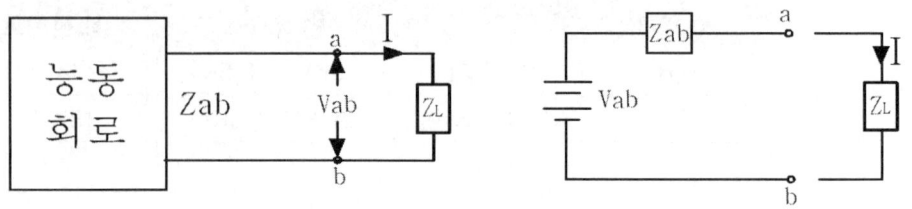

   (2) 정전류원의 내부 저항은 Norton의 등가 회로를 생각하면 됨.

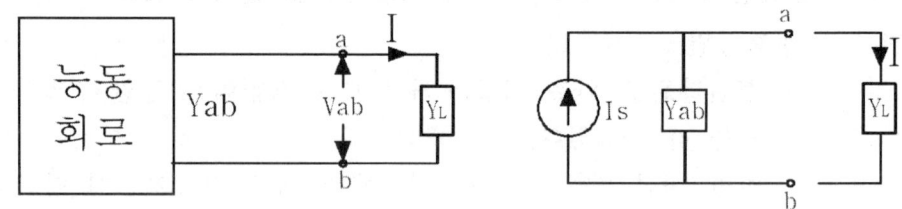

1.8. 연료전지의 일반적인 특징과 가정용으로 사용시 시스템 구성에 대하여 설명하시오.

1. 연료 전지의 일반적인 특징
   (1) 고 효율 (70 ~ 85%)
   (2) 저공해
   (3) 열의 유효 이용
   (4) 연료의 다양성
   (5) 부지선정의 용이성
   (6) 저소음, 저진동
   (7) 단점
      - 부하변동에 따르는 반응속도가 느려서 차량 냉각시 출발과 급가속 성능이 떨어지는 것이다.
      - 시스템 가격이 약 $200/kw으로 엔진시스템($30/kw)에 비해 크게 높아 실용화에 중요한 장애요인으로 작용하고 있다.

2. 가정용 연료전지
   (1) 개요
      - 연료용 가스에 포함되어 있는 수소를 대기중의 산소와 반응시켜 전기와 열을 동시에 생산하는 연료전지를 주택에 설치하여 이용하는 것을 연료전지 주택이라 함.

(2) 연료전지 발전시스템 구성도

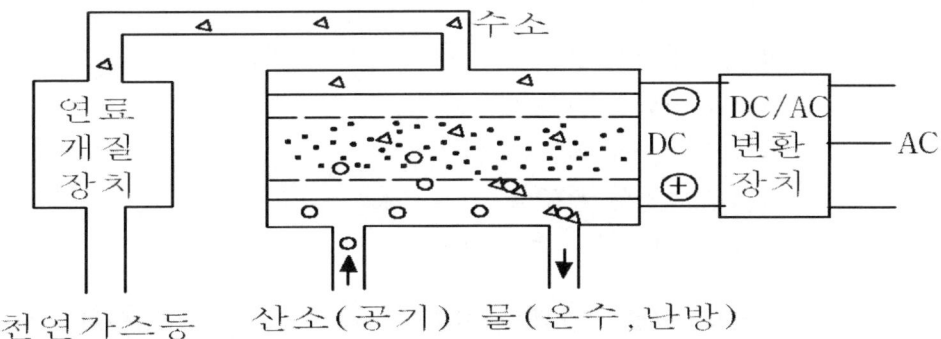

(3) 효율

전기를 생산하는 발전효율은 30~40%, 열을 생산하는 효율은 40% 이상으로 총 70%~80%의 효율을 가지고 있다고 알려져 있습니다.

현재 국내에서 가장 많이 적용되고 있는 방식은 고분자 전해질형(PEMFC) 형태로서 80도 이하의 온도에서 동작되며 1kw~10kw의 소용량이 상용화 되어있고, 국내 그린홈 보급사업에도 이 형식이 적용되고 있음.

(4) 정부보조금 지급기준

2010년 이후 총 설치비의 80%를 보조해 주고 있음.

한대당 약 5,000만원으로 아직은 제조비용이 비경제적인 상황임.

1.9. 광원의 특성을 평가할 때 사용하는 연색성 평가지수(CRI: Coior Rendering Index)에 대하여 설명하시오.

1. **연색성 (Color Rendition)**

같은 물체의 색이라도 낮에 태양빛 아래에서 본 경우와 밤에 형광등 밑에서 본 경우는 전혀 다른 색으로 보인다. 이와 같이 빛의 분광 특성이 색보임에 미치는 효과를 연색성이라 하며, 연색 평가수로 나타낸다.

(1) 평균 연색성 평가 지수

주광을 연색성 평가지수 Ra=100으로 하여 빛의 분광특성을 나타낸 지수. 주택, 직물공장 병원, 레스토랑에는 Ra > 85가 좋고, 사무실, 학교, 백화점(의류제외)등에는 85 > Ra > 70이 추천된다.

(2) 특수 연색성 평가 지수

특수 연색성 평가지수는 개개의 시험색을 기준광원으로 조명하였을 때와 시료광원으로 조명하였을 때와의 색 차이로서 연색 평가수를 나타내고 이 특수 평가수의 기준광원은 다음과 같이 7가지로 구분한다.

R9 : 적색

R10 : 황색
R11 : 녹색
R12 : 청색
R13 : 서양인 피부색
R14 : 나뭇잎 색
R15 : 동양인 피부색

(3) 광원의 연색성과 용도 (CIE 추천치)

연색성그룹	연색평가지수	사 용 처
1	Ra 〉 85	직물공장, 도장공장, 인쇄공장, 주택, 호텔, 레스토랑등 연색성을 중요시하는 장소
2	85 〉 Ra 〉 70	사무소,학교,백화점등 일반 장소
3	Ra 〈 70	연색성이 그다지 중요하지 않은 장소
S(특별)	특수한 연색성	특별한 용도

1.10. 무선통신 보조설비의 방식 3가지를 설명하시오.

1. 무선 통신 보조 설비

(1) 누설 동축 Cable 방식

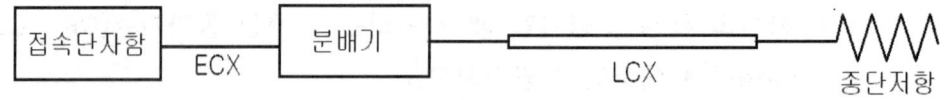

- 터널, 지하철역등 폭이 좁고 긴곳에 적합
- 전파를 균일하고 광범위하게 방사
- 케이블이 외부에 노출되므로 유지 보수 용이함.

(2) 공중선 방식(안테나 방식)

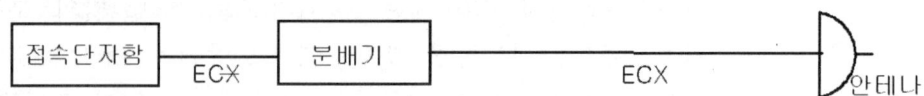

- 장애물이 적은 강당, 극장에 적합
- 말단에는 전파 강도가 저하되어 통화 어려움 발생
- 케이블을 반자내 은폐하여 화재시 영향 적고 미관 양호

(3) 누설 동축 케이블 + 공중선 혼합방식

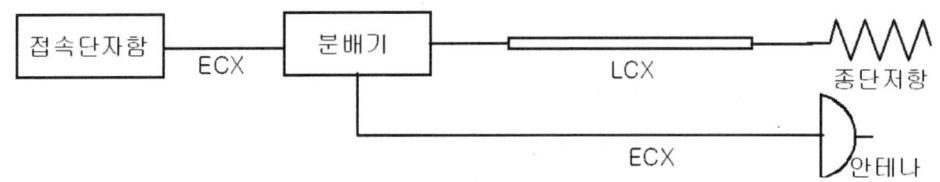

누설 동축 케이블 방식의 장점과 공중선 방식의 장점을 이용

2. 누설 동축 케이블 구조

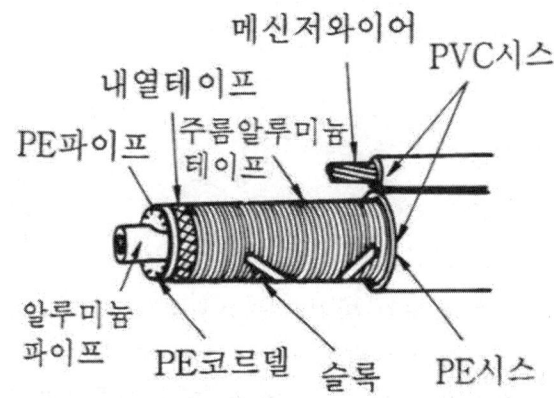

1.11. 동력설비를 사용하는 3상 유도전동기를 신속하게 정지시킬 때나 속도를 일정속도로 제한하기 위한 전기적 제동(breaking) 방법에 대하여 설명하시오.

1. 개요
(1) 제동 종류
- 정지제동 : 전동기의 운전을 정지하는 제동
- 운전제동 : 전동기의 속도를 억제하는 제동

(2) 제동방식
- 기계적 제동법 : 마찰브레이크, 유압 브레이크, 공기압 브레이크
- 전기적 제동법 : 발전제동, 회생제동, 역상제동, 직류제동, 단상제동

2. 제동방식
(1) 기계적 제동법
- 종류 : 마찰브레이크, 유압 브레이크, 공기압 브레이크
- 장점 : 정전시에도 제동을 걸수 있다.
  저속도 영역에서의 제동도 가능
  정지 후에도 제동력 유지 가능

- 단점 : 브레이크 편의 마찰열에 주의해야 하고 마모에 따른 정기적인 보수가 필요하다.

(2) 전기적 제동법

전기적인 제동은
- 마모 부분이 없다
- 감속에 따라 제동력이 약해질 수 있다.
- 신속한 정지를 위해 기계적 제동과 변용할 필요가 있다.

1) 발전 제동(Dynamic 제동, 저항제동)

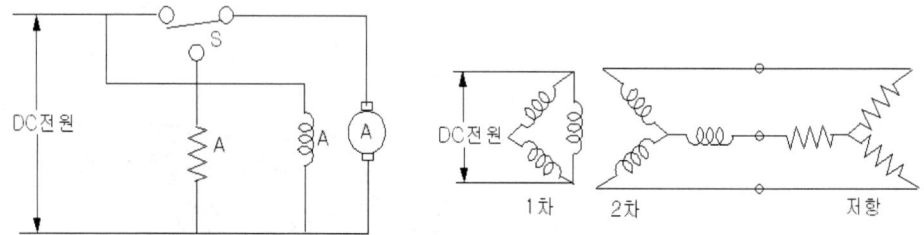

〈 직류 전동기 발전제동 〉〈 유도전동기 발전제동 〉

가. 직류 전동기 발전제동
- 전기자 권선만 전원에서 분리하여 발전제동용 저항기에 접속
- 전기자가 전동기에서 발전기로 작동하여 그 출력을 저항에서 소비하여 제동을 함.

나. 유도전동기 발전제동
- 1차측을 교류전원에서 분리하여 직류 전원에 접속하고
- 2차측은 발전제동용 저항에 접속하여 이 저항에서 전력을 흡수토록 함.

다. 발전제동 특징
- 접속하는 저항기 값에 의해서 제동토크와 속도가 변화하고
- 흡수한 에너지는 저항기 안에서 열로 소비되기 때문에 주의가 필요하며 저항제동이라고도 함.

2) 회생제동

가. 원리

전동기에서 발생하는 역기전력을 전동기 단자전압보다 높게 하여 발전기로서 동작시켜 회전부의 운동에너지가 전력에너지로 바뀌게 되어 전원측으로 이 에너지를 되돌려 보내는 방법임

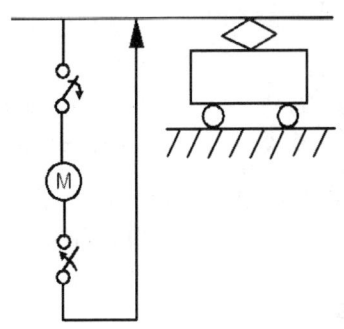

나. 방법
- 전기자 전압을 급감 또는 계자전류를 급히 상승시킬 때
- 중력부하를 하강시키는 경우 속도가 빠를 때, 전동기에서 발생하는 유기기전력이 전원전압보다 높아지면 회생제동을 함.

다. 특징
- 제동시 손실이 가장 적고
- 효율이 높은 제동법임.

라. 용도
- 권상기, 엘리베이터, 기중 등으로 물건을 내릴 때
- 전차가 언덕을 내려갈 때 과속 방지 등

3) 역상 제동 (Plugging)

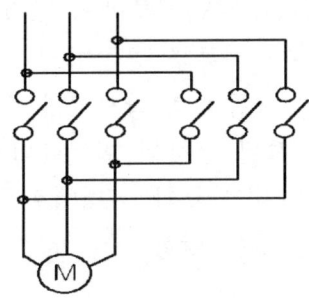 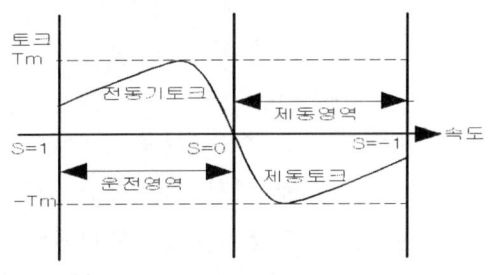

- 유도 전동기 고정자 권선의 2상을 절환하여 회전 자계의 방향을 뒤집어 역방향의 토크를 주어 제동하는 방식임.
- 특징 : 제동 효과 우수 역상 제동중 대전류 주의

4) 직류 제동법
공급중인 교류 전원을 차단하고 직류 전원을 공급하여 제동하는 방식임.

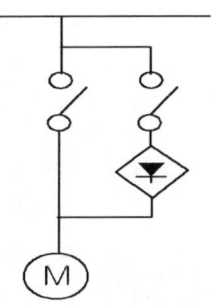

	SW 1	SW 2
평상시	ON	OFF
제동시	OFF	ON

5) 단상 제동법

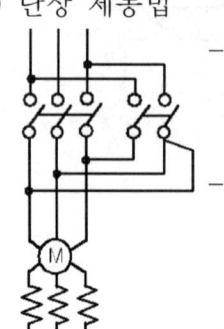

- 2차 저항 R_2를 적당한 크기로 한 상태에서 고정자 권선을 3상에서 단상으로 전원을 공급 시키는 방법 (권선형에만 해당)
- 제동 중 고정자 권선 전류는 25% 정도 흘러 과열되는 경우가 있으므로 중규모 이하에 주로 사용

3. 결론

상기 제동 방식은 과거에 속도 제어가 어려웠을 때 사용하였으나 최근에는 VVVF로 속도 제어 및 제동까지 해결하고 있음.

1.12. 단락사고 시 전동기 기여전류와 과도 리액턴스를 설명하시오.

1. 기여 전류

   (1) 기여 전류원이란
   - 계통에 고장이 발생하면 한전(UTILITY)계통에서 고장전류를 공급하게 됨은 물론 회전기에서도 고장전류를 공급하게 된다.
   - 전동기와 같이 회전기가 연결된 계통에 단락사고가 발생하면 고장 후 수 사이클 동안 회전기와 직결된 부하의 회전에너지(관성)에 의해 회전기는 발전기로 작용하고 자신의 과도 리액턴스에 반비례한 고장 전류를 사고점에 공급 하는것을 말함

   (2) 각 기기의 기여 전류 특징

   가. 유도 전동기

   유도 전동기는 잔류 자속에 의하여 영향을 미치며 수사이클 후에는 과도 리액턴스가 25% 로 정상전류의 약4배 크기의 기여전류 공급.

   나. 동기 전동기

   동기전동기는 타여자 방식으로 감쇄가 비교적 느리며 과도 리액턴스가 9%정도로 정상전류의 약11배 크기의 기여 전류를 공급한다.

   다. 동기 발전기과도 리액턴스가 10% 정도로 정상전류의 약10배의 기여전류 공급.

   라. 전력용 콘덴서

   전력용 콘덴서도 큰 과도 고장 전류를 공급하게 되나 지속 시간이 아주 짧고 주파수가 계통의 주파수보다 아주 높기 때문에 일반적으로 고장 전류원에 공급하지 않는다.

2. 과도 리액턴스
   (1) 초기 과도 리액턴스(=차 과도 리액턴스, Subtransient Reactance) X_d''
      - 고장이 일어난 처음 수 사이클 동안의 전류를 결정하는 임피던스로 리액턴스가 증가한다.
   (2) 과도 리액턴스(Transient Reactance) X_d'
      - 고장이 일어난 수 사이클 후의 고장전류를 결정하는 것으로 1/2~2초 정도
   (3) 동기 리액턴스(Synchronous Reactance) X_d
      - 안정된 상태에 도달한 후에 흐르는 전류를 결정하는 값

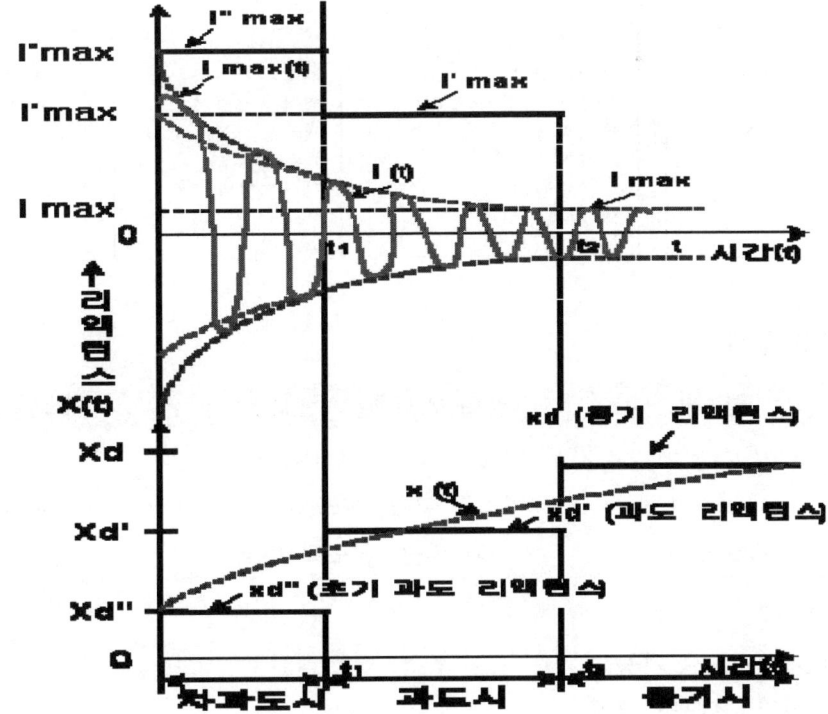

1.13. KSC IEC 61312-1에 의한 저압 배전계통의 서지보호장치(SPD : Surge Protective Device)의 형식에 대하여 설명하시오.

1. 옥내 배전계통의 과전압 Catagory

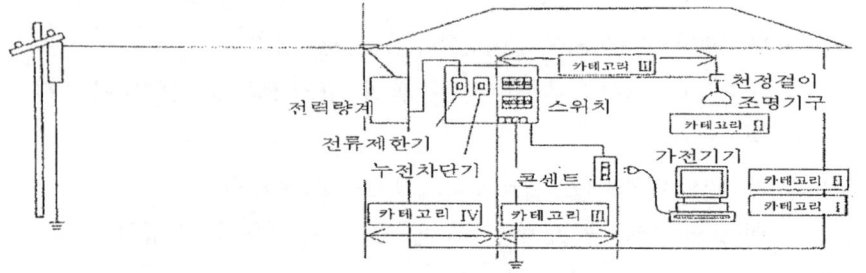

카테고리 IV	카테고리 III	카테고리 II	카테고리 I
전력량계 누전차단기 인입용전선	주택분전반 배선용 차단기(분기) 콘센트 스위치 조광스위치 펜던트 조명스위치 실내배선용전선	조명기구 냉장고·에어컨 세탁기·전자레인지 TV·비디오 다기능전화기· FAX 컴퓨터	전자기기 기기내부

2. SPD 형식

형식	설치 위치 및 보호대상	시험 항목
Class I	인입구 부근, 직격뢰 보호	Iimp
Class II	인입구 부근, 유도뢰 보호	IMAX
Class III	기기 부근, 유도뢰 보호	Uoc

3. SPD 구조 및 기능

(1) 동작 형태별 분류

구조	기능	소자
1포트 SPD	전압 스위치형	Air Gap형 가스방전관형 Thyristor형
	전압 제한형	배리스터형 억제형
	복합형	직렬 조합

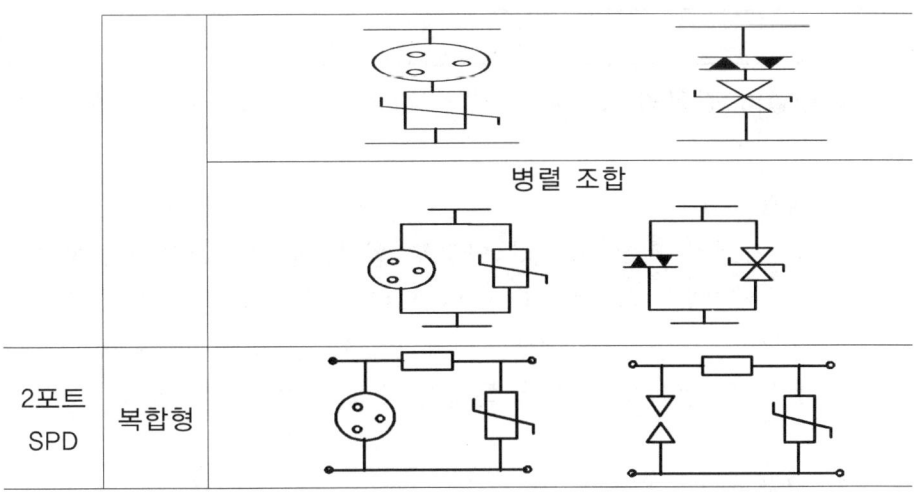

	병렬 조합	
2포트 SPD	복합형	

4. SPD 설치 방법

SPD위치	TN-C	TN-S	T T	IT(중성성 있는 경우)	IT(중성성 없는 경우)
상-중성선 사이	-	①	①	①	-
상 - PE 사이	-	②	②	②	O
상-PEN 사이	O	-	-	-	-
중성선-PE 사이	-	O	O	O	-
상 - 상 사이	+	+	+	+	+

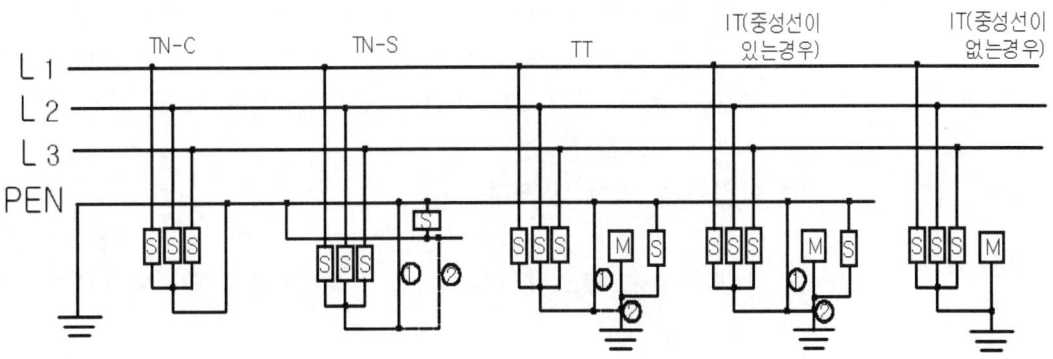

O : 적용 가능 - : 적용 불가 + : 선택사항 ①② : 둘중 택1

제 2 교 시

2.1. 배전설비 간선의 고조파 전류의 발생원인, 영향 및 대책에 대하여 설명하시오.

1. 개요
최근 전력 전자 기술의 발달로 많은 반도체 소자(비선형 부하)가 급증하는 추세에 따라 정현파 이외의 비 정현파가 전원에 영향을 주어 여러 부하들에 이상 전압 발생, 과열 및 소손, 소음 및 진동, 전력손실, 오동작 등의 원인이 되고 있어 특별한 대책이 강구되고 있다.

2. 고조파
(1) 발생 원인
  1) 변환장치에 의한 고조파
  변환장치 (정류기, 인버터, 컨버터, VVVF등) 내의 Power Electronics 에 의한 고조파는 2차측의 AC/DC 변환에 따른 구형파의 잔량이 1차 전원측에 유입되는 현상임.
   - 6펄스 변환 장치의 고조파 전류 : 기본파 전류의 약 50~60%임.
   - 12펄스 변환 장치의 고조파 전류 : 기본파 전류의 약 15~20%임.
  2) 아크로 및 전기로에 의한 고조파
  아크로는 용해시 3상 단락 또는 2선 단락 또는 아크 끊김과 같은 현상을 반복하기 때문에 고조파가 많이 발생한다. 특히 제3고조파가 많다. 이 아크로는 실제 고조파보다 플리커 문제가 더 커서 플리커에 대한 대책이 필요하다.
  3) 회전기에 의한 고조파
  발전기, 전동기 등 회전기는 구조상 슬롯이 있어 어쩔 수 없이 고조파가 발생하고 있으며 특히 기동시 많은 고조파가 발생한다. 특히 제5고조파가 많다.
  4) 변압기에 의한 고조파
  변압기의 자화 특성은 직선적이 아니고 히스테리 현상 등에 의해 왜곡 파형이 되어 고조파의 원인이 된다. 그러나 제일 많이 발생하는 제3고조파는 Δ결선을 통해 내부에서 해결되고 제5고조파 이상은 많이 나타나지 않아 크게 문제 되지 않는다.
  5) 기타 원인
   - 역율 개선용 콘덴서와 그 부속기기
   - 형광등 및 방전등

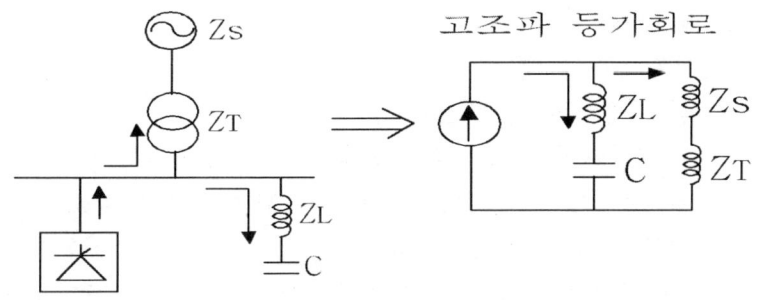

〈고조파 등가회로〉

(2) 고조파에 의한 영향

고조파가 전력 계통에 유입 되었을 때 미치는 영향은 크게 유도장해, 기기에의 영향, 계통 공진으로 구분 할 수 있다.

1) 유도 장해
   가. 정전 유도 : 전력선과 통신선의 정전 용량에 의한 장해(고전압 원인)
   나. 전자 유도 : 전력선의 시스 전류와 통신선과의 상호 인덕턴스에 의해 발생하는 전자 유도 장해 중 전자 유도 장해의 영향이 더 큰 통신장해 및 잡음의 원인이 된다.(대전류 원인)

2) 전압 파형 왜곡 현상
3) 고조파에 의한 과전류 발생
4) 계통 공진에 따른 고조파 전류 증폭

   가공선 및 케이블의 대지 정전 용량, 진상용 콘덴서등과 같은 용량성 리액턴스와 변압기 및 회전기의 유도성 리액턴스가 병렬 공진을 일으켜 고조파 전류의 증폭 현상을 일으킨다.

5) 전기 기기에의 영향

No.	기 기 명	영 향
1	발 전 기	권선의 과열, 소손
2	변 압 기	철심의 자기적인 왜곡현상으로 소음 발생 손실(철손,동손) 증가, 용량 감소
3	회 전 기	진동 발생, 회전수 변동, 손실 증가, 권선의 온도 상승
4	콘 덴 서	용량성일수록 소음, 손실증가, 과열 및 소손, 과전압
5	조명 기구	역율 개선용 콘덴서 또는 안정기의 과열, 소손
6	CABLE	중성선 과열
7	전력량계	오차발생, 전류 코일 소손
8	계 전 기	위상 변화로 오동작
9	음향 기기	전자부품의 열화, 수명 저하, 잡음 발생
10	전력 FUSE	과전류로 용단
11	계기용 변성기	측정 오차 발생

(3) 고조파 방지 대책

1) 발생원에서의 대책
   - 변환 장치의 다 펄스화
     변환장치의 펄스수를 늘릴수록 고조파 전류는 현저히 감소한다.
     예) 6펄스 -> 12펄스 : 약 70% 고조파 전류 감소
   - 능동 필터 (Active Filter)
     전원측에서 유출되는 고조파 전류와 반대 위상의 고조파 전류를 발생시켜 상쇄시킴.

2) 부하측에서의 대책
   - 수동 필터 (Passive Filter)
     부하단 근처에 필터를 접속하여 고조파 전류를 그 회로에 흡수.
   - 기기의 고조파 내량 증가 : 고조파 전류, 고조파 전압의 왜곡에 견딜 수 있도록 고조파 내량을 증가 시킨다.
   - 외장 도체의 접지를 철저히 하여 좋은 차폐 효과를 얻을 수 있도록 한다.

3) 계통측에서의 대책
   - 병렬 공진을 일으키지 않도록 계통을 구성 (유도성이 되도록)
   - 발전기의 Hunting 현상을 방지 할 수 있는 용량 선정
   - 변압기 : 고조차 분을 고려한 변압기 용량 선정
     변압방식을 TWO-STEP방식 채택
     제3고조파를 흡수할 수 있도록 변압기 △결선
     고조파 부하용 변압기와 배전선을 일반 부하용과 분리
   - 전원 단락 용량의 증대 : 부하의 고조파 발생량은 전원 단락 용량을 크게 하면 역비례하여 작아진다.
   - 간선의 굵기 : 정상 전류분외에 고조파 전류를 계산하여 충분한 굵기 선정
   - **영상전류 제거장치 NCE (Neutral Current Eliminator), ZED(Zero Hamonic Eliminating Divice)라고도 함.**

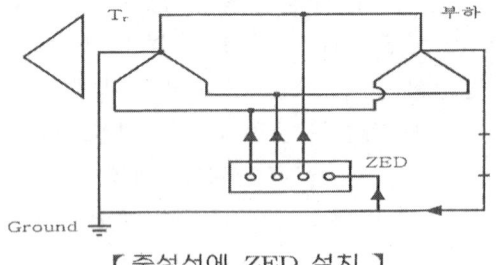

【 중성선에 ZED 설치 】

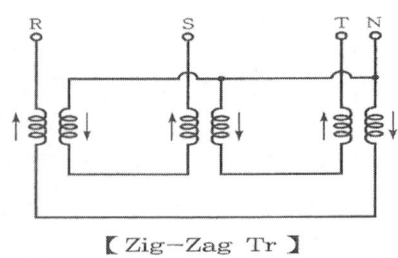

【 Zig-Zag Tr 】

- 제3고조파 Blocking Filter =>

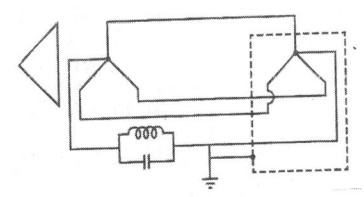

2.2. 용량 370kw, 효율 95%, 역률 85%인 배수펌프용 농형 유도전동기 3대에 아래 조건에 적합하게 전력을 공급하기 위한 변압기 용량과 발전기 용량을 산출 하시오.

(조건) 각 전동기 역률은 95%로 개선

리액터 기동방식 (TAP 65%) 으로 시동계수 (B * C) : 7.2 * 0.65

전동기 기동시 역률 : 21.4%

전동기 기동시 전압변동율 : 5%

변압기 % 임피던스 : 6.0%

1. 변압기 용량

(조건)

- 일반적으로 펌프장은 정동기 3대중 1대는 예비임

따라서 변압기 용량 구하는데 총 부하 용량을 전동기 2대로 계산함.

- 변압기의 경우 %R은 %X에 비해 아주 작기 때문에 %Z≒%X로 함.

(1) 전압 변동율

$$\epsilon = \frac{P \cdot \%R + Q \cdot \%X}{Pa} \fallingdotseq \frac{Q \cdot \%X}{Pa}$$

여기서 Pa : 피상전력 P : 유효전력 Q : 무효전력

%R : %저항 %X : %리액턴스

(2) 정상운전시

$$P = \frac{Pm \times N}{\cos\theta \cdot \eta} \times \cos\theta = \frac{370 \times 2}{0.95 \cdot 0.95} \times 0.95 = 779 \, (kW)$$

$$Q = \frac{Pm \times N}{\cos\theta \cdot \eta} \times \sin\theta$$

$$= \frac{370 \times 2}{0.95 \cdot 0.95} \times \sqrt{1 - 0.95^2} = 256 \, (kVAR)$$

(3) 기동시

$$P' = \frac{Pm}{\cos\theta \cdot \eta} \times \beta \times C \times Pf$$

$$= \frac{370}{0.95 \cdot 0.95} \times 7.2 \times 0.65 \times 0.214 = 411 \, (kW)$$

여기서 β : 기동계수 C : 기동방식 계수 Pf : 기동시 역율임.

$$Q' = \frac{370}{0.95 \cdot 0.95} \times 7.2 \times 0.65 \times \sqrt{1-0.214^2} = 1874(kVAR)$$

(4) $Q + Q' = 256+1874 = 2130(kVAR)$

(5) 변압기 용량

$$Pa = \frac{Q \times \%X}{\epsilon} = \frac{2130 \times 6}{5} = 2550 ≒ 2500(kVA)$$

2. 발전기 용량

1) PG1 (부하의 정상 운전시에 필요한 발전기 용량)

$$PG1 = \frac{\Sigma\ PL \times Df}{\eta L \times \cos\theta} = \frac{370 \times 2 \times 1}{0.95 \times 0.95} = 820\ (KVA)$$

Σ PL : 부하 출력 합계 (kW)
Df : 부하의 종합 수용율
η L : 부하의 종합 효율
$\cos\theta$: 부하의 종합 역율

2) PG2 (부하중 최대 기동전류를 갖는 전동기 기동시 순시 전압 강하를 고려한 발전기 용량)

$$PG2 = Pm \times \beta \times C \times Xd'' \times \frac{100 - \Delta V}{\Delta V}(kVA)$$

$$= 370 \times 7.2 \times 0.65 \times 0.25'' \times \frac{100 - 25}{25} = 1299(kVA)$$

Pm : 최대 기동 전류를 갖는 전동기 출력 (kW)
β : 전동기 기동 계수
C : 기동 방식에 따른 계수
Xd″ : 발전기 정수 (문제에서 주어지지 않아 일반적인 0.25로 계산함)
ΔV : 발전기 허용 전압 강하율(일반적인 값 25% 적용)

3) PG3 (발전기를 가동하여 부하에 사용중 최대 기동 전류를 갖는 전동기를 마지막으로 기동 할 때 필요한 발전기 용량)

$$PG3 = \left(\frac{\Sigma\ PL - Pm}{\eta} + Pm \times \beta \times C \times Pf\right) \times \frac{1}{\cos\theta}\ (kVA)$$

$$= \left(\frac{370 \times 2 - 370}{0.95} + 370 \times 7.2 \times 0.65 \times 0.214\right) \times \frac{1}{0.95} = 800(kVA)$$

따라서 발전기 용량은 PG2를 적용하여 1500(kW)로 함.

2.3. KSC IEC 규격에 의한 보호용, 기능용, 뇌보호용 등전위본딩에 대하여 설명하시오.

1. 개요
등전위 본딩이란
- 대지 전위가 다른 2개 이상의 대전된 도체가 접근해서 존재하게 되면 그 둘 사이에서 방전을 일으킬 수가 있다. 따라서 당해 도체간의 전위차를 최소화하기 위해 이들을 도선으로 접속하는 것을 본딩이라 한다.

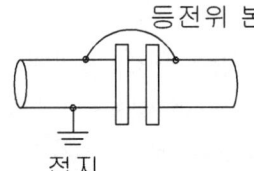

그림과 같이 도체 A와 B를 등전위로 하기 위해 도선으로 양자를 접속하는 것이 본딩이고, A 또는 B를 대지와 동 전위로 하기 위해 도선으로 도체와 대지를 결합한 것이 접지이다.

2. 등전위 본딩의 종류
본딩은 크게 구별하여 저압선로 등전위 본딩, 정보 통신 설비 등전위 본딩, 뇌보호 등전위 본딩으로 나누어진다.

설비의 종류	등전위 본딩의 역할
저압 전로 설비	감전 보호
정보 통신 설비	기기의 기능 확보, 전위 기준점 확보, EMC 대책
뇌 보호 설비	뇌 과전압 보호, EMC 대책

(1) 저압 전로의 등전위 본딩(보호용 등전위 본딩)
감전 방지를 위해 접촉 전압을 저감 또는 제로화하는 것을 말하며 기본적인 형태는 다음과 같다.

1) 주 등전위 본딩
- 기기의 노출 도전성 부분을 보호도체(PE)로 접속하고 주 접지 단자(또는 모선)에 집중시키며
- 건축물내의 설비 배관등과 같은 금속체 부분도 접속하여 본딩한다.
- 이와 같이 주 접지단자를 주체로 하는 본딩을 주 등전위 본딩이라 한다.

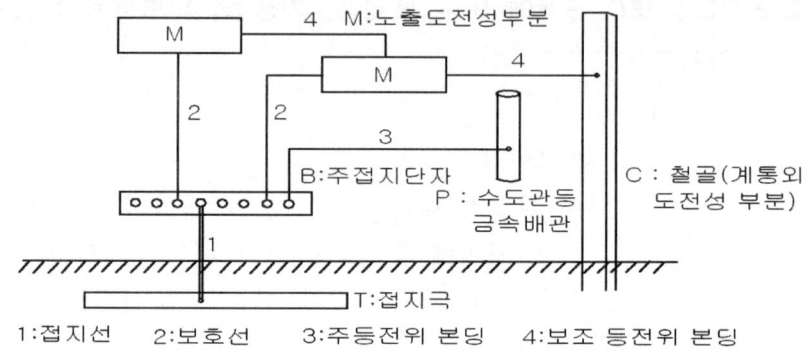

1:접지선 2:보호선 3:주등전위 본딩 4:보조 등전위 본딩

2) 보조 등전위 본딩
- 노출 도전성 부분에 대한 접근가능(암즈리치 범위내)한 건축물의 구성부재인 계통외 도전성 부분을 접속하여 본딩을 한다.
- 이와 같이 부하기기를 주체로 하는 본딩을 보조 등전위 본딩이라 한다.

(2) 정보 통신 설비의 등전위 본딩(기능용 등전위 본딩)=>개정판에서는 삭제됨.
- 주로 전위의 기준점을 확보하기 위한 것으로서 1점에 집중시키는 스타형과 다점으로 분산시켜 설치하는 메쉬형이 있다.

1) 종류와 특징

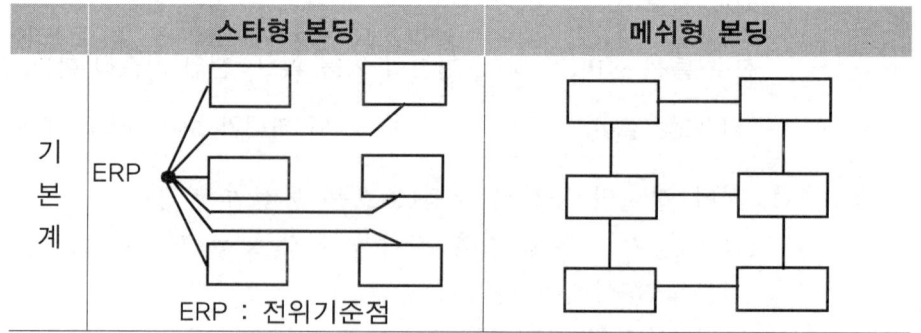

가. 스타형 : 모든 정보 기기(ITE)를 1점에 집중시켜 등 전위화.
외부 잡음 영향이 적고 보수 점검이 용이하다.
직류 전원으로 가동하는 기기의 경우에 유효하다.
나. 메쉬형 : 정보 기기 상호간을 연결해서 등 전위화.
등전위화는 쉽지만 외부 잡음 영향을 받기 쉽고 접지계가 복잡하다.

(3) 뇌 보호 설비의 등전위 본딩(뇌 보호용 등전위 본딩) =>IEC62305 적용
1) 뇌에 기인하는 과전압에는 직격뢰 전류에 의해 유기되는 것, 뇌서지에 의한 것, 전자 또는 정전 결합에 의해 유기되는 것 등이 있다.
2) 과전압을 방호하는 방법에는 절연, 본딩, 보호 장치 및 이들을 결

합하는 방법이 있다.
3) 뇌보호에는 외부 뇌 보호와 내부 뇌보호가 있다.
   가. 외부 뇌보호
   - 수뢰부, 인하도선, 접지극의 3개 요소로 구성되며
   - 인하 도선에 뇌전류가 흐를 경우 건축물의 외부와의 사이에 불꽃 방전이 일어나는 경우가 있어 이를 방지하기 위해 이격거리를 확보하거나 등전위 본딩을 실시해야 한다.
   나. 내부 뇌보호
   - SPD를 설치하여 과전압을 방호하고 등전위 본딩용 모선(또는 바)을 설치해야 한다.
4) KSC IEC 62305 에 의한 도체의 최소 굵기
   - 재질 : 동
   - 굵기 : 수뢰부, 인하도선, 접지극 모두 50(mm^2)로 통일됨.
     본딩용 도체는 14(mm^2) 이상
5) 뇌보호 등전위 본딩 시스템
   외부 뇌보호에 있어서 등전위화는 화재, 폭발, 인명의 위험을 감소시키기 위한 매우 중요한 방법이다. 즉 뇌보호 설비, 금속 구조체 및 전력, 통신설비를 본딩용 도체나 뇌서지 보호장치로 접속함으로서 등전위화를 확보할 수가 있다.
   이 시스템은 건축물내의 LPZ에도 관계되는 것으로 건축물내에 인입되는 모든 것에 대해서 등전위 본딩을 실시하게 되며, 이러한 개념을 다음 그림에 나타내었다.

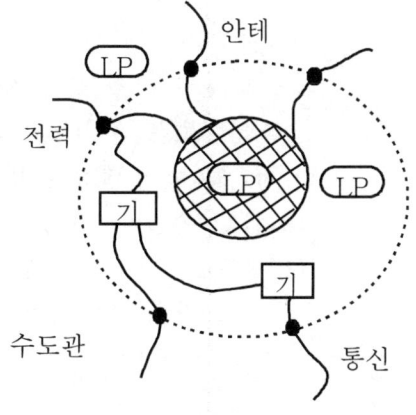

2.4. 초전도 기술의 개발동향과 전력분야에서의 기여방향을 기술하시오.

1. 초전도 기술의 개발동향
   가. 국내 개발 동향
   (1) 국내의 경우 전 세계적으로 고온초전도의 연구 열기에 힘입어 1987년부터 과학기술처(현재 과학기술부), 한국 전기연구소등에서 년간 100억 규모의 연구사업이 초전도와 관련해 연구를 수행 중에 있다.
   나. 개발 품목
     초전도관련 개발품목은

(1) 전력계통분야(발전기, 변압기, 한류기, 케이블, SMES, 자기부상열차 등)
(2) 산업응용분야(자기분리장치, 전기추진선, 자기베어링, 반도체인상용 융장치 등)
(3) 의료/전자분야(MRI, SQUID, 슈퍼컴퓨터, 전자교환기, 이동통신소자 등)의 3개 분야로 나뉘어 상용화를 목표로 그 연구가 활성화되고 있으며 이미 상용화가 된 것도 상당수에 이르고 있는 실정이다.

2. 전력분야에서의 기여방향
(1) 초전도 케이블
  1) 냉각 물질로 액체 질소나 액체 헬륨을 사용
  2) 도체에 니옵, 니옵티탄 등의 초전도 재료 사용
  3) 전기 저항을 "0"에 근접
  4) 저손실, 대용량, 장거리 송전 가능
  5) 문제점 : 장 구간 케이블 개발, 접속 기술, 저가화등
(2) 초전도 변압기
  1) 코일과 철심을 액체 헬륨 등의 냉각 물질 안에 넣고
  2) 코일을 초전도체로 하여 효율을 99%까지 개선시킴.
  3) Quench현상을 방지하기 위하여 전류 제한기 설치
  4) 저손실, 고효율, 과부하 내량 증가, 무게 및 부피 감소, 환경 친화적
(3) 초전도 에너지 저장장치
  1) 전력을 콘덴서가 아닌 코일에 저장
  2) $W = \frac{1}{2} L I^2$ (J)만큼의 에너지를 코일에 저장하는 장치
  3) 무손실이므로 저장 효율이 높고 장기간 저장이 가능
(4) 초전도 (동기) 발전기
  1) 회전 계자형 발전기의 계자권선에 초전도체 재료 사용
  2) 전기자 권선(고정자)을 동심 구조로 하여 계자 권선의 강력한 자계 유지와 철심을 포화 시키지 않게 함.
  3) 회전자 철심은 포화되지 않는 비자성의 동심 원통 구조이며 내부에 액체 헬륨 주입시킴.
  4) 특징
    - 고효율(일반발전기:40~45%, 초전도발전기:99%이상)
    - 전기자가 공심이어서 동기임피던스가 작아 계통 안정도 향상됨.
    - 절연이 용이하고 고전압화가 가능
(5) 초전도 자기 부상 열차
  - 기존 고속 철도 : 마찰계수 때문에 300~350km가 한계임.

- 초전도 자기부상열차전자
    유도전류에 의한 자장의 반발력에 의해 부상되는 열차를 반발식 자기부상열차라 하고
  - 반발식 자기부상열차의 전자석으로 부피와 무게가 작으면서도 강력한 자장을 발생시킬 수 있는 초전도 자석이 이용됨.
(6) 기타
    1) 초전도 전동기 2) 초전도 직류기
    3) 초전도 한류 저항기 4) 초전도 의료기등

2.5. 변압기 고장 여부를 진단할 수 있는 방법을 설명하시오.

1. **개요**

    변압기의 고장 여부를 진단할 수 있는 방법으로는 전원이 가압된 상태에서 실시하는 On-Line 방식과 전원을 제거하고 실시하는 Off - Line방식이 있다. 변압기는 그 중요도로 보아 고장이 난 다음 조치로는 수용가가의 정전을 막을 수가 없기 때문에 평소에 On-Line 방식을 이용하여 진단을 할 필요가 있다.

2. **On-Line 진단 방식**

    (1) 부분 방전 측정

    부분 방전은 절연물중 Void, 이물질, 수분 등에 의해 코로나 방전을 일으키는 현상으로 다음과 같은 방법에 의해 이상 유무를 확인함.
    - 누설 전류 측정
    - 펄스 전류 측정
    - 방사 전자파 측정
    - 초음파 측정
    - 가청음 측정

    (2) 온도 분포 측정 (적외선 측정)

    적외선 카메라를 설치하여 기기에서 발생하는 열을 영상으로 변환하는 장치로서, 비정상적인 열이 발생하면 발열점의 위치 등을 즉각 확인할 수 있다.

    (3) 절연유 특성 시험

    유입 변압기의 경우 절연유 일부를 추출하여 다음과 같은 특성을 측정하는 방법.
    - 절연 파괴 전압 (kV) 측정
    - 체적 저항율 측정 ($\Omega \cdot m$) : 수분에 주로 관계되며 수분량 증가시

급격히 저하됨.
- 유중 수분량 측정
- 전산가 측정 : 절연유의 산화 정도를 측정

(4) 유중 가스 분석

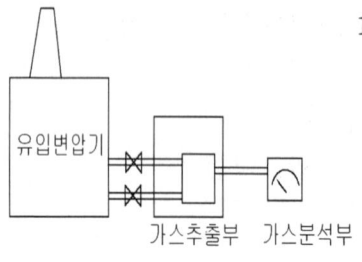

1) 원리 : 변압기 내부에 이상 발생시 과열이 발생하고, 이 열에 의해 절연유가 분해되어 Gas 발생 -〉 유중가스의 조성비, 발생량 등을 분석하여 절연유, 절연지, 프레스보드 등의 열화를 진단한다.

2) 검출기구: 절연유 유중가스 분석기

(5) 열화 센서법
변압기 내부에 센서를 설치하여 변압기의 열화정도에 따라 경보 또는 선로를 차단하는 방식으로 다음과 같은 장점이 있다.
- Real Time 감시
- Data 분석, 관리 자동화
- 수명 예측
- 유입식의 경우 절연유 열화상태 및 온도 관리 가능

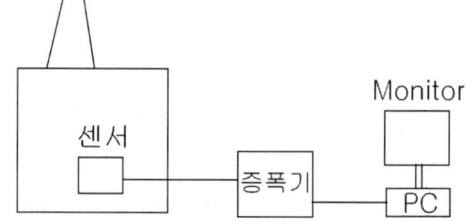

3. Off-Line 방법

(1) 절연저항 측정
1,000V 절연저항계로 권선과 권선간, 권선과 대지간에 절연저항을 측정
판정기준 : 500MΩ 이상

(2) 상용 주파 내전압(내압시험)
- 권선에 상용주파수의 교류 전압을 1분간 가한다.
- 전압을 가하지 않는 권선과 철심,Frame은 접지
- 인가 전압 (KSC 4311 건식 변압기, KSC IEC 60076 전력용 변압기)

계통 최고전압 (실효값. KV)	상용주파 내전압 (실효값. KV)	뇌임펄스(첨두값. KV)	
		개방형	밀폐형
7.2	20	40	60
24	50	95	125

(3) 유도 내전압 시험
정격전압의 2배, 주파수 120~400Hz 전압을 인가하여 1, 2차 코일 내

부에 Frash Over가 발생하지 않아야 한다.

　　시험 시간 : 최소 15초, 최대 60초

(4) 직류 누설 전류법

절연물에 직류 전압을 인가하면 다음과 같은 전류가 흐른다.

- 누설전류 : 절연물의 내부 또는 표면을 통하여 흐르는 전류로서 시간에 대하여 변화가 없음
- 흡수전류 : 절연물에 흡수되는 전하에 의해 발생하는 전류로서 시간에 따라 서서히 감소함.
- 변위전류 : 절연체에 전하가 축적되는 동안 흐르는 전류
- 이때 흡습의 정도를 성극지수로 나타낸다.

$$성극지수(PI) = \frac{전압인가 1분때의 전류}{전압인가 10분때의 전류} = \frac{전압인가 10분때의 절연저항}{전압인가 1분때의 절연저항}$$

- 시험전압 : 보통 500V 또는 1,000V를 이용하나 정격전압에 가까운 전압을 인가하는 것이 좋다.
- 판정 : PI가 0.5 이하시 불량

(5) 부분 방전 시험

위와 내용 동일

(6) 유전정접법 ($\tan \delta$ 법)

- 절연체에 고압 시험용 변압기를 이용하여 교류전압을 인가하면 절연물에 유전체 손실이 발생하고
- 이때 절연물이 콘덴서 역할을 하므로 전전류는 충전전류보다 δ 만큼 뒤진다.
- Shelling Bridge로 손실각 $\tan\delta$ 를 측정하고 $\tan \delta$ 값이 5%이상이면 열화가 진행되는 것으로 보면된다.
- 가장 정확한 방법이지만 시험 설비가 커서 이동이 어렵기 때문에 제조사에서 주로 사용함.
- 손실각율 $\tan \delta = \dfrac{손실}{전압 \times 전류} \times 100(\%)$ 이다.

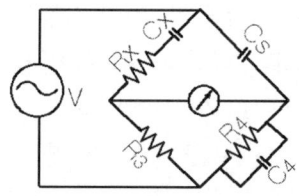 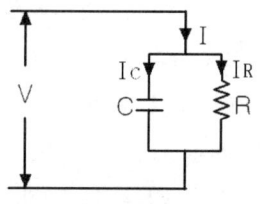 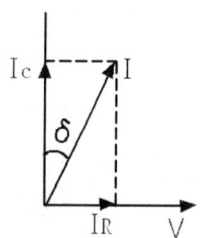

4. TR 열화 예방 대책
   (1) 습한 장소 사용 금지
   (2) 부식성 가스 장소 사용 금지
   (3) 보호 계전기 적정 Setting
   (4) 온도계 및 온도 계전기의 주기적 점검
   (5) Oil 열화 점검
   (6) 냉각장치, Pump등 기계적 장치 수시 점검
   (7) On-Line 방식에 의한 수시 점검 진단등

2.6. 인체의 감전현상을 표현하기 위한 인체 임피던스의 전기적 등가회로를 나타내고 감전의 과정과 방지대책을 설명하시오.

1. 인체 임피던스의 등가회로
   가. 접촉전압(Touch voltage)
       〈 접촉 전압 상상도 〉〈 접촉 전압 등가회로 〉

(1) 접지를 한 구조물에 사고 전류가 흐르게 되면 접지 전극 근처에는 전위차가 발생한다. 이때 근처에 있는 사람이 위 그림과 같이 구조물에 접촉 했을 때의 전위차를 접촉 전압(Et)이라 하고 다음과 같이 나타낸다.

$$E_t = I_B \left(R_H + R_B + \frac{R_F}{2} \right) = \left(R_H + R_B + \frac{R_F}{2} \right) \cdot \frac{0.165}{\sqrt{T}} \text{ (V)}$$

(2) 인체가 구조물에 접촉했을 때 인체에는 I_B 가 흐른다. 이 상태를 등가회로로 나타내면 위 그림 우측과 같다. 인체의 내부저항을 R_B, 손의 접촉 저항을 R_H, 다리의 접촉저항을 R_F 라 하면 접촉 전압 E_t는

(3) IEEE에 의하면 구조물과 대지면의 거리 1m의 전위차와 같다.
    여기서 인체 전류 I_B 를 Dalziel의 식을 인용하면 인간의 평균 체중 70Kg으로 환산한 식은 다음과 같다.

$$IB = \frac{0.165}{\sqrt{T}} \text{ (A)} \qquad \text{여기서 T : 통전 시간(Sec)}$$

- 인체저항 : 500 ~ 1,500 (Ω) ≒ 1,000 (Ω)

(4) 접촉전압 저감대책
  가. 그림과 같이 기기, 철구등의 주위약 1m 위치에 깊이 0.2 ~ 0.3m의 보조 접지선을 매설하고 이것을 주 접지선과 접속한다.

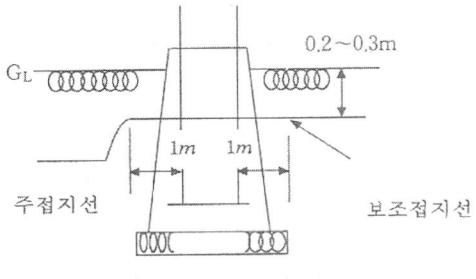

  나. 보폭 전압(Step voltage)

〈 보폭 전압 상상도 〉　　　　〈 보폭 전압 등가회로 〉

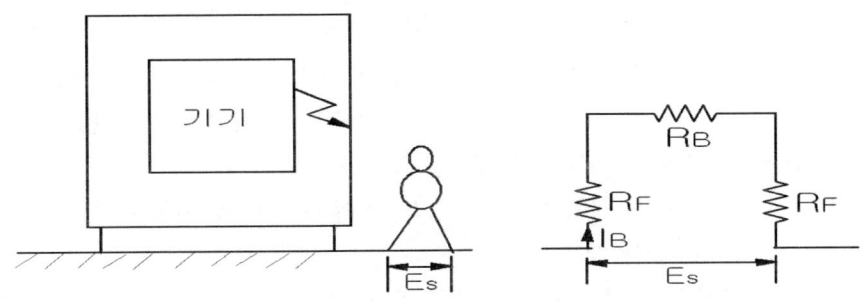

(1) 뇌격 전류나 지락 등에 의한 고장 전류로 접지 전극 근처에 전위차가 생겼을 때, 위 그림과 같이 사람의 양 다리에 걸리는 전위차를 보폭전압 (Es)이라 하며 아래 식과 같이 나타낸다.
(2) 이 상태를 등가 회로로 나타내면 위의 우측 그림과 같이 된다. 인체 내부 저항을 RB, 다리의 접촉 저항을 RF 라 하면 보폭 전압 Es 는 다음과 같다.

$$Es = IB (RB + 2\,RF) = (RB + 2\,RF) \cdot \frac{0.165}{\sqrt{T}} \text{ (V)}$$

2. 감전사고의 과정
  (1) 충전부 감전회로
    1) 중성선과 전압선간에 접촉된 경우
    2) 전압선간에 접촉된 경우
  (2) 비충전부 감전회로
    누전상태에 있는 전기기기에 인체 등이 접촉되어 인체를 통하여 지락 전류가 흘러서 감전되는 경우

(3) 고압 및 특별고압 전선로의 감전회로

고전압선로에 인체 등이 너무 가깝게 접근하면 공기의 절연파괴 현상이 일어나서 아크가 발생하여 화상을 입거나 인체에 전류가 흐르게 되는 경우

3. 감전사고 방지대책

(1) 직접 접촉보호

전기 설비 충전부에 직접 접촉해서 발생하는 위험에 대하여 사람 또는 가축의 보호를 말하며 다음과 같은 보호 방법이 있다.
1) 충전부 절연에 의한 보호
2) 격벽 또는 외함에 의한 보호
3) 장애물에 의한 보호
4) 손의 접근한계(암즈리치) 밖 시설에 의한 보호
5) 누전 차단기에 의한 추가 보호
   - 누전 차단기에 의한 추가 보호는 상기 (1) ~ (4)항의 어느 하나와 겸용 하여야 하며 누전 차단기 단독으로는 직접 접촉 보호 수단으로 사용 할 수 없다.
   - 누전 차단기 정격 감도 전류는 30mA 이하로 한다.

(2) 간접 접촉 보호

고장시 노출 도전성 부분에 접촉해 생길지도 모르는 위험에 대한 사람 또는 가축의 보호를 말한다.
1) 전원의 자동 차단에 의한 보호
   - 전원차단
   - 보호 접지
   - 등전위 본딩
2) 2종 기기사용에 의한 보호
3) 비 도전성 장소에 의한 보호
4) 비 접지용 등전위 본딩에 의한 보호
5) 전기적 분리에 의한 보호

(3) 특별 저압에 의한 보호

특별 저압에 의한 보호는 교류 50V 이하, 직류 120V 이하의 보호이며 직접 접촉보호나 간접 접촉 보호 양쪽에 시행한다.
- SELV : Separated or Safety Extra Low Voltage (비접지 회로 보호)
- PELV : Protected Extra Low Voltage (접지 회로 보호)
- FELV : Functional Extra Low Voltage (비접지+접지 조합)

제 3 교 시

3.1. K-factor 적용 변압기와 허용용량계수를 적용하여 산출 예를 들어 설명하시오. (와전류는 Pu = 13, K-factor = 20)

1. **K-FACTOR란?**

   K-FACTOR란 비선형 부하에 의한 고조파의 영향에 대하여 변압기 등 전기기기가 과열현상 없이 전력을 안정적으로 공급해 줄 수 있는 능력(factor)을 말함.

   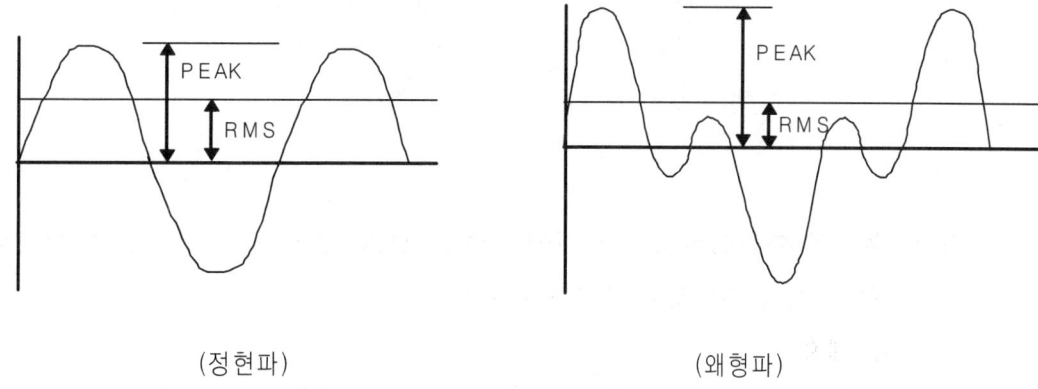

   (정현파)   (왜형파)

2. **변압기 용량 선정**

   고조파 부하가 많을 경우 고조파 전류 중첩, 표피효과에 의한 저항 증가에 따라 I2R이 크게 증가하므로 용량을 크게 하거나 (2~2.5배) 발주시 "K-Factor"가 고려되도록 하여야 한다.

   (1) 단상 고조파 부하인 경우
   - 기본파에 3고조파가 함유되어 있으며 끝이 뾰족한 왜형파가 나타나게 된다. 변압기에 정현파 전류가 흐를 때와 피크값이 높은 왜형파가 흐를 때 변압기에 미치는 영향은 다르게 나타나게 되고 다음과 같은 식으로 변압기 출력을 계산할 수 있다.
   - 여기서 Irms : 500(A), Ip : 1,000(A)로 가정하면

   $$\text{THDF} = \frac{\sqrt{2} I_{rms}}{I_{peak}} = \frac{\sqrt{2} \times 500}{1000} = 70.7(\%)$$

   - THDF : Transformer Harmonics Derating Factor 변압기 실허용 용량 계수 즉, 1,000kVA 변압기라 하더라도 실제 출력은 600 ~ 800kVA 정도밖에 안되는 경우가 많다.

   (2) 3상부하 (K-Factor 20 , PEC : 와류손 (13pu) 인 경우. 문제가 잘못됨. 와류손이 13(pu)면 1300%인데 이렇게는 될 수 없기 때문에 13%로 수정 풀이함)

$$\text{THDF} = \sqrt{\frac{1+P_{EC(pu)}}{1+K \times P_{EC(pu)}}} = \sqrt{\frac{1+0.13}{1+20\times 0.13}} \times 100 = 56(\%)$$

(3) 결론

용량이 1,000(kVA)변압기라면 와류손이 13(%) 이고 K-factor가 20일 때 용량이 560 (kVA)로 줄어든다.

3. 대책
    (1) 동의 굵기를 크게
    (2) 자로에 대한 손실 감소를 위해 규소 강판을 크게 하여 자속밀도를 줄인다. 즉, TR 크기를 크게 한다는 뜻임.
    (3) 라디에타를 크게 → 냉각효과 증대

3.2. 수용가 수전설비의 보호계전기(OCR/OCGR/OVGR/OVR/UVR)정정시 고려사항과 정정치에 대하여 설명하시오.

1. 개요

보호 계전기는 일반으로 탭이나 Lever (또는 Time Dial) 등의 동작 조건을 조정하는 기구를 이용해서, 계전기의 사용에 앞서 그 동작치와 동작시간 등을 적정한 값으로 선정해야 하는데 이와 같이 하는 것을 보호 계전기의 정정 (Setting) 이라고 한다.

2. 보호 계전기의 정정시 고려할 사항
    (1) 오동작 하지 않는 범위 내에서 가장 예민한 검출 감도를 가질 것.
        - 일반으로 보호 계전기의 검출 감도를 너무 예민하게 하면 계통 사고가 아닌 작은 동요에도 오동작 할 수 있다.
        - 보호 계전기의 오동작은 최소한으로 줄여야 하므로 이런 경우 외부 사고를 상정하여 최대 통과 전류가 흘러도 오동작 하지 않도록 정정해야 한다.
    (2) 가장 빠른 속도로 동작할 것
        - 사고가 생겼을 때 전기 기기의 피해를 최소로 하고 또 계통 안정도 등에 미치는 영향을 최소로 하기 위해서 사고는 최단 시간내에 제거되어야 한다.
    (3) 계통 전체로서 보호 협조가 되어야 한다.
        1) 주보호와 후비 보호간의 보호 협조
           주 보호 장치는 가장 예민한 감도로 가장 신속하게 동작하도록 정정하나 후비 보호 계전기는 주 보호 장치의 동작 실패 시에만 동작되도록 해야 한다.
2) 검출 감도 면에서의 보호 협조
후비보호 계전기 보다는 주 보호 계전기의 검출감도가 더 예민해야 한다.
3) 전기 설비의 강도에 대한 보호 협조
전류-시간 곡선에서와 같이 계전기의 보호 범위는 설비의 위험 한계선보다 아래에 있어야 한다.
4) 차단 범위 국한을 위한 보호 협조(선택성)
계통에 고장이 발생한 경우 계통 전체에 영향이 파급되지 않도록 제한적으로 최소 부분만을 차단해야 하는데, 이는 주로 보호 계전기간의 검출 감도와 동작 시간을 상호 협조 되도록 정정함으로써 가능해 진다.
5) 보호 구간별 보호 협조
설비 단위별로 보호 계전기가 설치된 경우 그 보호 구간이 일부 서로 중첩되도록 보호 범위를 설정해서 보호 맹점이 생기지 않도록 한다.

3. 정정치
(1) OCR 한시탭
　1) 변압기 1차 OCR
　　- 정격전류의 150%에 Setting(부하에 따라 100% - 250%)
　　- Lever : 0.6Sec 이내에 동작하도록 선정
　2) 변압기 2차 OCR
　　- 정격전류의 130%에 Setting(부하에 따라 100% - 250%)
　　- 1차 계전기보다 0.3~0.4Sec이상 먼저 동작하도록 선정
(2) 순시 TAP
　- TR 2차 단락전류를 1차로 환산한 값의 1.5배에 선정
　- Lever : 0.15~0.25 Sec에 동작하도록 선정
(3) OCGR
　1) 한시 TAP
　　① 직접접지의 경우
　　　- 최대부하전류의 30%이하로 상시 부하 불평형율의 1.5배 정도에 정정
　　　- 수전보호구간 최대 1선 지락전류에서 0.2Sec이하
　2) 순시 TAP
　　- FEEDER는 최소, MAIN은 FEEDER와 협조가 가능하도록 정정
(4) OVGR
　- 수전모선 1선 지락 사고시 계전기에 인가되는 최대영상전압의 30% 이하에 정정

- 수전모선 1선 완전지락시 2~3SEC
(5) OVR
- 정정치의 130% 전압에서 2.0Sec 정도로 조정
(6) UVR
- 정정치 70% 전압에서 2.0Sec 정도로 조정

3.3. LED의 광발생과 관련된 직접천이형(direct transition)반도체의 빛에너지와 발광 파장의 상관관계를 나타내고, 백색광을 출력하기 위한 각종 방안의 장단점을 설명하시오.

1. 직접천이형과 간접천이형

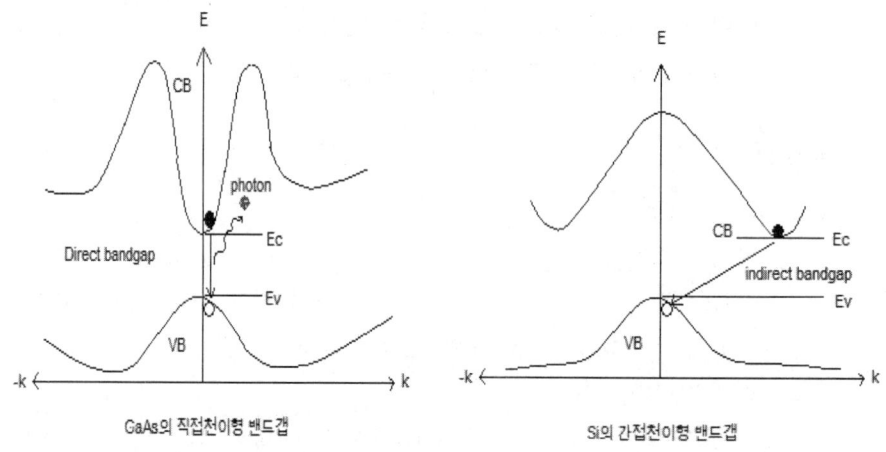

- LED의 재료는 직접전이형(direct transition)과 간접천이형(indirect transition) 반도체로서 구별할 수 있다.
(1) 간접 천이형
  - 간접천이형은 열과 진동으로서 수평천이가 포함되어 있어서 효율이 좋은 발광 천이(여기)를 이루기에는 부적당함.
  - 발광하고자 하는 영역에서 직접천이형 반도체 결정이 존재하지 않았던 LED 발전 초창기에는 간접천이형 반도체에 특별한 불순물을 첨가하여 발광 파장을 어느 정도 변화시켜 발광영역을 맞추어 왔다.
(2) 직접 천이형
  - 직접천이형은 모두 발광으로 이루어지기 때문에 LED 재료로서 좋은 재료라고 할 수 있다.
  - 일반적으로 직접천이형 반도체가 전자-정공 재결합시 발광 효율이 더 우수하므로 현재 실용화 되고 있는 고효율 LED등의 기본 재료는 모두 직접 천이형 밴드 구조를 갖는다.

- 대표적으로 Ⅲ-Ⅴ족 반도체인 GaAs와 GaN는 직접 천이 밴드갭이어서 적색, 청색, 녹색의 빛을 내는 광소자로 대부분이 적용되고 있다.

2. LED 색상별

(1) 적색 LED
GaAs와 AlAs의 혼합 결정인 GaAlAs, GaAs와 GaP의 혼합 결정인 GaAsP가 주로 사용되어 왔다.

(2) 녹색 LED
AlP와 GaP가 가장 좋지만 간접천이형 반도체이기 때문에 발광효율을 비약적으로 향상시키기 어려웠다. 또한 순녹색의 발광도 얻어지지 않았으나 추후 InGaN의 박막 성장이 성공하게 됨에 따라 고휘도 녹색 LED의 구현이 가능하게 되었다.

(3) 청색 LED
가장 실현하기 어려웠던 색으로 처음에는 SiC, ZnSe, GaN 등 세 가지 물질이 경합을 벌렸다.
GaN은 고휘도 청색 및 녹색 LED의 출현이 가능하게 되었다.

3. 백색 LED의 구현방법

(1) 하나의 칩에 형광체를 접목시키는 방법
- 청색 LED를 광원으로 사용하고, 노란색(560nm)을 내는 형광물질을 통과시키는 형태의 백색 LED가 처음으로 등장하게 되었다.
- 백색 LED는 청색과 노란색의 파장 간격이 넓어서 색 분리로 인한 섬광효과를 일으키기 쉽다.
- UV LED가 여기광원으로 사용됨에 따라 단일 칩 방법으로 조명용 백색 LED 구현에 있어서 새로운 전기를 맞이하게 되었다.

(2) 멀티 칩으로 백색 LED를 구현하는 방법
- RGB의 3개 칩을 조합하여 제작하는 것이다.
  그러나 각각 칩마다 동작 전압의 불균일성, 주변 온도에 따라 각각의 칩의 출력이 변해 색 좌표가 달라지는 현상 등의 문제점을 보이고 있다. 따라서 백색 LED의 구현보다는 회로 구성을 통해 각각의 LED 밝기를 조절하여 다양한 색상의 연출을 필요로 하는 특수 조명 목적에 적합한 것으로 판단된다.

(3) 보색 관계를 갖는 2개의 LED를 결합
주황색과 청녹색을 4대 1의 비율로 섞으면 백색광이 되는데 주황색에서 적색까지의 발광색을 조절할 수 있는 InGaAlP LED의 경우 성능지

수가 100ℓm/W를 초과함에 따라 현재 조합된 백색 LED의 조명 효율이 형광등과 가까운 정도이다. LED의 조명 효율이 빠른 속도로 높아지고 있는 추세에 비추어 몇 년 후면 형광등보다 높은 LED 조명 등이 출현할 것이라 전망된다.

3.4. 건축물 정보통신설비의 전송매체에 대하여 설명하시오.

1. 개요

전자 통신 전송 매체로는 유선으로 UTP케이블, 동축 케이블, 광 케이블 등이 있으며 무선으로는 인공위성, 지상 마이크로파, 라디오파 등이 있다.

2. 전송매체

(1) 이중선(Two-wire open lines)
 - 가장 간단한 전송매체 : 각각의 가닥은 다른 가닥으로부터 절연되어 있고, 둘다 공간에 노출되어 있다.
 - 비트 전송률(19.2Kbps 미만 정도)을 사용하는 50m 내로 떨어져 있는 장비를 연결하는데 적합하다.
 - 누화(crosstalk)나 불필요한 잡음이 생기기 쉽다.

(2) 이중나선(Twisted pair lines)
 - 한 쌍의 가닥들이 서로 꼬여있는 이중나선을 사용해서 불필요한 잡음 신호들을 제거할 수 있다.
 - 서로 평행한 통신선보다 외부 자장으로부터의 영향(누화)을 적게 받기 위해서 꼬아서 사용한다.
 - 짧은 거리(100m 미만)에서는 1Mbps 정도의 비트 전송률로 사용 하는 것이 적절하다.
 1) 비차폐 이중나선(UTP:Unshielded Twisted Pairs)
  - 전화망에서 널리 사용됨
  - 많은 데이터 통신 응용분야에도 사용됨₩
 2) 차폐된 이중나선(STP:Shielded Twisted Pairs)
  - 격리/보호물질을 사용하여 신호간섭의 영향을 줄인다.

종 류	전송 속도	통상 속도	적 용
CPEV	9600 bps	10,000 bps	일반 전화망
CAT 3	16 M	10 M	일반 전화망 +전산망
CAT 4	20 M	16 M	"
CAT 5	100 M	100 M	디지털
CAT 5e	100 M	150 ~ 620 M	"
CAT 6	250 M	100 M 거의 광 수준 단,손실 큼,간선(백본)	"

(3) 동축케이블(Coaxial cable)
- 영상(TV) 특성 임피던스 : 75 Ω
  통신용 특성 임피던스 : 50 Ω
- Pair Cable 에 비해 : 1회선 다 채널 가능
  저 손실이며 Noise(누화) 적다.
  45 MHz 이하에서 사용
- 근거리 통신망(100미터 이내)의 짧은 거리에서는 UTP 또는 STP 케이블을 사용하는 것이 동축케이블을 사용하는 것보다 신뢰성이 우수하다.

(4) 광케이블(Optical fiber)
- 코아(심, 유리재질) + 글레딩(피복)

종 류		굴 절 율	외 경
싱글 모드(monomode) 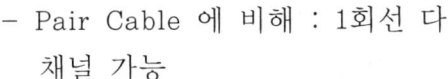		- 단일 경로를 따라서 전파 - 중심부의 직경을 단일 파장 (3~10m)으로 줄임.	5~15μm
멀티 모드 multi- mode	스텝 인덱스(SI) 	- 중심부를 따라서 여러번 반 사되면서 전파 - 낮은 비트 전송률에 사용	40~100μm
	그래드 인덱스(GI) 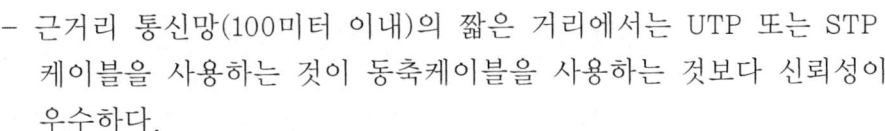	- 중심에서부터 멀어짐에 따라 굴절 - 수신되는 신호의 펄스폭을 좁게하는 효과	40~100μm

(특징)
- 고속 광 대역 통신 가능(G급)
- 외경 축소
- 손실 저감 (장거리 전송 가능)
- 부도체 (유리) : 전자 유도 작용 영향이 없어 Noise 왜란 영향 없음. 누화 현상 없음
- 보안성 유지 : 분기 불가능 하므로

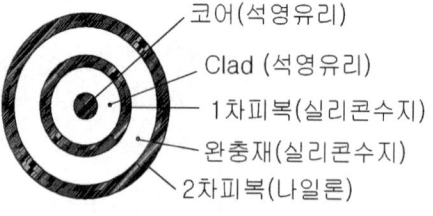

(단점)
유리 순도 9*9 필요 (최근 플라스틱 개발됨)
부가 장비(컨버터) 필요 : 광 E -> 전기 E 제조 공법이 어렵고 접속이 어렵다. 고가

(5) 인공위성(Satellites)
- 대기권 밖의 고도에서 지구주위를 돌면서 지상의 중계소와 원거리 통신을 위해 사용되는 통신장비를 갖춘 인공위성. 저궤도위성(LEO), 정지위성(GEO), 중궤도위성(ICO) 등이 있다.
- 마이크로웨이브로 통신한다.
- 흔히 접시형 안테나 등의 장비를 이용한다.
- 다른 나라간의 네트워크 연결에서부터 같은 나라 안에서의 다른 네트워크를 고속의 비트 전송률로 연결하는데 이르기까지 데이터 전송 용도로 광범위하게 사용된다.

(6) 지상 마이크로파(Terrestrial microwave) 1GHz~30GHz(파장 30~1cm)
- 비실용적이거나 너무 비싸서 물리적 전송매체를 설치할 수 없을 경우에 통신 링크를 제공하기 위해 폭 넓게 사용된다.
- 강과 늪 또는 사막 등을 연결하는 경우
- 건물이나 나쁜 기후 조건과 같은 요소들에 의해 방해를 받을 수 있다.
- 50km를 초과하는 거리에 대해서도 신뢰성 있게 사용될 수 있다.

(7) 라디오파(Radio) (3KHz ~ 3THz 전자기파)
- 라디오파는 빛의 속도(1초에 30만km)로 정보를 전달할 수 있으며, 대부분의 고체, 진공, 대기를 통과할 수 있기 때문에 통신에 유용하게 사용된다.
- 라디오파는 그 파장에 따라 장파, 중파, 단파로 나누며 그 종류에 따라 다르게 이용된다.
극초단파(UHF) : 텔레비전 방송, 디지털 텔레비전 방송 등에 이용
초단파(VHF) : 휴대전화, FM라디오, TV방송, 원격 조정 장난감 등

　　　　　에 이용
　　단파(short wave) : 경찰 라디오, 항공기 라디오 등에 이용
　　중파(medium wave) : AM 라디오 방송
　　장파(long wave)는 해안이나 선박용 AM 라디오 방송 등에 이용

3.5. 전기설비기술기준의 판단기준 제18조에 공통접지 및 통합접지시스템이 도입되었다. 이 시스템의 도입사유와 판단기준에서 정하는 설치요건에 대하여 설명하시오.

1. 공통접비 및 통합접지 시스템의 도입사유

   기존 건축물의 접지 형태는 보호용, 기능용, 뇌 보호용의 접지를 분리한 이른바 독립 접지를 한 건축물이 많다. 건물의 부지 면적이 한정되어 있는 상황에서 독립 접지는 전위 간섭의 영향을 받기 쉽고 접지 기능을 충족시키지 못하는 경우가 많다. 그러나 공통 접지는 접지 계통의 전위가 같고 전위 간섭 등의 영향이 적다.

2. 접지 기준

   〈 판단기준 제 18 조 (접지공사의 종류) 〉
   ① 접지공사는 다음 표에서 정한 것으로 하며 각 접지공사별 접지저항 값은 표에서 정한 값 이하로 유지하여야 한다. 다만 공통접지 및 통합접지를 하는 경우는 제외한다.

접지공사의 종류	접지저항 값
제1종 접지공사	10 Ω
제2종 접지공사	변압기의 고압측 또는 특고압측의 전로의 1선 지락전류의 암페어 수로 150(변압기의 고압측 전로 또는 사용전압이 35 kV 이하의 특고압측 전로가 저압측 전로와 혼촉하여 저압측 전로의 대지전압이 150 V를 초과하는 경우에, 1초를 초과하고 2초 이내에 자동적으로 고압전로 또는 사용전압이 35 kV 이하의 특고압 전로를 차단하는 장치를 설치할 때는 300, 1초 이내에 자동적으로 고압전로 또는 사용전압 35 kV 이하의 특고압전로를 차단하는 장치를 설치할 때는 600)을 나눈 값과 같은 Ω 수
제3종 접지공사	100 Ω
특별 제3종 접지공사	10 Ω

3. 공통 접지 (common earthing system) 판단기준 제 18 조
   ⑥ 고압 및 특고압과 저압 전기설비의 접지극이 서로 근접하여 시설되어 있는 변전소 또는 이와 유사한 곳에서는 다음 각 호에 적합하게 공통 접지공사를 할 수 있다.
   (1) 저압 접지극이 고압 및 특고압 접지극의 접지저항 형성 영역에 완전히 포함되어 있다면 위험전압이 발생하지 않도록 이들 접지극을 상호 접속하여야 한다.
      즉, 전력계통의 접지를 공통으로 하는 것을 말한다.
   (2) 공통 접지공사를 하는 경우 고압 및 특고압계통의 지락사고로 인해 저압계통에 가해지는 상용주파 과전압은 다음 표에서 정한 값을 초과해서는 안 된다.

고압계통에서 지락고장시간(초)	저압설비의 허용 상용주파 과전압(V)
> 5	$U_o + 250$
≤ 5	$U_o + 1,200$

   중성선 도체가 없는 계통에서 U_o는 선간전압을 말한다.

   (3) 그 밖에 공통접지와 관련된 사항은 KS C IEC 60364-4-44 및 KS C IEC 61936-1의 10에 따른다.

4. 통합 접지 (global earthing system)
   (판단기준 제 18 조)
   ⑦ 전기설비의 접지계통과 건축물의 피뢰설비 및 통신설비 등의 접지극을 공용하는 통합접지(국부접지계통의 상호접속으로 구성되는 그 국부접지계통의 근접구역에서는 위험한 접촉전압이 발생하지 않도록 하는 등가 접지계통)공사를 할 수 있다.
      즉, 전력계통, 통신계통, 피뢰계통까지 공동으로 하는 접지를 말한다. 이 경우 제6항의 규정을 따르며, 낙뢰 등에 의한 과전압으로부터 전기설비 등을 보호하기 위해 KS C IEC 60364-5-53-534에 따라 서지보호장치(SPD)를 설치하여야 한다.

5. 설치 요건
   (1) 통합접지는 대부분 철골, 철근등을 접지 전극으로 활용하여 접지하는데 이 경우 대지와의 사이에 전기저항치가 2Ω 이하이여야 한다.
   (2) 철골, 철근 등을 접지 전극으로 활용하는데 문제점 고려
      1) 접지 도선을 통해 많은 노이즈와 서지 전류 유입

2) 철골 구조 하부에 전식
3) 콘크리트 균열에 의한 안전성등

(3) 특히 IEC 60364와 62305 도입에 따라 통합접지(등전위접지)를 하기 위해서는 반드시 철골 등 건축물의 모든 금속부분을 등전위 본딩을 해야 한다.

3.6. 역률개선용 콘덴서를 적용할 때 발생하는 고조파 장해에 대한 대책으로 직렬리액터를 사용한다. 직렬리액터를 사용하는 이유를 설명하고, 영향이 큰 제 3,5고조파 저감을 의한 직렬리액터의 용량을 산정하시오.

1. 개요
전력용 콘덴서는 전력 계통의 전압 조정, 부하 역율 개선 등의 목적으로 주로 사용되는 기기이며 변전 설비에서 빼놓을 수 없는 기기이다.
전력용 콘덴서의 부속기기는 직렬 리액터, 방전코일, 고장 검출기 등으로 구성된다.

2. 직렬리액터를 사용하는 이유
(1) 고조파 억제
콘덴서 투입시 발생하는 제3고조파는 △권선 내에서 순환하므로 선로에 나타나지 않으나 제5고조파가 나타나 이 영향으로 파형이 일그러지고 통신선에 유도장해를 미치게 된다.

(2) 투입시 과도 돌입 전류 억제
콘덴서가 완전히 방전된 상태에서 전압이 인가되면 콘덴서는 순간적으로 단락 상태가 되어 정격전류의 약 5~6배의 돌입전류가 흐른다.

투입시 돌입전류 $I_{max} = I_c \left(1 + \sqrt{\dfrac{X_c}{X_L}} \right)$

- 돌입전류 영향
개폐기 접점의 이상 마모, OCR의 오동작, 사이리스터, 전력변환소자의 파괴

(3) 콘덴서 개방시 이상현상 억제
재점호 현상에 의해 콘덴서 개방과 동시에 전동기, 변성기, 콘덴서 자신의 절연이 파괴되는 수가 있다.

(4) 파형의 개선
콘덴서에서 발생하는 제5고조파를 제어하여 파형의 일그러짐을 개선할 수 있다.

3. 직렬 리액터 용량

(1) 제5고조파 제거용

- $5\omega L = \dfrac{1}{5\omega C}$ $5XL = \dfrac{Xc}{5}$ ∴ XL = 0.04 Xc

여기서 Xl = 직렬 리액턴스 임피던스 Xc = 콘덴서 임피던스

- 제5고조파 제거 목적인 직렬리액터 용량은 Q[KVA]의 4%이면 되나 실제로는 회로가 용량성이 되는 것에 대한 안전율을 고려하여 보통 유도성 일반 부하에는 6%, 아아크로 등에서는 8~15% 정도로 한다.

(2) 제3고조파 제거용

- $3\omega L = \dfrac{1}{3\omega C}$ $3XL = \dfrac{Xc}{3}$ ∴ XL = 0.11 Xc

- 제3고조파 제거 목적인 직렬리액터 용량은 Q[KVA]의 11%이면 되나 실제로는 회로가 용량성이 되는 것에 대한 안전율을 고려하여 보통 13%를 적용한다.

제 4 교시

4.1. LCC(Life Cycle Cost) 분석을 통한 경제적인 조명설계 방법을 설명하시오.

1. 정의
Life Cycle Cost의 약자로 제품이나 구조물, 시스템들이 허용된 수명기간 동안 발생하는 총 Cost를 말하며, LCC는 초기 투자비, 미래 발생 비용으로 분류 할 수 있다.

2. LCC 구성 항목
(1) 구성 항목
  1) 기획 설계 Cost : 시장조사, 설계, 용지 취득, 환경대책등의 Cost
  2) 건설 시공 Cost : 공사, 감리, 준공에 따른 Cost
  3) 운영 관리 Cost : 운전, 유지보수, 개량에 따른 Cost
  4) 폐기 처분 Cost : 해체, 분리, 처분에 따른 Cost

(2) 년수 결정 조건
  1) 물리적인 조건 : 내구력, 기능의 한계
  2) 경제적인 조건 : 시설 운영비, 유지 보수비등
  3) 사회적인 조건 : Old Model, 패션에 뒤지는가
  4) LCC가 같은 경우 잔존 가치, 환경성과 폐기 용이성을 검토하여 선정한다.

(3) 도입 절차
  1) 목표 설정 -> 현상 분석 -> 관련 설계 도서 작성 -> 건설 -> 운용 -> 효과 분석
  2) LCC 도입후 경제 수명 판단 곡선

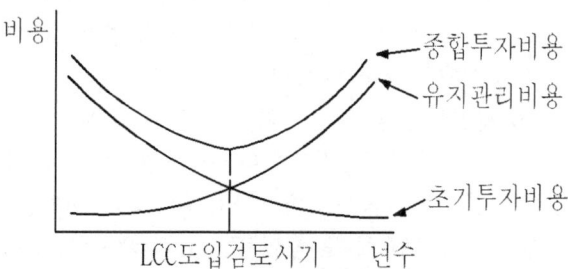

3. 건축 전기 설비의 내용 년한

설비내용	법적 상각 년수
차단기, 큐비클, 변압기, 분전반, 간선, 발전기, 화재 수신반, 엘리베이터 등	18 ~ 20년
조명 기구류	8 ~ 10년
축전지	7년
상시 운전 전동기, 감지기류	5년

4. 경제적인 조명설계 방법

에너지 절감 설계 7대 Point

전체전력량(kWh)

$$= 가구당소비전력(\downarrow) \times 점등시간(\downarrow) \times \frac{조도(\downarrow) \times 면적(\downarrow)}{광속(\uparrow) \times 조명율(\uparrow) \times 보수율(\uparrow)}$$

(1) 에너지 절약 설계 기준 준수

의무 사항	1. 고효율 조명기기를 사용 　램프, 안정기, 반사갓등 2. 형광램프 전용안정기를 사용 : 전자식 3. 공동주택 각 세대내의 현관 및 숙박시설의 객실 입구 : 　인체감지 점멸형 또는 점등 후 일정시간 후 자동 소등되는 　조명기구를 채택 4. 필요에 따라 부분조명이 가능하도록 점멸회로를 구분 5. 일사광이 들어오는 창측의 전등군 : 부분점멸이 가능하도록 설치 　(다만, 공동주택은 제외)
권장 사항	1. 고휘도 방전램프(HID Lamp)를 사용 : 옥외 2. 옥외 조명회로 : 격등 점등과 자동점멸기에 의한 점멸 3. 공동주택의 지하주차장 　- 자연채광용 개구부가 설치되는 경우 : 　　주위 밝기를 감지하여 전등군 별로 자동 점멸되거나 스케쥴 　　제어가 가능하도록 다만, 지하2층 이하는 그러하지 아니하다. 4. 유도등 : 고효율 인증제품인 LED유도등 설치. 5. 백열전구 : 사용하지 말 것. 6. KS A 3011에 의한 작업면 표준조도를 확보하고 효율적인 조명 　설계에 의한 전력에너지를 절약한다.

(2) 기타 설계방법

　1) 최적의 설계 조도 결정

　　　- 작업의 종류, 시 대상물의 크기, 정확도, 작업속도, 작업시간, 작업

자 연령, 눈부심 등을 고려하어 설계 조도 결정
- 작업면 조명 (F~H.3단계) : 150~ 1500 (lx)
- 전반조명+국부조명 작업면(I~K.3단계) : 1500 ~ 15000 (lx)

단순 작업	150-300	큰 물체 대상 작업장
보통 작업	300-600	작은 물체 대상 작업장
정밀작업	600-1500	매우 작은 물체 대상 작업장

2) 고효율 광원 선정
   - 전자식 안정기 사용 형광등
   - 3파장 형광등 사용
   - 슬림화 형광등 사용
   - 백열전구 대신 전구식 형광램프 사용
3) 고효율 조명기구 사용
   - 저휘도 고조도 반사갓 사용 조명기구 사용
   - 직접 조명
   - 개방형 조명기구 사용
   - 램프 및 반사갓의 주기적인 청소 및 교체
4) 효과적인 조명 제어 및 조광제어
   - 시간 스케줄에 의한 제어
   - 점멸 구간을 세분화
   - 조도 검지기를 이용한 조명 제어
   - 재실 감지기 설치
   - 센서 부착 또는 타이머 부착형 조명기구를 채택
   - 필요에 따라 부분조명이 가능하도록 점멸회로를 구분
   - 일사광이 들어오는 창측의 전등군 : 부분점멸이 가능하도록 설치
6) 실내 마감재를 밝게 계획
   쾌적성을 고려 천장>벽>바닥의 순서로 반사율을 높임.
7) PSALI 조명
   - 지하 공간에 채광이 유효한 창문을 가급적 많이 설치
   - 주광을 최대한 이용
8) 적정 전압 유지
   - 정격 전압 1% 감소시 : 광속은 2~3% 감소
   - 부하측 전압강하 : 공칭전압 ± 2% 유지

4.2. 주택 정보화의 핵심요소인 홈네트워크 설비의 기능 및 설비구성에 대하여 설명하시오.

1. 개요

    지능형 홈 네트워크는 모든 가전제품의 터치스크린(PDA)제어 및 원격 제어가 가능하며 감시카메라의 동영상 녹화, DVD 연동 녹화, TV 동영상 모니터링, 핸드폰으로 실시간 동영상 모니터링, PC로 모니터링, 출입 통제시스템 연동, 디지털 도어록 연동제어, 전화 원격제어 및 침입자 감지, 화재감지, 가스 누출감지, 노약자 비상 응급시에 주인에게 자동으로 전화 연락이 가능하며 쌍방 통화가 가능하다.

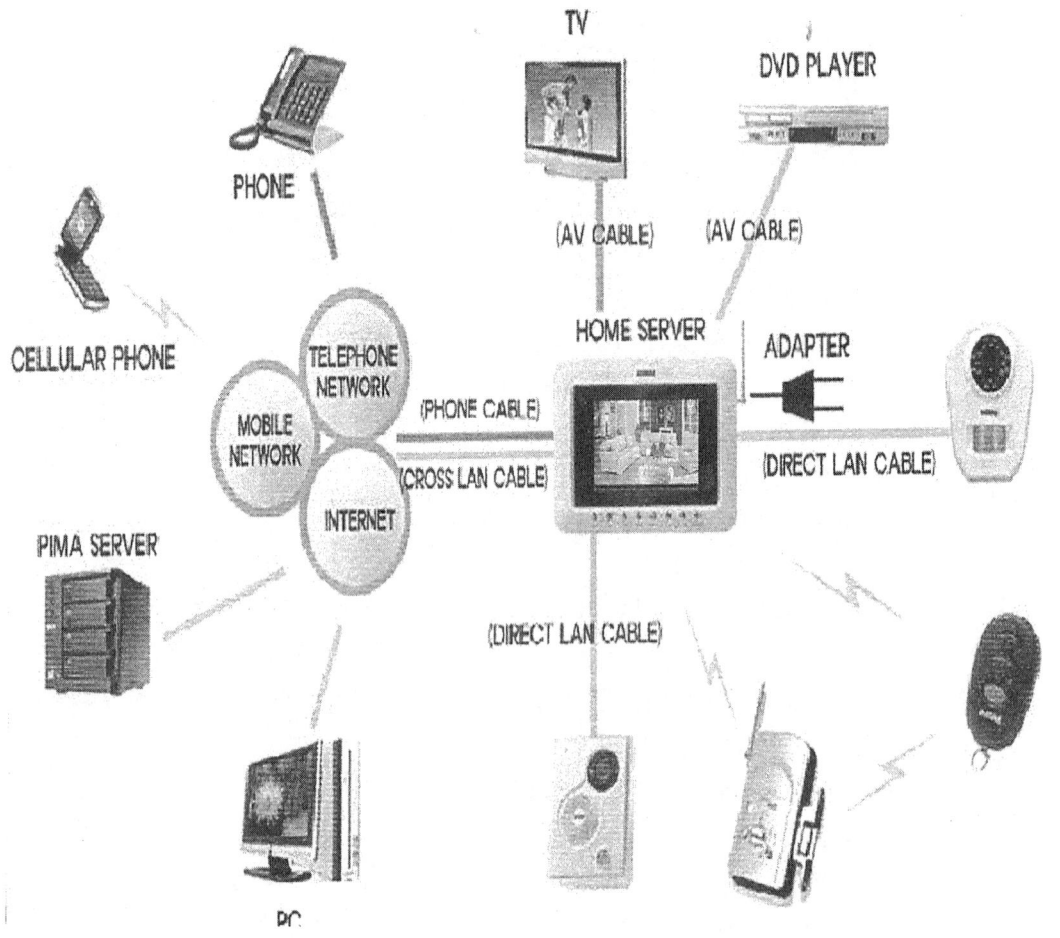

2. 홈네트워크 설비 구성 ("지능형 홈네트워크 설비 설치 및 기술기준" 적용)

    (1) 홈네트워크망 : 홈네트워크 설비를 연결하는 것

      가. 단지망 : 집중구내통신실에서 세대까지를 연결하는 망
      나. 세대망 : 전유부분(각 세대내)을 연결하는 망

(2) 홈네트워크장비
　　가. 홈게이트웨이(홈서버를 포함):세대망과 단지망을 상호 접속하는 장치
　　나. 월패드 : 세대 내의 홈네트워크 시스템을 제어할 수 있는 기기
　　다. 단지네트워크장비
　　라. 단지서버
　　마. 폐쇄회로 텔레비전 장비
　　바. 예비전원장치
(3) 원격제어기기 : 주택 내부 및 외부에서 원격으로 제어
　　가. 가스밸브제어기
　　나. 조명제어기
　　다. 난방제어기
(4) 감지기 : 세대내의 상황을 감지하는데 필요한 기기
　　가. 가스감지기
　　나. 개폐감지기
(5) 단지공용시스템
　　가. 주동출입시스템
　　나. 원격검침시스템
(6) 홈네트워크 설비 설치공간
　　가. 세대단자함
　　나. 세대통합관리반
　　다. 통신배관실(TPS실)
　　라. 집중구내통신실(MDF실)
　　마. 단지서버실
　　바. 방재실

3. **기능**
　(1) 원격제어
　　조명제어, 난방제어, 가스밸브제어 등을 원방에서 실시
　(2) 원격검침
　　세대 내의 전력, 난방, 가스, 온수, 수도 등의 사용량 정보를 네트워크 등을 통하여 사용자에게 알려주는 시스템
　(3) 자동 감지
　　화재감지, 가스감지, 개폐감지, 환경감지(온·습도, CO_2 감지) 등
　(4) 출입통제
　　비밀번호나 출입카드 등으로 출입문을 개폐할 수 있고, 관리실 또는

세대와 통신하여 방문자의 출입 인가 여부를 결정할 수 있도록 주동출입구 및 지하주차장 출입구에 설치하는 시스템

(5) 차량출입통제
단지에 출입하는 차량의 등록여부를 확인하고 출입을 관리

(6) 전자경비
세대 내에 침입자나 화재 등 비상사태가 발생할 경우 이를 자동으로 감지하여 신호를 경비실 또는 관리실 등에 자동으로 통보

(7) 무인택배
택배화물, 등기우편물 등 배달물품을 서비스 제공자와 공동주택 입주자 사이에 직접적인 대면 없이 안전하게 주고 받을 수 있는 시스템

(8) 노약자 비상 응급 시스템 등

4.3. IEEE std.80에 의한 접지설계 흐름도를 제시하고 설명하시오.

1. 접지설계 흐름도

최대허용 보폭전압 및 최대허용 접촉전압의 한계를 결정한 후 다음과 같은 순서로 접지계통을 설계한다.

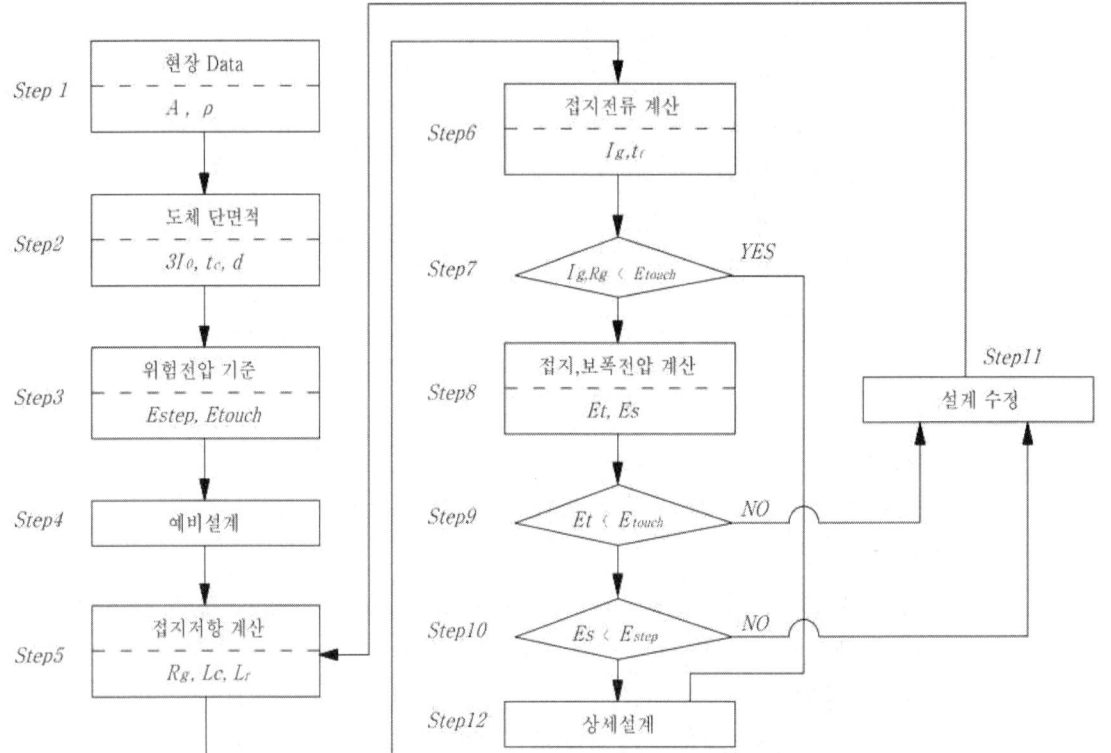

2. 접지 설계

(1) Step 1 : 현장 데이터 정보 파악

  접지 포설 면적 A(㎡)와 대지 고유저항율 ρ (Ω.m)을 조사한다.

(2) Step 2 : 접지도체의 굵기 선정

  접지도체의 굵기는 고장전류의 크기, 고장지속시간, 온도, 재료의 특성 등을 적용하여 구한다.

  고장전류 크기 $I_F = 3I_o = \dfrac{3E}{(R_1+R_2+R_0)+3R_f+j(X_1+X_2+X_0)}$

(3) Step 3 : 감전방지를 위한 안전한계의 기준값 결정

  $Et = IB \left(RH + RB + \dfrac{RF}{2} \right) = \left(RH + RB + \dfrac{RF}{2} \right) \cdot \dfrac{0.165}{\sqrt{T}}$ (V)

  $Es = IB (RB + 2RF) = (RB + 2RF) \cdot \dfrac{0.165}{\sqrt{T}}$ (V)

(4) Step 4 : 예비설계
  - 접지망의 매설깊이 결정
  - 접지망 Grid 간격, 도체수, 도체 총 길이 결정

(5) Step 5 : 접지저항 (Rg) 계산

(6) Step 6 : 대지전류 (Ig) 계산

(7) Step 7 : GPR(Ig·Rg)과 최대허용 접촉전압(Etouch)의 크기를 비교, 판정 GPR(Ig·Rg) < 최대허용 접촉전압(Etouch)이어야한다.

(8) Step 8 : 위험전압 결정

  ① 최대예상 접촉전압(Et)

    Mesh 전극의 중심부와 4개의 모서리 사이에 전위차가 발생하며, 최대접지 전위상승에서 Mesh 전위를 뺀 것으로 표현된다.

  ② 최대예상 보폭전압(Es)

    매설깊이가 깊을수록 보폭전압이 낮아진다.

(9) Step 9 : 최대예상 접촉전압(Et)과 최대허용 접촉전압(Etouch) 비교

  최대예상 접촉전압(Et) < 최대허용 접촉전압(Etouch) 이어야 한다.

(10) Step 10 : 최대예상 보폭전압(Es)과 최대허용 보폭전압(Estep) 비교

  최대예상 보폭전압(Es) < 최대허용 보폭전압(Estep) 이어야 한다.

(11) Step 11 : Step 9, 10에서 기준값을 만족하지 못하는경우, 설계를 수정하고 Step 5 이하를 다시 검토한다.

(12) Step 12 : 설계 완료

4.4. 고층건물 내부에 수변전설비 계획시 고려할 사항에 대하여 설명하시오.

1. **개요**

    서울특별시 초고층 건축물 가이드라인(2009.8.1 시행)에 초고층을 "50층 이상 또는 높이(옥탑·장식탑 등 포함)가 200m 이상"인 건축물로 정의하고 있어 여기에서는 초고층에 대하여 기술하기로 한다.

    초고층 빌딩은 수변전설비, 간선설비, 승강기설비, 방재설비(화재, 피뢰), 내진설계 등이 특히 중요하다.

2. **초고층 빌딩의 수변전 설비**

    (1) 수변전실 위치

    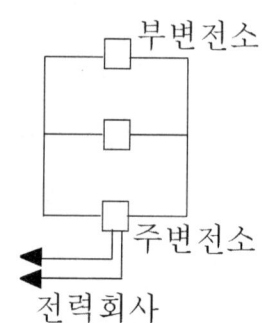

    초고층 빌딩은 높이가 높아 (200m이상) 지하층 1곳의 변전실로는 전압강하가 너무 크기 때문에 30층~40층 정도의 층으로 구분하여 부 변전실을 설계하는 것이 바람직하다.

    변압기, 발전기, 축전지 등은 특히 지진에 대한 고려가 필요하다.

    (2) 변전실 면적

    A1 = k·(변압기용량 P [kVA])0.7
    A2 = $3.3 \cdot \sqrt{P} \times \alpha$ (㎡)
    A3 = 2.15·(P)0.52
    A4 = $5.5 \cdot \sqrt{P}$ (㎡)

    (3) 기기 배치시 최소 이격거리 (단위 mm)

	앞면	뒷면	옆면
특별고압반	1,700	800	600
고압.저압,변압기반	1,500	600	600

    (4) 변전실의 높이

    특별고압수전 : 4,500[mm]이상
    고압.저압수전 : 3,000[mm]이상

    (5) 바닥 하중 : 200-500 KG/㎡

    (6) 발전기실의 넓이

    S > $1.7\sqrt{P}$ (㎡) (추천치 S > : $3\sqrt{P}$)

    여기서 S : 발전기실의 소요면적 (㎡) P : 마력(HP)
    　　　 가로 : 세로 = 1.5 ~ 2 : 1 이 이상적임

    (7) 발전기실의 높이

    H = 엔진 높이의 2배 이상

3. 기타 초고층 빌딩 설계시 고려사항

(1) 간선설비

1) 초고층빌딩은 수직으로 전압강하가 크기 때문에 간선의 용량 설계 시 허용전류 외에 전압강하의 계산이 매우 중요하다.

2) EPS에 간선 시공시
- 수직 하중에 대한 대책
- 자중에 의한 전선 탈락 방지, 신축
- 사고시 단락전류에 의한 전자력 등을 함께 고려해야한다.

(2) 반송설비

초고층빌딩에서 승강기의 설치는 필수이며 적어도 분당 540m 이상의 초고속이 설치된다. 따라서 설계시 여러가지 주의가 필요하다.

(3) 방재설비

1) 방화 및 소화 설비

어느층 이상의 고층에는 소방용 사다리가 닿지 않으므로 초고층빌딩에서의 방화설비와 소화 설비는 매우 중요하다.

2) 피뢰침 설비
- 돌침방식 보다는 케이지방식이나 수평도체 방식 적용
- KSC IEC 62305 규격에 맞는 설계 및 시공

3) 항공 장애등
- 항공법에 의해 보통지역은 150m이상의 건축물, 장애물 제한구역에서는 60m이상의 건축물에는 항공장애등을 설치해야한다.

(4) 정보통신 및 OA설비

1) 확장성을 고려하여 OA기기가 많은 장소에는 Access Floor 방식 고려

2) 정전 대책으로 UPS설치

3) Noise 대책 : 건물차폐, 등전위 Bonding

4) 광 CABLE인입 및 LAN 망 구성

(5) 내진 설계

1) 건축물과 전기 설비의 공진 방지 설계

2) 장비의 적정 배치

3) 사용 부재를 강화하는 방법

(6) 예비 전원 설비

1) 발전기
- 상용 부하 설비 용량의 20~25% 확보
- 가스 터빈 발전기 권장

             2) U P S
                - 전산실, 정보 통신 설비등 공급
                - 상용 부하 용량의 10% 정도 확보
         (7) 접지
                - KSC IEC 60364 및 62305 반영 : 공동 접지
                - MESH 접지 공법 및 구조체 접지 권장
         (8) 인접 건물 전파 방해등

4.5. 일반적으로 사용하는 승강설비인 로프식 엘리베이터의 전동기 용량을 산정하기 위한 방안을 설명하시오.

   1. 개요

   최근 건축물의 대형화, 고층화가 이루어져 운송설비의 고속화, 대량화가 이루어 져야만 효율적인 운전을 할 수 있으며, 이때 고속에 의한 안전문제, 지진 등의 건축적 안전 문제, 소음, 진동 등 검토해야 될 사항들이 많이 있다 또한 불특정 다수가 이용하는 것으로 특히 안전장치도 매우 중요하다.

   2. 엘리베이터 설계 〈 하.정.인 / 5이. 5수 / N.M.T 〉

   (1) 적재하중(L) : 바닥면적을 근거로 산출

구 분	카 바닥면적	적 재 하 중
인승용	1.5 m² 이하	370 kg / m²
	1.5~3.0 m²	(카바닥면적-1.5)*500+550 Kg
	3.0 m² 초과	(카바닥면적-3.0)*600+1300 Kg
인승용 이외		250 Kg / m²

   (2) 정원 산출 (C)
       최대 정원(C) = 적재 하중 / 65 kg (인승)
   (3) 건물내 인원 산출(M)

   $$M = \frac{건물 연면적}{인구 밀도} \text{ (명)}$$

   - 인구 밀도 : 건물의 용도 규모등에 따라 다르지만 대략 다음과 같은 기준에 의하여 건물내 유동 인구를 정한다.
       한국 : 10 ~ 13 m² / 1인
       미국 : 15 m² / 1인
   (4) 러쉬 아워 5분간 E/L 이용 인원수(Q)

$$Q = M * \Phi \text{ (명)}$$

⟨ Φ : 건물 이용에 따른 계수 ⟩

사무실의 종류	Φ의 값
전용 사무실, 동시 출근이 많은 사무실	1/3 ~ 1/4
일반 사무실	1/7 ~ 1/8
동시 출근이 적은 사무실	1/9 ~ 1/10

(5) 1대당 5분간 수송 인원수(P)

$$P = \frac{60 \times 5 \times 0.8 \times \text{정원(C)}}{\text{평균 일주 시간(T).초}} \text{ (명)}$$

(6) 설비 대수(N)

$$E/L \text{ 대수 (N)} = \frac{Q}{P} \text{ (대)}$$

(7) 권상 전동기 용량 (Motor)

$$PM = \frac{L \times V \times F}{6120 \times \eta_1} \text{ (KW)}$$

여기서 L : 적재하중(kg)
V : 정격 속도(m/min) 일반건물 60 적용
F : 균형추 계수 (승용0.6 화물0.5)
η_1 : EL 계수 기어드 : 0.5~0.6
기어레스 : 0.8~0.85

(8) 전원 용량 (TR 용량)

$$Pt = 1.6 \, W_1 \times N \times y \text{ (KVA)}$$

여기서 Pt : 변압기 용량(KVA)
PM : 권상 전동기 용량(Kw)
N : EL 대수
y : 병렬 계수

N	y
1	1.0
2	0.8
4	0.7

4.6. 최근 개정된 터널조명의 기준에 대하여 개정 전 . 후의 사항을 비교 설명하시오.

1. 개정(2010.5.20) 필요성

현재 터널조명기준('92, JIS Z9116)은 오랫동안 수정되지 않아, 국제기준 (CIE 88-2004) 등의 내용을 부합화 하였으며, 터널 입구부를 기존 밝기의 2배 정도 조도를 높이고, 터널의 유형별 세분화로 안전성을 향상시킴

2. 개정 전

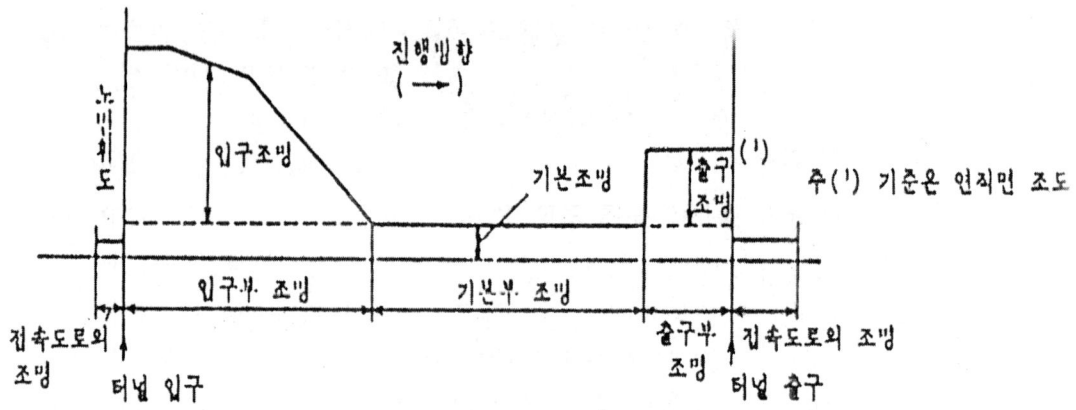

입구부 조명을 경계부, 이행부, 완화부로 나누어서 계획하였으나 개정된 규격에서는 이행부, 완화부로 구분하고 휘도 변화를 곡선적으로 처리함.

3. 개정 후
   (1) 입구부 조명
   주간에 명순응에서 암순응으로 급격한 변화가 일어나므로 내부에서 조도완화를 위하여 경계부, 이행부로 나누어서 계획하고, 주야간 효율적인 유지관리를 위하여 단계별로 점멸 할 수 있도록 한다.
   1) 경계부 노면 휘도
      - 터널의 설계속도에 의하여 결정한다.
      - 경계부 길이는 정지거리 이상 이어야 한다.

설계 속도(km/h)	정지 거리(m)
60	60
80	100
100	160

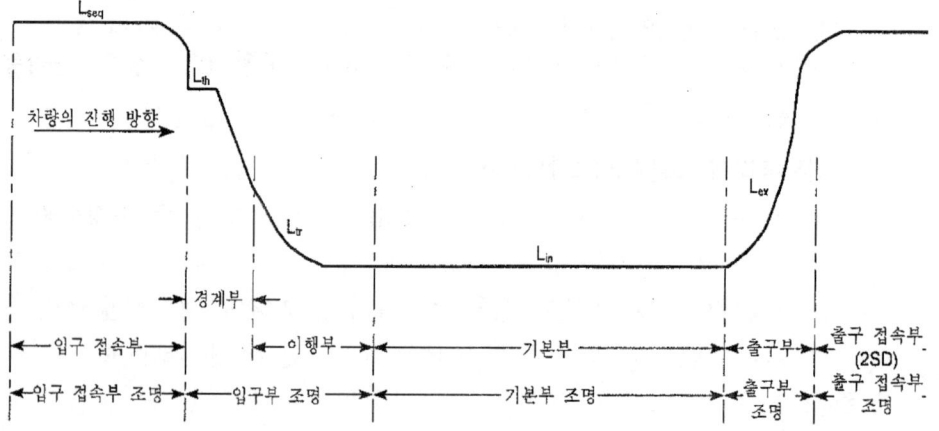

- 조명 수준
  ① 경계부 처음부터 중간지점 : 경계부 입구 조도와 같아야 함.
  ② 중간 지점부터 경계부 종단 : 점차적, 선형적으로 감소하여 종단에는 처음부분의 40%까지(0.4 Lth) 감소하도록 한다.
- 경계부 평균 노면 휘도 [cd/㎡]

설계속도 [km/h]	20° 원추형 시야내의 하늘의 비율	
	20% 초과	20%~10%초과
60	200	150
80	260	200
100	370	280

  ① 위 표는 터널의 입구가 남향인 경우이며, 북쪽 입구는 이보다 속도에 따라 50 ~ 100 [cd/㎡] 씩 높아짐.
  ② 위는 터널길이 200m 이상인경우이며 터널길이가 짧아지면 계수를 곱하여 적게 설계 (예. 50m : 0%) 또한 교통량이 적은 경우도 계수를 곱하여 적게 설계할 수 있다.

2) 이행부 노면 휘도
- 경계부로부터 곡선 형태로 감소시키고, 기본부와 접속시에는 기본부 휘도의 2배 이상이어서는 안된다.

(2) 기본부 조명
- 기본부 조명의 평균 휘도는 설계속도와 교통량에 따라 결정된다.

〈 주간 기본부 평균 노면 휘도 [cd/㎡] 〉

설계속도[km/h]	교통량		
	적음	보통	많음
60	3	4.5	6
80	5	6.5	8
100	7	9	11

(3) 출구부 조명
- 주간 휘도 : 정지거리 이상의 구간에 걸쳐 점차 증가시킨다.
- 기본부 휘도에서 시작하여 출구 접속부 전방 20m 지점의 휘도가 기본부 휘도의 5배가 되도록 단계적으로 상승시킨다.

(4) 입구 접속부 및 출구 접속부 조명
- 야간 조명을 실시하는 도로에서 야간에 터널 출입구 구간은 KCA 3701에 따른다.
- 야간 조명이 없고 운행속도가 50 km/h이상인 경우로서 터널내 야

간 조명 수준이 1cd/㎡ 이상인 경우
① 입구 접속부의 길이 : 정지거리 이상
② 출구 접속부의 길이 : 정지거리의 2배 이상(최장 200m)
(5) 터널내 휘도 균제도
- 노면 2m 높이까지의 벽면 균제도 : 종합 균제도 0.4 이상
- 노면 차선축 균제도 : 0.6 이상
(6) 야간 조명 설계 기준
1) 터널이 조명이 설치된 도로와 연결되어 있을 때 : 터널 내부의 조명이 접근 도로와 최소한 같아야 한다.
2) 터널이 조명이 설치되지 않은 도로와 연결되어 있을 때 : 터널 내부의 평균 노면 휘도가 1cd/㎡ 이상이어야 한다.

4. 기타 설계시 고려사항
(1) 램프 및 조명기구
효율, 광색, 연색성, 동정특성, 주위온도 특성, 수명등이 터널 조명에 적합하고 조명기구는 배광 눈부심제어, 조명율, 구조등이 터널 조명에 적합한 것을 사용.
(2) 조명방식
1) 대칭 조명
교통의 진행방향과 동일방향 및 반대방향으로 같은 크기의 빛이 투사되는 방식으로, 양 방향 같은 광도 분포를 보이는 조명 기구를 사용하며 휘도 대비 계수가 0.2 이하이다.
2) Counter-Beam Light(카운터 빔 조명)
빛이 교통의 진행방향과 반대되는 방향으로 투사하는 방식으로 노면 휘도가 높아지고, 장해물은 노면을 배경으로 검은 실루엣으로 나타나고 휘도 대비 계수가 0.6 이상이다.
3) Pro-Beam Lighting(프로빔 조명)
빛이 교통의 진행방향과 같은 방향으로 투사하는 방식으로 차량의 배면이나 물체의 휘도가 높아진다.
(3) 터널이 긴 경우 배기가스의 축적으로 시계가 저하 되므로 환기설비를 고려
(4) 글래어 제한
운전자의 쾌적성과 안전성을 확보하기 위하여 적절한 글레어 제한이 필요.
(5) 플리커 대책
플리커는 4 ~ 11Hz 사이의 주파수가 20초 이상 지속되는 경우 대책이 필요.

(6) 정전시 비상조명
   200m이상의 터널에서는 정전시에 대비하여 예비전원에 의한 비상용 조명을 하여야 설계되어야 하고, 평균 조도는 평균 10lx(최소 2lx)수준의 유지를 권장함.
(7) 유지 보수
   램프 및 조명기구의 특성의 노화, 오손, 수명, 파손등에 따른 기능의 정지등이 발생하지 않도록 유의하고 적절한 유지 관리가 필요하며 다음 사항에 유의해야 한다.
   - 점등 상태
   - 조명 기구의 오염 상태
   - 노면, 벽면의 휘도 및 조도등

2. 개정전

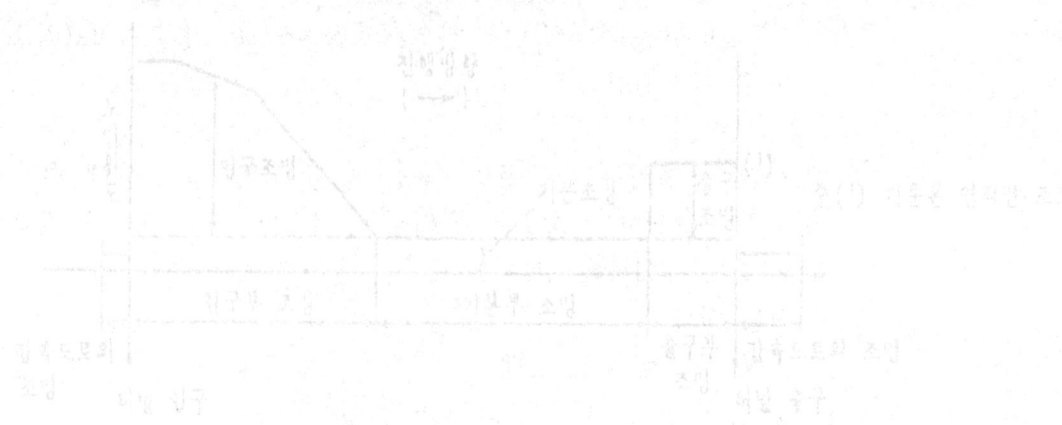

3. 개정 후

1) 가감속 조명

2) 설계부 조명 휘도

설계 속도(km/h)	간격 거리(m)
60	60
80	100
100	160

3장

제95회 (2011.08)
기출문제

건축전기설비
기술사
기출문제

국가기술 자격검정 시험문제

기술사 제 95 회 　　　　　　　　　　　제 1 교시 (시험시간: 100분)

| 분야 | 전 기 | 자격종목 | 건축전기설비기술사 | 수험번호 | | 성명 | |

※ 다음 문제중 10문제를 선택하여 설명하시오. (각10점)

1. 하절기 수요관리(DSM)를 위한 분산전원 5종류를 들고 설명하시오.

2. 태양광 모듈의 특성중 FF(Fill Factor)를 설명하시오.

3. 풍력발전설비의 TSR(Tip Speed Ratio)을 설명하시오.

4. 병렬 캐패시터를 아래 그림과 같이 투입할 경우의 효과에 대하여 전류페이서도와 전압페이서도를 사용하여 설명하시오.

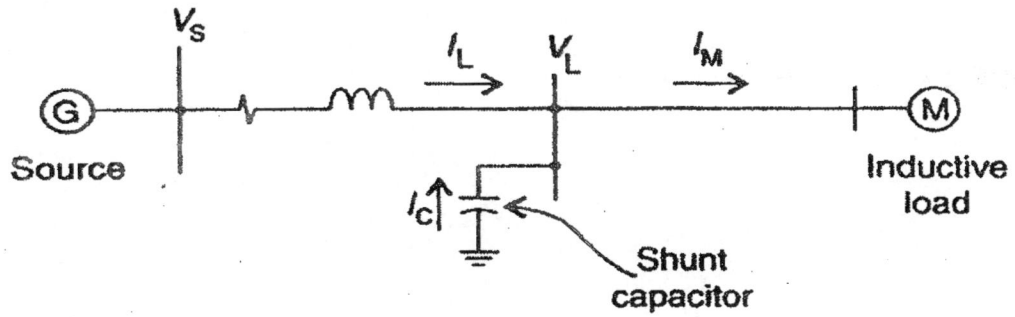

5. 광원의 시감도(Luminous Effciency)를 설명하시오.

6. 전력케이블의 내·외부 반도전층의 역할과 특성을 설명하시오.

7. 전기재료의 전기적 고유특성 3가지를 설명하시오.

8. 어떤 부하에 흐르는 전류를 측정한 결과 10A였다. 여기에 병렬로 저항을 연결하여 저항에 흐르는 전류 값이 15A로 나타내었고. 부하와 저항 전체에 흐르는 전류값이 20A일 때 부하의 역률을 구하시오.

국가기술 자격검정 시험문제

기술사 제 95 회 제 1 교시 (시험시간: 100분)

| 분야 | 전 기 | 자격종목 | 건축전기설비기술사 | 수험번호 | | 성명 | |

9. 전력을 공급함에 있어서 한전에서는 일정역율 이상을 요구하고 있다. 역율보상에 따른 이점을 전력회사측면과 수용가측면으로 나누어 간략히 설명하시오.

10. 직접계통에서 NGR(Neutral Grounding Resistor) 적용에 대하여 설명하시오.

11. 중성선의 기능과 단면적 산정방법에 대하여 설명하시오.

12. 건축물의 구내 변전실 위치선정시 고려사항 중 변전실의 침수유형에 따른 대책을 설명하시오.

13. 조명 설계절차 흐름도를 작성하시오.

국가기술 자격검정 시험문제

기술사 제 95 회 　　　　　　　　　　제 2 교시 (시험시간: 100분)

| 분야 | 전 기 | 자격종목 | 건축전기설비기술사 | 수험번호 | | 성명 | |

※ 다음 문제중 4문제를 선택하여 설명하시오. (각25점)

1. 통합배선시스템 구축시 검토사항에 대하여 설명하시오.

2. 전기설비와 통신설비에서 발생되는 낙뢰피해의 형태와 대책을 설명하시오.

3. 지능형 빌딩의 수·변전 및 배전설비의 계통구성시 전기의 공급신뢰도와 품질을 높이기 위하여 검토해야할 사항을 설명하시오.

4. 고조파의 발생에 따른 영향에 대하여 10가지 들고 설명하시오.

5. 태양광전기(cell)의 간이등가회로를 구성하고 전류-전압 곡선을 설명하시오.

6. 건축전기 설비에서 분기회로의 용량 산정방식을 설명하시오.

국가기술 자격검정 시험문제

기술사 제 95 회　　　　　　　　　　제 3 교시 (시험시간: 100분)

| 분야 | 전기 | 자격종목 | 건축전기설비기술사 | 수험번호 | | 성명 | |

※ 다음 문제중 4문제를 선택하여 설명하시오. (각25점)

1. 전동기설비의 에너지 절약 설계방안에 대하여 설명하시오.

2. 연료전지의 스택(stack)에서 모노폴라스택(monopolar stack)을 설명하시오.

3. 풍력발전설비에서 기어드형(geared type)과 기어리스형(gearless type)의 장·단점을 설명하시오.

4. 가연성가스(gas)가 있는 곳의 저압시설과 수영장 수중조명등 시설에 대하여 전기설비기술기준의 판단기준을 설명하시오.

5. 교류차단기의 선정기준에서 TRV(Transient Recovery Voltage)의 2-parameter와 4-parameter의 적용기준을 설명하시오.

6. 건축물에 설치하는 비상발전기의 출력전압 선정 시 저압과 고압에 대하여 장·단점을 비교 설명하시오.

국가기술 자격검정 시험문제

기술사 제 95 회   제 4 교시 (시험시간: 100분)

분야	전기	자격종목	건축전기설비기술사	수험번호		성명	

※ 다음 문제중 4문제를 선택하여 설명하시오. (각25점)

1. 아래 그림은 11kV/400V 변압기를 통하여 부하에 전력을 공급하고 있는 3상 계통이다. 각 부분의 데이터는 아래와 같으며 부하모선 ③에서 3상단락고장이 발생한 경우 고장전류(kA)를 구하시오.

    - 11 kV 모선 : 고장용량 250 MVA
    - 11 kV/400V 변압기 : 용량 500 kVA, Z=0.05 p.u
    - 185 ㎟ 케이블 : 0.1445 Ω/km, 길이 100m

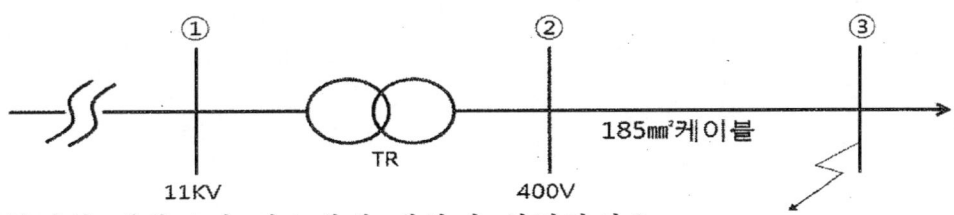

2. 수변전설비의 예방보전 시스템에 대하여 설명하시오.

3. 선간전압이 350V 인 3상 평형계통이 그림과 같이 연결되어 있다.

    1) One-phase Diagram을 그리시오.

    2) v_1, i_2 부분의 전압[V], 전류[A]의 실효값을 구하시오.

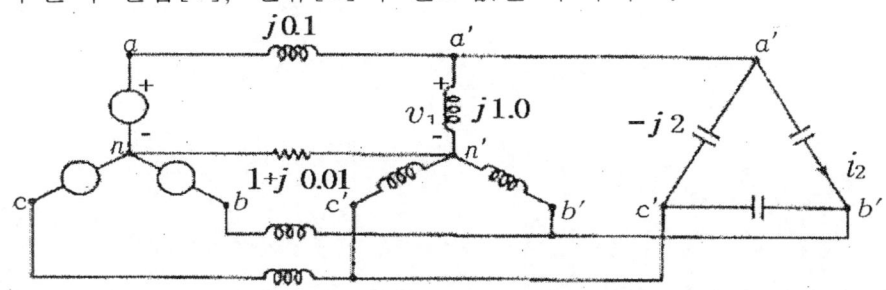

4. 특고압수용가 수전방식의 종류와 수전 인입선 굵기(size) 결정방법에 대하여 설명하시오.

5. SPD(Surge Protective Device) 선정을 위한 공정(흐름)도를 작성하고 설명하시오.

6. IEC 분류 접지방식(TN, TT, IT)의 특징과 감전방지 대책을 설명하시오.

3장

제95회 (2011.08)

문제해설

건축전기설비 기술사 기출문제

제 1 교 시

1.1. 하절기 수요관리(DSM)를 위한 분산전원 5종류를 들고 설명하시오.

1. 개요

(1) 전력예비율 [電力豫備率]

$$전력예비율 = \frac{총\ 전력\ 공급능력 - 최대\ 전력\ 수요}{최대\ 전력\ 수요} \times 100(\%)$$

1) 공급예비율과 설비예비율로 파악하는데 공급예비율은 발전소에서 실제로 생산한 전력 중 남아 있는 것의 비율이며 설비예비율은 가동하지 않는 발전소의 공급능력까지 더하여 산출한 비율임.

2) 수치가 높으면 공급량이 충분하여 전기를 여유있게 사용할 수 있으나 낮을 경우에는 여름과 겨울 전력 성수기에 문제가 발생될 수 있다. 전력은 저장을 할 수 없으므로 수치가 너무 높을 경우 에너지를 낭비하고, 전기요금 부담도 커지는 등 경제적 손실을 초래한다.

3) 따라서 적정수준을 유지하는 것이 필요한데, 대체로 15% 내외가 적당하나 2011.01.17 난방 부하들의 급증으로 예비율이 5.5%까지 낮아져 문제가 예상되고 있다.

2. 최대 전력 수요 갱신 이유

(1) 전력 사용량 증가

1) 하절기
   - 업무시설, 상업시설 등의 대형화에 따라 냉방 부하 급증
   - 생활 수준 향상으로 냉방 부하 급증
   - 지구 온난화에 따른 지구 온도 상승 등

2) 동절기
   - 상업시설, 업무시설 등의 대형화에 따라 난방 부하 급증
   - 고유가에 따른 대체 에너지로 전기 사용량 증가
   - 원 적외선 히터, 옥매트 전기장판 등 전기제품 보급
   - 2010년 겨울철 최대 전력이 여름의 최대전력을 역전시킴.

3. 수요관리를 위한 분산전원

(1) 태양광 발전설비

1) 원리
   태양광 발전 시스템은 태양으로부터 지상에 내리 쪼이는 방사 에너지를 태양 전지를 이용해 직접 전기로 변환해서 출력을 얻는 발전방식임.

2) 장단점

장 점	단 점
- 에너지원이 청정하고 무제한 - 필요한 장소에서 필요한 양만 발전 가능 - 유지보수가 용이하고 무인화 가능 - 20년 이상의 장수명	- 저 효율 (12% 정도) - 전력생산이 지역별 일사량에 의존되고 일사량 변동에 따른 출력이 불안정 함. - 에너지밀도가 낮아 큰 설치면적 필요 - 설치장소가 한정적이고 시스템 비용이 고가임 - 투자비와 발전단가 높음 - 직류 -> 교류 변환시 고조파 발생

(2) 풍력 발전설비

1) 원리

풍력 발전은 풍차의 기계적 에너지를 발전기를 이용하여 전기 에너지로 변환시키는 것으로서 풍력 에너지 E는 다음 식으로 주어진다.

$$E = \frac{1}{2} \rho A V^3 \text{ (W)}$$

여기서 ρ : 공기의 밀도 (kg/m³)
　　　A : 공기 흐름의 단면적 (m²)
　　　V : 공기의 평균 풍속(m/s)

2) 장단점

장 점	단 점
- 재생 가능하고 무한정한 에너지 - 대기오염이나 온실효과가 없는 청정E - 화석연료의 고갈에 대비한 대체에너지 - 산정이나 바닷가 등을 활용함으로써 토지 이용율의 증대 - 석유, 석탄 수입이 줄어들어 무역수지 개선효과	- 초기투자비 과다 - 회전날개로 인한 소음 발생 - 조망권 침해 또는 시각적인 장애 발생 - 풍력단지와 전력이 필요한 도시와 거리가 멀다 - 대규모 풍력단지의 경우 생태환경 피해 - 간헐적인 바람으로 인해 발전 중단 - 바람을 저장할 수 없다

(3) 조력 발전설비

조석 간만의 차를 이용해 발전을 할 수 있는 방식으로 최근 시호조력 발전이 상업운전에 들어갔으며 여러 가지 장점이 있지만 다음과 같은 문제점이 있다.

- 대규모 댐 시설 필요로 높은 시설비 과다
- 갯벌의 황폐화 등 해양환경의 악영향

- 제한적인 발전주기
- 해상교통의 단절 및 막대한 초기 투자비용, 환경의 악영향

(4) 열병합 및 구역형 집단에너지

1) 열병합 발전

열병합 발전 시스템은 CHP(Combined Heat and Power) 또는 Co-Generation 이라고 하며, 단일 열원으로 효율의 극대화를 이룩하여 전기와 열을 동시에 생산하는 종합 에너지 시스템(Total Energy System)이다. 종래 발전소의 35%의 효율에 비해 열병합 발전은 80% 이상의 높은 에너지 이용 효율을 가지고 있다.

2) 구역형 집단에너지

구역형 집단에너지란 (CES : Community Energy System) 가스(디젤) 엔진 또는 가스 터빈 등의 열병합 발전 설비 가동시 전력 생산 과정에서 발생하는 고온의 배기가스 열을 회수 장치를 이용, 증기 또는 온수 형태로 회수하여 인근 건물에 전력, 난방열 또는 냉방열을 공급하는 방식이다. CES는 구역형 집단 에너지사업 또는 분산형 열병합 발전이라고도 부른다.

(5) 수력발전소

수력발전은 강 또는 하천의 낙차를 이용하여 발전을 하는 방식으로 다음과 같은 특징이 있음.
- 부존자원을 활용하여 전력 생산
- 수량에 따라 운전 시간이 좌우되며 계절 영향을 크게 받음.
- 타 신재생 에너지에 비해 에너지 밀도가 높은 편임.
- 수차, 발전기, 전력변환장치 등으로 구성됨.

1.2. 태양광 모듈의 특성중 FF(Fill Factor)를 설명하시오.

1. 태양광 발전원리

태양광 발전 시스템은 태양으로부터 지상에 내리 쪼이는 방사 에너지를 태양 전지를 이용해 직접 전기로 변환해서 출력을 얻는 발전 방식이다.

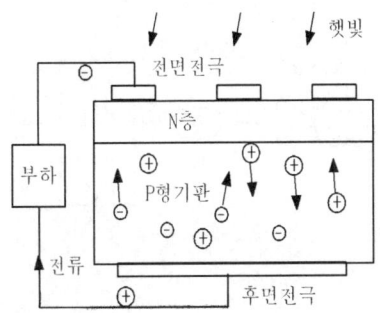

왼쪽의 그림과 같이 P형과 N형을 접합한 실리콘 반도체에 태양광 에너지를 입사시키면 부(-)의 전기와 정(+)의 전기가 발생하고 부의 전기는 N형 실리콘으로, 정의 전기는 P형 실리콘으로 분리되어 전극에 전압이 발생한다.

2. Fill factor(FF)

(1) 태양전지의 효율을 특징 지어주는 변수로는 open-circuit voltage(Voc), short-circuit current(Jsc), 그리고 fill factor(FF) 등이 있다.

(2) open-circuit voltage(Voc)는 회로가 개방된 상태, 즉 무한대의 임피던스가 걸린 상태에서 빛을 받았을 때 태양전지의 양단에 형성되는 전위차이다.

(3) Short-circuit current(Jsc)는 회로가 단락된 상태, 즉 외부저항이 없는 상태에서 빛을 받았을 때 나타나는 역방향(음의 값)의 전류밀도이다. 또한 Jsc를 크게 하기 위해선 태양전지 표면에서의 태양 빛의 반사를 최대한으로 감소 시켜야 한다. 이를 위해 coating을 해주거나 metal contact을 만들 때 태양 빛을 가리는 면적을 최소화 해주어야 한다.

(4) Fill factor(FF)는 최대전력점에서의 전류밀도와 전압값의 곱(Vmp×Jmp)을 Voc와 Jsc의 곱으로 나눈 값이다.

따라서 fill factor는 빛이 가해진 상태에서 J-V곡선의 모양이 사각형에 얼마나 가까운가를 나타내는 지표이다. 태양전지의 효율 η 은 전지에 의해 생산된 최대 전력과 입사광 에너지 Pin 사이의 비율이다.

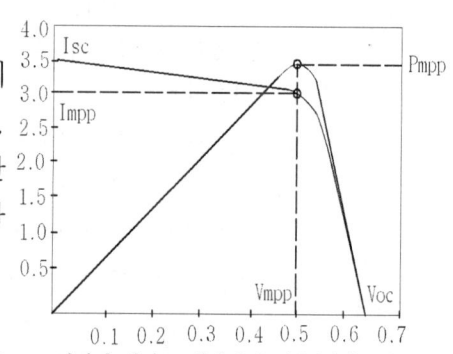

<결정질 실리콘 태양전지 전류/전압곡선>

(5) 최대 전력 추종 제어 기능
- 태양전지는 일사량에 따라 출력 특성이 많이 변동됨.
- 인버터의 최대 전력점에서 응답제어 하도록 최대 전력 추종 제어가 요구됨.

1.3. 풍력발전설비의 TSR(Tip Speed Ratio)을 설명하시오.

1. 풍력발전기 구성

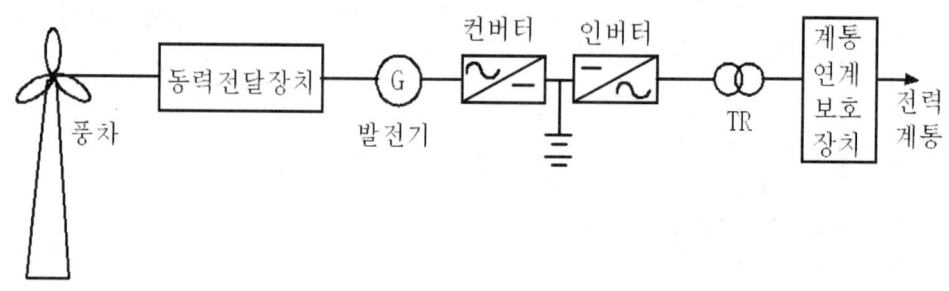

풍력 발전기는 철탑, 풍차(프로펠러), 바람 에너지를 기계 에너지로 변환하는 회전자와 동력 전달 장치, Gear Box, 발전기, 축전지, 전력선등으로 구성되어 있으며 풍차는 다음과 같은 종류가 있다.
- 수평축형과 수직축형으로 분류된다.
- 현재 수평축 프로펠러형, 3 Blade형이 대부분이다.

2. TSR(Tip Speed Ratio) : 주속비
   (1) 정의
   풍차 날개(Blade)의 끝단 속도와 유입 풍속의 비
   $$TSR = \frac{날개(선)속도}{유입풍속}$$
   (2) 종류
   저속형 : TSR = 1 ~ 4
   고속형 : TSR = 5 ~ 7 임.

1.4. 병렬 캐패시터를 아래 그림과 같이 투입할 경우의 효과에 대하여 전류페이서도와 전압페이서도를 사용하여 설명하시오.

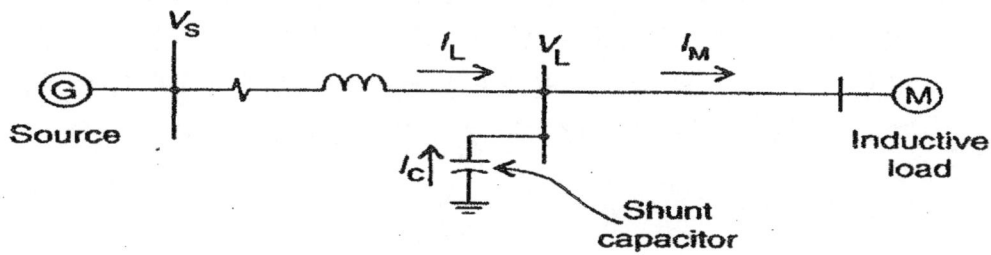

1. 콘덴서 접속전 전류페이서도

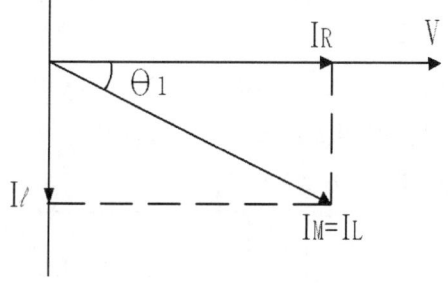

(1) 전동기 부하전류 IM = IR −jIl
(2) 역율 $\cos\theta_1 = \dfrac{I_R}{\sqrt{I_R^2 + I_l^2}}$
(3) 선로전류 IL = IM

2. 콘덴서 접속후 전류페이서도

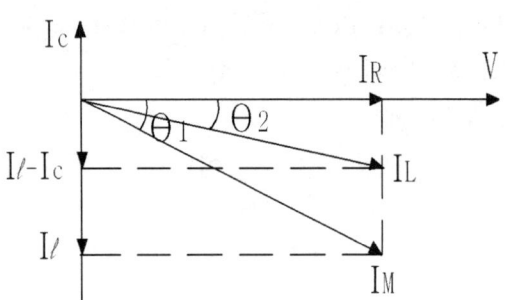

(1) 전동기 부하전류 $I_M = I_R - jI_l$

(2) 역율 $\cos\theta_2 = \dfrac{I_R}{\sqrt{I_R^2 + (I_l - I_c)^2}}$

(3) 선로전류 $I_L = I_R + j(I_l - I_c) < I_M$

3. 전압 Phaser도

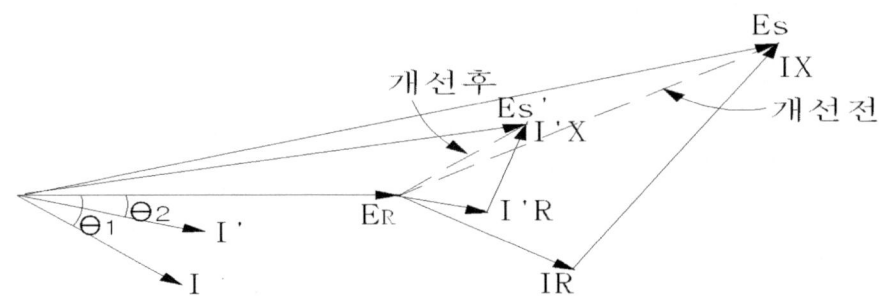

4. 결론

(1) 콘덴서(Shunt Capacitor)를 수전단에 설치하면 전원측으로 역율이 개선되어, 전동기 전류 I_M 는 변함이 없으나 선로전류 I_L 는 감소한다.

(2) 또한 전압벡터도와 같이 역율을 θ_1 에서 θ_2 로 개선하면 역율 개선전 IZ_1 이었던 전압강하가 IZ_2 로 줄어 드는것을 알 수 있다.

1.5. 광원의 시감도(Luminous Effciency)를 설명하시오.

1. 시감도

(1) 정의

어느 파장의 에너지가 빛으로 느끼는 정도로서 사람의 눈이 빛을 느끼는 전자는 380~760(nm)파장 범위이며, 파장 555(nm)에서 최대 감도를 갖는다. 이때의 발광 효율은 680(lm/W)이다.

(2) 퍼킨제 효과

밝은 곳에서 같은 밝음으로 보이는 적색과 청색이 조도를 점차 떨어뜨리면 적색은 어둡게 보이고 청색은 밝게 보인다. 이와 같이 밝음의 변화에

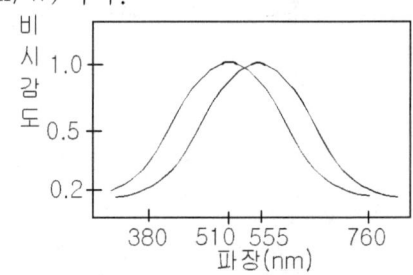

따라 색 보임이 달라지는 현상을 퍼킨제 효과라 하며
- 밝은 곳에서의 눈의 최대 비시감도는 555 nm
- 어두운 곳에서 눈의 최대 비시감도는 510 nm 이다.
- 응용예 : 유도등, 유도표지, 간판 등

2. 비시감도 (Luminous Efficiency)

(1) 파장 555(nm)에서의 시감도를 1로 하여 다른 파장의 시감도의 비를 비감도라 한다.

- 비시감도 = $\dfrac{\text{어느 파장의 시감도}}{\text{파장} 555nm \text{의 시감도}(1.0)}$

(2) 비 시감도 곡선

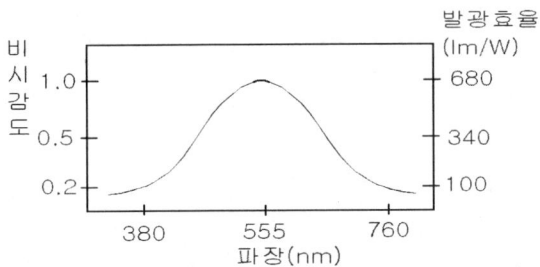

1.6. 전력케이블의 내·외부 반도전층의 역할과 특성을 설명하시오.

1. 전력케이블

전력케이블 중 최근에 많이 사용하는 것은 CV 또는 CNCV 케이블이며 이는 전기적, 기계적 성질이 우수하며, 가요성, 내마모성, 내오존성, 내코로나성, 내수성등도 우수한 특성을 가지고 있으며 다음과 같은 구조를 하고 있다.

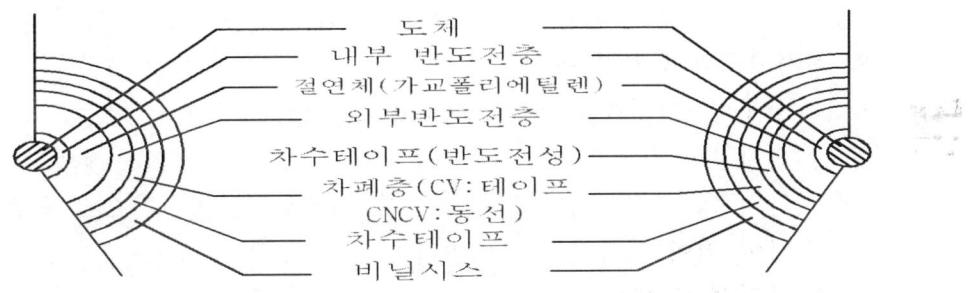

2. 반도전층의 역할과 특성

반도전층은 내부 반도전층(Conductor Shielding Layer)과 외부 반도전층(Insulation Shielding Layer) 으로 구성되어 있고 다음과 같은 특성이 있다.
(1) 내부 반도전층
케이블 제조시 절연물이 도체내로 침투하는 것을 방지하고 도체와 절연체의 틈을 없애 코로나 방전을 방지함.
(2) 외부 반도전층
절연층과 외부 차폐층간의 공간을 메꾸어 주어 부분 방전을 억제
(3) 공통
도체면의 전하분포를 고르게 하여 절연체의 절연 내력 향상

〈 반도전층이 없는 구조 〉〈 반도전층이 있는 구조〉

(4) 반도전층의 종류
- 본드형 : 절연층과 외부 반도전층이 열융착 됨.
- 트리스트리핑형 : 종단 접속부, 직선접속부의 작업시 외부 반도전층이 쉽게 벗겨질 수 없는 구조.

1.7. 전기재료의 전기적 고유특성 3가지를 설명하시오.

1. 개요
전기 재료는 크게 전도체와 절연체로 나눌 수 있으며 여기에서는 이 재료의 특성에 대하여 설명하기로 함.

2. 전기재료의 전기적 특성
(1) 전도성 [傳導性, electric conductivity]
전기장이 가해졌을 때 전류를 흐르게 할 수 있는 물질의 능력으로, 저항의 역수이고, 단위는 $1/\Omega m$를 사용한다. 일반적으로 금속은 전기저항이 적어 전기전도도가 좋다.

(2) 투자성 [透磁性, magnetic permeability]
자기장의 영향을 받아 자화할 때에 생기는 자기력선속밀도(磁氣力線束密度)와 자기장의 진공 중에서의 세기의 비를 말하며 자기유도용량, 자기투과율이라고도 한다. 보통의 물질, 즉 상자성체(常磁性體·반자성체에서는 거의 1에 가깝고, 그 값도 물질의 종류에 따라 정해지는

데, 철 등의 강자성체나 페리자성체 등에서는 극히 큰 값을 나타내며, 그 값은 자성체의 자기적인 이력(履歷)이나 자기장의 세기에 따라 변한다.

(3) 유전성 [誘電性, permittivity]

외부 전기장을 유전체에 가하면 유전분극 현상이 일어나 가해진 외부 전기장에 반대방향으로 분극에 의한 전기장이 생긴다. 결과 유전체내 전기장 세기가 작아진다. 이때 작아진 비율이 유전율이다. 전기변위장은 전기장을 만드는 전하량에만 관계하는 양이다. 따라서 일정한 전하량이 있을 경우 유전율이 높을수록 전기장은 작아진다. 이는 유전체내에서 유전분극이 증가함을 의미하기도 한다.

1.8. 어떤 부하에 흐르는 전류를 측정한 결과 10A였다. 여기에 병렬로 저항을 연결하여 저항에 흐르는 전류 값이 15A로 나타내었고. 부하와 저항 전체에 흐르는 전류값이 20A일 때 부하의 역율을 구하시오.

1. 등가회로도

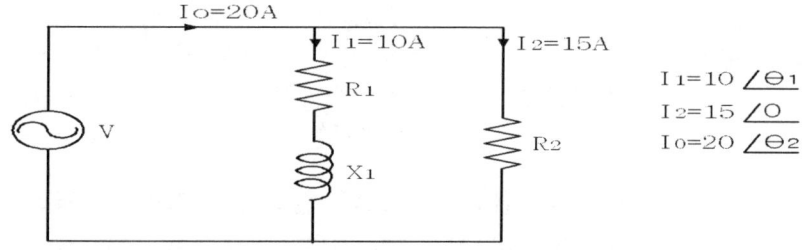

2. 벡터도 및 문제풀이

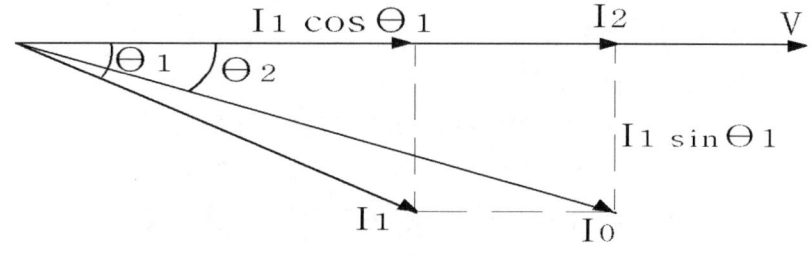

(1) $I_0^2 = (I_1\cos\theta_1 + I_2)^2 + (I_1\sin\theta_1)^2$

$= I_1^2\cos^2\theta_1 + I_2^2 + 2I_1I_2\cos\theta_1 + I_1^2\sin^2\theta_1$

$= I_1^2(\cos^2\theta_1 + \sin^2\theta_1) + 2I_1I_2\cos\theta_1 + I_2^2$

(2) 위를 정리하면

$$\cos\theta_1 = \frac{{I_0}^2 - {I_1}^2 - {I_2}^2}{2\,I_1 I_2} = \frac{20^2 - 10^2 - 15^2}{2 \times 10 \times 15} = 0.25$$

1.9. 전력을 공급함에 있어서 한전에서는 일정역율 이상을 요구하고 있다. 역율보상에 따른 이점을 전력회사측면과 수용가측면으로 나누어 간략히 설명하시오.

1. 전력회사측 이점

    (1) 전압 강하의 감소

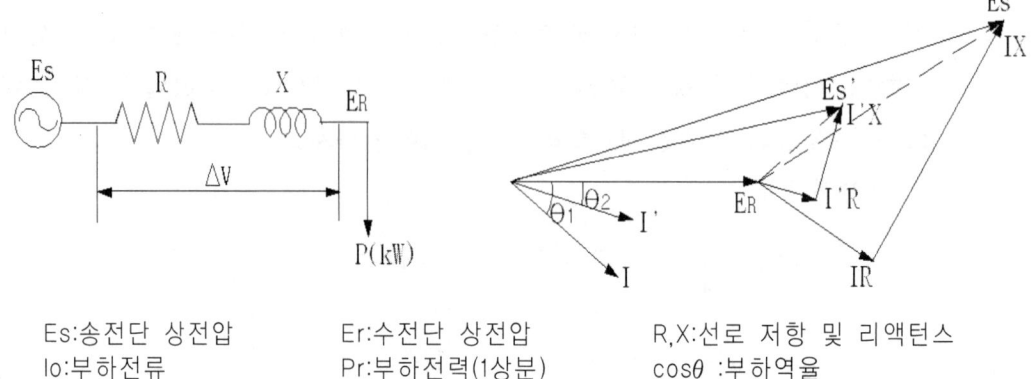

Es:송전단 상전압   Er:수전단 상전압   R,X:선로 저항 및 리액턴스
Io:부하전류   Pr:부하전력(1상분)   cosθ :부하역율

1) 전압강하 원인 : 선로와 변압기의 저항, 리액턴스

   전압강하 △ V = Es - Er = I (R cosθ + X sinθ)

   - 여기서 전압강하는 X가 클수록, 부하 전류가 클수록, 역율이 낮을수록 커진다.

2) 전압강하 영향 : 전기기기의 과열, 전동기 기동 불량, 출력 감소, 수명 단축 등

3) 역율 개선 효과

   - 부하전류가 감소하여 전압강하가 저감
   - 부하 : 정격 출력을 얻어 능률적인 운전

    (2) 변압기 손실(동손) 저감 및 배전선의 손실 저감

    변압기 손실에는 변압기 철심에서 발생하는 철손과 코일에서 발생하는 동손이 있다. 철손은 부하 전류에 의하여 변하지 않지만 동손은 부하 전류의 제곱에 비례하여 증가한다. 따라서 역율을 개선하면 부하 전류가 감소하여 동손을 줄일수 있다. 전력 손실 비율을 계산으로 구하면

$$\frac{W_2}{W_1} = k \frac{I_2^{\,2}}{I_1^{\,2}} = k \left(\frac{\cos\theta_1}{\cos\theta_2} \right)^2 \text{ 이 된다}$$

(3) 설비의 여유도 증가

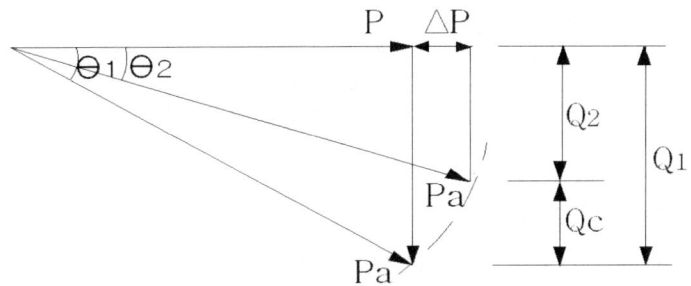

△P : 역율 개선후 증가할 수 있는 유효 전력(KW)
Pa : 피상 전력(일정)
Q_1 : 개선전 무효 전력(KVAR) $\cos\theta_1$: 개선전 역율
Q_2 : 개선후 무효 전력(KVAR) $\cos\theta_2$: 개선후 역율
Qc : 콘덴서 용량

* 콘덴서 용량
    $Qc = Q_1 - Q_2 ≒ Pa (\sin\theta_1 - \sin\theta_2)$
    $≒ Pa (\sqrt{1-\cos^2\theta_1} - \sqrt{1-\cos^2\theta_2})$

* 역율 개선에 의해 증가할 수 있는 유효 전력
    $\triangle P = Pa (\cos\theta_2 - \cos\theta_1)$ (KW)

* 예 $\cos\theta_2$: 0.95, $\cos\theta_1$: 0.85라면 10% 유효 전력 증가

2. 수용가측 이점

(1) 전압 강하의 감소
  자가용 전기실에서 부하에 공급하는 계통은 전력회사측과 같은 원리임
(2) 변압기 손실(동손) 저감 및 간선의 손실 저감
(3) 설비의 여유도 증가
(4) 전기요금 절감
  상기 3)에서와 같이 전력 손실이 줄임으로서 전력 요금 낭비를 줄일 수도 있겠으나 업무용이나 산업용같이 역율을 표시하는 수용가는 90% 역율을 기준으로 전력 회사와 기본요금이 책정되어 있고 만약 역율이 90%이상 되면 95%까지 1%씩을 기본요금에서 감액받고 90% 미만이 되면 60%까지 1%씩 기본요금이 증액된다.(주택용은 제외)

1.10. 직접계통에서 NGR(Neutral Grounding Resistor) 적용에 대하여 설명하시오.

1. **중성점 접지방식**

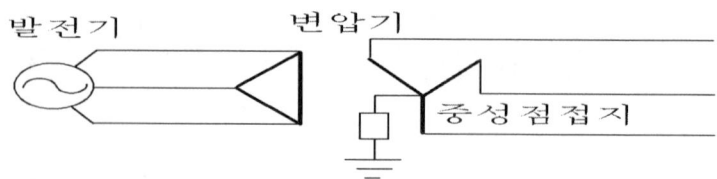

* 직접 접지 방식 (Zn = 0)
* 저 저항 접지 방식 (Zn = R , 30Ω 이하)
* 고 저항 접지 방식 (Zn = R , 100~1,000Ω)
* 리액터 접지 방식 (Zn = jXℓ)
* 비 접지 방식 (Zn = ∞)

2. **직접 접지 방식 (Zn = 0)**

〈 장점 〉
   1) 지락 사고시 건전상의 대지 전압은 거의 상승하지 않아 (1.3이하) 선로 애자 개수를 줄이고 기기의 절연 레벨을 낮출 수 있다.
   2) 선로 전압 상승이 낮기 때문에 정격 전압이 낮은 피뢰기 사용 가능
   3) 단 절연 가능
      단 절연 : 중성점은 항상 0 전위이므로 선로측에서 중성점에 이르는 전위 분포를 점차 낮추어 변압기 중량이 가벼워지고 가격을 낮출 수 있다.
   4) 지락시 지락 전류가 커서 보호 계전기 동작이 확실하고 고속 차단기와의 조합으로 고속 차단 방식(6Cy이내 차단)이 가능.

〈 단점 〉
   1) 지락 전류가 저역율의 대 전류이므로 과도 안정도가 나빠진다.
   2) 지락 고장시 병행 통신선에 전자 유도 장해를 줄 수 있으나 고속차단으로 영향을 줄일 수 있다.
   3) 지락 전류가 커서 기기에 충격에 의한 손상을 줄 수 있다.

3. **저항 접지 방식 (Zn = R)**

   (1) 저항값이 30Ω 이하인 저 저항 접지 방식과 100~1,000Ω 인 고 저항 접지 방식이 있다.
   (2) 접지 저항이 너무 낮으면 고장 발생시 통신 유도 장해가 있고, 너무 높으면 계전기의 동작이 문제되고 동시에 건전상의 대지전압 상승을 초래 함.

4. NGR 사용목적
   (1) 1선 지락사고시의 지락전류 제한
   (2) 지락사고시 이상전압에 의한 기기 및 선로의 절연파괴 예방
   (3) CT 및 OCGR을 사용하여 사고회로의 검출이 용이하고 사고회로만의 선택차단
   (4) 지락시 통신선로, 원방감시제어회로등에의 유도장해를 억제
   (5) 발전기 지락시 부하의 급변을 피하고 과도안정도를 향상시킴.

5. NGR 적용
   (1) 저 저항 접지 방식
      - NGR 정격 : 30Ω 이하
      - 지락전류 제한 : 100 ~ 400A 정도
   (2) 고 저항 접지 방식
      - NGR 정격 : 100~1,000Ω
      - 지락전류 제한 : 10A 정도

1.11. 중성선의 기능과 단면적 산정방법에 대하여 설명하시오.

1. 중성선(N상 : Neutral conductor 또는 neutral wire) 기능
   (1) 0 전위화
      중성선은 3상 평형일 경우는 0전위가 되지만 불평형일 경우는 전위를 갖게 된다. 이런 경우 중성선을 사람이 만지게 되면 감전의 우려가 있음. 따라서 중성점의 전위를 0전위로 하기 위하여 접지선과 함께 대지에 접지를 하게 되면 이론상으로는 0전위를 만들 수 있어 안전함.
   (2) 계전기 동작
      직접 접지나 저항접지의 경우 중성선을 접지하게 되는데 이 중성선에 CT를 삽입하든지, CT 2차의 잔류회로를 이용하여 OCGR의 동작을 하기 위함.
   (3) 전기 회로로 사용됨.
      전기공급방식이 3상4선식, 1상2선식 등에서 접지선과 달리 전기회로를 구성하여 부하에 전류를 공급함 배전계통에서는 일반 상선 사이의 선간전압 이외에 상선(R, S, T 또는 A, B, C등)과 중성선 사이의 전압, 즉 상전압의 사용이 가능하며 선간전압은 동력용으로 사용하고, 상전압은 전등용으로 하는 것이 보통이다.
   (4) 불평형 회로의 통로로 이용
      중성선에는 상전류의 30~40%이상의 전류가 흐르지 않도록 하고 있다

고 하지만 이는 불평형 전류만을 고려한 값이며 비선형부하(정류기, 인버터, UPS, 컴퓨터, 모니터, 복사기 등)나 전기로, 용접기 등에서 발생하는 고조파를 발생하는 부하가 있을 경우는 다름

이 경우에는 $\sqrt{불평형전류^2 + 상고조파전류합성^2}$ 에 해당하는 전류가 중성선에 흐르게 됨.

2. 중성선 단면적 산정시 고려사항
  (1) 허용전류 : 상시, 단락시, 간헐적 사용시
  (2) 허용전압강하 : 정상 및 순시 전압강하
  (3) 기계적 강도 : 단락시, 신축, 진동
  (4) 고조파 전류(KSC IEC 60364-52 부속서 D)
   1) 3상평형 배선의 중성점에 전류가 흐르는 것은 고조파 성분을 가지는 상전류 때문이다. 중성전류에서 상쇄 되지 않는 가장 큰 고조파 성분은 제3고조파 성분이다. 이 경우 중성전류는 회로 내 케이블의 허용전류에 상당한 영향을 미치게 된다.
   2) 여기에서 제시하는 환산계수는 3상 평형회로에 적용된다. 3상 중 2상에만 부하가 걸린 경우에는 부담이 더 커지게 된다. 이 경우 중성선은 비 평형전류와 더불어 고조파전류가 흐르게 되며 이로 인해 중성선에 과부하가 걸릴 수도 있다.
   3) 형광등이나 컴퓨터 등의 직류전원 등은 상당한 고조파전류를 발생시킬 수 있는 장치이다.
     - 4심 및 5심 케이블 고조파 전류의 환산계수

상전류의 제3고조파성분(%)	환산계수 상전류를 고려한 규격결정	환산계수 중성전류를 고려한 규격결정
0-15	1.0	-
15-33	0.86	-
33-45	-	0.86
〉45	-	1.0

   4) 위 표에 제시된 환산계수는 4심 또는 5심 케이블의 중성선으로 상전선과 소재와 단면적이 동일한 경우에만 적용된다. 환산계수는 제3고조파 전류를 기준으로 계산한 것이다.
   5) 중성전류가 상전류보다 높을 것으로 생각되는 경우 중성전류를 고려하여 케이블의 규격을 정하여야 한다.

(5) 불평형 부하의 제한(내선규정 1410절)

가. 단상 3선식

1) 저압 수전의 단상 3선식에서 중성선과 각 전압측의 부하는 평형을 원칙으로 하지만 부득이한 경우는 설비 불평형율 40%까지 할 수 있다라고 되어있다.

$$- \text{설비 불평형} = \frac{\text{중성선과 각 전압측 부하설비 용량의 차}}{\text{총 부하 설비 용량의 } 1/2} \times 100(\%)$$

2) 계약 전력 5 kW 정도 이하는 제외

나. 3상3선식, 3상4선식

1) 저압, 고압, 특별고압 수전의 3상3선식, 3상4선식의 설비 불평형율은 단상 부하로 계산하여 설비 불평형율을 30% 이하로 하는 것을 원칙으로 한다.

$$- \text{설비 불평형율} = \frac{\text{각 선간의 단상부하 최대와 최소의 차}}{\text{총 부하 설비 용량의 } 1/3} \times 100(\%)$$

1.12. 건축물의 구내 변전실 위치선정시 고려사항 중 변전실의 침수유형에 따른 대책을 설명하시오.

가. 지하공간 침수방지 기준(발췌)

소방방재청 2005.09.15 제정·고시

1. 개요

   앞으로 침수취약지역에서 주택이나 지하철 및 지하상가 등의 지하구조물을 설치하는 경우에는 반드시 수방기준에 적합하게 설계 및 시공을 하여야 한다.

2. 설치해야 하는 시설

   홍수로 인하여 침수피해가 자주 발생하는 지역의 지하철 및 전철, 지하도 및 지하차도, 지하상가, 지하변전소, 지하공동구, 주택 등

3. 수방기준 주요내용

   (1) 공통사항
   - 출입구 방지턱의 높이는 지하공간 출입구의 침수높이를 감안하여 설정하고 방수판 등을 설치하거나 모래주머니를 준비해 놓음.
   - 환기장치 설치시 예상침수높이 보다 높은 지점에 설치하여 환기구를 통한 물의 유입이 없도록 함.

○ 대피에 필요한 비상 조명 및 안내 표시는 대피자가 인지하게 하고 비상시에도 작동하도록 함.
○ 누전과 정전을 방지하기 위한 조치를 취하여야 함.
 - 누전차단장치 설치 및 접지
 - 출력단자 및 전력공급시설의 침수높이 이상 설치
○ 방수판 또는 모래주머니 설치
○ 배수구 역류방지 지하시설로부터 외부로 배수하기 위하여 역류방지 밸브를 설치
○ 지하공간 내 유입된 물을 효과적으로 배제하기 위한 배수펌프 및 집수정을 설치(침사지 설치, 예비배수펌프 배치)
○ 지하층 계단통로와 엘리베이터 이동통로, 환기구 등을 차단방안강구
○ 적절한 조명을 갖춘 대피경로를 확보
 - 조명과 대피로의 폭 등이 충분히 보장, 대피처는 사전에 숙지
 - 상황 발생시 즉각적 경보방송, 대피로에 대한 안내방송시설을 설치
○ 경보방송 시설 설치 및 상황을 파악할 수 있도록 CCTV 등 설치
○ 계단 및 탑승구, 에스컬레이터 등에 난간을 설치

(2) 시설물별 적용기준
 ○ 지하변전소
  - 변전소의 개구부(출입구, 장비반 입구, 외부 환기구)는 계획 침수높이 이상의 높이에 설치하고, 전력구 방향으로 여닫이 형식을 채택
  - 변전소와 기존 전력구와 연결은 일체식 구조로 함.
  - 침수방지를 위한 시설물의 적합성과 노후도, 사용가능성에 대해 정기적으로 점검 및 보수
 ○ 지하공동구
  - 개구부(출입구, 장비반입구)의 설치위치는 침수위험성 분석결과를 고려하여 선정하고 개구부의 설치시 예상침수높이 이상의 높이로 하여야 하며, 지반의 밀도가 높고 지하수 없는 위치에 설치
 ○ 맨홀
  - 침수가 확산되지 않도록 방수판 또는 방수문 등을 설치하고, 구조물 결함부위를 통하여 누수된 물이 시설물 내로 유입되지 않도록 방수 및 지수 공사를 실시
 ○ 지하철 및 전철
  - 지하철 및 전철을 운행하는 지령실은 가능한 한 지상에 설치. 부득이하게 지하에 설치시 조정실의 침수방지 대책을 수립
  - 지하철 및 전철의 운영기관은 이용자들이 잘 보이는 곳에 침수시

행동요령을 게시하는 등 방재를 위한 홍보대책을 강구
- 지하철 및 전철의 운영기관은 다양한 방법의 대피 방송체계를 구축·운영.

가. 지능형 건축물 인증기준

지능형 건축물 인증기준에 전기관련실이 지하인 경우는 전기관련실을 최하레벨 보다 높게 설치하도록 되어있음. 이는 기계실 등의 사고나 홍수시 변압기 등을 보호하게 위해서임.

나. 기기의 보호등급 상향

IEC에 의한 기기 보호등급 IP-OO 중 제2숫자에 대한 보호 등급을 상향시켜 반영

〈 제2숫자 : 물의 침투에 대한 보호등급 〉

첫숫자	보호등급	
	개요	설명
0	무보호	무보호
1	물방울에 대한 보호	수직으로 떨어지는 물방울의 영향을 받지 말 것
2	15°각도에서 떨어지는 물방울에 대한 보호	외함을 어떤 방향이라도 15°각도로 기울여 수직으로 떨어지는 물방울의 영향을 받지 말 것
3	물 분사에 대한 보호	수직으로부터 60°각도에서 분사하는 물의 영향을 받지 말 것
4		외함의 어느 방향에서 분사하는 물에 대하여 영향을 받지 말 것
5		외함의 어느 방향에서 노즐로 뿜어지는 물에 대하여 영향을 받지 말 것
6	넘치는 바닷물에 대한 보호	넘치는 바닷물 또는 강력한 Water Jet로 뿜어대는 물에 대하여 영향을 받지 말 것
7	침수 보호	외함이 침수 되었을 때 규정된 수압과 시간 조건 하에서 물의 침입이 없을 것
8	수중 보호	수중에서 연속사용에 적합 할 것

1.13. 조명 설계절차 흐름도를 작성하시오.

1. 개요
옥내 조명의 전반 조명 설계는 설계 지침서에 의거 계획 및 기본설계→시공을 위한 실시설계 순으로 진행되며 설계순서는 〈대.광.조.소/간.방.크.개.발〉

(1) 대상물의 조사
(2) 광원의 선정
(3) 조명기구 선택
(4) 소요 조도 결정
(5) 조명기구 간격 및 배치
(6) 방지수, 보수율, 조명율 결정
(7) 광원의 크기, 개수 및 조도 재계산
(8) 광속 발산도 계산으로 이루어지나 설계 기법에 따라 순서가 바뀌거나 일부는 동시에 수행되기도 한다.

2. 전반 조명 설계 흐름도

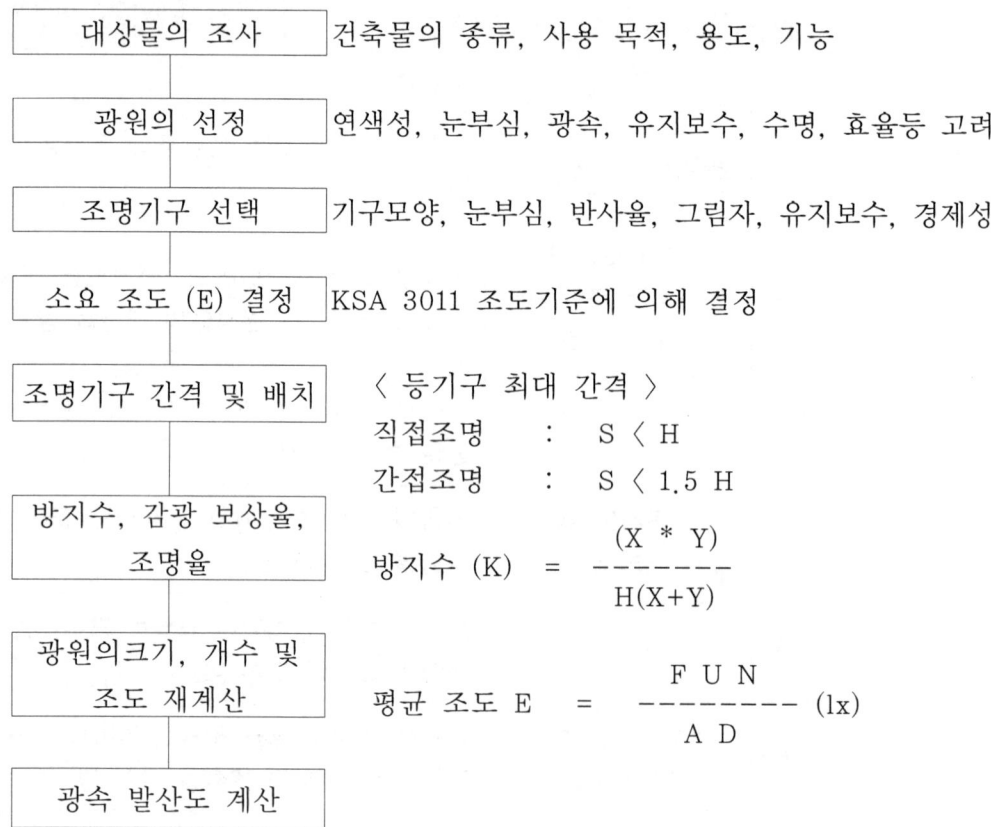

제 2 교 시

2.1. 통합배선시스템 구축시 검토사항에 대하여 설명하시오.

1. **통합 배선 시스템 [structured cabling system, 統合配線 system] 개요**
   (1) 오늘날 사무환경과 주거환경은 Computer 와 High Tech. 산업의 발달과 더불어 다양한 정보기기 및 통신기기의 도입이 급증하고 있으며, 건축물의 인텔리전트화가 발달 될수록 Multi-Media 화가 필연적이기 때문에 배선량과 종류가 방대하게 요구된다.
   (2) 또한 서로 각기 다른 기기배선의 관리가 곤란한 실정에 이르고 있어 Lay-Out 변경과 정보통신 시스템의 이동 확장에 따른 중복 배선, 재배선으로 인한 경제적 손실과 인력 낭비를 야기하고 있다.
   (3) 통합 배선 시스템은 건물 내부와 건물 간에서 요구되는 각종 통신망을 일원화시킨 것으로 위에서 언급된 문제들을 해결하고자 설치 운영하는 시스템이다.
   (4) 음성, 데이터, 비디오, 정보처리, 통신장비. 건물 관리에 필요한 다양한 정보 관리 시스템뿐만 아니라 외부의 통신 시스템을 통합적으로 지원함으로, 어떠한 정보 통신 기기에도 자유롭게 접속 될 수 있도록 구성된 배선시스템 이다.
   (5) 이렇듯 효율적이고 안정적인 통합배선 솔루션의 구축이 건물의 경쟁력을 높이는 가장 확실한 방법이며, 통합배선 시스템은 현재의 통신환경은 물론 앞으로 다가올 통신환경을 고려하여 설계 시공되어야 한다.

2. **통합배선 시스템의 구성**
   (1) 주배선반
   시스템과 건물 내의 모든 배선의 집합체로 배선의 분재, 집결, 관리하는 기능을 가지고 있다
   (2) 구내 간선계통
   구내에서 외부배선망을 구성하는 배선망으로 국선 단자함에서 각 건물 각 동의 동단자함을 연결하는 배선체계이다.
   (3) 건물 간선계통
   동단자함에서 각층 단자함까지를 연결하는 개선체계이다.
   (4) 중간 배선반
   각층 구내 통신실에 설치되는 것으로 건물 간선계통과 수병배선계통을 연결해 주는 것이다.
   (5) 수평배선계통

각층 단자함에서 인출구까지 연결하는 배선체계이다

(6) 인출구

수구 또는 Outlet 이라고도 하며 통신포트를 제공하며, 사용자의 기기와 접속이 가능하도록 해 준다

3. 통합배선시스템 구축시 검토사항

(1) 향후 사무기기 재배치에 대한 고려
(2) 유지보수에 대한 고려
(3) 향후 기술발전에 대한 고려
(4) 케이블에 대한 고려

통합배선에 사용되는 케이블은 주로 UTP(Unshielded Twisted Pair Cable)과 광섬유케이블(Optical Fiber Cable)이다. 이들 중 광섬유케이블은 주배선반에서 각 동의 동단자함 사이에 주로 사용되고, UTP는 건물내의 입상선과 수평배선에 많이 사용된다.

(5) 배선방식에 대한 고려

전선관에 수납하고 전선관을 콘크리트에 매입할 것인지, 노출배관으로 할 것인지, Access Floor (간이 2중 바닥방식) 또는 Raised Floor System (2중 바닥방식)을 사용해서 배선할 것인지 등을 고려한다.

(6) 경제성에 대한 고려

LCC(Life Cycle Cost)의 개념에서 시공단계에서의 비용뿐만 아니라 설계단계에서부터 설비의 폐기시점까지 설비의 전수명기간 동안 소요되는 비용이 최소가 되도록 고려한다.

4. 설치예

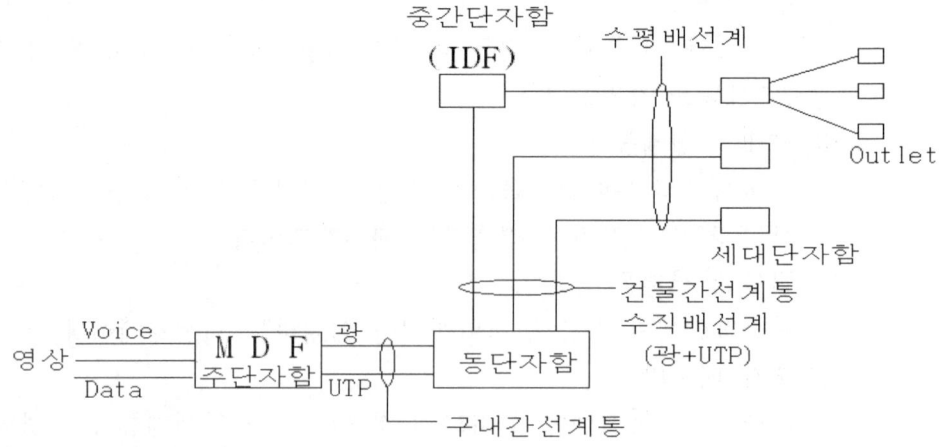

2.2. 전기설비와 통신설비에서 발생되는 낙뢰피해의 형태와 대책을 설명하시오.

1. 개요
(1) 최근 지구온난화와 이상기온현상은 낙뢰의 횟수와 강도를 더욱 크게 하고 있다.
(2) 따라서 건축물등에서도 직접 뇌, 유도뢰 등에 의한 전기기기는 물론 전자제품 으로 구성되는 정보통신기기 등에 낙뢰에 대한 대비가 있어야 한다.
(3) 여기에서는 직접뇌에 대한 대책, 유도뢰에 대한 전기설비의 대책, 통신설비에 대한 대책으로 구분하여 설명하기로 한다.

2. 낙뢰 피해의 형태
- 인체나 가축의 피해
- 건축물의 화재나 파괴
- 전기설비의 절연 파괴
- 전자 장비의 파괴 또는 시스템 고장
- 인입 설비(전력선, 통신선, 수도관, 석유관, 가스관등)의 손상 등

3. 직접 뇌에 대한 건축물의 대책(KSCIEC 62305. 피뢰설비))
(1) 낙뢰 보호 시스템(LPMP)

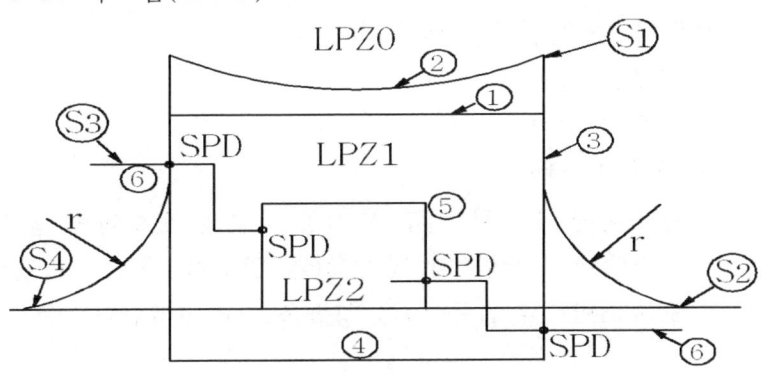

1. 구조물 S_1 : 구조물 뇌격
2. 수뢰부 시스템 S_2 : 구조물 근처 뇌격
3. 인하도선 시스템 S_3 : 구조물에 접속된 인입설비 뇌격
4. 접지 시스템 S_4 : 구조물에 접속된 인입설비 근처 뇌격
5. 방(LPZ 2차폐)   r : 회전 구체 반지름

(2) 구조물과 인체의 보호에 대한 수뢰부 종류
- 돌침 방식
- 수평도체 방식
- 메쉬 방식(케이지 방식)

(3) 접지 시스템 강화

접지 시스템에서 접지극은 다음의 두 종류가 있다.

가. A형 접지극

판상 접지극, 수직 접지극, 방사형 접지극 등

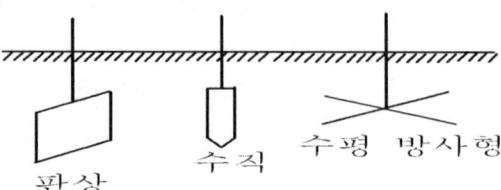

나. B형 접지극

환상 접지극, 망상 접지극, 또는 기초 접지극

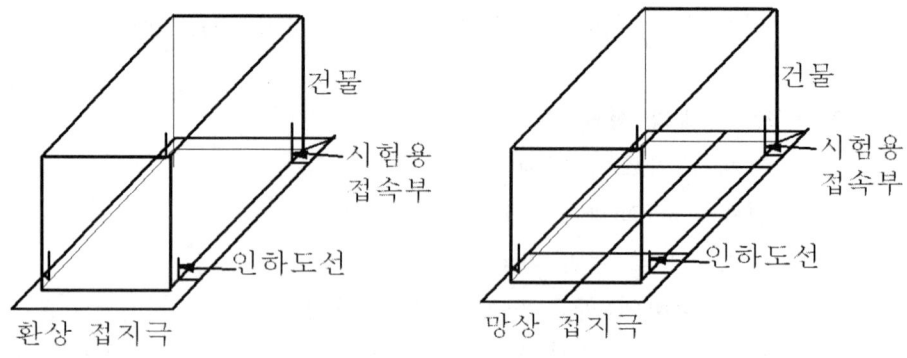

(4) 등전위 본딩

상기 방식은 외부 피뢰 시스템인 반면 내부 피뢰 시스템으로 가장 좋은 방법 중 하나는 등전위 본딩이며, 다음과 같은 계통을 서로 접속함으로서 등 전위화를 이룰 수 있다.

- 구조물 금속 부분
- 금속제 설비
- 내부 시스템
- 구조물에 접속된 외부 도전성 부분과 선로피뢰 등전위 본딩을 내부 시스템에 시설할 때 뇌격 전류 일부가 내부 시스템에 흐를 수 있으므로 SPD 설치 등 이의 영향을 고려해야한다.

4. 고압 전기기기의 대책(LA)

전기기기에 유입되는 유도뢰는 주로 피뢰기(LA)로 방전을 시키며 다음과 같은 특징이 있다.

(1) 피뢰기 설치 목적
- 외부 이상전압(유도뢰 등) 억제
- 전기 기계기구의 절연보호
- 이상전압을 대지로 방전시키고 속류 차단

(2) 종류
  1) GAP 형
     탄화규소(Si C)를 각종 결합체와 혼합하여 고온에서 소성하여 비 저항 특성을 나타내는 원리 이용 큰 방전전류에서는 저항값이 적어져 방전하여 제한 전압을 낮게 억제하고, 적은 방전전류에 대해서는 저항값이 높아져서 직렬 갭의 속류의 차단을 돕는다.
  2) GAPLESS 형
     산화아연(ZnO)을 주성분으로 하는 피뢰기를 갭레스 피뢰기라하며 그림과 같이 Vo 이하에서는 거의 전류가 흐르지 않기 때문에, 선로의 교류전압의 최대 순시값을 이 전압보다도 작게 해 두면 직렬갭을 따로 두어 속류를 차단할 필요가 없다.

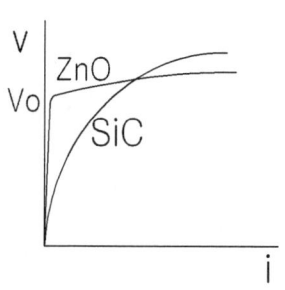

5. 유도뢰에 대한 저압기기 및 통신기기 보호 (SPD) 저압기기 및 통신기기들의 보호는 주로 SPD로 이루어진다.
  (1) 동작 형태별 분류
    1) 전압 스위칭형
       서지가 인가되지 않은 경우는 높은 임피던스 상태에 있다가, 서지가 유입되면 급격히 임피던스가 낮아져 이상전압을 방전시키는 것
    2) 전압 제한(LIMIT)형
       서지가 인가되지 않은 경우는 높은 임피던스 상태에 있다가, 서지가 유입되면 연속적으로 임피던스가 낮아져 이상전압을 방전시키는 것.
    3) 복합형
       전압 스위칭 소자 및 전압 제한형 소자 모두를 갖는 TYPE으로 가스 방전관과 배리스터를 조합한 것이 대표적이다.
  (2) 용도별 분류
    1) 전원용 SPD
       분전반, UPS, 모터 제어반, 발전기 등의 입입부에 설치
    2) 신호 제어용 SPD
       자동화 및 감시 제어 시스템의 입출력부에 설치하여 기기보호

2.3. 지능형 빌딩의 수·변전 및 배전설비의 계통구성시 전기의 공급신뢰도와 품질을 높이기 위하여 검토해야할 사항을 설명하시오.

1. 개요
   (1) 수변전 설비 및 배전설비의 계통구성비 공급신뢰도 및 품질을 높이는 방안으로는 정전압, 정주파수, 최소의 정전, 전력품질의 안정 등을 들 수 있다.
   (2) 한전 공급 약관에 의한 기준
      1) 전압, 주파수, 정전시간

항 목	표 준	허 용 오 차	우리 나라 현황
전압	110V 220V 380V	± 6 V ± 13 V ± 38 V	비교적 양호
주파수	60 Hz	± 0.2Hz	0.1Hz 정도
정전 시간	년간 호당 20분 미만으로 선진국 수준이다.		

      2) 고조파

전압	계통 항목	지중선로가 있는 S/S 에서 공급하는 고객		가공선로가 있는 S/S 에서 공급하는 고객	
		전압 왜형율 (%)	등가방해 전류(A)	전압 왜형율 (%)	등가방해 전류(A)
66KV이하	3	3	–	3	–
154KV이상	1.5	1.5	3.8	1.5	–

2. 전력공급 신뢰도 향상방안
   (1) 수전 방식
      변전소로부터 전력을 수전하는 방식에는
      1) 1회선 수전 방식   2) 병행 2회선 수전방식
      3) 예비 회선 수전 방식   4) 루프 수전 방식
      5) 스포트 네트워크 수전 방식 등이 있으며 (1)부터 (5)로 갈수록 신뢰성이 높아진다.
   (2) 수변전 기기
      1) 변압기
         - 다 뱅크화 및 예비 뱅크 또는 예비 변압기 확보
         - 유입식 보다는 몰드 변압기, 가스 절연 변압기

2) 차단기 : OCB보다는 VCB 또는 GCB
　　3) 수배전반 : 일반 Panel Board 보다는 MCSG 또는 GIS
　　4) 보호 계전기 : 유도형보다 디지털형 사용
(3) 예비 전원 설비
　1) 자가 발전 설비
　　디젤 엔진 보다는 소음과 진동이 적고 환경오염이 적은 가스 터빈 발전기 채택
　2) 축전지 설비
　　- 납 축전지보다는 알칼리 축전지 사용
　　- Open 타입보다는 산이나 가스 방출이 없고 물의 보충을 할 필요가 없는 Sealed 타입 또는 Gel 타입 사용
　3) 무정전 전원설비(UPS)
　　단일 시스템 보다는 병렬 시스템 구성하고, SCR이나 GTO 소자보다는 고속 Switching능력과 고전압 대전류 처리 능력을 가지고 있는 IGBT 소자 사용. 상기 설비 등을 설치하여 정전 또는 순간정전 등이 발생한 경우에도 중요한 조명 또는 기기의 동작과 기능에 이상이 없을 것.
(4) 배전 설비
　1) 모선 : 단모선 보다는 2중모선
　2) 수지식보다는 평행식이나 루프 배전 방식
　3) 가공 배전 보다는 지중 배전
(5) 보호 협조
　1) 차단 장치는 단락 전류 차단용량 이상 일 것
　2) 수전설비 주 차단기 : 전력 회사의 차단장치 및 변압기 2차측 차단기와 보호 협조
　3) 분기 회로 사고가 상위의 주 차단기를 동작하여 정전 범위가 확대되지 않도록 할 것.

3. 전력품질에 대한 대책

외란의 종류	영 향	대 책
1. 순간전압 강하 순간 정전	- 전동기의 속도 변동 및 토크 저하 또는 정지 - 고압 방전등 소등 및 재점등 시간 수분 소요 - 전자 접촉기 개방 및 생산 라인의 정지 - 제어 장비의 오동작 - 컴퓨터 Down, 고장등	- 예비 전원 설비 구축 (UPS,발전기, 축전지) - 순간 정전 보상 콘덴서 설치 - 복전시 자동 재시동 회로 구성

2. 전압상승 전압불평형	- 전기 설비의 과열, 소손 또는 수명 단축 - 전자 장비의 과열, 소손 및 오동작 - 설비의 이용율 저하 및 전력 품질 저하 등	- 피뢰기 설치 - 자동전압조정기 설치 또는 변압기 TAP조정 - 진상콘덴서 설치 - 기기 절연 내력 강화
3. 서지	- 기기 절연파괴 및 소손 - 제어 장비의 오동작 - 컴퓨터 시스템의 Down 또는 고장 등	- LA, SA 등 서지 보호 - 기기 접지 - 기기 절연 레벨 향상
4. 고조파	- 유도장해 발생 - 기기과열, 수명저하, 잡음 - 전력 손실 증대 - 계전기 오동작 및 계기 측정 오차 등	- 고조파 발생원 억제 - 필터 설치 및 차폐 - 접지 및 등전위 본딩 - NCT 설치 - 고조파 내량 기기 선정

2.4. 고조파의 발생에 따른 영향에 대하여 10가지 들고 설명하시오.

1. 개요
최근 전력 전자 기술의 발달로 많은 반도체 소자(비선형 부하)가 급증하는 추세에 따라 정현파 이외의 비 정현파가 전원에 영향을 주어 여러 부하들에 이상 전압 발생, 과열 및 소손, 소음 및 진동, 전력손실, 오동작 등의 원인이 되고 있어 특별한 대책이 강구되고 있다.

2. 고조파 발생원인
1) 변환장치에 의한 고조파
2) 아크로 및 전기로에 의한 고조파
3) 회전기 및 변압기에 의한 고조파
4) 기타 원인
   - 역율 개선용 콘덴서와 그 부속기기
   - 형광등 및 방전등

3. 고조파에 의한 영향
고조파가 전력 계통에 유입 되었을 때 미치는 영향은 크게 유도 장해, 기기에의 영향, 계통 공진으로 구분 할 수 있다.
   (1) 유도 장해
      가. 정전 유도 : 전력선과 통신선의 정전 용량에 의한 장해(고전압 원인)

나. 전자 유도 : 전력선의 시스 전류와 통신선과의 상호 인덕턴스에 의해 발생하는 전자 유도 장해 중 전자 유도 장해의 영향이 더 큰 통신 장해 및 잡음의 원인이 된다.(대전류 원인)

(2) 고조파 전류 증가에 따른 과열

고조파 전류가 유입되면 아래식과 같이 전류의 실효값이 커져 접속 부분에 과열이 발생하는 원인이 되고 이는 철심, 권선, 절연물의 온도 상승이 되어 소손 등의 장해로 발전할 수가 있다.

$$I = I_1 \sqrt{1 + \sum (\frac{I_N}{I_1})^2}$$

여기서 I : 고조파 전류
I_1 : 기본파 전류
In : n파 고조파 전류

(3) 과전압 발생

또한 n차의 고조파 전류가 유입 되었을 때 콘덴서 단자 전압

$Vc = V_1 (1 + \sum \frac{1}{n} \cdot \frac{In}{I_1})$ 으로 높아진다.

V_1 : 기본파만의 단자 전압

고조파에 의해 단자 전압이 높아지면 유전체의 절연 수명에 영향을 주며 이에 따라 콘덴서 내부 소자나 직렬 리액터 내부의 절연이 파괴될 수 있다.

(4) 기기 및 선로의 손실 증가

$W = W_1 [1 + \sum n \cdot (\frac{In}{I_1})^2]$

여기서 W : 고조파 유입시 손실
W_1 : 기본파만의 손실

손실의 증대는 기기의 온도가 이상 상승하고 경우에 따라서는 소손되는 일도 있다. 또한 유입되는 고조파 전류가 커지면 이상음이나 진동이 발생할 수도 있다.

(5) 계통의 공진 현상 발생

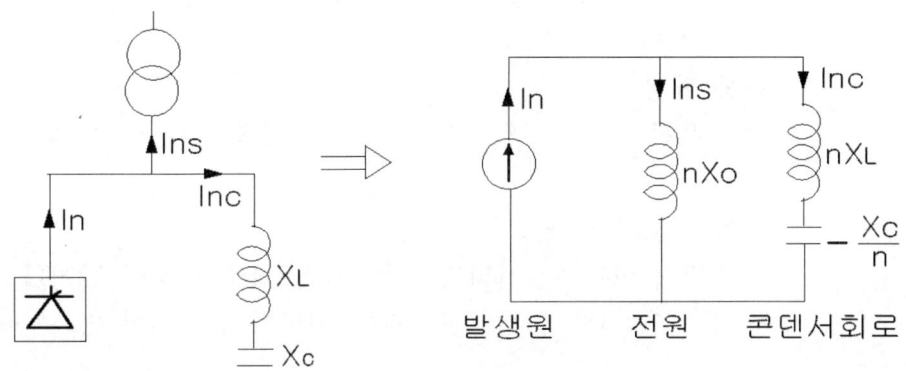

가. $nX_L - \dfrac{Xc}{n} > 0$ => 유도성

나. $nX_L - \dfrac{Xc}{n} < 0$ => 용량성

다. $nX_L - \dfrac{Xc}{n} = 0$ => 직렬 공진

라. $nXs ≒ nX_L - \dfrac{Xc}{n}$ => 병렬 공진

상기 4가지 현상 중에서 '라'의 조건이 될 때는 전원과 콘덴서 회로의 임피던스가 고조파 전류에 의해 병렬 공진을 일으키고 이때 계통 전체에 대해 전압 왜곡을 일으킨다.

* 고조파 왜곡 비교 : 유도성 〈 직렬 공진 〈 용량성 〈 병렬 공진

(6) 변압기 출력 감소

3상 변압기 고조파 손실율 THDF = $\sqrt{\dfrac{1 + Pe(pu)}{1 + Kf \times Pe(pu)}}$ X 100(%)

여기서 Pe(pu) : 와전류손율
　　　Kf　　 : K- Factor

(7) 철심의 자화 현상으로 이상음 발생
- 고조파가 기기에 유입되면 소음 발생 및 이상음 발생
- 10 ~ 20 dB 정도 높아짐

(8) 절연 열화

고조파 전압은 파고치를 증가시켜 절연 열화 원인이 된다. 그러나 일반적으로 변압기는 고조파에 의한 과전압보다 더 높은 고 전압 레벨로 절연되어 크게 문제가 되지는 않는다.

(9) 전동기 토오크 감소 및 맥동 토크 발생
- 고조파 성분 중 역상 고조파 전류가 전동기 등 회전기에 침입시 역 토크를 발생시켜 회전기의 토크를 감소시키고, 과열 및 소음의 원인이 된다.
- 고조파는 맥동 토크를 발생한다. 그 때문에 진동이 증대하기도 하고, 공작 기계 등에서는 가공물의 연마면에 줄무늬 모양이 생기기도 한다.

(10) 진동 발생

기기(특히 전동기)의 진동은 설치 장소와 구조에 따라서 변할 수 있다.

(11) 케이블 중성선 과열
- 일반적으로 중성선의 굵기는 다른 상에 비하여 같거나 가늘게 선정하고 있는데 영상분 고조파에 의하여 중성선에 많은 전류가 흐르게

되면 케이블이 과열

⑿ 중성선 대지전위 상승

중성선에 고조파 전류가 많이 흐르면 중성선과 대지간의 전위차는 중성선 전류와 중성선 임피턴스의 3배의 곱 VN-G = In × (R + jnXL) 이 되어 큰 전위차를 갖게 된다.

⒀ 역율 저하

피상전력(P2) = $\sqrt{유효전력(P)^2 + 무효전력(Q)^2 + 고조파분무효전력(H)^2}$
역율 = 유효전력(P) / 피상전력(P2)
위에서 피상전력이 커지므로 역율 저하됨.

⒁ 전기 기기에의 영향

No.	기 기 명	영 향
1	발 전 기	권선의 과열, 소손
2	변 압 기	철심의 자기적인 왜곡현상으로 소음 발생 손실(철손, 동손) 증가, 용량 감소
3	회 전 기	진동 발생, 회전수 변동, 손실 증가, 권선의 온도 상승
4	콘 덴 서	용량성일수록 소음, 진동, 과열 및 소손
5	조 명 기구	역율 개선용 콘덴서 또는 안정기의 과열, 소손
6	CABLE	중성선 과열
7	전력량계	오차발생, 전류 코일 소손
8	계 전 기	위상 변화로 오동작
9	음향 기기	전자부품의 열화, 수명 저하, 잡음 발생
10	전력 FUSE	과전류로 용단
11	계기용 변성기	측정 오차 발생

4. 고조파 방지 대책

(1) 발생원에서의 대책

- 변환 장치의 다 펄스화 변환장치의 펄스수를 늘릴수록 고조파 전류는 현저히 감소한다.
  예) 6펄스 -> 12펄스 : 약 70% 고조파 전류 감소
- 능동 필터 (Active Filter)
  전원측에서 유출되는 고조파 전류와 반대 위상의 고조파 전류를 발생시켜 상쇄시킴.

(2) 부하측에서의 대책

- 수동 필터 (Passive Filter)
  부하단 근처에 필터를 접속하여 고조파 전류를 그 회로에 흡수.
- 기기의 고조파 내량 증가 : 고조파 전류, 고조파 전압의 왜곡에 견딜 수 있도록 고조파 내량을 증가 시킨다.
- 외장 도체의 접지를 철저히 하여 좋은 차폐 효과를 얻을 수 있도록 한다.

(3) 계통측에서의 대책
- 병렬 공진을 일으키지 않도록 계통을 구성 (유도성이 되도록)
- 발전기의 Hunting 현상을 방지 할 수 있는 용량 선정
- 변압기 : 고조차 분을 고려한 변압기 용량 선정
  변압방식을 TWO-STEP방식 채택
  제3고조파를 흡수할 수 있도록 변압기 △결선
  고조파 부하용 변압기와 배전선을 일반 부하용과 분리
- 전원 단락 용량의 증대 : 부하의 고조파 발생량은 전원 단락 용량을 크게 하면 역비례하여 작아진다.
- 간선의 굵기 : 정상 전류분외에 고조파 전류를 계산하여 충분한 굵기 선정

2.5. 태양광전기(cell)의 간이등가회로를 구성하고 전류-전압 곡선을 설명하시오.

1. 개요

   최근에는 석유의 자원 부족 및 고갈에 따른 고유가 시대에 접어들고 있으며 특히 화석 연료는 향후 수십년밖에 사용할 수 없는 유한자원 이므로 태양광을 비롯한 신재생 에너지의 개발 및 보급이 아주 절실한 현실이다. 태양광 발전 시스템은 신재생 에너지 중 효율이 높고 기술개발이 상당히 앞서가는 부분으로 우리나라에서도 상당히 활발하게 설치 보급되고 있다

2. 태양광 발전 설비 원리

   태양광 발전 시스템은 태양으로부터 지상에 내리 쪼이는 방사 에너지를 태양 전지를 이용해 직접 전기로 변환해서 출력을 얻는 발전 방식이다.

   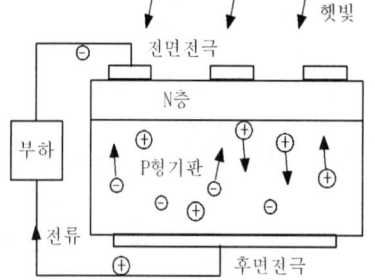

   왼쪽의 그림과 같이 P형과 N형을 접합한 실리콘 반도체에 태양광 에너지를 입사시키면 부(-)의 전기와 정(+)의 전기가 발생하고, 부의 전기는 N형 실리콘으로, 정의 전기는 P형 실리콘으로 분리되어 전극에 전압이 발생한다.

3. 태양광 발전 설비 구성

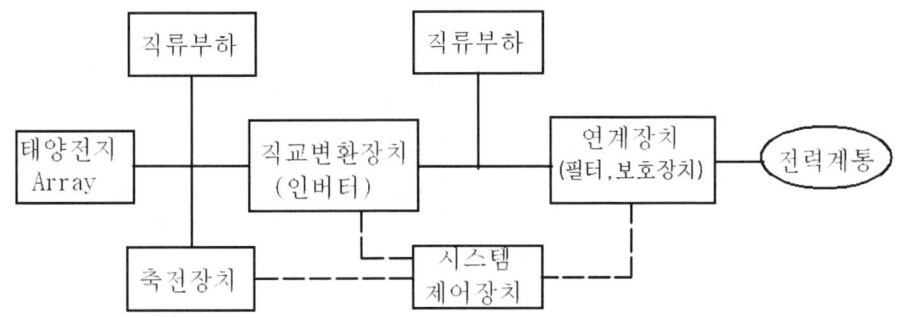

(1) 태양 전지 (Cell)
   가. 결정질 실리콘 태양전지
      - 실리콘 덩어리를 얇은 기판으로 절단하여 제작
      - 실리콘 덩어리의 제조 방법에 따라 단결정과 다결정으로 구분
      - 전체 태양전지 시장의 95%이상을 차지
   나. 박막 태양전지
      - 얇은 플라스틱이나 유리 기판에 막을 입히는 방식
      - 비결정질실리콘 태양전지, CIS 태양전지, CdTe 태양전지 등으로 분류
   다. 염료 감응형 태양 전지
(2) 태양전지 모듈
   - 한 개의 태양전지는 0.6V 전압과 3A 이상의 전류를 생성
   - 적절한 전압과 전류를 생성하기 위하여 여러개의 태양전지를 서로 연결
   - 보호하기 위하여 충진재, 유리 등과 함께 압축한 것이 모듈
(3) 태양전지 어레이
   - 여러 개의 모듈을 연결하여 직류 발전하는 것
   - 설치되는 곳의 필요 용량에 따라 적절한 수의 태양전지 모듈을 연결
(4) 인버터 ; 태양광 발전의 직류 출력을 교류로 전환
(5) 연계 보호 장치 : 다른 계통과 연계(인버터에 내장가능) 사용

4. 태양광전기(cell)의 간이등가회로
(1) 태양전지의 특성을 모델링하기 위하여 다양한 등가모델이 연구되어지고 있다.
(2) 그 중에도 직렬저항, 다이오드 및 전류원으로 구성되는 등가회로가 많이 사용되고 있으며 다음과 같이 표현되고 있다.

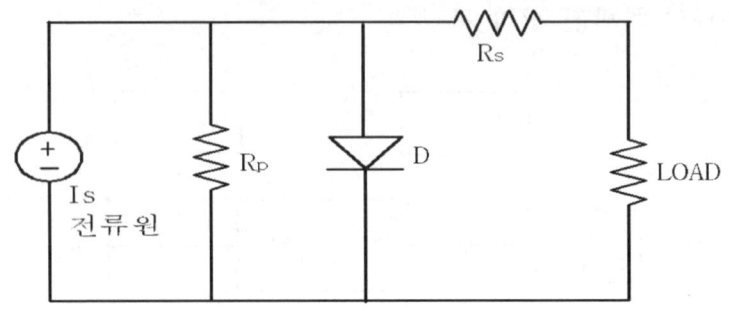

위에서 Is : 태양전지 전류원으로 표시
Rs, Rp : 직렬 및 병렬저항   D : 다이오드 임.

5. 태양광전기(cell)의 전류-전압 곡선
(1) 전류-전압 특성곡선은 태양전지의 변환효율을 나타내는데 이용된다.
(2) 따라서 이 특성곡선을 이용하여 태양전지의 최대 효율을 얻을 수 있다.
(3) 최대 전력 추종 제어
   - 태양전지는 일사량에 따라 출력 특성이 많이 변동됨.
   - 인버터의 최대 전력점에서 응답제어 하도록 최대 전력 추종 제어가 요구됨.

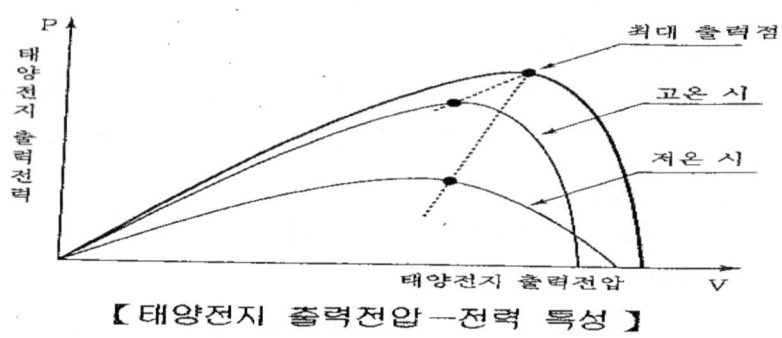

【 태양전지 출력전압-전력 특성 】

(4) 전류-전압 특성곡선

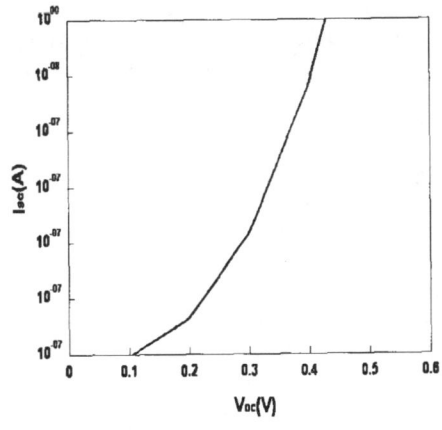

그림 3. 도핑농도가 $10^{14} cm^{-3}$ 일 때 전류-전압 특성곡선

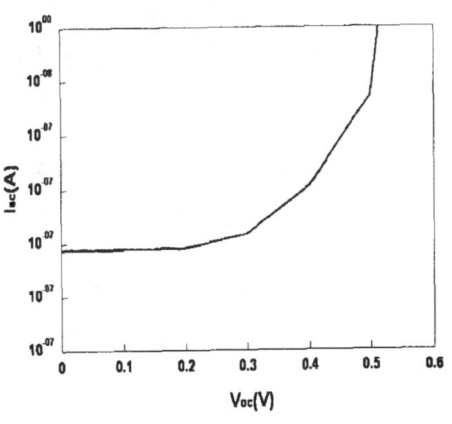

그림 5. 도핑농도가 $10^{16} cm^{-3}$ 일 때 전류-전압 특성곡선

2.6. 건축전기 설비에서 분기회로의 용량 산정방식을 설명하시오.

1. 관련 규정
   - 전기설비 판단기준 176조
   - 내선규정 3315-2

2. 저압 분기 회로
   (1) 저압 옥내 간선과의 분기점에서 전선의 길이(분기회로)가 3m이하인 곳에 개폐기 또는 과전류 차단기를 시설할 것
   (2) 분기 회로의 허용전류가 저압 옥내 간선을 보호하는 과전류 차단기의 35% 이상일 때는 8m이하에
   (3) 분기 회로의 허용전류가 저압 옥내 간선을 보호하는 과전류 차단기의 55% 이상일 때는 임의 길이에 과전류 차단기를 시설할 것

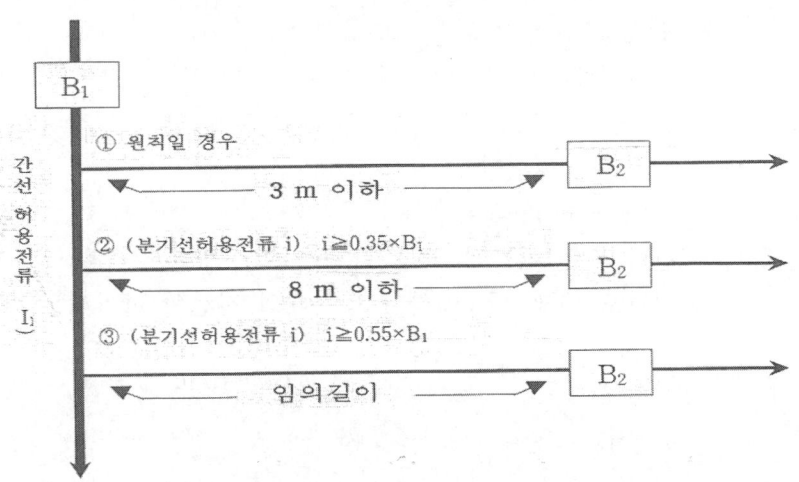

3. 콘센트, 소켓 회로 시설 기준

저압 옥내 전로 (과전류 차단기 정격전류)	콘센트 정격전류	소켓 및 나사 접속기	배선 굵기(㎟)
15A 이하 회로	15A 이하	39mm 이하	2.5
15A 초과 20A 이하 회로	20A 이하		4
20A 초과 30A 이하 회로	20A이상 30A이하	39mm	6
30A 초과 40A 이하 회로	30A이상 40A이하		10
40A 초과 50A 이하 회로	40A이상 50A이하		16

4. 분기회로의 용량 산정

   (1) 허용 전류 계산

   1) 연속시(상시) 허용 전류
      - 전선 허용 전류 = 전선 허용 전류 기준값 * K(감소계수)
      K=절연물에 따른 주위온도 보정계수*전선수에 따른 전류 감소 계수
      - 연속시(상시) 허용 전류 상세 공식

      $$I = K_1 \sqrt{\frac{T_1 - T_2 - T_d - T_s}{n\, r\, R_{th}}}$$

      여기서 I : 연속시 허용 전류 (A)
      K_1 : 다조 포설에 의한 전류 저감 계수
      n : 심선수
      r : T_1 ℃에 있어서의 교류 도체 실효 저항(Ω)
      Rth : 케이블의 전(全) 열저항 (℃.cm/W)
      T_1 : 도체 최고 허용 온도 (℃)
      T_2 : 주위 온도 (℃)
      Td : 유전체 손실에 의한 온도 상승 (℃)
      Ts : 일사에 의한 온도 상승 (℃)

   2) 단시간 허용전류

      사고시에 사고선 이외의 선로에 일시적으로 과부하 송전을 필요로 하는 경우를 말한다. 또한 연속 30일 동안에 누적시간이 10시간 이내인 것으로 규정한다.

   3) 단락시 허용 전류

      단락 또는 지락시 고장전류가 통전 가능한 허용 전류를 말하며 흐르는 시간도 대개 2초 이하이고 이때의 전선의 단면적은 다음과 같다.

      $$단면적\ S = \frac{\sqrt{Is^2 \cdot t}}{k} = 0.052\, In\ (mm^2)$$

      여기서 Is : 단락 고장 전류 (A) =20In
      t : 차단 장치의 동작 시간(초) = 0.1초
      k : 절연재료에 의한 온도 계수 (CV:143, PVC:115)

4) 순시(기동시) 허용 전류
- 기동 전류가 큰 전기 기기 동작 시 배전선의 손상 없이 짧은 시간 (0.5초) 내에 최대로 허용 할 수 있는 순시 전류로 전선의 열화특성, 기계적 특성, 전기적 특성을 고려하여 결정하여야 한다.

(2) 허용 전압 강하 계산
1) 임피던스 법
- 전압강하 $\Delta e = Es - Er = I(R\cos\theta + X\sin\theta)$
- 위의 공식은 역율, 리액턴스값을 넣어야 하는 어려움이 있고 실제적으로 적용하기가 어려워 대용량 저역율의 간선을 제외하고는 담음과 같은 약식의 공식이 많이 사용된다.

2) 약식 공식
위 공식의 X항은 무시, R에 고유저항(1/58)을 대입하여 간단히 하면

전 기 방 식	전 압 강 하
- 1φ2w - 직류 2선식 (Kw:2)	$e = \dfrac{35.6\,L\,I}{1000\,A}$
- 3φ3w (Kw: $\sqrt{3}$)	$e = \dfrac{30.8\,L\,I}{1000\,A}$
- 3φ4w, 1φ3w (Kw:1)	$e = \dfrac{17.8\,L\,I}{1000\,A}$

e : 상전압 강하임. 따라서 380/220V 회로에서 전압 강하율은
e / 220 이어야 함.

아래와 같이 나타낼 수 있다.

3) 내선 규정에 의한 전압강하 (1415-1)
- 저압 배선중의 전압 강하는 간선 및 분기회로에서 각각 표준전압의 2% 이하로 하는 것을 원칙으로 한다.
- 단, 전기사용장소 안에 시설한 변압기에서 공급하는 경우에는 간선의 전압강하를 3%이하로 할 수 있다.
- 공급 변압기 2차측 단자(전기 사업자로부터 공급을 받는 경우는 인입선 (접속점)에서 최원단(遠端)의 부하에 이르는 전로가 60m를 초과하는 경우에는 다음에 따를 수 있다.

구 분	120 m 이하	200m 이하	200m 초과
전기 사업자로부터 공급	4 % 이하	5 % 이하	6 % 이하
전기사용장소 안에 시설한 변압기에서 공급	5 % 이하	6 % 이하	7 % 이하

(3) 기계적 강도
- 부설된 케이블이나 간선류에는 단락시 전자력, 진동, 신축, 지진 등

을 검토해야 한다.
1) 단락시 열적 용량
2) 단락시 전자력

   $F = K \times 2.04 \times 10^{-8} \times Im^2 / D \ (kg/m)$

   K : 배열 형태에 따른 계수 (0.866~0.809)
   Im : 단락전류 피크치 (A)
   D : 케이블 중심 간격 (m)
   대책 : 전자력에 너무 커지지 않도록 스페이서의 간격을 조정한다.
3) 진동
4) 신축

(4) 기타
1) 고조파 전류
2) 장래 증설에 대한 여유도
3) 열 방산 조건 등

제 3 교 시

3.1. 전동기설비의 에너지 절약 설계방안에 대하여 설명하시오.

1. 개요
동력설비의 에너지 절약방안은 다음과 같은 방법이 있다.
- 에너지 절약형 고효율 전동기 채택
- 전동기 속도제어에 인버터 사용 (VVVF)
- Soft Startor 사용 (VVCF)
- 적절한 기동방식 - 역율의 개선
- 용량의 재검토 - 공회전 금지
- 유지보수의 철저
- 고효율 냉동기 및 폐열 회수 냉동기 채용
- 유량제어에서 역방향으로의 밸브사용 금지

2. 동력 설비의 에너지 절감 방안
(1) 에너지 절약형 고효율 전동기 채택
- 고효율 전동기는 고급자재 사용 및 손실방지 설계 등으로 기존 전동기보다 20~30%의 손실을 절감하여 5~10%정도의 효율이 향상되고
- 신뢰성이 있으며
- 수명도 길고 소음도 적다.

(2) 전동기 속도제어에 인버터 사용 (VVVF)
- 가변토크 또는 가변속도가 요구되는 전동기의 속도제어를 전압제어, 2차 저항 제어 등으로 하게 되면 전동기의 효율이 떨어지게 된다.
- 인버터를 사용하여 VVVF (Variable Voltage Variable Frequency)로 주파수와 전압을 동시에 변화시켜 속도제어를 함으로써 전동기의 운전 속도가 변화해도 효율을 높게 유지할 수 있다.
- VVVF 적용 효과 (장점)

1) 에너지 절약의 효과가 있다. 특히 부하의 특성이 제곱 저감 토오크 특성을 갖는 Fan, Blower, Pump등은 더욱 효과가 크다. 예) 30%를 감속한 경우 축동력은 $(70/100)^3$
$P_{30} = (1 - 0.3) * P_{100} = 0.343 P_{100}$
이므로 약 66%의 에너지 절약 효과가 있다.

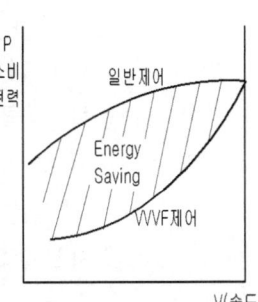

  2) 농형 유도 전동기를 사용할 수 있다.(가격 저렴)
  3) 연속적으로 속도를 변속할 수 있음.
  4) 광범위한 속도 제어
  5) 정밀한 속도제어
  6) 시동 전류가 작다
  7) Soft Start 가능
  8) 유지보수가 용이 등
(3) Soft Startor 사용 (VVCF)
  - VVCF (Variable Voltage Constant Frequency) 제어는
  - 경부하시 전압을 낮추어 철손을 줄이고
  - 전압을 낮춤으로서 입력 전력도 감소시키는 효과를 가지게 된다.
  - VVCF 제어는
    가. 기동정지 횟수가 많은 전동기
    나. 무부하 상태 운전이 많거나
    다. Loading과 Unloading이 빈번한 전동기
    라. 평균 부하율이 50% 이하인 전동기 등에 특히 효과가 크다.
(4) 적절한 기동방식
  - 적절한 기동방식을 채용해서 기동전류를 감소시켜
  - 전력손실도 감소시키고 또한 기동 전류에 의한 전압강하도 감소
(5) 역율의 개선
  - 전동기는 유도성 부하이므로 역율이 대단히 나쁘다.
  - 따라서 전력용 콘덴서를 사용하여 역율을 개선시키면
    가. 전압 강하 및 전압 변동율 저하
    나. 변압기 및 배전선의 손실 저감
    다. 계통 용량의 증가
    라. 수용가 전기요금 절감이 된다.
(6) 용량의 재검토
  - 전동기는 부하율 90%에서가 최고 효율이고 부하율 50% 이하의 경부하 우전은 효율이 대단히 나빠진다.
  - 따라서 부하율이 너무 낮은 부하는 전동기의 용량을 낮추는 것이 바람직하다.
(7) 공회전 금지
  - 무부하 운전시에는 더욱 효율이 나빠지므로 무부하 상태에서의 공회전은 피해야 한다.
(8) 유지보수의 철저
  - 전동기를 장기간 사용하면 공극에 먼지가 끼고
  - 여기에 그리스 등이 혼입되면 회전자의 마찰손실이 크게 증가해서

효율을 저하된다.
- 따라서 주기적으로 전동기를 보수하고 마찰부에 그리스 등을 주입하여 마찰손실을 감소시키는 것도 전동기 효율적 운용의 한 방법이다.

(9) 고효율 냉동기 및 폐열 회수 냉동기 채용

(10) 유량제어에서 역방향으로의 밸브사용 금지
- 펌프유량을 조절하기 위해 펌프 토출측으로부터 역방향으로 유량조절밸브를 설치해서 이 밸브를 조절함으로써
- 유량을 조절하는 경우가 있는데 이는 대단한 전력낭비이다
- 따라서 인버터제어 등에 의해서 펌프의 회전수를 조절, 유량을 조절하는 것이 효과적이다.

3.2. 연료전지의 스택(stack)에서 모노폴라스택(monopolar stack)을 설명하시오.

1. 개요

(1) 연료전지는 연료(수소)와 공기(산소)를 직접 전기화학 반응시켜 전기를 생산하는 차세대 청정 발전시스템으로

(2) IT·휴대용(수W~수십W급), 가정·산업용(수kW~수십kW급), 수송용(수십kW급), 발전용(수백kW~수MW급)으로 구분된다.

(3) 타 연료전지보다 전기효율이 50~60%(복합발전시 70%)로서 가장 높고, CO_2, NO_x, SO_x 및 소음이 거의 없는 친환경 미래 발전시스템임.

2. 연료 전지 원리 및 구성

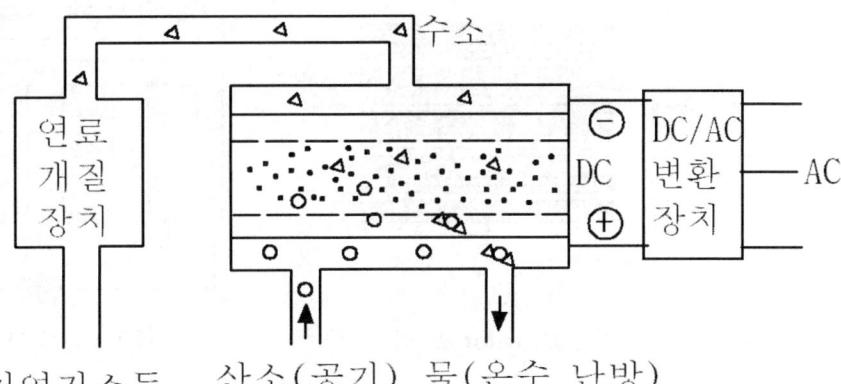

위의 그림에서 산이나 알칼리성의 전해액을 사이에 둔 두장의 전극에 각각 수소와 산소를 공급하는 장치로 되어 있다.

1) 연료 개질 장치
   - 수소를 함유한 일반 연료(LPG, LNG, 메탄, 석탄가스 메탄올 등)로 부터 연료 전지가 요구하는 수소를 제조하는 장치.
2) 연료 전지 본체
   연료 개질 장치에서 들어오는 수소와 공기 중의 산소로 직류 전기와 물 및 부산물인 열을 발생

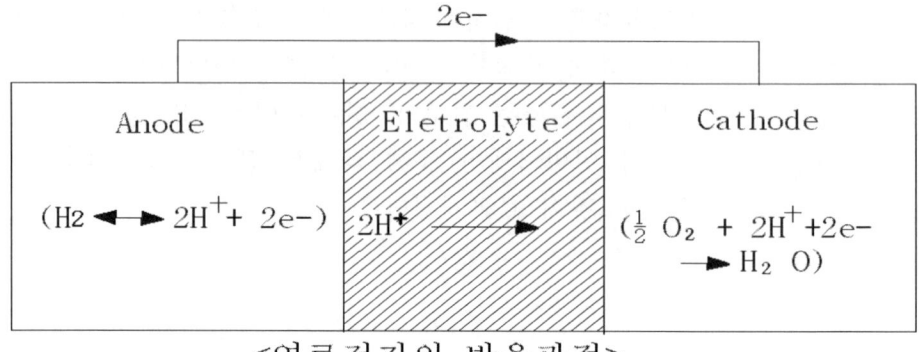

<연료전지의 반응과정>

3) 전력 변환 장치
   연료 전지에서 나오는 직류를 교류로 변환
4) 부속장치
   플랜트의 효율을 높이기 위해서는 연료 전지 반응에서 생기는 반응열과 연료 개질 과정에서 나오는 폐열 등을 이용하는 장치가 부수적으로 필요하다.

3. 연료전지의 스택(stack)에서 모노폴라스택(monopolar stack)

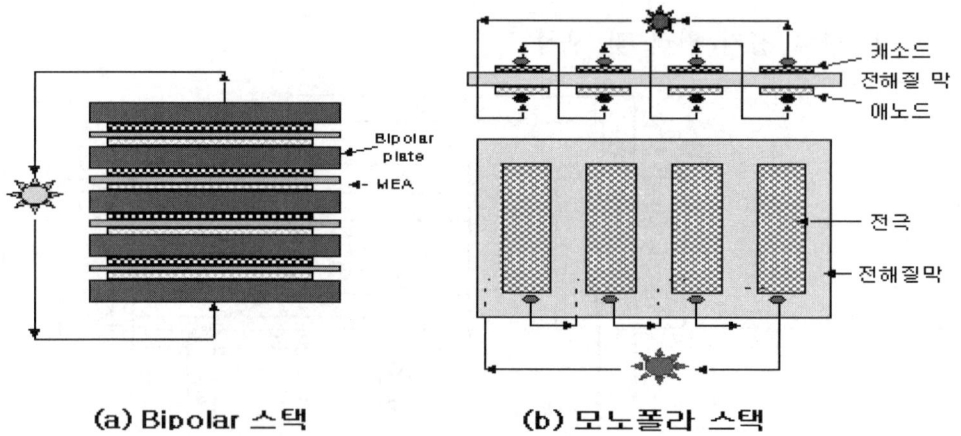

(a) Bipolar 스택   (b) 모노폴라 스택

위 그림과 같이 연료전지의 단위전지를 직렬로 구성방법에는 2가지 있다.
(1) 바이폴라 스택
   - 연료전지의 단위 전지로 직렬회로를 구성하는 방식에 겹치는 방식을 적용

- 수십 와트 이상의 대용량에서 주로 사용
(2) 모노폴라 스택
- 연료전지의 직렬회로를 만드는 과정에 겹치는 형식이 아니고 그림과 같이 (+) 와 (-)를 같은 방향으로 놓고 Wire로 직렬회로를 구성하는 방식임.
- 수 와트 이하의 소용량에서 사용

3.3. 풍력발전설비에서 기어드형(geared type)과 기어리스형(gearless type)의 장·단점을 설명하시오.

1. 개요

풍력 발전은 에너지 고갈과 지구 환경 문제에 대한 의식이 높아진 1980년대 초 미국 캘리포니아에서 출발하여 덴마크, 스웨덴, 영국 등에서 활발하며 독일, 일본, 중국, 남미에서 관심이 높아져 세계적인 증가 추세는 계속 될 것으로 예상 됨.

2. 원리 및 구성

(1) 원리

풍력 발전은 풍차의 기계적 에너지를 발전기를 이용하여 전기 에너지로 변환시키는 것으로서 풍력 에너지 E는 다음 식으로 주어진다.

$$E = \frac{1}{2} \rho A V^3 \text{ (W)}$$

여기서 ρ : 공기의 밀도 (kg/㎥)
A : 공기 흐름의 단면적 (㎡)
V : 공기의 평균 풍속(m/s)

위의 식에서 알 수 있듯이 풍력 발전 시스템은 풍속의 3승에 비례하기 때문에 상당히 불안정한 발전 시스템이라 할 수 있다. 또한 출력을 크게 하기 위해서는 회전자를 크게 해야 하므로 탑의 높이도 높아져야 한다.

(2) 구성

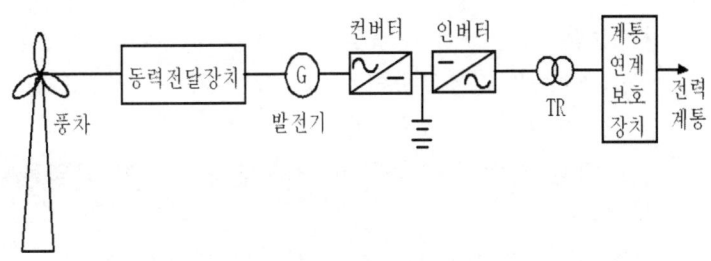

풍력 발전기는 철탑, 풍차(프로펠러), 바람 에너지를 기계 에너지로 변환하는 회전자와 동력 전달 장치, Gear Box, 발전기, 축전지, 전력선 등으로 구성되어 있으며 풍차는 다음과 같은 종류가 있다.
- 수평축형과 수직축형으로 분류된다.
- 현재 수평축 프로펠러형, 3 Blade형이 대부분이다.

3. 풍력발전기의 종류
   (1) 기어에 의한 분류
      1) 기어식
         가. 구성 : 회전자->기어장치->유도발전기(정전압/정주파수)->인버터
                 ->전력 계통

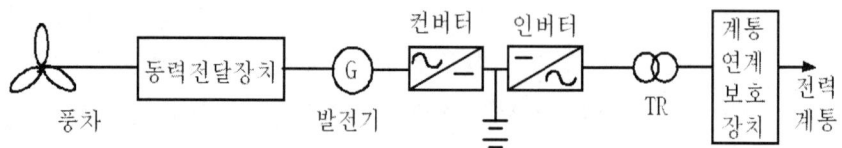

   나. 장점
      - 장기간 노하우로 신뢰도 높음
      - 계통 연계가 용이함
      - 제작 비용이 저렴
   다. 단점
      - 기어의 마모로 유지 보수 어려움
      - 소음 발생 및 고장 발생 빈도 높음
      - 유지관리 비용 과다
      - 저출력시 역율 보상 필요

      2) 기어레스식
         가. 구성 : 회전자->동기발전기(가변전압/가변주파수)->인버터->전력
                 계통

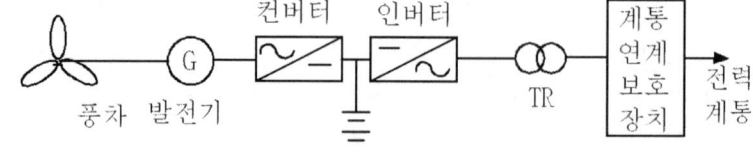

   나. 장점
      - 기어 등 기계부품의 생략으로 내부 구조가 간단하여 유지보수 용이
      - 기어가 없어 소음 발생이 적음
      - 역율 제어가 가능하며 출력에 관계없이 고역율임.
   다. 단점
      - (동기)발전기 부피가 커서 설치가 어려움

- 중량이 무거워서 지지물 구조가 커져야 함.
- 인버터 사용으로 계통 연계시 고조파 발생
- 발전기가 외부에 노출되어 절연 문제 우려

(2) 축에 의한 분류
1) 수평축 형 :
   주로 프로펠라형이 사용
2) 수직축 형 : 다리우스형과
   사보이우스형중
   다리우스형이 많이 사용.

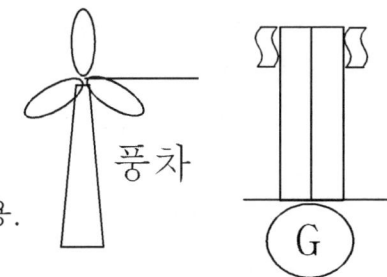

(3) Link 방식에 따른 분류
- DC Link 방식
- AC Link 방식

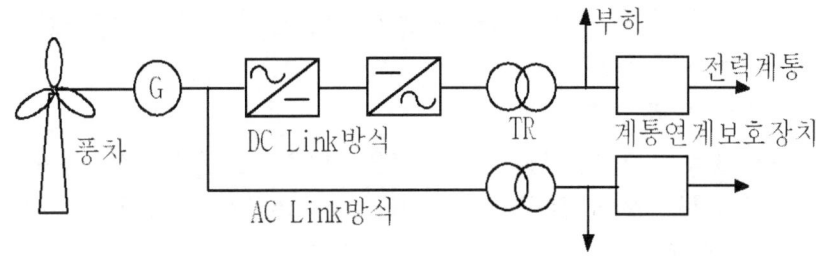

3.4. 가연성가스(gas)가 있는 곳의 저압시설과 수영장 수중조명등 시설에 대하여 전기설비기술기준의 판단기준을 설명하시오.

1. 적용기준
   (1) 가연성 가스 등이 있는 곳의 저압의 시설 : 판단기준 제200조(내선규정 4210)
   (2) 풀용 수중조명등 등의 시설 : 판단기준 제241조(내선규정 3365)

2. 가연성 가스 등이 있는 곳의 저압의 시설
1. 적용범위
   (1) 가연성가스, 인화성증기(이하폭발성가스)의 위험성, 확산상태(기상, 환기조건)등을 고려하여 그 적용을 정해야 한다.
   (2) 위험장소에 해당할 가능성이 있는 장소
      - 프로판가스등 가연성 액화가스를 옮기거나, 채우는 작업을 하는 장소 주변
      - 압력용기의 잔류 가스 방출 시험장소
      - 에탄올, 메탄올 등의 배기구, 개구부
      - 신나, 락카, 와니스의 조합 장소
      - 위험물 저장고 - 유조차 탱크 등

2. 배선
   (1) 금속관 배선
      - 후강 전선관 또는 이와 동등이상
      - 관과 박스 등의 접속 5턱 이상 나사조임
      - 전동기 등 짧은 부분의 접속시 가요성부분 : 내압, 안전증 방폭구조 플렉시블
      - 전선관 접속함 : 내압방폭구조
   (2) 케이블 배선
      - 케이블은 고무나 플라스틱 외장 또는 금속제 외장을 한 것
      - 케이블은 강대 외장 케이블을 제외하고는 강제 전선관 등의 보호관에 넣어 시설
      - 케이블을 전기기기에 넣을 경우 : 패킹식 손상될 우려가 없도록 할 것
   (3) 작업등 기타 이동등, 이동기기의 전선 : 접속점이 없는 고무절연 캡타이어케이블
3. 전기 기계 기구
   (1) 방폭구조 : 내압, 압력, 유입, 안전증, 본질안전, 특수방폭구조
   (2) 위험장소에 존재할 우려가 있는 폭발성 가스에 대하여 방폭성능을 가질 것
   (3) 조명기구
      - 정격 와트수 초과 전구 사용하지 말 것
      - 직부, 펜단트, 브라켓등 사용
   (4) 전동기 : 과전류시 폭발성가스에 착화
   (5) 전선,기구류 : 진동에 이완되지 말 것, 전기적으로 완전하게 접속
   (6) 위험도가 높은 장소
      격벽관통시 : 이음매 부분이 없을 것, 안전증 방폭구조로 사용하지 말 것
4. 접지
   (1) 규정에 관계없이 특별 3종 접지공사 + 접지저항값 : 25Ω 이하
   (2) 지락시 : 경보 또는 자동차단

3. 수영장 수중조명등
1. 수중 조명등 설계시 고려사항
   (1) 풀장의 수중 조명은 수직면 조도를 기준으로 해야 한다.
   (2) 조명 기구는 풀장의 측벽 투시창속에 설치한다.
   (3) 투시창에 칼라TV 카메라를 설치하는 경우 수직면의 조도가 750 (lx) 이상이 되도록 한다.

(4) 물속에서는 광속 투과율이 공기중보다 훨씬 작아지므로 물에 의한 광속의 감쇄를 고려해야 한다.

2. 수중 조명등

수중 조명등은 HID램프 중 메탈할라이드가 연색성 면에서 우수하며 빔형으로 투광 하는 것이 좋고 전기 설비 판단기준에 의한 시설 기준은 다음과 같다.

(1) 조명등은 다음에 적합한 용기에 넣어야 하고 손상 받을 우려가 있는 경우는 적당한 방호 장치를 해야 한다.
 - 조사용 창 : 유리 또는 렌즈
 - 기타 부분 : 녹슬지 아니하도록 아연도금 또는 녹 방지 도장 등을 한 금속으로 견고히 제작 할 것.

(2) 나사 접속기 및 소켓은 자기제일 것

(3) 외함은 특별 제3종 접지를 하고 접지 단자의 나사는 지름 4mm이상인 것이어야 한다.

(4) 절연내력 시험:AC2000V로 1분간 견딜것(도전부분과 비 도전 부분간)

(5) 완성품 시험 : 최대 수심에서(15Cm이하인 것은 15Cm이상) 30분간 정격 전압 인가 후 30분 중지를 6회 반복하여 물의 침입 등 이상이 없을 것

(6) 배선 : 2.5mm^2 이상의 고무절연 캡타이어 케이블로 시설하고 손상을 받지 않도록 방호 시설을 할 것

3. 절연 변압기

조명등에 전기를 공급할 목적으로 설치하는 절연 변압기는 다음에 의하여 시설하여야 한다.

(1) 사용전압 및 절연 내력
 - 사용 전압 : 1차 400V 미만, 2차 150V 이하 일 것
 - 절연 내력 : AC 5000V 로 1분간 견딜 것(1,2차 권선간. 철심과 외함 사이)

(2) 과전류 차단기
 - 2차측에는 개폐기 및 과전류 차단기를 각 극에 설치 할 것
 - 2차측 전압이 30V 초과시에는 자동 지락 차단 장치 할 것

(3) 접지
 - 2차측 전로는 접지하지 말 것
 - 2차측 전압이 30V 이하인 경우 : 1,2차 권선사이에 금속제 혼촉 방지판 설치하고 제1종 접지공사를 하고 접지선에 사람이 접촉할 우려가 있는 곳은 450/750 V 일반용 단심비닐절연전선, 캡타이어 케이블 또는 케이블을 사용한다.

- 과전류 차단기 및 지락 차단 장치에는 금속제 외함을 설치하고 특별 제3종 접지를 할 것.

(4) 배선
- 2차측 배선은 금속관 공사로 할 것
- 이동전선은 접속점이 없는 2.5㎟이상의 0.6/1 kV EP 고무절연 클로로프렌 캡타이어 케이블을 사용하여야 하며 손상의 우려가 있는 곳은 적당한 방호장치를 해야 한다.

(5) 사람이 출입할 우려가 없고 대지 전압이 150V 이하 일 때에는 위의 조건들을 완화하여 시설할 수 있다.

3.5. 교류차단기의 선정기준에서 TRV(Transient Recovery Voltage)의 2-parameter와 4-parameter의 적용기준을 설명하시오.

1. 개요
차단기의 차단 후에 나타나는 특성 중 회복전압, 과도 회복전압, 재점호 등이 있으며 이에 대해 설명하면 다음과 같다.

2. 회복전압 Recovery Voltage
(1) 차단기의 차단직후 차단기의 극간에 나타나는 전압을 말하며 단락고장 차단시 다음 그림처럼 2가지 성분으로 나타난다.
(2) 한가지는 전류차단 직후에 나타나는 과도회복전압이고 (TRV:Transient Recovery Voltage), 다른 하나는 TRV진동이 진정된 후 상용주파수와 같이 진동하는 상용 주파 회복전압(PFRV:Power Frequency Recovery Voltage)이다.
(3) TRV는 차단기 차단능력에 직접적으로 영향을 주며 PFRV는 회로조건과 고장조건에 따라 다르며 TRV진동의 중심을 결정하기 때문에 중요하다.

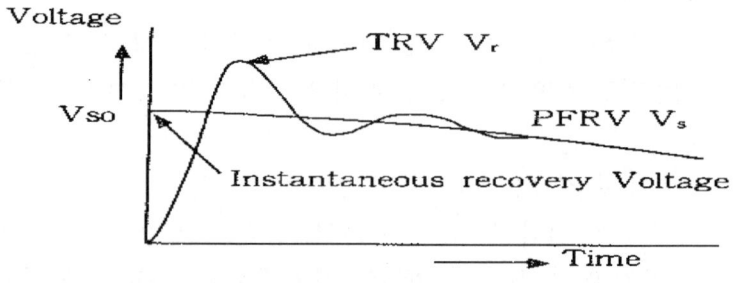

【그림 25】 TRV와 PFRV

3. 과도 회복 전압(TRV : Transient Recovery Voltage)
(1) 과도 회복전압이란 차단기 차단직후 접촉자간에 발생하는 과도 자연

진동을 말하며 차단기의 차단능력을 측정하는 중요한 요소로 작용한다.
(2) TRV의 크기와 파형은 계통전압, 계통구성, 설비상수, 차단기 설치위치, 고장전류 등에 따라 변하며
(3) 정격 과도 회복전압은 차단기 정격차단전류 또는 그 이하의 전류를 차단할 때 부과될 수 있는 고유 회복전압의 한도로서 2 Parameter법과 4 Parameter 법의 규약치로 표시한다.

4. 초기 과도 회복전압(ITRV : Initial Transient Recovery Voltage)

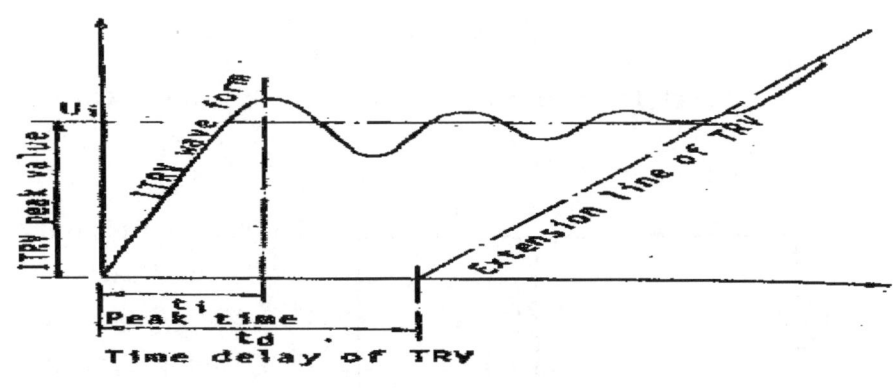

【그림 26】 ITRV

(1) 차단기 용량증대와 차단기 차단능력 향상을 위해서는 더욱 자세한 TRV의 측정이 필요한데 차단기 종류에 따른 차단능력에 특별한 영향을 주는 ITRV는 열적 파괴 특성에 상당한 영향을 준다.
(2) 차단기와 고장점간 소폭 전압진동에 의하여 정해지는 ITRV는 전류 0점에서 최대값에 이르는 시간은 $1\mu S$이내이다.

5. 2-parameter와 4-parameter의 적용기준 (=IEC)
(1) 2-parameter의 문제점 및 4-parameter 필요성
 - 전력계통에 대용량화됨에 따라 차단기도 대용량화가 되어 지금까지 실시하였던, 한 전원에서 단락전류와 회복전압을 공급하는 직접시험법으로는 용량이 부족하게 되었다.
 - 이때 사용하는 방법이 2-parameter 를 이용하였으나, 새로 개발된 시험 방법인 합성 시험법에서는 4-parameter를 이용하게 되었다.
(2) 4-parameter
 - IEC에서는 100kV급 이상의 차단기에 대해 4-parameter TRV를 적용하도록 하고 있으며
 - 이는 차단기 차단 성능이 주로 전류 차단직후에 인가되는 TRV (Transient Recovery Voltage.재기전압) 파형의 영향을 받기 때문

이다.
- 이때 사용하는 회로가 Weil-Dobke 회로에 의한 합성시험법인데 등가회로는 다음과 같다.

1) 4-parameter 회로

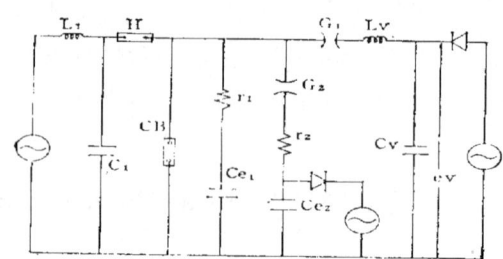

그림 11. Switched Frequency Synthetic Circuit

2) 등가회로

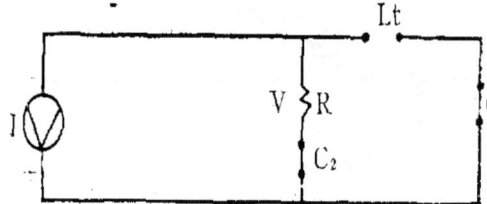

R : Tuning Resister
Lt : Tuing Reactor
C_1 : Main Capacitor
C_2 : Tuning Capacitor

3) 2-parameter 법에 의한 재기전압 파형

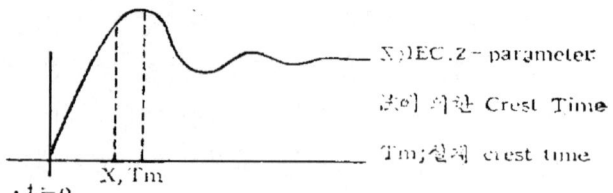

4) 4-parameter 법에 의한 재기전압 파형

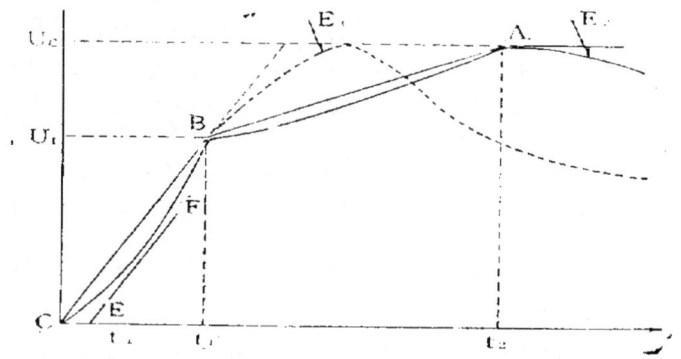

그림 12. (그림 11) 회로의 TRV파형

3.6. 건축물에 설치하는 비상발전기의 출력전압 선정 시 저압과 고압에 대하여 장·단점을 비교 설명하시오.

1. 개요
비상발전기 선정시에는 건물의 용도, 비상 부하의 종류, 비상부하설비 용량, 발전기 형식, 발전기 전압 등에 따라 각종 제약을 받지만 다음과 같은 기본적 고려사항 외에도 건축적 고려사항, 환경적 고려사항, 전기적 고려사항을 같이 검토해야한다.

(1) 안전성
  인체에 대한 안전-최상의 방식
  재산에 대한 안전-화재, 폭발 등
(2) 신뢰성-무정전 또는 최소의 정전
(3) 경제성-적정한 수준의 균형

2. 비상 부하
(1) 건축법에 의한 비상 부하

방화셔터	30분 이상
비상용 엘리베이터	2시간 이상

(2) 소방법에 의한 비상 부하

소화 설비 및 소화 활동 설비	- 옥내 소화전 - 스프링 쿨러 - 비상 콘센트, 유도등 - 배연 설비	20분 이상
경보설비	- 자동 화재 경보 설비 - 비상 경보 설비	60분 이상 감시후 10분 경보
무선통신 보조설비		30분 이상

(3) KSC IEC 60364-710 의료 장소

비상전원 절체시간	유지시간	요구실 또는 기기
0.5초 이하	3시간	수술실, 내시경, 필수조명
15초 이하	24시간	배연설비, 소방용승강기, 호출시스템, 비상조명
15초 이상	24시간(권장)	소독기기, 냉각기기, 폐기물처리, 축전지

3. 고압 발전기
   (1) 구성도 예

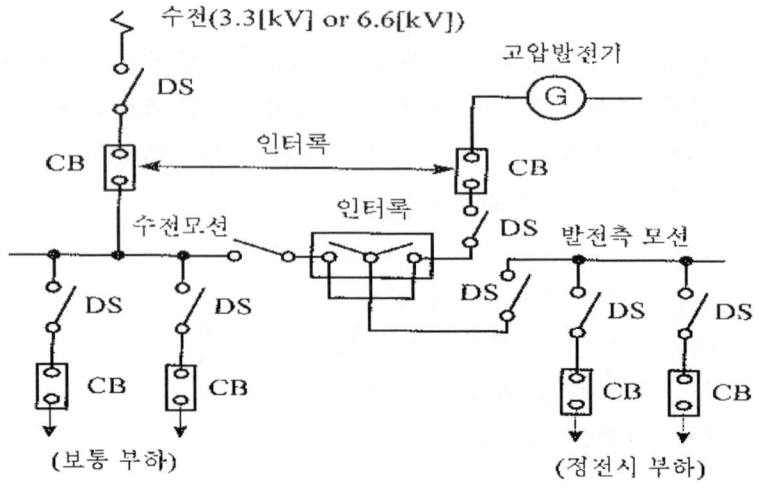

   (2) 장단점
      1) 장점
         - 전압이 높아 차단전류가 적어 차단이 쉽다.
         - 권선 굵기가 적어져 부피와 중량이 작아도 됨.
         - 손실이 적음
         - 소음과 진동이 작아짐
      2) 단점
         - 절연이 어렵고 절연파괴가 쉽다.
         - 부분 방전, 열화가 쉽게 일어날 수 있다.
         - 가격이 고가이다.
         - 단자나 인출회로에서 감전의 우려가 높다.
         - 계전 방식이 까다롭다.

4. 저압 발전기
   (1) 구성도 예

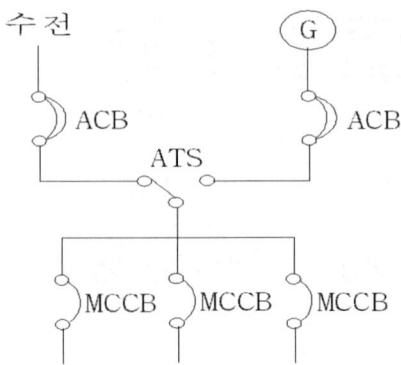

(2) 장단점
   1) 장점
      - 절연이 쉽고 절연파괴에서 상대적으로 안전하다.
      - 부분 방전, 열화가 게 발생 한다.
      - 가격이 저가이다.
      - 단자나 인출회로에서 감전의 우려가 적다.
      - 계전 방식이 용이하다.
   2) 단점
      - 전압이 낮아 차단전류가 많아 차단이 어렵다.
      - 권선 굵기가 굵어져 부피와 중량이 커짐.
      - 손실이 많다.
      - 소음과 진동이 크다.

제 4 교 시

4.1. 아래 그림은 11kV/400V 변압기를 통하여 부하에 전력을 공급하고 있는 3상 계통이다. 각 부분의 데이터는 아래와 같으며 부하모선 ③에서 3상단락 고장이 발생한 경우 고장전류(kA)를 구하시오.

- 11 kV 모선 : 고장용량 250 MVA
- 11 kV/400V 변압기 : 용량 500 kVA, Z=0.05 p.u
- 185 ㎟ 케이블 : 0.1445 Ω/km, 길이 100m

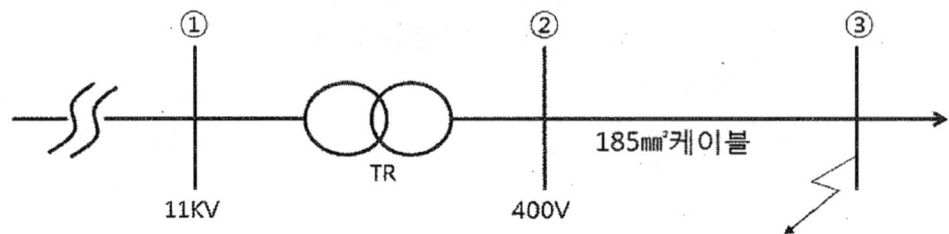

1. 기준용량 : 500 (kVA)로 함.
2. %임피던스 계산

   (1) 전원측 $\%Z_s = \dfrac{Pn}{Ps} \times 100 = \dfrac{500}{250 \times 10^3} \times 100 = j0.2(\%)$

   (2) 변압기 $\%Z_t = j5(\%)$

   (3) 선로 $\%Z_l = \dfrac{P \cdot Z}{10\,V^2} = \dfrac{500 \times 0.1445 \times 0.1}{10 \times 0.4^2} = 4.52(\%)$

   * 선로 임피던스는 저항성분과 리액턴스분으로 주어져야 하나 여기에서는 언급이 없고 거리가 짧은 경우 R⟩L 이므로 모두를 R로 해석하여 계산함.

   4) 합성 %임피던스 = 4.52 + j 5.2 = 6.89 (%)

3. 고장전류

   $Is = \dfrac{100}{\%Z} \times In = \dfrac{100}{\%Z} \times \dfrac{P}{\sqrt{3} \times V} = \dfrac{100}{6.89} \times \dfrac{500}{\sqrt{3} \times 0.4} ≒ 10.47(kA)$

4.2. 수변전설비의 예방보전 시스템에 대하여 설명하시오.

   1. 개요

   최근 건축물이 대형화, 고층화, 인텔리젠트화됨에 따라 정전 대비는 물론 양질의 전원공급이 상용, 비상용에 관계없이 요구되고 있다. 그 일환으로 예방 보전 시스템이 요구되고 있다. 여기에서는 변전설비의 보전방식 분류, 예방 보전의 필요성, 시스템, 열화 감시등에 대하여 설명하기로 한다.

2. 수변전설비의 보전 방식 분류

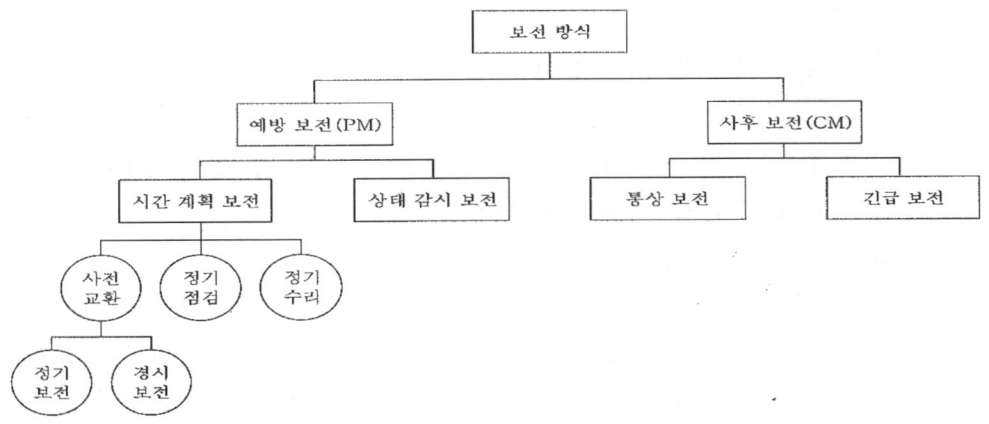

3. 예방 보전의 필요성
- 내부 이상 징후 조기 발견 및 조치
- 설비의 신뢰성 향상
- 사고의 미연 방지 및 조기 복구
- 보수 점검의 합리화 및 효율화
- 기기의 수명 연장

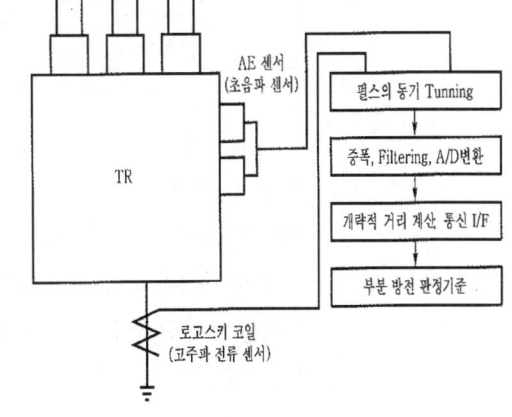

4. 예방 보전 방법
(1) 상태 감시 보전
   항상 상태를 감시하는 예방 보전
   〈부분 방전 시험〉
(2) 시간 계획 보전
   예정된 시간 계획에 따른 예방 보전으로 다음과 같은 종류가 있다.
   - 정기 점검 : 설비를 정지하고 측정기로 검사
   - 정기 수리 : 계획된 주기에 따라 기기의 교환 또는 수리
   - 정기 보전 : 계획된 주기에 따라 신품으로 교환
   - 경시 보전 : 예정된 누적 동작시 기기를 교환함.

5. On-Line 진단 방식
(1) 부분 방전 측정
   부분 방전은 절연물중 Void, 이물질, 수분 등에 의해 코로나 방전을 일으키는 현상으로 그림과 같은 방법에 의해 이상 유무를 확인함.
(2) 온도 분포 측정 (적외선 측정)
   적외선 카메라를 설치하여 기기에서 발생하는 열을 영상으로 변환하는 장치로서, 비정상적인 열이 발생하면 발열점의 위치 등을 즉각 확인할

수 있다.
(3) 절연유 특성 시험

유입 변압기의 경우 절연유 일부를 추출하여 다음과 같은 특성을 측정하는 방법
- 절연 파괴 전압 (kV) 측정 - 체적 저항율 측정 ($\Omega \cdot m$)
- 유중 수분량 측정 - 전산가 측정

(4) 유중 가스 분석

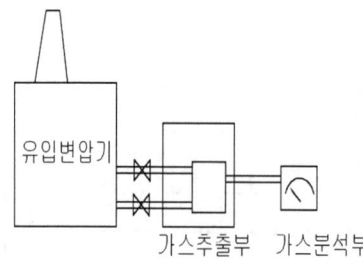

1) 원리 : 변압기 내부에 이상 발생시 과열이 발생하고, 이 열에 의해 절연유가 분해되어 Gas 발생 -> 유중가스의 조성비, 발생량 등을 분석하여 절연유, 절연지, 프레스 보드 등의 열화를 진단한다.

2) 검출기구: 절연유 유중가스 분석기

(5) 열화 센서법

변압기 내부에 센서를 설치하여 변압기의 열화정도에 따라 경보 또는 선로를 차단하는 방식으로 다음과 같은 장점이 있다.
- Real Time 감시

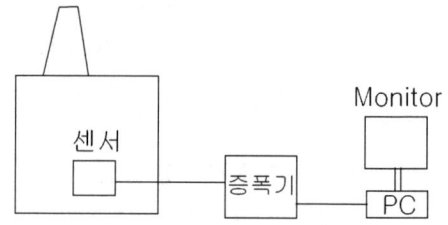

7. Off-Line 방법
(1) 절연저항 측정
(2) 상용 주파 내전압(내압시험)
(3) 유도 내전압 시험
(4) 직류 누설 전류법
(5) 부분 방전 시험
(6) 유전정접(正接)법 ($\tan \delta$ 법)

4.3. 선간전압이 350V 인 3상 평형계통이 그림과 같이 연결되어 있다.

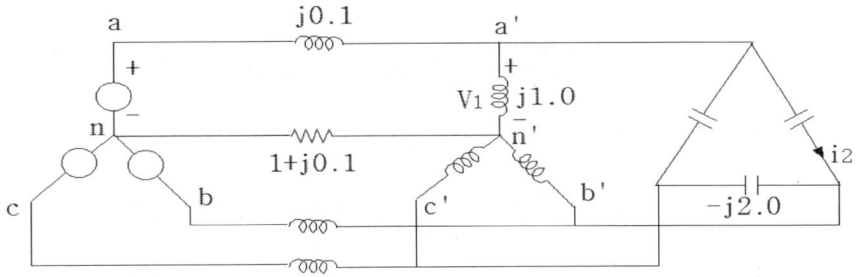

(1) One-phase Diagram을 그리시오.

(2) v_1, i_2 부분의 전압[V], 전류[A]의 실효값을 구하시오.

1. 변환후 회로도

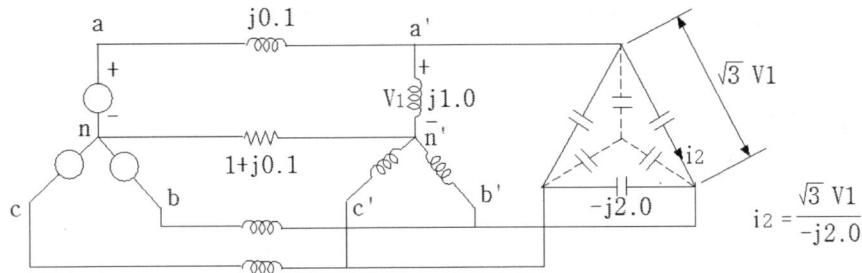

$$i_2 = \frac{\sqrt{3}\ V_1}{-j2.0}$$

2. 단선 등가 회로

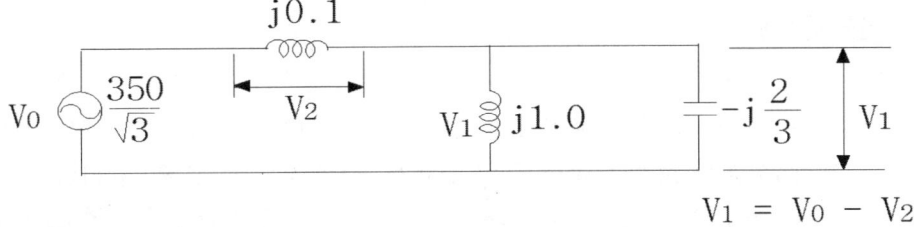

$$V_1 = V_0 - V_2$$

3. 문제 풀이

(1) 콘덴서 회로 등가 변환 (△ → Y)

$$Z_a = \frac{Z_{ab} \cdot Z_{ca}}{Z_{ab} + Z_{bc} + Z_{ca}} = \frac{(-j2)(-j2)}{(-j2)+(-j2)+(-j2)} = -j\frac{2}{3}$$

(2) 합성 임피던스

위 문제에서 3상 평형으로 주어졌기 때문에 중성선의 임피던스는 무시한다.

$$Z_T = j0.1 + \frac{(j1.0) \cdot (-j\frac{2}{3})}{(j1.0)+(-j\frac{2}{3})} = -j1.9(\Omega)$$

(3) 전압 V1

전전류 $I = \dfrac{\frac{350}{\sqrt{3}}}{-j1.9} = j106(A)$ (진상전류가 됨)

전압 $V_2 = j0.1 \times I = j0.1 \times j106 = -10.6(V)$

전압 $V_1 = V_0 - V_2 = \dfrac{350}{\sqrt{3}} - (-10.6) = 212.7(V)$

진상전류에 의한 페라티 효과로 V1이 전원전압보다 높아진다.

(4) 전류 I2

전압 $V_{a'b'} = \sqrt{3}\, V_1 = \sqrt{3} \times 212.7 = 368.4(V)$

전류 $I_2 = \dfrac{\sqrt{3}\, V_1}{-j2} = j\dfrac{368.4}{2} = j184.2(A)$

4. 정답

$V_1 = 212.7(V)$, $I_2 = j184.2(A)$

4.4. 특고압수용가 수전방식의 종류와 수전 인입선 굵기(size) 결정방법에 대하여 설명하시오.

1. 수전 방식 종류

수전방식은 부하의 중요도, 예비 전원 설비의 유무, 경제성, 전원의 공급 신뢰도(정전 회수, 시간 등), 전력회사 배전계통 등을 고려하여 결정한다.

수전방식	정전시간	경제성	공급신뢰도	특징(장·단점)
1회선 방식	길다	가장 경제적	나쁘다	소규모
평행2회선 수전	짧다	조금 비싸다	좋다	중규모
본선+예비선수전	단시간	비싸다	좋다	대규모

Loop 수전	(도면)	순시	비싸다	좋다	인근에 Loop 수용가가 있어야 함
Spot-Network 수전	(도면)	무정전	가장 비싸다	가장 좋다	중요한 시설에 설치

2. 수전 인입선 굵기(size) 결정 방법

(1) 부하 설비 용량의 추정

부하 설비 용량 추정에는 부하 리스트에 의한 방법과 표준 밀도에 의한 방법이 있다.

1) 부하 LIST에 의한 부하 용량 계산 방법
   - 부하를 알 경우 사용하는 방법으로 주로 실시 설계시 적용

2) 표준 부하 밀도에 의한 부하 용량 추정 방법(내선규정 3315절)

   내선규정 3315절에 의해 부하 용량을 모를 경우에 적용하며 주로 기본 설계시 적용한다.

   * 총 부하 설비용량 = P*A + Q*B + C   [VA]

   A: 전용부하밀도 [VA/m^2]
   B: 공용부하밀도 [VA/m^2]
   C: 가산부하 [VA]
   P: 전용면적 [m^2]
   Q: 공용면적 [m^2]

전용 부하	공장, 교회, 극장	10 [VA/m^2]
	여관, 학교, 음식점, 목욕탕	20
	주택, 아파트, 상점	30
공용 부하	복도, 계단, 창고	5
	강당	10

(가산부하)

1. 주택, 아파트 1세대당 500(17평 이하)~1000(VA)(17평 초과) 가산
2. 상점의 진열장 : 진열장폭 1m에 대하여 300(VA) 가산

3. 옥외 광고등, 전광 사인등의 VA는 그대로 계산
4. 극장, 댄스홀등 무대조명, 영화관 특수조명등은 VA를 그대로 계산
5. 고압 전동기등의 고압 부하는 그대로 계산

3) 주택 건설 기준 제40조 (건교부)

세대당 3kW (전용면적 60㎡ 미만) + 초과시 10㎡당 0.5 kW

4) 집합 주택 (내선 규정 300-2)

P (VA) = 30 (VA/㎡) * 바닥면적(㎡) + (500~1,000)(VA)

( ) 안의 가산 부하는 1,000을 채택하는 것이 바람직 함

5) 전전화 주택(내선 규정 300-1)

P (VA) = 60 (VA/㎡) * 바닥면적(㎡) + 4,000(VA)

(2) 허용 전류 계산

1) 연속시(상시) 허용 전류
- 전선 허용 전류 = 전선 허용 전류 기준값 * K(감소계수)
K=절연물에 따른 주위온도 보정계수*전선수에 따른 전류 감소 계수

2) 단시간 허용전류
사고시에 사고선 이외의 선로에 일시적으로 과부하 송전을 필요로 하는 경우를 말한다. 또한 연속 30일 동안에 누적시간이 10시간 이내인 것으로 규정한다.

3) 단락시 허용 전류
단락 또는 지락시 고장전류가 통전 가능한 허용 전류를 말하며 흐르는 시간도 대개 2초 이하이고 이때의 전선의 단면적은 다음과 같다.

단면적 S = $\frac{\sqrt{Is^2 \cdot t}}{k}$ = $0.052\, In$ (mm²)

여기서 Is : 단락 고장 전류 (A) =20In
t : 차단 장치의 동작 시간(초) = 0.1초
k : 절연재료에 의한 온도 계수 (CV:143, PVC:115)

(3) 허용 전압 강하 계산

1) 계산 공식
- 전압강하 Δe = Es - Er = I (R cos θ + X sin θ)
X항은 무시, R에 고유저항(1/58)을 대입하여 간단히 하면 아래와 같다.

전 기 방 식	전 압 강 하
- 1φ2w - 직류 2선식 (Kw:2)	e = $\frac{35.6\, L\, I}{1000\, A}$
- 3φ3w (Kw: √3)	e = $\frac{30.8\, L\, I}{1000\, A}$
- 3φ4w, 1φ3w (Kw:1)	e = $\frac{17.8\, L\, I}{1000\, A}$

e : 상전압 강하임. 따라서 380/220V 회로에서 전압강하율은
e / 220 이어야 함.

2) 내선 규정에 의한 전압강하 (1415-1)

구 분	120 m 이하	200m 이하	200m 초과
전기 사업자로부터 공급	4 % 이하	5 % 이하	6 % 이하
전기사용장소안에 시설한 변압기에서 공급	5 % 이하	6 % 이하	7 % 이하

(4) 기계적 강도
  1) 단락시 전자력
  2) 진동
  3) 신축

(5) 기타
  1) 고조파 전류
  2) 장래 증설에 대한 여유도
  3) 열 방산 조건등

4.5. SPD(Surge Protective Device) 선정을 위한 공정(흐름)도를 작성하고 설명

1. 옥내 배전계통의 과전압 Catagory

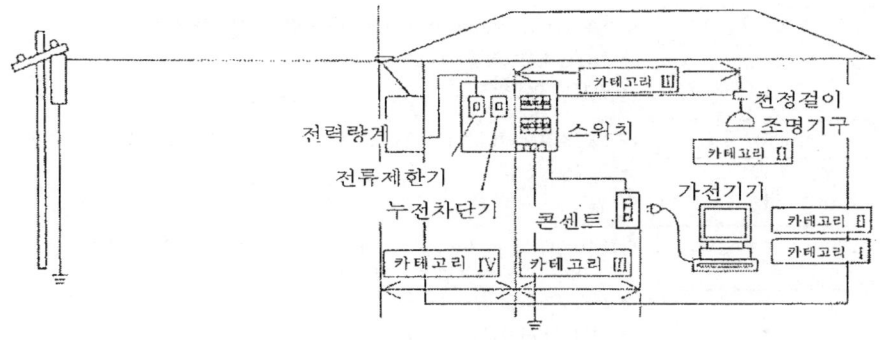

카테고리 IV	카테고리 III	카테고리 II	카테고리 I
전력량계 누전차단기 인입용전선	주택분전반 배선용 차단기(분기) 콘센트 스위치 조광스위치 팬던트 조명스위치 실내배선용전선	조명기구 냉장고·에어컨 세탁기·전자레인지 TV·비디오 다기능전화기·FAX 컴퓨터	전자기기 기기내부

2. SPD 구조 및 기능

(1) 동작 형태별 분류

1) 전압 스위칭형

서지가 인가되지 않은 경우는 높은 임피던스 상태에 있다가, 서지가 유입되면 급격히 임피던스가 낮아져 이상전압을 방전시키는 것

2) 전압 제한(LIMIT)형

서지가 인가되지 않은 경우는 높은 임피던스 상태에 있다가, 서지가 유입되면 연속적으로 임피던스가 낮아져 이상전압을 방전시키는 것.

3) 복합형

전압 스위칭 소자 및 전압 제한형 소자 모두를 갖는 TYPE으로 가스방전관과 배리스터를 조합것이 대표적이다.

(2) 용도별 분류

1) 전원용 SPD

분전반, UPS, 모터 제어반, 발전기등의 입입부에 설치

2) 신호 제어용 SPD

자동화 및 감시 제어 시스템의 입출력부에 설치하여 기기보호

3. SPD(Surge Protective Device) 선정을 위한 공정(흐름)도

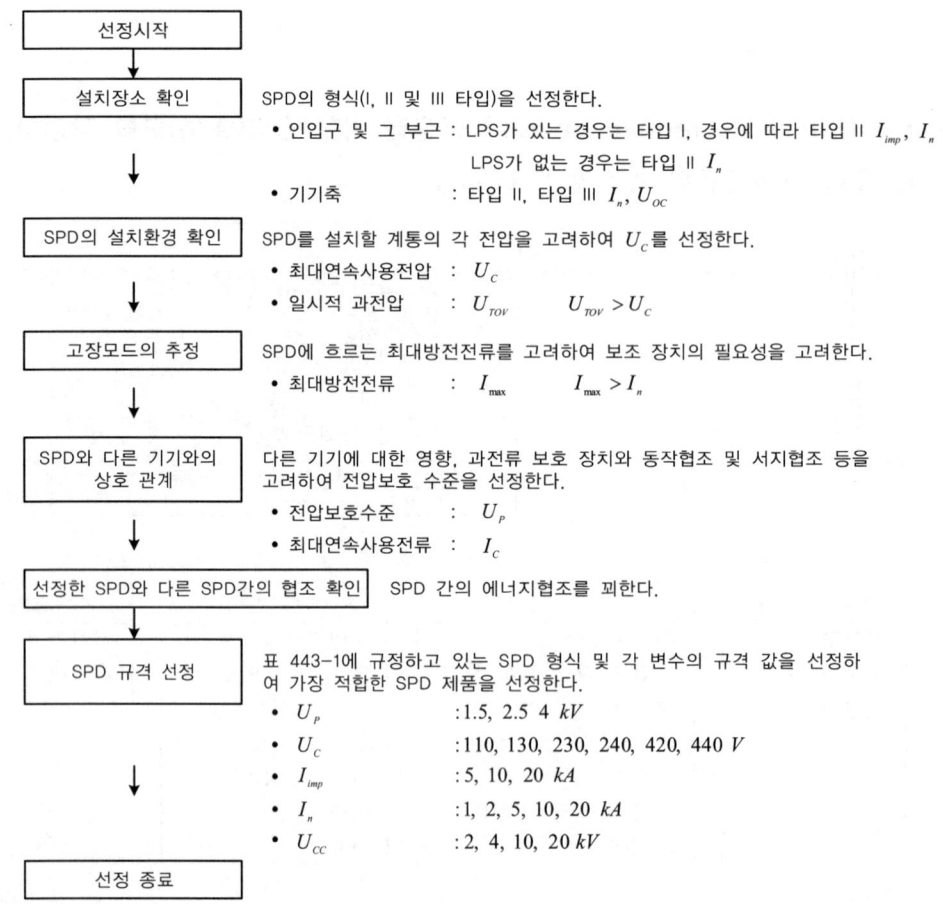

4.6. IEC 분류 접지방식(TN, TT, IT)의 특징과 감전방지 대책을 설명하시오.

1. KSC IEC 60364 적용범위
    (1) 건축 전기 설비 분야의 공칭 전압 교류 1000V 또는 직류 1500V이하의 전압
    (2) 전기 철도용, 자동차용, 전기 사업자의 배전계통이나 발전, 송전은 제외

2. IEC 분류 접지방식(TN, TT, IT)의 특징
    (1) 코드의 의미

문자	관계	기호	내용
제1	전력계통과 대지의 관계 (계통 접지)	T(접지)	직접 접지
		I(절연)	비접지 또는 임피던스 접지
제2	노출성부분과 대지의 관계 (보호 접지)	N(중성점)	노출 도전부를 전력 계통의 중성점(N)에 접속
		T(접지)	노출 도전부(기기외함)을 직접 접지
제3	중성선 및 보호 도체의 조치	C(조합)	중성선과 보호 도체가 겸용(PEN)
		S(분리)	중성선(N)과 보호 도체(PE)가 분리

    (2) 방식별 특징비교
        1) TN-C 방식

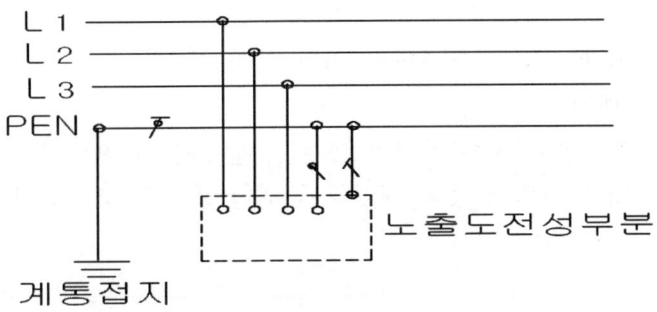

그림과 같이 도체 한개로 중성선과 보호 도체를 공용으로 사용하며, 설비의 모든 노출 도전부는 PEN(중성선과 보호 도체 겸용선)에 접속한다.
* TN-C방식의 장점 : 지락 보호용으로 과전류 차단기를 사용할 수 있어 누전 차단기의 오동작으로 인한 문제점이 없다.

2) TN-S 방식

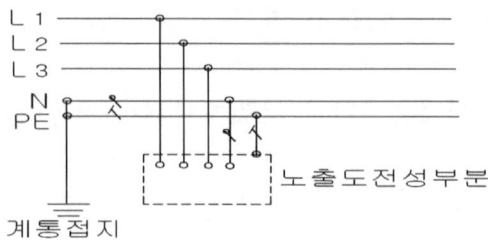

중성선과 보호 도체를 별도로 구성한 접지 시스템으로 전기 기기의 모든 노출 도전부(외함)는 별도의 접지선에 연결하되 전원측의 접지극을 공유한다.

3) TT 방식

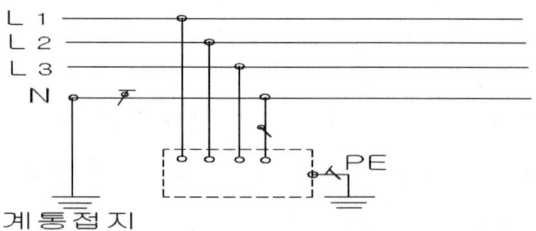

변압기의 중성점 또는 1단자를 대지에 직접 접속(계통 접지)하고, 수용가의 전기 기기의 금속제 외함을 대지에 직접 접지(보호 접지)하는 방식으로 일본, 북미, 프랑스에서 채택
(TT 방식의 문제점)
지락 사고시 프레임의 대지 전위 상승
(대책)
지락은 과전류 차단기 또는 누전 차단기(권장)로 보호하고
대지 전위 상승을 제한하기 위한 조건이 고려되어야 한다.

4) IT 방식

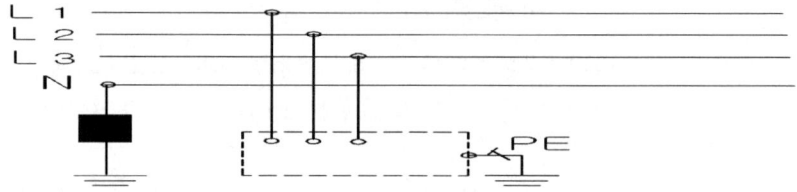

전원 공급측은 비 접지 또는 높은 임피던스로 접지하고, 설비의 노출 도전부는 독립적인 접지 전극에 기기를 접지하는 방식임.
  - 문제점 : 대규모 전력 계통에 채택 곤란.

3. 감전방지 대책

TN, TT, IT 계통의 감전보호는 간접접촉보호의 전원자동차단에 해당되어 여기에 대하여 설명한다.
(1) TN 보호

위 체계의 자동 전원차단중 TN 계통에 대한 설명임.
1) TN 계통의 고장 루프
2) 보호방식
① 설비의 노출 도전성 부분은 계통의 접지선(중성선) 접속
② 상도체 누전 사고시 자동 차단 조건
   Zs : 고장 루프 임피던스(Ω)
   $Zs \times Ia \leq Uo$ Ia : 보호 시간내 자동차단 전류(A)
   Uo : 공칭 대지 전압(V)
③ TN 계통의 최대 차단 시간

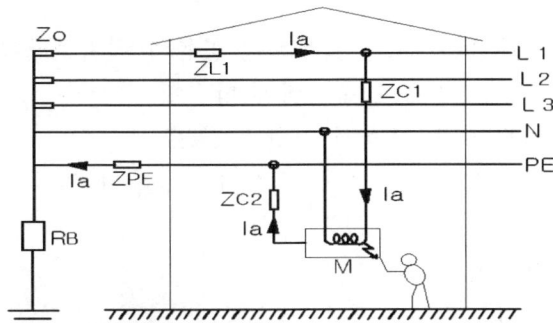

L1, L2, L3 : 상도체
PE : 보호도체
M : 노출도전성 부분
Ia : 고장전류
RB : 전원 중성점 접지저항
Zo : 전원 변압기 임피던스
ZL1 + ZC1 : 상도체 임피던스
ZPE + ZC2 : 보호도체 임피던스

공칭대지전압(Uo)	120	230	400	400초과
최대차단시간(초)	0.8	0.4	0.2	0.1

④ 단, 다음 조건을 만족시 차단시간 5초 이하에서 허용
   - 배전반과 보호선사이의 임피던스가 다음 값을 초과하지 않을 때
   $$\frac{50}{Uo} Zs (\Omega)$$

3) 보호 장치
① 과전류 차단기
   - 차단 특성에는 순시 차단 특성과 한시 차단 특성이 있음
② 누전 차단기
   - TN-C 계통에서는 사용할 수 없음.
   - TN-C-S 계통에서 누전차단기를 사용하기 위해서는 보호선과
     PEN 선의 접속을 누전차단기의 전원측에서 해야 함.

(2) TT 계통

위 체계의 자동 전원차단 중 TT 계통에 대한 설명임.
1) TT 계통의 고장 루프

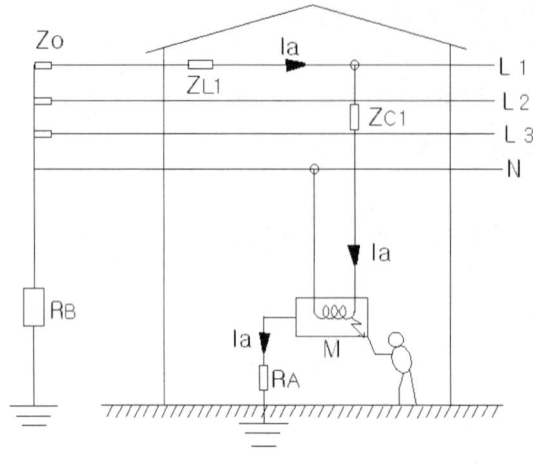

2) 보호방식
① 설비의 모든 노출 도전성 부분은 공통의 접지전극에 접속
② 사고시 다음 조건을 만족시켜야 함
  R_A : 접지전극 및 보호선 저항의 합(Ω)
  $R_A \times I_a \leq 50V$ I_a : 보호 시간내 자동차단 전류(A)

3) 보호 장치
① 과전류 차단기
② 누전 차단기
  - I_a : 5초 이내 자동 차단이 가능한 전류이거나 순시 트립 특성을 가질 것.

4) 노출 도전성 부분의 접지
모든 노출 도전성 부분은 동일 접지극에 접속해야 함.

(3) IT 계통
1) 고장 전류 루프

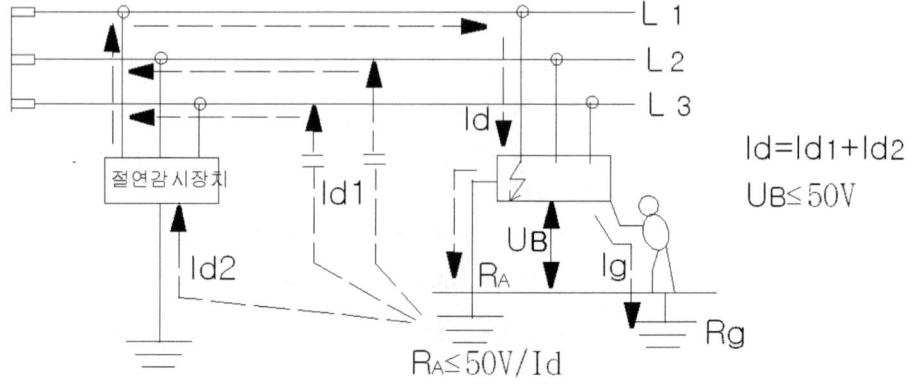

2) 보호 방식
- IT 계통은 대지로부터 절연 또는 고 저항 접지 계통을 말함
- 고 저항 접지에서 중성점이 없는 경우는 상전선 이용 가능
  단, 설비의 충전 부분을 대지에 직접 접속하면 안됨

- 노출 도전성 부분은 각각, 그룹별, 집합적으로 접지시켜야 함.
- 사고시 다음 조건을 만족시켜야 함
  RA : 노출도전부의 접지전극 저항(Ω)
  RA * Id ≤ 50V Id : 보호 시간내 자동차단 전류(A)
- IT 계통의 최대 차단 시간

공칭대지전압(Uo)		120~240	230/400	400/690	580/1000
차단 시간(초)	중성성없는 경우	0.8	0.4	0.2	0.1
	중성성있는 경우	5	0.8	0.4	0.2

3) 보호 장치
   ① 누전 차단기
   ② 절연 모니터링 장치
   - 전원의 연속성을 위해 설치해야 한다.
   - 음향 및 시각 신호를 낼 수 있어야 하며
   - 음향 신호는 정지해도 좋으나 시각 경보는 계속되어야 함.

4. 정리

	TN-C	TN-S	T T	I T
과전류차단기(MCCB)	O	O	O	X
누전차단기(ELB)	X	O	O	O
절연모니터링	X	X	X	O

제96회 (2012.02)
기출문제

건축전기설비
기술사
기출문제

국가기술 자격검정 시험문제

기술사 제 96 회　　　　　　　　　　　　제 1 교시 (시험시간: 100분)

| 분야 | 전 기 | 자격종목 | 건축전기설비기술사 | 수험번호 | | 성명 | |

※ 다음 문제중 10문제를 선택하여 설명하시오. (각10점)

1. 전기설비기술기준의 제정목적과 접지의 목적을 설명하시오.

2. 병원조명계획에 대하여 설명하시오.

3. 직류고속도 차단기의 자기유지현상과 그 대책에 대하여 설명하시오.

4. 접지선 굵기 산정기초를 적용하여 아래 그림에서 변압기 2차측 중성점 접지선과 부하기기의 접지선 최소 굵기를 산정하시오.

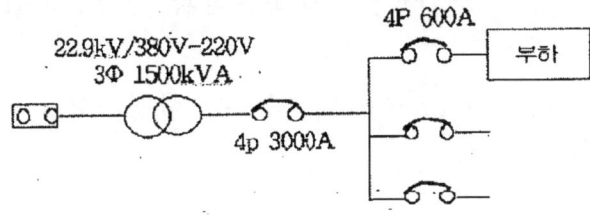

5. 국토해양부에서 고시한 「친환경주택의 건설기준 및 성능」에서 건축전기설비에 관한 사항과 「건축물의 에너지절약 설계기준」에서 전기설비부분의 의무사항을 설명하시오.

6. 웨너(Wenner)의 4전극법에 의한 대지 저항율의 측정법에 대하여 설명하시오.

7. Zero Energy Building 의 실현을 위한 요건 중에서 3가지를 설명하시오.

8. 고압계통에서 선로의 충전전류에 따른 접지방식에 대하여 설명하시오.

국가기술 자격검정 시험문제

기술사 제 96 회   제 1 교시 (시험시간: 100분)

| 분야 | 전 기 | 자격종목 | 건축전기설비기술사 | 수험번호 | | 성명 | |

---

9. 다음 변압기 결선도와 같이 전압이 주어졌을 때 D-C간의 전압을 구하는 식을 쓰고 계산하시오.

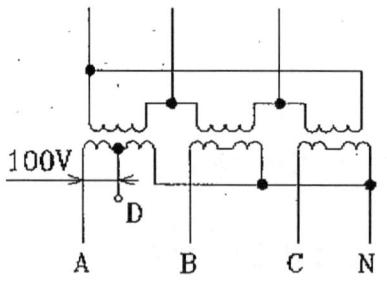

여기서, N-A : 200[V]
　　　　N-B : 200[V]
　　　　N-C : 200[V]
　　　　N-D : 100[V]

10. 전기잡음(Electrical Noise)중에서 정전유도잡음과 전자유도잡음을 설명하시오.

11. 전동기에서 과부하율(Servise Factor)의 의미를 설명하고, 과부하율이 1.0과 1.15의 차이점을 설명하시오.

12. 건축물의 에너지 절약 설계기준에 따른 다음 용어를 설명하시오.
    가) 고효율조명기기　　　나) 직접강압방식　　　다) 변압기 대수제어
    라) 대기전력차단스위치　마) 일괄소등스위치

13. 전력제어설비 장치에 사용되는 부품 중에서 알루미늄전해콘덴서의 사용온도와 수명과의 관계에 대하여 설명하시오.

국가기술 자격검정 시험문제

기술사 제 96 회   제 2 교시 (시험시간: 100분)

| 분야 | 전기 | 자격종목 | 건축전기설비기술사 | 수험번호 | | 성명 | |

※ 다음 문제중 4문제를 선택하여 설명하시오. (각25점)

1. 전기자동차 전원공급설비의 기술기준에 대하여 설명하시오.

2. 건물일체형 태양광발전(Building Inregraed Photovotaic)시스템을 등급별로 분류하고, 특징과 설계 및 시공 시 고려사항에 대하여 설명하시오.

3. 뇌전자 임펄스(LEMP) 보호대책시스템(LPMP)과 설계에 대하여 설명하시오.

4. 고속엘리베이터의 방음대책으로 소음의 종류와 대책, 전기설비에서 검토하여야 할 사항을 설명하시오.

5. 발전기 시동방식에서 전기식과 공기식에 대하여 특성, 시설, 관리 및 장단점을 비교 설명하시오.

6. 인력절감을 위한 주차관제설비에 대하여 설명하시오.

국가기술 자격검정 시험문제

기술사 제 96 회   제 3 교시 (시험시간: 100분)

분야	전기	자격종목	건축전기설비기술사	수험번호		성명	

※ 다음 문제중 4문제를 선택하여 설명하시오. (각25점)

1. 비상저압발전기가 설치된 수용가에 발전기 부하측 지락이나 누전을 대비하여 지락과전류계전기(OCGR)를 설치하는 경우가 있다. 이 때 불필요한 OCGR 동작을 예방할 수 있는 방안에 대하여 설명하시오.

2. 항공법 시행규칙에서 정한 항공장애등과 주간장애표지시설의 설치기준에 대하여 설명하시오.

3. 저압전로의 지락사고에 대한 전로 및 인체 감전보호에 대하여 설명하시오.

4. 아몰퍼스 고효율변압기와 저소음 고효율 몰드변압기를 비교 설명하시오.

5. 태양광발전시스템의 어레이(Array) 설치방식별 종류 및 특징에 대하여 설명하시오.

6. 플로어 히팅(Floor-heating) 설계 및 시공 시 고려사항에 대하여 설명하시오.

국가기술 자격검정 시험문제

기술사 제 96 회   제 4 교시 (시험시간: 100분)

| 분야 | 전 기 | 자격종목 | 건축전기설비기술사 | 수험번호 | | 성명 | |

※ 다음 문제중 4문제를 선택하여 설명하시오. (각25점)

1. 수중조명등의 시설기준에 대하여 설명하시오.

2. 특고압 차단기 선정을 위한 주요 검토사항에 대하여 설명하시오.

3. 초고층 빌딩의 계획시 전기설비적인 고려사항과 특징에 대하여 설명하시오.

4. 대지저항율에 영향을 미치는 요인들에 대하여 설명하시오.

5. 기존 전력망에 정보통신기술을 접목한 전력망에 대하여 설명하시오.

6. 22.9kV 수전설비에서 다음조건에 대하여 F1과 F2에서의 3상 단락전류를 계산하고 차단기의 종류, 정격전류 및 정격차단용량을 선정하시오.

    (조건)
    - 100MVA기준으로 PU법을 사용한다.
    - 22.9/6.6kV 변압기 임피던스는 6%로, 6600/380V 변압기 임피던스는 3.5%이며 제작오차를 고려한다.
    - 전동기 기동전류는 전부하전류의 600%로 계산한다.
    - 선로의 임피던스는 무시한다.

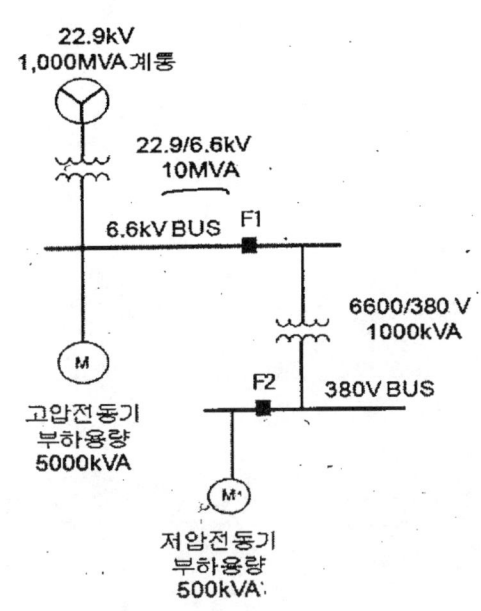

제96회 (2012.02)
문제해설

건축전기설비 기술사 기출문제

제 1 교 시

1.1. 전기설비기술기준의 제정목적과 접지의 목적을 설명하시오.

1. 전기설비기술기준 제정목적
(1) 현재 사용하고 있는 전기설비 기술기준의 문제점
- 국제 규격인 IEC와 불일치하는 부분이 너무 많다.
- 전기설비기술기준과 판단기준이 나뉘어 있고 내용이 상세히 되어 있지 않아 내선 규정이 별도로 존재 함.
- 대부분 일본 전기설비 기술기준을 인용하여 사용하였으나 일본도 이 기술기준을 버리고 IEC로 가고 있음

(2) 신 전기설비 기술기준의 필요성
- 국제 규격인 IEC와 내용을 일치시킬 필요가 있음
- 전기설비 기술기준, 판단기준, 내선규정을 통합할 필요가 있음
- 스마트 그리드나 신재생에너지 등 새로운 시대에 부응할 필요가 있음

2. 접지의 목적
(1) 감전 방지
1) 접지 도체로 전류를 흐르게 하여 지락사고시 보폭전압 및 접촉전압 상승을 억제하여 감전사고를 방지한다.
2) 감전 방지를 위해 전위차를 제한값 이하로 할 수 있는 접지가 필요

(2) 화재예방
1) 누전시 전로와 대지 간에 흐르는 전류에 의해 주울열이 발생한다.
2) $W=0.24 I^2 Rt$ 의 열로 인해 주위 인화물질에 인화 발생
3) 선로 중 국부적으로 저항이 높은 곳은 특히 고온이 발생하므로 접지를 실시하여 누전 전류를 신속히 검출 차단해야 한다.

(3) 기기 보호
1) 고장 전류나 뇌전류로부터 기기 보호
2) 기기의 충전전류로 인한 기기의 손상, 오동작 방지
3) 비접지의 경우 지락시 건전상의 전위가 $\sqrt{3}$ 배까지 상승하므로 절연이 약한 기기의 경우 절연파괴로 인해 손상될 우려가 있으므로 접지필요

(4) 보호 계전기의 확실한 동작
1) 지락 계전기, 누전 차단기 등이 확실하게 동작을 하기 위해서는 충분한 지락 전류가 흐를 필요가 있다.
2) 비접지의 경우 지락 전류가 작기 때문에 감전이나 화재, 기기 손상

을 방지하기 위한 조치가 필요하다.
(5) 기타 접지의 효과
1) 정전기로 인한 재해 방지
2) 전로의 서지 및 노이즈 방지
3) 전기 부식 방지를 위한 접지
4) 기기의 절연강도 경감
5) 변압기 고저압 혼촉에 의한 사고 방지
6) 등전위 접지에 의한 대지간 전위차 방지

1.2. 병원조명계획에 대하여 설명하시오.

1. 개요
- 환자, 진료자, 방문자등 서로 다른 입장의 요구에 맞는 조명이어야 함. 그러나 환자를 최우선해야 함
- 병원은 대단히 복잡한 기능을 갖는 시설이므로 모든 조명 기술을 종합적으로 활용할 필요가 있음.(광원의 밝기, 광색, 눈부심 등)

2. 병원 조명 계획

장소	조명방식
1. 병실	- 병실 전반 조명은 누워있는 환자에게 눈부심이 없도록 반 간접 조명이나 간접 조명이 요구 됨. - 회진시 적당한 조도 이어야 함. - 침대에는 독서를 할 수 있을 정도의 국부 조명이 필요하며 이 조명으로 인해 다른 환자에게 영향이 없어야 함. - 심야 소등시를 대비한 Foot Light 가 설치 되어야 함. - 전반 조명 스위치는 출입구에 설치하고 베드 라이트는 침대에서 점멸이 가능토록 설치.
2. 진료실	- 실내 전반을 밝게 하고(300lx 이상) 진료용 침대에 손 그늘이 생기지 않도록 조명 기구 설치
3. 수술실	- 수술을 장시간에 걸쳐 하려면 밝고 쾌적한 조명이 요구 됨. - 광 천장 조명으로 전반 조명을 500lx 정도로 하고 수술대 위 국부 조명은 손 그늘이 지지 않도록 무영등을 설치하여 지름 30Cm정도의 수술 부위를 집중 조명. - 마취 가스는 폭발성이 있으므로 램프에는 커버를 부착하고 안정기, 스위치류는 실외에 설치하되 부득이 실내에 스위치, 콘센트류를 설치 할 경우는 반드시 1m 이상 높이에 설치해야 함.

	- 전원 공급은 Isolation Panel을 거치고 정전을 대비해 UPS등 무정전 전원 공급 장치를 설치 해야 함.
4. 접수부	- 외부에서 들어오는 환자의 눈에 잘 띌수 있도록 배치가 고려 되어야 하고 주변에 비해 더 밝게 하여야 함. - 접수부 상단에 핀홀 조명등으로 POINT를 줌

1.3. 직류고속도 차단기의 자기유지현상과 그 대책에 대하여 설명하시오.

1. 개요
(1) 저전압 대전류인 직류 전기방식에서 직류 전기는 교류와 같이 "0"(zero)점이 되는 순간이 없으므로 차단이 곤란함.
(2) 따라서 조속한 사고 검출과 차단을 위해 직류 고속도 차단기를 고장선택장치(50F) 및 연락 차단장치(85F)와 병용하고 있음.
(3) 직류고속도차단기는 교류 차단기와 달리 차단기 자체에 사고전류 검출기능과 차단기능을 동시에 갖는 것이 특징임.

2. 차단기 요구조건
(1) 평소 통전시 열이 발생하지 말 것
(2) 절연이 양호 할 것
(3) 사고 발생시 Setting치를 초과하면 신속히 차단하고 발호가 적을 것
   즉, 사고 전류가 최대 단락 전류 되기 전에 차단 되어야 함.
(4) 다 빈도 동작에 견디고 수명이 길 것
(5) 유지 보수가 간단 할 것
(6) 부피와 중량이 가벼울 것

3. 구조 및 특성
(1) 구조

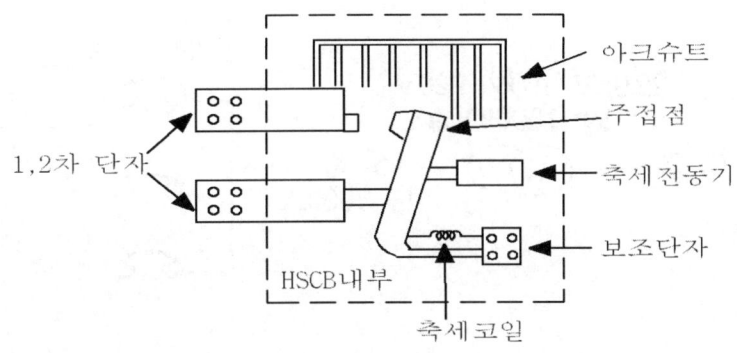

1) 자기 유지코일에 전원(DC110V) 투입되면 전자력 발생접촉자 흡인 접촉자 폐로됨.
2) 트립 코일에 주회로 전류가 흐르면 이 흡인력을 상쇄하는 방향의 기자력발생 그 전류가 정정값을 초과하면 흡인력 감쇄, 개방스프링 에의해 접촉자가 고속도로 개방됨.
3) 접촉자 개방 시 발생한 아크전류는 소호장치에 의해 소멸됨.

(2) 특성
1) 선택특성
트립코일과 병렬로 유도분로설치, 정상시 분로코일로 흐르다 돌진율이 클 때 트립 코일측 회로로 많이 흐르게 되어 트립함

2) Trip Free + Anti Pumping
자기유지코일 여자전류에 의해 접촉자가 접촉. 투입되어 있더라도 어느 순간, 회로상 고장지속 또는 과전류가 흐를 경우 즉시 차단토록 되어있고, 이 경우 투입 차단이 반복되지 않도록 회로 구성

3) 자기유지
변전소 내 단락사고 발생 시 역방향 대 전류가 급전 측으로 유입되는 경우 자기유지 코일의 전류가 영(0)으로 되어도 트립되지 않은 경우가 있음. 이때 수동으로 개방 유지 코일 전류를 역방향으로 함

4) 역방향 고속도 차단기의 오동작
정상전류가 급격히 감소하는 경우 역방향 고속도차단기가 불요 동작하는 수가 있는데 이의 방지를 위해 유지코일과 트립코일 자속이 쇄교되지 않도록 함.

5) 소 전류 차단
소호코일 방식에서는 소전류 차단이 곤란 공기 소호방식을 병용함.

1.4. 접지선 굵기 산정기초를 적용하여 아래 그림에서 변압기 2차측 중성점 접지선과 부하기기의 접지선 최소 굵기를 산정하시오.

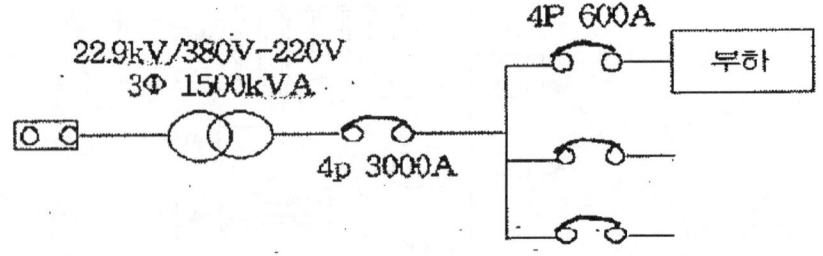

1. 접지선 굵기 (IEC 60364) : 교재 6.1.5참조

    (1) 기술 기준 : $A = \dfrac{\sqrt{Is^2 \cdot t}}{k}$

    (2) 상기식에 Is : 20 In (In : 차단기 정격전류)

    θ(k) : 120℃ : 0.1초(6Cycle)를 대입하면

    (3) 접지선 굵기 A = 0.052 In (㎟) 이 된다.

2. 변압기 중성선 굵기

    (1) 변압기 2차 정격전류

    $$I_{2n} = \dfrac{P}{\sqrt{3} \times V \times \cos\theta} = \dfrac{1500 \times 10^3}{\sqrt{3} \times 380 \times 0.9} = 2532(A)$$

    (2) 접지선 굵기 A = 0.052 In = 0.052 * 3000 ≒ 150 (㎟)
    변압기 2차측 정격전류가 차단기 용량보다 작으므로 차단기 정격전류 대입함.

3. 부하기기의 접지선

    (1) A = 0.052 In = 0.052 * 600 = 31.2 ≒ 35 (㎟)
    (2) 내선규정에서는 50 (㎟)임.

접지선 굵기					
제1종		제2종		제3종	
최대인입선 사이즈(㎟)	접지도체(동) (㎟)	변압기용량 1상220v (Kva)	접지도체(동) (㎟)	전기기기 차단기정격(A)	접지도체(동) (㎟)
30이하	10	10	6	15	2.5
38-60	16	20	6	20	4
80	25	30	10	30	4
100-150	50	40	16	40	6
200-325	70	60	25	50	6
400-500	95	80	25	100	10
600	120	100	35	200	16
		150	50	300	25
		200	70	400	35
		300	95	500	50
		400	120	600	50
		500	150	800	70
		600	185	1000	95
		800	240	1200	120
		1000	300	1600	150
				2000	150
				2500	150
				3000	240

4. 참고 : 내선규정 1445-5

1.5. 국토해양부에서 고시한 「친환경주택의 건설기준 및 성능」에서 건축전기설비에 관한 사항과 「건축물의 에너지절약 설계기준」에서 전기설비부분의 의무사항을 설명하시오.

1. 친환경 주택 건설기준 (2009년 10월 20일. 국토해양부장관)

   제9조(고효율 기자재의 사용)

   가정용보일러, 변압기, 전동기(단, 0.7kW 이하 전동기, 소방 및 제연 송풍기용 전동기는 제외)는 고효율에너지기자재로 인증받은 제품을 사용하여야 한다.

   제13조(대기전력자동차단장치의 설치)

   거실, 침실, 주방에는 대기전력자동차단콘센트 또는 대기전력차단스위치를 각 개소에 1개 이상 설치하여야 한다.

   제14조(일괄소등스위치의 설치)

   세대 내에는 일괄소등스위치를 설치하여야 한다. 다만, 전용면적이 60㎡ 이하인 경우에는 적용하지 않을 수 있다.

   제15조(조명) 조명은 다음 각 호의 기준에 따라 설치한다.
   1. 세대 및 공용부위에 설치되는 조명기구는 고효율조명기기 제품 또는 동등 이상의 성능을 가진 제품을 사용하여야 한다. 단, LED는 제외한다.
   2. 단지 내의 공용화장실에는 화장실의 사용여부에 따라 자동으로 점멸되는 스위치를 설치하여야 한다.
   3. 세대 내 조명, 공용부 보안등, 경관등 또는 지하주차장 조명등은 LED 조명으로 설치할 것을 권장한다.

   제16조(실별 온도조절장치의 설치)

   세대 내에는 각 실별로 난방온도를 조절할 수 있는 실별 온도조절장치를 설치하여야 한다. 다만, 전용면적이 60㎡ 이하인 경우에는 적용하지 않을 수 있다.

   제19조(신·재생에너지의 설치)

   각종 신·재생에너지 설비는 지식경제부고시 「신·재생에너지설비의 지원·설치·관리에 관한 기준」에 따라 설치하여야 한다.

2. 건축물의 에너지 절약 설계기준

(1) 적용범위
　1) 공동주택 중 APT 및 연립주택(기숙사 제외)
　2) 바닥면적의 합계가 500㎡ 이상 : 목욕장, 실내수영장
　3) 바닥면적의 합계가 2,000㎡ 이상 : 숙박시설, 병원, 기숙사, 유스호스텔,
　4) 바닥면적의 합계가 3,000㎡ 이상 : 판매시설, 교육연구시설,
　5) 연면적의 합계가 10,000㎡ 이상 : 공연장, 관람장, 집회장

(2) 전기부문(2012년 개정반영)

항목	구분	적용 설비
수변전설비	의무사항	1. 고효율변압기 설치 　몰드변압기, 아몰퍼스 변압기, 자구 미세화 변압기 채택 2. 변압기별 전력량계 설치 : 부하감시 및 예측이 가능토록
수변전설비	권장사항	1. 직접강압방식을 채택 　일반적으로 특고→저압 직강압 방식 채택 2. 변압기의 대수제어가 가능하도록 뱅크 구성 　부하 종류, 계절 부하등 고려(전등, 전열, 동력, 비상용등 분리) 3. 수용율, 장래 여유율, 배전방식을 고려하여 용량을 산정 4. 역률개선용 콘덴서를 집합 설치하는 경우 : 자동역률조절장치 설치. 　APFR은 단계적이어서 콘덴서 투입시 돌입전류가 크지만 SCR을 이용한 SVC는 돌입전류가 적어 전력품질이 좋아짐. 5. 최대수요전력 제어설비를 채택 　최대 수요 전력 제어방식에는 　1. Peak Cut 제어 2. Peak Shift 제어 3. 발전기 Peak 운전 6. 층별 및 구획별로 전력량계 설치 : 임대가 주목적인 건축물
간선 및 동력 설비	의무사항	1. 전압강하 : 내선규정을 따라야 한다. 2. 역률 개선용 콘덴서 : 전동기별로 설치
간선 및 동력 설비	권장사항	1. 승강기 제어방식 : 에너지절약형 　- 승강기 속도 제어로 VVVF 제어방식 채택 　- 승강기 Gearless방식 : 에너지 절약 약 30%,장수명,저진동,저소음 2. 고효율 유도전동기 채택 　다만, 간헐적으로 사용하는 소방설비용 전동기는 제외

조명설비	의무사항	1. 고효율 조명기기를 사용 램프, 안정기, 반사갓등 2. 형광램프 전용안정기를 사용 : 전자식 3. 공동주택 각 세대내의 현관 및 숙박시설의 객실 입구 : 인체감지점멸형 또는 점등후 일정시간 후 자동 소등되는 조명기구를 채택 4. 필요에 따라 부분조명이 가능하도록 점멸회로를 구분 5. 일사광이 들어오는 창측의 전등군 : 부분점멸이 가능하도록 설치(다만, 공동주택은 제외)

	권장사항	1. 고휘도방전램프(HID Lamp)를 사용 : 옥외
		2. 옥외 조명회로 : 격등 점등과 자동점멸기에 의한 점멸
		3. 공동주택의 지하주차장
		  – 자연채광용 개구부가 설치되는 경우 :
		  주위 밝기를 감지하여 전등군별로 자동 점멸되거나 스케줄 제어가 가능하도록. 다만, 지하 2층 이하는 그러하지 아니하다.
		4. 유도등 : 고효율 인증제품인 LED유도등 설치.
		5. 백열전구 : 사용하지 말것.
		6. KS A 3011에 의한 작업면 표준조도를 확보하고 효율적인 조명 설계에 의한 전력에너지를 절약한다.

제어설비	권장사항	1. 수변전설비 : 자동제어설비 2. 조명설비 : 군별 또는 회로별 자동제어. 3. 여러 대의 승강기가 설치되는 경우 : 군관리 운행방식 4. 팬코일 유닛 : 실의 용도별 통합제어.

대기전력	의무사항	1. 공동주택
		  거실, 침실, 주방에는 대기전력자동차단콘센트 또는 대기전력 자동 차단 스위치를 1개 이상 설치하여야 하며, 대기전력 자동차단콘센트 또는 대기전력차단스위치를 통해 차단되는 콘센트 개수가 전체 개수의 30% 이상이 되어야 한다.
		2. 공동주택 외 건축물
		  대기전력자동차단콘센트 또는 대기전력차단 스위치를 통해 차단되는 콘센트 개수가 거실에 설치되는 전체 콘센트 개수의 30% 이상이 되어야 한다. 다만, 업무시설 등에서 OA Floor를 통해서만 콘센트 배선이 가능한 경우에 한해 자동절전 멀티탭을 통해 차단되는 콘센트 개수를 산입할 수 있다.

	권장사항	도어폰, 홈게이트 웨이 등은 대기전력저감 우수제품으로 등록된 제품을 사용

1.6. 웨너(Wenner)의 4전극법에 의한 대지 저항율의 측정법에 대하여 설명하시오.

1. 개요
(1) 표면에서 깊은 심층까지 동일한 토질로 이루어진 단층 구조의 대지는 거의 없으며, 다양한 지층 및 지형으로 이루어진 경우가 허다하므로 대지표면에서 심층까지 대지저항률을 정확하게 측정할 필요가 있다.
(2) 대지저항 측정방법에는 4전극법, 2전극법, Schumberger법 등 다수가 있으나 대부분 Wenner의 4전극법을 이용하고 있다.

2. Wenner 의 4전극법
(1) 1915년 Frank Wenner가 발표한 4개의 전극을 직선상으로 동일한 간격으로 배치하는 방법으로 현재 대지저항률의 측정방법으로 가장 많이 사용되고 있다.
(2) 측정 원리

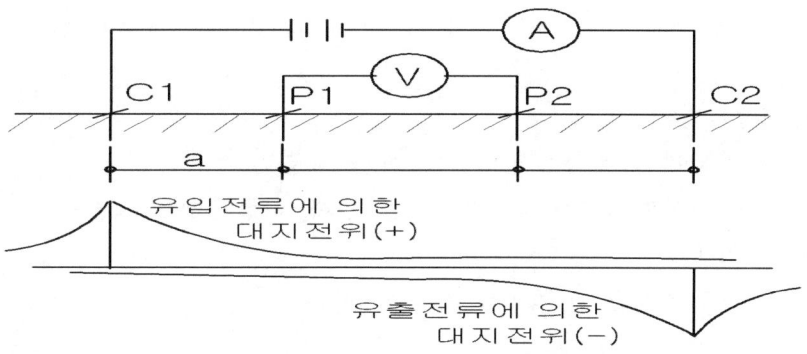

- 전류를 접지전극에 유입시켜 대지저항률을 측정하는 경우 측정용 전류가 대지를 침투한 깊이까지의 대지저항률의 평균값을 얻게 된다.
- Wenner의 4전극법 전극 배치는 아래 그림과 같으며, 전극 C1 과 C2 사이에 전원을 접속시켜 대지에 전류를 흘려보내면 P1 과 P2 사이에 생긴 전위차가 발생하는데 이 전위차 측정값을 대지에 흘려보낸 전류 [I]값으로 나누면 접지저항값 R[Ω]을 구할 수 있으며, 전극간격을 a[m]라 하면 대지저항률 ρ [Ω·m]는 다음식으로 구할 수 있다.

  대지저항 $\rho = 2\pi a \cdot R$ (Ω·m)
  ρ : 흙의 저항율(Ω·m)
  a : 전극간의 거리(m)
  R : 저항 값 (V/I : 측정치)

3. Schlumberger(슐름베르거법)

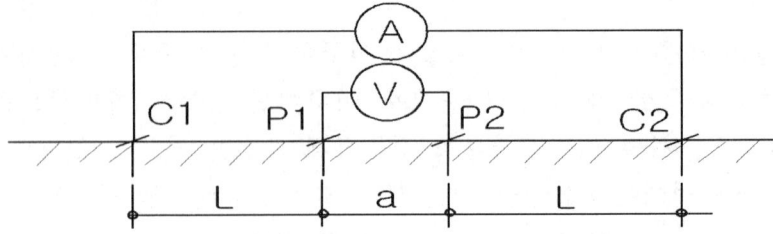

- WENNER의 4 전극법에서 측정용 접지전극 사이의 간격이 넓은 경우 전위검출용 전극사이의 전위차가 매우 낮아져 전위차의 검출이 어려운 경우가 발생할 수 있다.
- 깊은 대지의 하부 지층 토양의 저항율을 측정하고자 하는 경우와 같이 측정용 전류전극 사이의 간격이 넓을 때 전위 검출용 전극을 전류 보조전극에 가까이 위치하도록 이동시켜 검출전압을 높이는 방법이다.
- WENNER의 4 전극법에 비하여 검출전압이 높으므로 접지 전극간 거리가 먼 경우도 측정이 가능하고 정확도가 개선된다.

4. 2전극법
- 현장에서 개략적으로 측정하는 방법임
- 이동성이 간단하고 측정이 간편하나 정확성이 낮음
  (방법)
- 전극 2개를 전류계를 통하여 접속

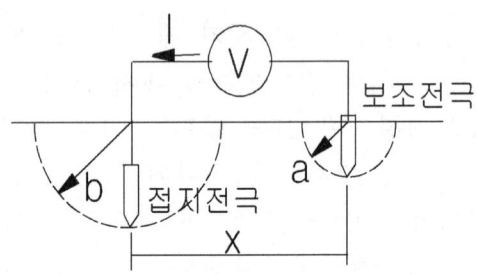

1.7. Zero Energy Building 의 실현을 위한 요건 중에서 3가지를 설명하시오.

1. 개요
- 21세기 인류가 해결해야 할 가장 중요한 것은 환경 친화적이고, 지속 가능한 개발을 추구하는 것이며, 전세계 주요 선진국에서는 지금까지

와 같은 자원과 에너지의 무분별한 사용을 전제로 하는 개발이 계속된다면 심각한 환경오염이 초래되어 인류의 미래는 지속가능하지 않다는 인식아래 21세기 문명의 새로운 패러다임을 모색하고 있다.
- 특히, 세계기후변화협약(UNFCCC)에 따른 온실가스배출량 감축 의무화는 전세계의 산업구조에 획기적인 변화를 가져올 전망이며, 이에 따라 우리나라의 건축계에서도 지속가능한 건축(Sustainable Architecture)에 대한 논의가 진행되고 있다.

2. Zero Energy Building

(1) 에너지절약 건축(Energy Use)
(2) 자원절약 건축(Materials and Water)
(3) 건강한 실내환경 건축(Health and Well-being)
(4) 자연 친화 건축(Ecology and Land Use) 등을 합리적으로 통합한 건축을 의미한다.
- 이를 위하여 장기적으로 기술개발 전략의 필요성에 따라 이산화탄소의 발생이 전혀 없는 풍력, 태양광, 태양열, 조력, 연료전지 등과 같은 대체에너지 및 신재생 에너지원의 개발이 필요하며
- 이를 통해 ZEB(Zero Energy Building) 및 저탄소 녹색도시를 구현하는 지속가능한 건축도시를 만들어 나가야 할 것이다.

3. Zero Energy Building 의 실현을 위한 요건

항 목	내 용
1. 환경	1. 빛, 열 : 적정 조도 및 적정 온도 유지 2. 음 : 소음 방지 3. 공기 : 오염물질 저방출 자재 사용, 최소 환기 유지
2. 에너지 이용	1. 자연형 냉난방 : 지붕, 벽, 창문 등 단열, 채광이 가능한 건물 디자인 2. 재생 가능한 에너지 활용 : 태양광, 태양열, 바이오등 3. 고효율 기기 사용 : 조명 기구, 가전제품, 냉난방기기 등 4. 폐기물 재활용 : 건설 폐기물 최소화, 재 활용 가능 자재 재활용 5. 수자원 : 우수, 중수 재활용, 절수 기기 사용
3. 생태계	1. 가연 녹지 보전 2. 인공 녹지 조성 3. 수 공간 확보 4. 투수성 포장등

* ZEB(Zero Energy Building)

건물 에너지소비량(또는 CO2배출량)을, 건축물·설비의 에너지절약성능 향상과 재생가능에너지의 활용 등에 의해 삭감하여, 연간 에너지소비량 (또는 CO2배출량)이 제로가 되는 건축물

$$에너지소비량 - 에너지생산량 \leq 0$$

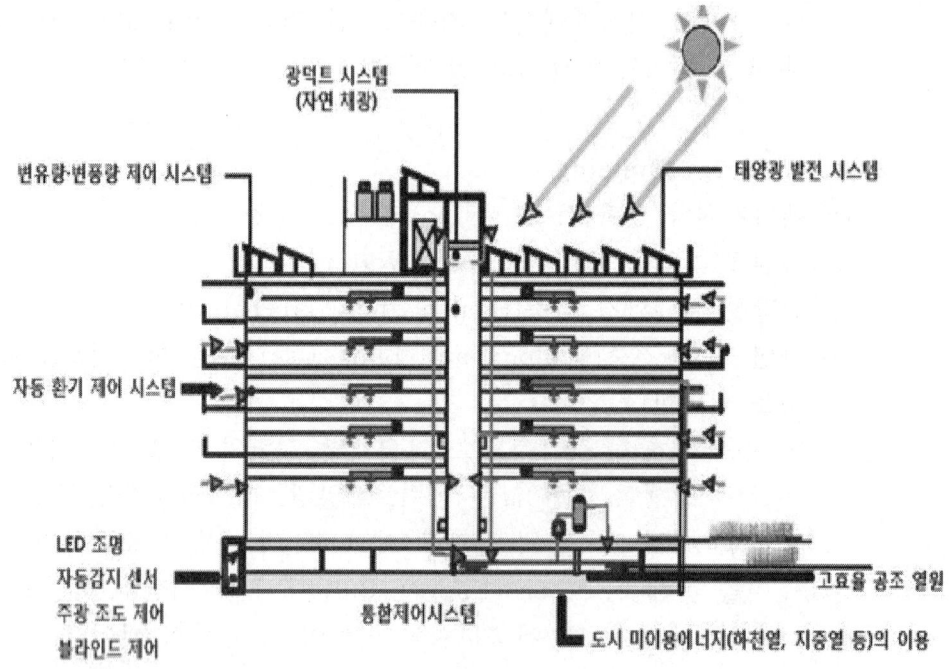

1.8. 고압계통에서 선로의 충전전류에 따른 접지방식에 대하여 설명하시오.

1. 개요

1선 지락시의 건전상의 이상전압은 접지방식에 따라 정해지는 계통의 유효접지 전류와 계통의 충전전류의 관계에 의해 좌우된다.

이에 의해 이상전압은 계통의 충전전류와 동등 이상의 유효접지전류를 흐르게 하면 억제된다.

2. 설계 방법

(1) 가공선이 많았던 시절에는 충전전류가 작으므로 비접지 방식이라도 크게 문제가 되지는 않는다. 그러나 요즘은 케이블의 배선이 많아지기 때문에 충전전류를 무시할 수가 없다.

(2) 케이블의 충전전류는 선의 종류, 굵기에 따라 다르지만 대략 3(kV) 케이블이면 0.6~1.5(A/km), 6.6(kV)케이블이면 0.9~2.0(A/km)정도 이다. 정확하게는 아래 계산식에 의해 산출하면 된다.

(3) 전력케이블 3심일괄 대지충전전류 Ic는

$$Ic = 2\pi f Co \frac{E}{\sqrt{3}} \times 10^{-6} (A/km)$$

여기서 Co (= 3C) : 3심 일괄 대지 정전용량 (μ F/km)

C : 1심 대지정전용량 (μ F/km) = $\dfrac{0.02413 \epsilon}{\log_{10} \dfrac{D}{d}}$

E : 선간 전압 (V)
ϵ : 유전율 (EV, CV : 2.2~2.4)
D : 차폐층의 안 지름 (mm)
d : 도체 바깥지름 (mm)

(4) 접지방식을 선정하기 위해서는 다음 선정도의 충전전류의 크기를 알아야 한다.

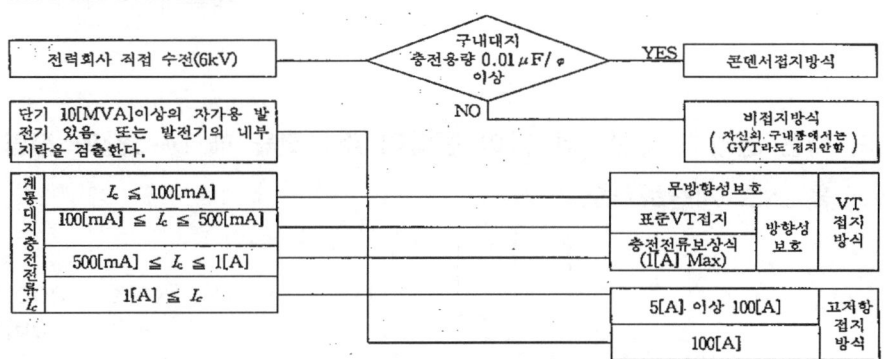

3. 접지방식 비교

항 목	직접 접지	저항접지, 리액터접지	비 접지
1. 접지 계수	75% 이하	중간	75% 초과 가능
2. 지락사고시 건전상 전압상승	작다 (1.3E이하)	중간	크다. 장거리 송전시 이상전압발생
3. 임피던스	0	저저항 : 30Ω이하 고저항 : 100Ω이상	∞
4. 지락 전류	최대	중간	380mA 정도로 적다.
5. 지락시 통신선 유도장해	최대 고속차단으로 최소화	중간	작다
6. 보호 계전기동	가장 확실	중간	지락 계전기

	작	(신뢰도 최고)		적용 곤란
7. 절연 레벨		저감절연 단 절연	중간	전 절연 균등 절연
8. 애자 갯수		최저	중간	최고
9. 변압기 절연		단절연	전절연	전절연
10. 장 점		전압 상승 작다 보호 계전기 확실 절연 레벨을 낮출 수 있음	전압 상승 작다. 보호 계전기 확실 지락 전류 작다. 통신 장애 작다.	지락 전류 작다. 통신 장애 작다.
11. 단 점		지락 전류가 큼 통신 장해 큼	저항기 또는 리액터 시설비 고가 소호리액터 조작복잡	전압 상승 크다. 보호 계전기 불 확실 절연 레벨을 낮출수 없음

1.9. 다음 변압기 결선도와 같이 전압이 주어졌을 때 D-C간의 전압을 구하는 식을 쓰고 계산하시오.

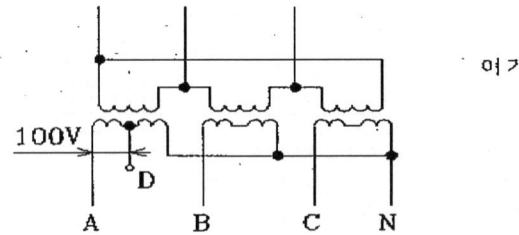

여기서, N-A : 200[V]
N-B : 200[V]
N-C : 200[V]
N-D : 100[V]

1. 벡터도

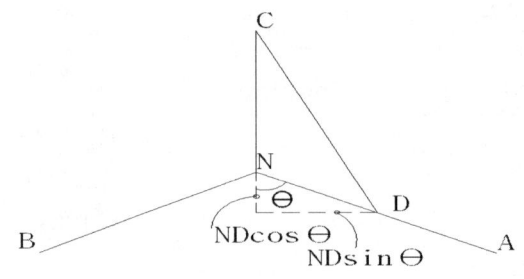

2. 계산

$$V_{CD} = \sqrt{(CN + ND\cos\theta)^2 + (ND\sin\theta)^2}$$

$$= \sqrt{(200 + 100 \times \frac{1}{2})^2 + (100 \times \frac{\sqrt{3}}{2})^2} = 264.6(V)$$

1.10. 전기잡음(Electrical Noise)중에서 정전유도잡음과 전자유도잡음을 설명하시오.

1. 개요

우리나라는 지역여건상 전력 케이블과 통신선이 근접하여 시설되는 경우가 많다. 이때 전력선이 근접해 있는 경우 통신선에 전압 및 전류를 유도해서 여러 가지 장해를 일으키게 된다.

주로 평상운전시 상호 정전 용량에 의해 나타나는 정전 유도 현상과 지락 사고시 상호 인덕턴스에 의해 나타나는 전자 유도 현상이 있다.

2. 정전 유도 원인 및 대책

(1) 원인

1) 선로의 영상 전압과 통신선과의 상호 캐패시터의 불평형에 의해 통신선에 유도 되는 전압을 정전 유도 전압이라 하며, 이 값이 클 경우는 수화기에 유도 전류가 흐르고 잡음이 발생한다.

2) 정전 유도 전압은 주파수나 양 선로의 평행 길이와는 관계가 없고 전력선의 대지전압($V/\sqrt{3}$)에만 비례한다.

(2) 대책

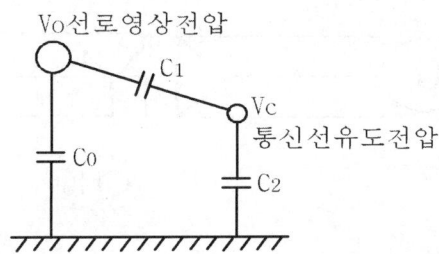

1) 전력선과 통신선의 이격을 크게 함

($Vc = \dfrac{C_1}{C_1 + C_2} \cdot V_o$ 에서 C_1 거리를 멀리하면 C_1 이 작아져 Vc 가 작아진다.)

2) 약전선에 광 케이블 사용

3) 연가

　　$Ca = Cb = Cc$ 이면 $Es = 0$ 이 된다.

　　즉, 연가가 완전하다면 각상의 정전 용량이 평행하게 되므로 정전 유도 전압을 0 으로 할 수 있다.

4) 차폐

　가. 무차폐시 : $Es \propto E1$

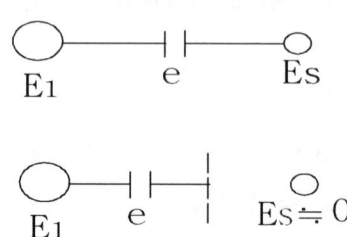

　　즉, 피유도선의 전위는 전력선의 전압에 비례하여 영향을 받는다.

　나. 차폐시(전력선에 차폐선 사용)

　　$Es ≒ 0$ 이 되어 정전유도에 의한 전압을 제거할 수 있다.

3. 전자 유도 원인 및 대책

(1) 원인

1) 평상시 운전시에는 상전류가 대체로 평행하여 I_0는 극히 작아 전력선으로부터 유도되는 장해는 거의 없으나 전력선에 지락사고가 발생하면 I_0가 상당히 큰 전류가 되어 대지로 흐르므로 피 유도선(통신선)에 전자 유도 전압을 야기시키어 통신용 기기의 손상 또는 인체에 위해를 끼치게 된다.

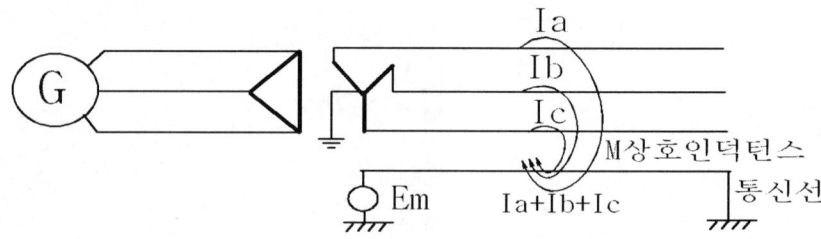

(2) 대책

1) 차폐

　가. 무차폐인 경우

　　그림에서 각선에 $Ia + Ib + Ic$ 라는 전류가 흐르고 있을 때 이와 병행하는 통신선이 받는 전자 유도 전압 Em은 전력선의각 선과 통

신신과의 싱호 인덕턴스를 M이라고 하면

Em = -jω Mℓ (Ia + Ib + Ic) = -jω Mℓ (3 I₀) 이다.

여기서 ℓ : 양선의 병행 길이

3 I₀ : 지락 전류

즉, 유도전압은 지락 전류에 비례하여 상승한다.

나. 전력선에 차폐선을 사용한 경우

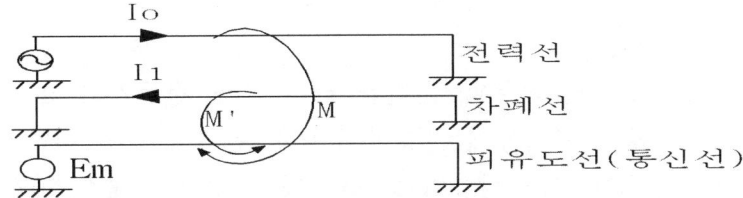

전력선을 차폐하고 양단을 접지 하였을 경우 지락사고시 지락전류에 의해 피 유도선에 자속 M'가 발생하고, 이자속과 송전선전류에 의해 발생하였던 자속 M과는 위상이 180° 반대이므로 M 값이 줄어들어 피 유도선에 생기는 유도 전압 Vm을 반 정도로 줄일 수 있다.

2) 접지

접지 방법에는 편단 접지, 양단 접지, 크로스 본딩 이 있음

3) 이격

전력선과 약전선을 최소한 1m이상 이격

4) 광케이블 사용 : 약전선에 광케이블을 사용

1.11. 전동기에서 과부하율(Service Factor)의 의미를 설명하고, 과부하율이 1.0과 1.15의 차이점을 설명하시오.

1. 과부하율(Service Factor:SF)의 의미

  (1) Service Factor는 전동기의 정격용량에 곱하는 계수로서 특정 조건하에서 전동기가 제공할 수 있는 출력의 증가를 말한다.

  (2) Service Factor의 대표적인 값으로는 1.0, 1.15, 1.25가 있다.

  (3) 1.0보다 큰 Service Factor는 반드시 명판에 표시해야 한다.

  (4) 어떤 경우는 Service Factor부하에서의 운전 전류를 전동기 명판에 Service Factor 전류(SFA)로 표시하기도 한다.

  (5) 전동기는 정격을 중심으로 ± 10%의 전압 변동과 ±5%의 주파수 변동에도 정격출력을 낼 수 있도록 설계된다.

  (6) 전압 변동과 주파수 변동의 통합 변동을 ±10% 이내로 제한한다.

2. 1.0과 1.15의 차이점
   (1) Service Factor 운전은 정격 전압, 정격 주파수하더라도 연속적으로 과부하를 건다는 의미는 아니다.
   (2) 즉, 주파수 보다는 전압변동이 실제로 큰 편이어서 어느 정도의 전압 변동에도 전동기가 견딜 수 있어야 하고
   (3) 정격 전압, 정격 주파수에서 어느 정도의 과부하 운전이 가능해야 한다.
   (4) 그러나 과부하 운전을 하게 되면 전동기의 효율, 역율, 속도, 온도상승, 수명 등에 영향이 있으며 특히 효율의 저하가 크게 된다.
   (5) 또한 온도 상승이 1℃올라가면 수명도 대략 50%가 단축되므로 가능하면 과부하 운전은 피해야 한다.
   (6) 과부하율 1.15는 과부하율 1.0에 비하여 약 15%의 과부하에 대하여 더 견딜 수 있도록 전동기 설계를 하지만 이때도 효율 수명등을 동시하게 보장하지는 못한다.
   (7) 따라서 전동기의 효율과 수명을 크게 하기 위해서는
      - 정격 전압, 정격 주파수에서
      - 정격 부하 이상의 부하로 운전을 하지 말아야 하며
      - 과부하 운전을 부득이 하더라도 일시적인 과부하 운전만을 해야 한다.

1.12. 건축물의 에너지 절약 설계기준에 따른 다음 용어를 설명하시오.

1. 고효율조명기기
   (1) 건축물의 에너지절약설계기준의 용어 정의에 보면 "고효율에너지기자재인증제품 (이하 "고효율인증제품"이라 한다)"이라 함은 지식경제부 고시 "고효율에너지보급촉진에 관한 규정(이하 "효율인증규정"이라 한다)에서 정한 기준을 만족하여 에너지관리공단에서 인증서를 교부받은 제품을 말한다."라고 되어 있다.
   (2) "고효율조명기기"라 함은 광원, 안정기, 반사갓, 기타 조명기기로서 고효율인증제품 또는 지식경제부 고시 효율관리 기자재의 운영에 관한 규정에서 고효율조명기기로 정의하는 제품을 말한다.

2. 직접강압방식
   "직접강압방식"이라 함은 수전된 특별고압 또는 고압전력을 건축물의 조명, 동력 등의 해당 부하설비에 적합한 전압으로 직접 변압하여 공급하는 방식을 말한다.

3. 변압기 대수제어

"변압기 대수제어"라 함은 변압기를 여러 대 설치하여 부하상태에 따라 필요한 운전대수를 자동 또는 수동으로 제어하는 방식을 말한다.

4. 대기전력차단스위치

Off상태에서 가전제품에 미세하게 흐르는 전력을 자동으로 완전 차단해 주는 스위치로서 에너지 절감의 효과가 있음.

5. 일괄소등스위치
  (1) 버튼하나로 간편하게 주택의 모든 전등을 일괄 소등할 수 있는 스위치로서 조작이 간편하고 에너지 절약을 할 수 있으며 화재 안전사고 예방, 불필요한 시간낭비를 절약할 수 있다.
  (2) 센서등, 홈네트워크와 연동되는 네트워크 스위치등은 이 회로에서 제외시킨다.
  (3) 최근에는 가스 차단 스위치, 엘리베이터 호출스위치도 일괄 소등 스위치와 같이 설치하여 더욱 편리성을 추구하고 있다.

1.13. 전력제어설비 장치에 사용되는 부품 중에서 알루미늄전해콘덴서의 사용온도와 수명과의 관계에 대하여 설명하시오.

1. 알루미늄 전해 콘덴서란
  (1) 종이 유전체를 전극 사이에 절연물질을 넣고 롤로 감은 것으로, 유전체를 매우 얇게 할 수 있으므로 소형으로 대용량을 만들 수 있을 뿐만 아니라 가격이 저렴하여 널리 사용된다. 유전체-얇은 산화막, 전극-알루미늄을 사용하고 있다.
  (2) 특징
    - 극성(+ 전극과 - 전극이 정해져 있다)이 있다. 전압, 용량도 표시. 극성을 잘못 접속하거나, 전압이 너무 높으면 콘덴서가 파열된다.
    - 1F부터 수천F, 수만F라는 식으로 비교적 큰 용량이 얻어지며, 용량의 편차가 크고 리플, 누설전류가 일반 필름 콘덴서나 탄탈 콘덴서 보다 많아서 전원부 평활용으로 많이 사용된다.
    - 단, 코일 성분이 많아 고주파에는 적합하지 않다.

2. 온도와 수명 관계
    (1) 전해 콘덴서와 온도는 아주 상극이다.
    (2) 전해콘덴서는 가운데 유전체로 전해액을 사용하기 때문에 온도가 올라가면 전해액이 마르면서 용량이 감소하게 되어 결국 제 역할을 못하게 되는데 이때 **온도가 10℃ 상승하면 수명은 1/2로 줄어든다.**
    (3) 가령 30℃ 일때 수명이 10,000 시간이라 한다면 이것을 60℃ 로 사용하게 되면 1/2 x 1/2 x 1/2 = 1/8 로 감소하면서 기껏 1,200시간밖에 사용하지 못한다는 결론이 나온다.
    (4) 콘덴서의 사용환경. 주위온도 : 5~35℃
    　　　　　　　　　　　　습도 : 75% 이하

3. 온도상승 원인
    (1) 주변에 열을 많이 내는 소자가 있거나
    (2) 박스에 밀봉되어 주변 온도가 높은 경우
    (3) 리플전류로 인해 자신이 발열되는 경우 등이다.

제 2 교 시

2.1. 전기자동차 전원공급설비의 기술기준에 대하여 설명하시오.

1. 제정 배경
   - 전기자동차의 개발과 보급에 따라 충전인프라를 위한 기술기준 제정이 시급
   - 안정된 전력계통의 유지와 사용자의 안전을 고려한 시설기준의 정립이 요구됨
   - 전기자동차 전원공급설비에 대한 기술기준, 판단기준, 내선규정의 제정이 필요

2. 제정 목표
   - 전기자동차 전원 공급설비의 안전관련 국제표준 현황 분석
   - 전기설비기술기준에 전기안전을 위한 기본 요건 규정
   - 전기설비기술기준의 판단기준에 시설기준을 규정
   - 시설기준의 세부사항에 대한 내선규정 및 지침 제정
   - 전기자동차 전원 공급설비 제정 조항 해설 및 지침서 작성

3. 기대 효과
   - 전기자동차 충전인프라와 관련된 기술기준의 제정으로 관련 산업의 활성화에 기여
   - 기본요건 규정 및 시설기준의 재정으로 설비의 전기안전 확보
   - 국제 표준 등의 반영을 통한 무역장벽의 해소 및 관련기업의 경쟁력 강화

4. 전기설비기술기준 개정(추가)

   제53조의2(전기자동차 전원공급설비의 시설)

   전기자동차(도로 운행용 자동차로서 재충전이 가능한 축전지, 연료전지, 광전지 또는 그 밖의 전원장치에서 전류를 공급받는 전동기에 의해 구동되는 것을 말한다.)에 전기를 공급하기 위한 전기설비는 감전, 화재 그 밖에 사람에게 위해(危害)를 주거나 물건에 손상을 줄 우려가 없도록 시설하여야 한다.

5. 전기설비 판단기준 개정 (추가)

제286조(전기자동차 전원공급설비의 시설)

① 전기자동차에 전기를 공급하기 위한 저압전로는 다음 각 호에 따라 시설하여야 한다.

1. 전용의 개폐기 및 과전류차단기를 각 극(과전류차단기는 다선식 전로의 중성극을 제외한다.)에 시설하고 또한 전로에 지락이 생겼을 때 자동적으로 그 전로를 차단하는 장치를 시설할 것.
2. 배선기구는 제170조 및 제221조에 따라 시설할 것.

② 전기자동차 충전장치는 다음 각 호에서 정하는 바에 따라 시설하여야 한다.

1. 충전부분이 노출되지 않도록 시설하고, 외함은 제33조에 따라 접지공사를 할 것.
2. 외부 기계적 충격에 대한 충분한 기계적 강도(IK07 이상)를 갖는 구조일 것.
3. 침수 등의 위험이 있는 곳에 시설하지 말아야 하며, 옥외에 설치 시 강우, 강설에 대하여 충분한 방수 보호등급(IPX4 이상)을 갖는 것일 것.
4. 분진이 많은 장소, 가연성 가스나 부식성 가스 또는 위험물 등이 있는 장소에 시설하는 경우에는 통상의 사용상태에서 부식이나 감전, 화재, 폭발의 위험이 없도록 제199조부터 제202조까지의 규정에 따라 시설할 것.
5. 충전장치에는 전기자동차 전용임을 나타내는 표지를 쉽게 보이는 곳에 설치할 것.

③ 충전 케이블 및 부속품(플러그와 커플러를 말한다.)은 다음 각 호에 따라 시설하여야 한다.

1. 충전장치와 전기자동차의 접속에는 연장코드를 사용하지 말 것.
2. 충전 케이블은 유연성이 있는 것으로서 통상의 충전전류를 흘릴 수 있는 충분한 굵기의 것일 것. 3. 커플러는 다음 각 목에 적합할 것.

   가. 다른 배선기구와 대체 불가능한 구조로서 극성의 구분이 되고 접지극이 있는 것일 것.
   나. 접지극은 투입 시 먼저 접속되고, 차단 시 나중에 분리되는 구조일 것.
   다. 의도하지 않은 부하의 차단을 방지하기 위해 잠금 또는 탈부착을 위한 기계적 장치가 있는 것일 것.

라. 커넥터(충전 케이블에 부착되어 있으며, 전기자동차 접속구에 접속하기 위한 장치를 말한다)가 전기자동차 접속구로부터 분리될 때 충전 케이블의 전원공급을 중단시키는 인터록 기능이 있는 것일 것.

4. 커넥터 및 플러그(충전 케이블에 부착되어 있으며, 전원측에 접속하기 위한 장치를 말한다.)는 낙하 충격 및 눌림에 대한 충분한 기계적 강도를 가진 것일 것.

④ 충전장치의 부대설비는 다음 각 호에 따라 시설하여야 한다.

1. 충전 중 차량의 유동을 방지하기 위한 장치를 갖추어야 하며, 자동차 등에 의한 물리적 충격의 우려가 있는 경우에는 이를 방호하는 장치를 시설할 것.
2. 충전 중 환기가 필요한 경우에는 충분한 환기설비를 갖추어야 하며, 환기 설비임을 나타내는 표지를 쉽게 보이는 곳에 설치할 것.
3. 충전 중에는 충전상태를 확인할 수 있는 표시장치를 쉽게 보이는 곳에 설치할 것.
4. 충전 중 안전과 편리를 위하여 적절한 밝기의 조명설비를 설치할 것.

⑤ 그 밖에 전기자동차 전원공급설비와 관련된 사항은 KSC IEC 61851-1, KS C IEC 61851-21 및 KS C IEC 61851-22 (전기자동차 충전 시스템)표준을 참조한다.

2.2. 건물일체형 태양광발전(Building Inregraed Photovotaic)시스템을 등급별로 분류하고, 특징과 설계 및 시공 시 고려사항에 대하여 설명하시오.

1. BIPV 시스템
   - BIPV란 태양광 전지판을 건축 외장재화 하여 건물의 외피를 구성하는 건물일체형태양광 발전시스템이다.
   - BIPV는 창호나 벽면, 발코니 등 외관에 BIPV모듈을 장착해 자체적으로 전기를 생산, 활용할 수 있는 시스템이다.

2. 추진 현황
   (1) 한국은 태양광에너지의 공급비중이 적고 건물에 적용된 태양광 발전시스템은 더욱 미비한 상태였으나, 국제사회의 관심과 전력수요의 증가 등으로 태양광 분야에서의 건물 적용 태양광 발전시스템 설치사례가 점차 늘어나고 있다.
   (2) 2001년부터 에너지기술연구소 주관으로 BIPV 기술개발을 위한 '중대

규모 건축 환경에서의 태양광발전시스템 적용요소 기술개발 연구'를 시작하였다. 사업내용은 BIPV용 건자재일체형 태양전지모듈 개발, 파워 컨디셔너 개발, 최적설계와 시공기술 개발 및 실증적용시험 등이며, 이를 통하여 BIPV 연구를 위한 기반을 확보하고 기초연구를 하여 국내 최초로 태양전지모듈을 개발하였다.

3. BIPV의 장단점

장 점	단 점
1. 점차 증가하는 건물의 전력 지원이 가능 2. 여름철 냉방부하 등의 피크 제어 가능 3. 별도의 설치부지가 불필요 4. 전력의 생산지와 소비지가 동일하여 송전 등으로 인한 전력소모를 최소화 5. 건물의 외장재로 사용하여 건축비 절감 6. 건물의 가치 향상 및 홍보 효과	1. 방향, 설치각도, 음영에서 불리 2. 시공 조건의 난이도가 높다. 3. 유지보수가 어렵다. 4. 설치비가 고가

4. BIPV의 분류 및 특징

(1) 지붕 경사형 BIPV
 - 경사 지붕과 자연스럽게 모듈 설치가 가능
 - 일사량면에서 최적의 발전 효율이 가능
 - 기존의 건물에 적용이 가능

(2) 천장형 BIPV
 - 지붕을 통한 자연 채광이 가능

(3) 벽부형 BIPV
 - BIPV를 건물 외장재로 활용
 - 건물 부지를 최대한 이용할 수 있고 다양한 사이즈, 형태, 색상이 가능함
 - 단점 : 수직 취부로 인해 발전효율 저하

(4) 벽면 채광형(창호형)
 - BIPV를 창호로 이용함
 - 건물 외부를 아름답게 구현 시킬 수 있음
 - 단점 : 시공과 청소가 어려움

(5) 차양형
 - BIPV를 건물 차양으로 활용
 - 가변형과 고정형이 가능하여 모듈의 경사각 조절이 가능

5. BIPV의 설계 및 시공시 고려사항
   - 대지 및 건물의 미적 형상 고려
   - 건축물 자재로서 수밀성, 기밀성, 단열성 등의 성능 확인
   - 설치 하중에 따른 건물 구조 내력 확인
   - 빌딩풍에 따른 풍하중 계산
   - 입사각에 따른 일사량 조사
   - 태양전지 온도상승에 따른 발전 효율 검토
   - 건물 부하와의 연동
   - 고조파 발생에 따른 전력품질 영향
   - 기존 전력 계통과의 연계운전 등

2.3. 뇌전자 임펄스(LEMP) 보호대책시스템(LPMP)과 설계에 대하여 설명하시오.

1. 낙뢰 보호 시스템(LEMP)구조

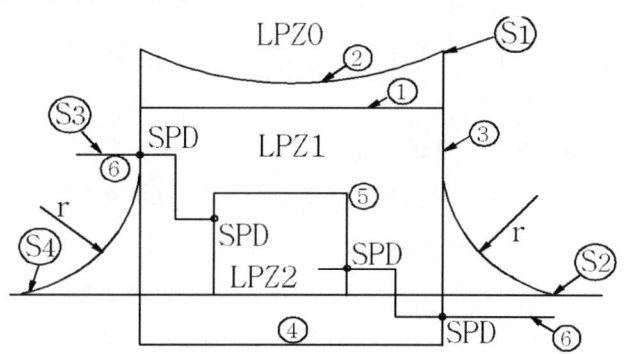

(1) 구조물
(2) 수뢰부 시스템
(3) 인하도선 시스템
(4) 접지 시스템
(5) 방(LPZ 2차폐)
(6) 인입 설비

S_1 : 구조물 뇌격
S_2 : 구조물 근처 뇌격
S_3 : 구조물에 접속된 인입설비 뇌격
S_4 : 구조물에 접속된 인입설비 근처 뇌격
r : 회전 구체 반지름

2. 피뢰 구역(LPZ:Lightning Protection Zone)
뇌격의 위협에 대하여 아래와 같이 LPZ가 구별된다.

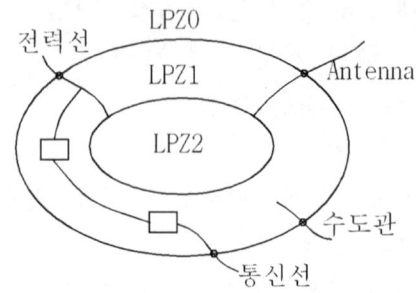

가. LPZ 0 : 구조물 외부의 설비
(가로등, 감시카메라, 옥상수전설비
옥외공조설비, 안테나, 항공장애등)
나. LPZ 1 : 건물내 인입설비(수변전 설비
MDF, 전화 교환기등)
다. LPZ 2 : 건물 내부 설비
(중앙 감시실, 방재센터, 전산센터 설비등)

3. 제3부 구조물과 인체의 보호
제3부에서는 피뢰 시스템에 의한 구조물의 물리적 손상보호 및 피뢰 시스템 주위의 접촉전압과 보폭 전압에 의한 인축의 보호에 대하여 설명한다.

(1) 수뢰부 시스템
  1) 수뢰부의 종류
    - 돌침 방식
      선단에 뽀족한 금속도체를 설치, 뇌격전류를 흡입, 방류
      수평면적이 좁은 건물, 위험물 저장소에 적용
    - 수평도체
      보호하고자하는 건축물의 상부에 수평도체를 설치하여 인하도선을 통하여 대지로 방류하며 투영면적이 비교적 큰 건물이나 송전선등에 유리.
    - 메쉬 방식(케이지 방식)
      피보호물 주위를 적당한 간격의 Mesh로 감싸, 완전히 보호하는 방식이며, 산악지대, 레이더기지, 휴게소, 천연기념물, 나무등에 적용
  2) 배치 및 해석 방법
    구조물의 모퉁이, 뽀족한점, 용마루 등 모서리에 다음의 하나 이상의 방법으로 수뢰부 시스템을 배치해야한다.

- 보호가법 : 간단한 형상의 건물에 적용
- 회전 구체법 : 모든 경우에 적용 가능
- 메쉬법 : 보호 대상 구조물의 표면이 평평한 경우에 적합

3) 보호 레벨별 회전 구체 반경, 메쉬 치수, 보호각

피뢰시스템 레벨	보호법		
	회전구체반경 r(m)	메시법폭 W(m)	보호각 α^0
I	20	5 X 5	그림 참조
II	30	10 X 10	
III	45	15 X 15	
IV	60	20 X 20	

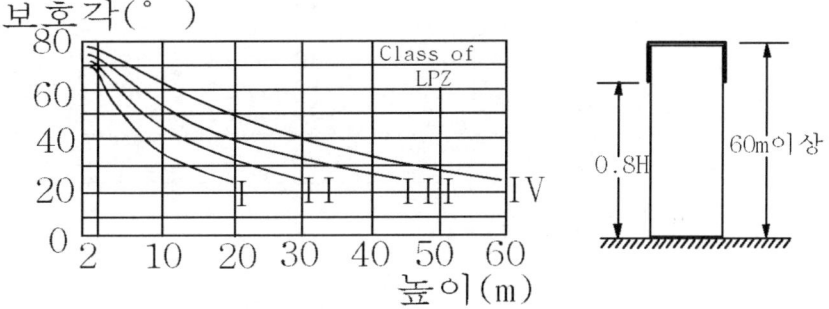

(2) 인하도선 시스템

뇌격 전류에 의한 손상을 줄이기 위하여 뇌격점과 대지 사이의 인하도선은 다음과 같이 설치한다.
- 여러개의 병렬 전류 통로를 형성 할 것
- 전류 통로의 길이를 최소로 할 것
- 구조물의 도전성 부분에 등전위 본딩을 실시할 것
- 지표면과 매 10~20m높이마다 측면에서 인하도선(16㎟이상)을 서로 접속.
- 수뢰부가 분리된 피뢰 시스템의 인하도선은 돌침인 경우 1조 이상 분리되지 않은 피뢰 시스템은 2조 이상의 인하도선이 필요하다.
- 인하도선은 가능한한 구조물의 모퉁이마다 설치한다.
- 인하도선이 절연재료로 피복되어 있어도 처마 또는 수직 홈통 안에 설치하면 안된다.
- 벽이 불연성 재료인 경우 인하도선을 벽의 표면이나 내부에 설치가

능하나, 가연성인 경우 뇌격 전류에 의한 온도 상승이 벽에 위험을 주지 않는다면 인하도선을 벽에 설치할 수 있다.
- 벽이 가연성 재료이며 온도 상승이 벽에 위험을 주는 경우에는 벽에서 0.1m 이상 이격하여 인하도선을 설치해야한다.
- 인하도선과 가연성 재료 사이의 거리를 충분히 확보할 수 없는 경우에는 인하도선의 단면적을 100㎟이상으로 한다.
- 자연적 부재이용 : 철골 등 자연부재의 상단부와 하단부의 전기저항이 0.2Ω이하인 경우 인하도선으로 사용할 수 있으며 이때에 접속부는 땜질, 용접, 압착, 나사 조임 등의 방법으로 확실하게 해야 한다.

1) 인하도선 및 수평 환도체 간격

단위 : m

보호 수준	인하 도선 간격	수평 도체 간격
I	10	10
II	10	10
III	15	15
IV	20	20

2) 전선 최소 굵기

단위 : m

보호 수준	인 하 도 선	수 뢰 부
I ~ IV (동)	50	50

(3) 접지 시스템

접지 시스템에서 접지극은 다음의 두 종류가 있다.

1) A형 접지극

판상 접지극, 수직 접지극, 방사형 접지극 등

2) B형 접지극

환상 접지극, 망상 접지극, 또는 기초 접지극

(4) 등전위 본딩

상기 방식은 외부 피뢰 시스템인 반면 내부 피뢰 시스템으로 가장 좋은 방법중 하나는 등전위 본딩이며, 다음과 같은 계통을 서로 접속함으로서 등 전위화를 이룰 수 있다.

- 구조물 금속 부분
- 금속제 설비

- 내부 시스템
- 구조물에 접속된 외부 도전성 부분과 선로피뢰 등전위 본딩을 내부 시스템에 시설할 대 뇌격 전류 일부가 내부 시스템에 흐를 수 있으므로 이의 영향을 고려해야한다.
1) 설치방법
    - 본딩용 도체는 쉽게 점검할 수 있도록 설치하고 본딩바에 접속해야 한다.
    - 높이 20m이상의 건축물에는 두 개 이상의 본딩바를 설치하고 상호 접속해야 한다.
2) 도체의 최소 단면적

본딩 위치	재료	최소 단면적(mm^2)
본딩바 상호 및 본딩바와 접지 시스템	Cu	16
	Al	22
내부 금속 설비와 본딩바 사이	Cu	6
	Al	8

4. 제4부 : 구조물 내부의 전기 전자 시스템 보호
   (1) LPMS 기본 보호 대책
       - 접지 : 뇌격 전류 분산
       - 본딩 : 전위차 줄임
       - 자기 차폐와 선로 배치
       - 협조된 서지 보호기(SPD)를 사용한 보호
   (2) 효과적인 본딩 시공 규칙
       - 모든 본딩은 저임피던스 구현
       - 본딩바는 0.5M 이하의 짧은 경로로 접지계에 연결
       - 본딩바의 최소 단면적은 50 mm^2 이상
       - 본딩바와 접지계는 최소 14 mm^2 이상
       - SPD는 짧게 연결하여 유도 전압 강하 저감(선로 인입부 설치)

2.4. 고속엘리베이터의 방음대책으로 소음의 종류와 대책, 전기설비에서 검토하여야 할 사항를 설명하시오.

1. 개요

공동주택의 침실, 거실 등은 가족의 휴식처로서 조용한 환경을 요구한다. 최근에 많이 건설되는 고층아파트에는 고속 엘리베이터가 설치되고, 공간 활용 또는 구조적인 문제로 엘리베이터 통로가 침실이나 거실등과 인접될 수가 있다. 이러한 고층 아파트의 엘리베이터 인접 세대에서는 엘리베이터 가동에 의한 승강로 내의 소음, 기계실에서의 소음 등이 특히 문제가 될 수 있다.

2. 엘리베이터 소음

(1) 승강로내에서의 소음

승강로내에서는 카의 주행에 따른 공기 마찰음, 레일 마찰음, 협부 통과음 등이 있다.

1) 공기 마찰음

승강기의 주행시 공기에 의한 소음으로 좁은 승강로 일수록 또는 속도가 높을수록 공기가 눌리는 양이 커져 소음이 커지게 된다.
속도가 단독 승강기의 경우 : 150 (m/min)
두 대 설치의 경우 : 180 (m/min)까지는 별 문제가 없다.
대책 : 승강로와 본체의 틈을 크게 하여 흐르는 공기의 속도를 줄인다. 공기 충격 흡수 장치를 한다.
승강로 면적 ≥ Cage 넓이 X 1.4

2) 협부 통과음

승강로 안에 H빔 등에 의해 요철이 있는 경우 그 부분에 걸린 풍압에 의해 발생하는 소음이다.
대책 : 승강로의 요철을 최대한 줄인다. 풍압을 완화하기 위해 경사판 또는 막음판 등을 한다.

3) 레일 마찰음

승강로에는 카 가이드 레일과 균형추 가이드 레일이 있으며 이 가이드 레일을 가이드슈가 타고 움직인다. 따라서 이 가이드 레일과 가이드 슈 사이에 마찰음이 발생한다.
대책 : 가이드레일에 그리스 등을 주기적으로 칠해주어 마찰을 줄인다.

4) 주행 진동음

카가 가이드 레일을 타고 주행 중에는 어느 정도의 진동이 발생한다. 이 진동이 가이드 레일 -> 가이드 레일 Bracket -> 빔이나 벽 -> 아파트 거실이나 침실로 전달되게 된다.
대책 : - 승강로를 아파트 등 주거 환경 또는 사무 공간등과 분리 되
도록 건축 설계시 배치 고려
- 엘리베이터 승강로와 아파트 벽 사이를 2중벽 구조로 한다.
(2) 기계실에서의 소음
1) 권상기 회전음
대부분의 엘리베이터는 전동기의 고속 회전을 저속으로 기어에 의해 회전 속도를 낮추기 위해 기어를 사용한다.
이때 회전에 의한 마찰음이 발생한다.
2) Break 동작음
엘리베이터가 멈출 때마다 기계실에 설치된 브레이크가 작동하여 엘리베이터를 멈추게 되는데 이때 소음이 발생한다.
3) 제어반 스위치 동작음
제어반에는 승강기 출발, 정지, 문 개폐 때마다 Magnet Switch가 작동하여 소음이 발생한다.
대책 : 제어반을 고무패킹 등으로 방음처리 한다.
정기적으로 제어만을 점검하여 소음이 심한 MG. SW등은 교체 한다.
4) 기계실에서의 대책
* Gearless 엘리베이터 채택하여 기어를 사용하지 않는다.
* VVVF방식의 속도 제어를 하여 출발시 또는 정지시 속도를 부드럽게 한다.
* 기계실 바닥의 두께를 두껍게 한다.(350mm이상)
* 기계실 벽, 천정 등을 이중구조 또는 흡음재를 설치한다.
* 기계실 바닥의 와이어 구멍을 운전에 지장을 초래하지 않는 범위 안에서 최대한 밀폐한다.
* 기계실 출입문을 방음처리 한다.
(3) 기타
1) 문 개폐음
문 개폐시마다 발생하는 소음으로 크게 문제는 되지 않으나 소음에 심할 경우는 문의 취부 금구를 확인, 또는 구조를 검사한다.
2) Draft음
엘리베이터 홀의 삼방틀과 문 사이에는 수 mm의 틈새가 있다. 엘리베이터 주행에 의해 승강로 내에 급격한 압력변화가 발생할 경우 이 틈새로 급속히 바람이 출입한다. 이때에 발생하는 소음을 드래프트음이라 하고 특히 겨울철에 심하게 나타난다.

대책 : 건축물의 외기를 최대한 막는다.
(예, 출입구의 이중문 또는 회전문 설치)
기계실의 환기 팬 대신 공기 조절 장치 설치 고려

2.5. 발전기 시동방식에서 전기식과 공기식에 대하여 특성, 시설, 관리 및 장단점을 비교 설명하시오.

비교항목		전기기동방식(셀 모터 방식)	공기기동방식
시설	에너지원	직류(축전지)	저압공기
	필요한 부속기기	충전기, 축전지, 링기어, 셀모터	공기압축기, 공기탱크(감압밸브), 링기어, 에어모터
	공기탱크 용량	없음	기동 밸브 방식에 비해서 큰 것이 필요하다. (10kgf/㎠ 이하의 공기탱크인 경우)
특성	에너지원의 재생	축전지의 충전에 시간이 필요	공기압축기에 의하여 용이하게 보급가능(1시간 이내)
	기동토크	작다.	작다. (단, 공기압에 의하여 다소 크게 된다.)
	설치장소의 제약	폭발성 가스등의 분위기	별로 없다.
	기동조작	어떤 위치에서든지 기동이 가능하므로 간단	어떤 위치에서든지 기동이 가능하므로 간단
	저온 기동성능	축전지의 용량을 크게 할 필요가 있어서 한계가 있음	우수하다.
	기동시소음	작다.	크다.
관리	기동실패	교합(맞물림) 실패로 일어날 가능성이 있다.	교합(맞물림) 실패로 일어날 가능성이 있으나 전기모터 보다 적다.
	보수	축전지의 유지관리에 주의	거의 필요로 하지 않음
	장점	축전지로 간단히 기동 가능 기동시 소음이 작다	저온에서 기동 가능
	단점	충전기, 축전지의 유지선박용 (실린보수가 난이 정기적인 축전지의 교체가 필요)	콤프레셔, 압축공기탱크 등의 시설필요. 소음이 크다.
	용도	비상용 (경우에 따라서는 장치 전체가 소형이고 경량으로 할 수 있음)	더내 설비 방식과 셀모터 방식의 장점을 가질 수가 있음)

2.6. 인력절감을 위한 주차관제설비에 대하여 설명하시오.

1. 개요
(1) 최근의 건축물들은 초고층화 초대형화 되어 가고 있어 이에 따른 경비, 청소, 주차관리 등에 필요한 시설 관리요원이 많이 필요한 실정이다.
(2) 따라서 가능한 무인화, 자동화를 하여 인력을 절감할 필요성이 있다.

2. 자동화 설비

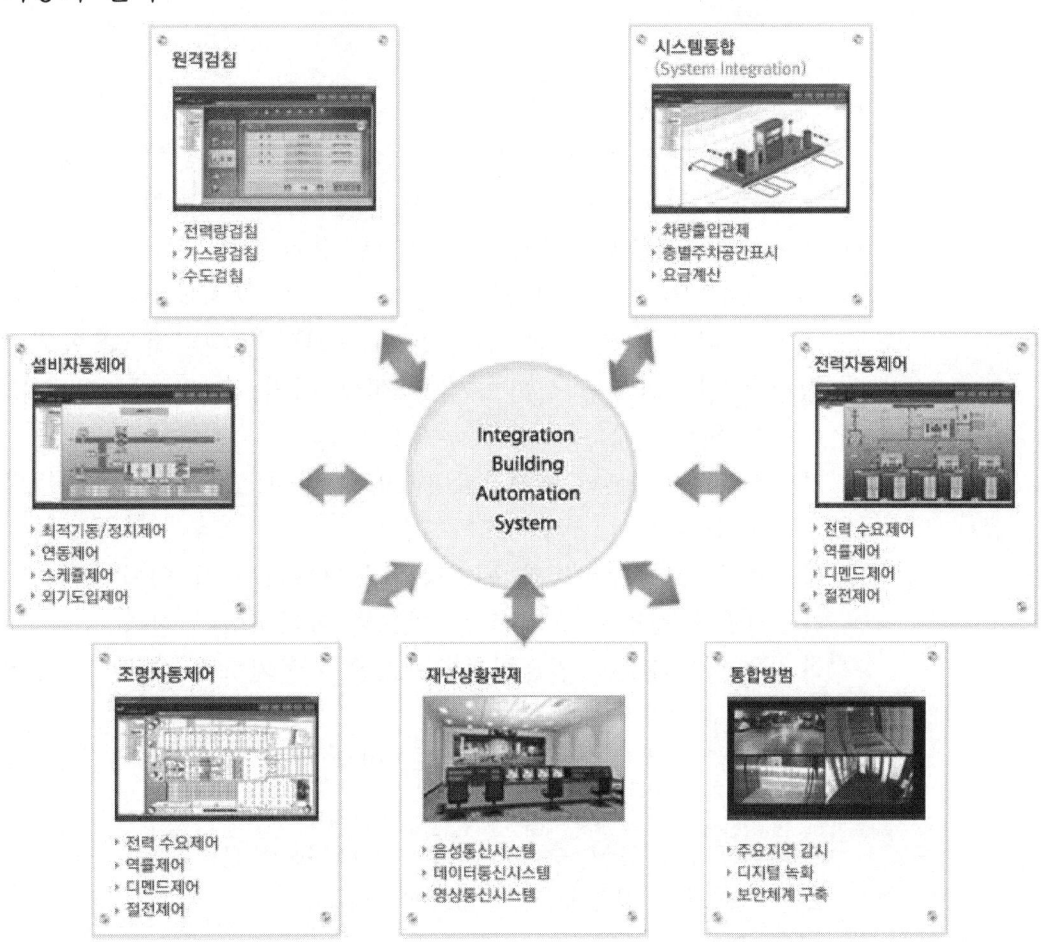

(1) 종합 감시 시스템(IBS)
- 한 곳에서 전력제어, 조명제어, 설비제어, 소방관리, 엘리베이터제어, 방범시스템CCTV), 출입통제, 주차관리 등이 이루어 져야 한다.

(2) REID
- RFID(Radio Frequincy Identification)란 Tag에 부착된 IC칩에 저장되어 있는 고유 정보(Data)를 무선 주파수를 이용하여 비 접촉식 방법으로 판독 하여 식별하는 방법이다.

- 차량에 RFID TAG를 부착하여 이 TAG가 부착된 차량에 대하여는 자동 Gate를 통하여 확인 절차없이 진출입이 허락되는 시스템.
- 고속도로 톨게이트의 하이패스도 이 RFID를 이용한 System이다.

```
   Tag                      Reader                    Host Computer
         RFID Air Interface              2.5/3G Air Interface
                           Antenna Base
                                   Station
                                          Wired Connection
```

(3) 자동 요금 정산 시스템

유료 주차장 등에 자동 요금 정산기를 설치하여 출입시 정산된 차량에 대하여는 Gate에서 자동으로 Gate 열리는 시스템임.

(4) 방범 설비 : 주차장법에 의해 CCTV 설치

주차대수 30대를 초과하는 규모의 자주식 주차장에는 관리사무소에서 주차장 내부 전체를 볼 수 있는 폐쇄회로 텔레비전 및 녹화장치를 포함하는 방범설비를 설치·관리하여야 하되, 다음 각목의 사항을 준수하여야 한다.

가. 바닥면으로부터 170센티미터의 높이에 있는 사물을 식별할 수 있도록 설치
나. 폐쇄회로텔레비전과 녹화장치의 모니터 수가 일치.
다. 선명한 화질이 유지될 수 있도록 관리하여야 한다.
라. 촬영된 자료는 컴퓨터보안시스템을 설치하여 1월 이상 보관
  - 요구 조도
    자주식 주차장 : 평균 70룩스 이상 (바닥으로부터 85센티미터의 높이)

(5) 신호등

1위 신호등 : 상시 주의 신호 표시 (황색 점멸)
2위 신호등 : 적, 녹 황 신호등이 있음

(6) 만차 표시등

- 전조식 : 자막 뒷면에 전등 설치하여 만차시 적색 만차 표시
- 자막 필름 전환식
- 문자판 회전식

(7) 재차 관리 장치

- 주차장내 주차 구역마다 재차감지기를 설치하여 공차 상황을 표시하여 차량을 유도
- 주차장의 효율적 운영 가능

(8) 경보장치

　　노외주차장에는 자동차의 출입 또는 도로교통의 안전을 확보하기 위하여 필요한 경보장치를 설치하여야 한다.

(9) 차체 감지기
- 디딤판식 : 현재는 거의 사용 안함.
- 광전관식 : 투광기와 수광기 신호 이용
- 광전자식 : 주차장내 조명을 이용하여 출입시 광선을 차광하여 그 신호를 관제장치에 보냄.
- 초음파식 ; 천장이나 벽에 발음기와 수음기 설치 자동차 출입시 음파를 반사시켜 그 신호에 의해 관제
- 인덕턴스식 : 브리지 회로 이용. 차로에 코일 매설차량의 구별 까지도 가능하며 현재 가장 많이 사용함.

제 3 교시

3.1. 비상저압발전기가 설치된 수용가에 발전기 부하측 지락이나 누전을 대비하여 지락과전류계전기(OCGR)를 설치하는 경우가 있다. 이 때 불필요한 OCGR 동작을 예방할 수 있는 방안에 대하여 설명하시오.

1. 개요
   (1) 발전기의 OCGR설치 방법에는 3-CT 잔류회로 방식과 중성선에 1-CT를 이용하는 방법이 있다.
   여기에서는 주로 문제가 많이 될 수 있는 3-CT방법에 대하여 설명한다.
   (2) OCGR 오(부)동작 유형
      - TAB 및 Lever 선정 오류
      - CT 회로 단선 및 접속불량
      - CT 오결선등

2. TAB 선정 및 Lever 선정
   (1) TAB
      - 핀을 SETTING용 구멍에 꽂아 동작 전류 조정
      - CT비에 따라 2~6A, 3~8A, 4~12A의 3종류가 있음
   (2) LEVER
      - 동작시간 조정
      - 1~10까지 돌려서 SETTING
      - LEVER 1 : 과부하시 동작시간이 가장 빠름
        LEVER 10 : 과부하시 동작시간이 가장 느림

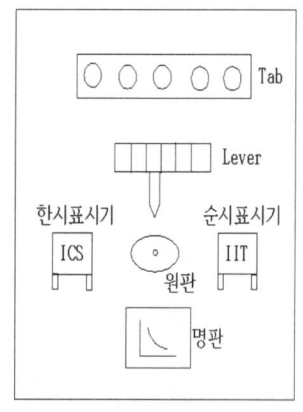
<OCR 정면도>

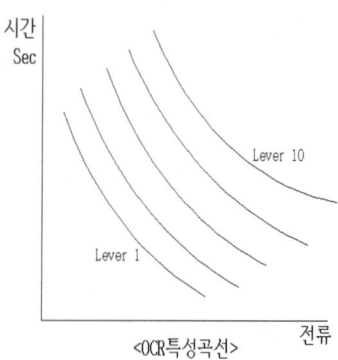
<OCR특성곡선>

(3) OCR TAB 변경시 유의사항

OCR은 계통이 정지 상태에서 TAB을 변경하여야 사고 위험이 적으나 부득이 사용중 TAB을 정정할 때는 다음사항에 유의하여야 한다.

1) OCR을 사용중에 TAB을 뽑으면 CT2차 개방으로 CT가 소손될 우려가 있음.
2) TAB 변경시 요령
   - 먼저 예비 TAB으로 새로이 정정할 TAB의 구멍에 PIN을 꽂는다.
   - 다음에 기존 TAB을 빼내면 된다.
   - 이때 불꽃이 보이면 새로운 TAB의 조임을 다시 한번 조인다.
   - TAB 변경이유, 변경자 등을 기록하여 관계자에게 통보한다.

(4) OCR TAB 산출공식

$$TAB \; 값 = \frac{수전용량(계약전력)kW}{\sqrt{3} \; X \; 수전전압(kV) \; X \; 역율} \; X \; \frac{1}{CT비} \; X \; \alpha$$

α : 여유율 일반부하 : 150% 적용

변동부하(전기로, 대형전동기, 전철 등)은 200~250% 적용

3. CT 회로 단선 및 접속불량

(1) 결선도 및 벡터도

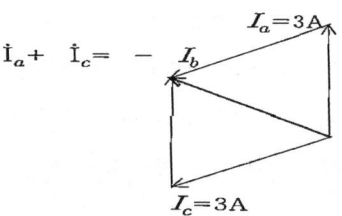

(2) 위와 같이 b상이 단선이 된다면 b상에는 전류가 흐르지 않고 잔류회로에는 In = Ia + Ic = − Ib = −3(A)가 흘러 51N이 동작한다. (정상 In 전류 : OCR의 30%이내, 즉 1.5A 이내임. TAB : 0.5~2.0A)

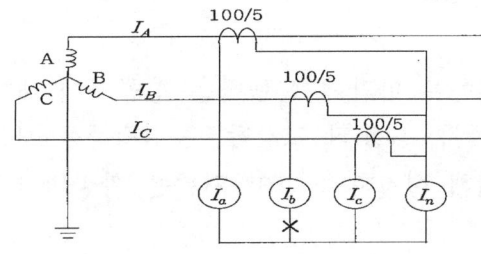

4. CT 오결선

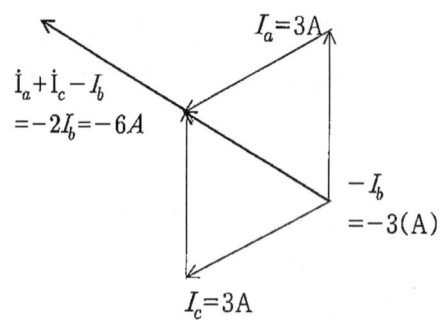

(1) 결선도 및 벡터도

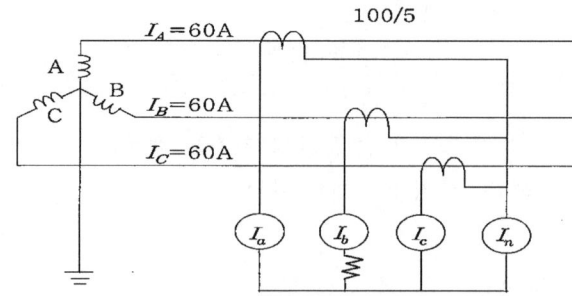

(2) 위와 같이 b상이 오결선이 된다면 b상의 전류는 180도 바뀌게 되고, 잔류회로에는 b상의 2배 전류가 흐르게 된다.
따라서 Ia+IC=-Ib에 180도 위상이 바뀐 Ib즉 -Ib가 합쳐져 -2Ib가 잔류회로에 흐르게 되어 51N이 동작한다.
In = Ia + Ic - Ib = -6(A)가 흐른다.

3.2. 항공법 시행규칙에서 정한 항공장애등과 주간장애표지시설의 설치기준에 대하여 설명하시오.

1. 개요

   항공 장애등은 야간에 운행하는 항공기에 대하여 항공에 장애가 되는 고층빌딩, 굴뚝, 대교의 교각탑, 송전탑등을 보호 하는 것은 물론 항공기의 안전을 위해 설치하며 설치 기준은 항공법과 항공법 시행 규칙으로 정한다.

2. 설치 대상

   항공기 운항에 안전을 저해할 우려가 있다고 인정하는 구조물로서 아래와 같은 구조물에 설치한다.
(1) 지표 또는 수면으로부터 150m이상(장애물 제한 구역에서는 60m) 높이의 구조물
(2) 그러나 다음의 구조물은 150m미만이라도 설치 하여야한다.
    - 굴뚝, 철탑, 기둥과 같이 그 높이에 비하여 그 폭이 좁은 구조물
    - 뼈대로만 이루어진 구조물
    - 가공선을 지지하는 탑
    - 계류장치(주간에 시정이 5000m 미만이거나 야간에 계류하는것)
(3) 다만 다음의 경우는 설치하지 아니할 수 있다.
    - 항공 장애등이 설치된 구조물로 부터 반지름 600m 이내에 위치한 구조물로서 그 높이가 항공 장애등이 설치된 구조물의 정상으로부터 수평면에 대한 하방 경사도가 10분의 1인 경사도 보다 낮은 구조물
    - 항공 장애등이 설치된 구조물로부터 반지름 45m 이내의 지역에 위치한 구물로서 그 높이가 항공기 장애등이 설치된 구조물과 동일하거나 낮은 구조물

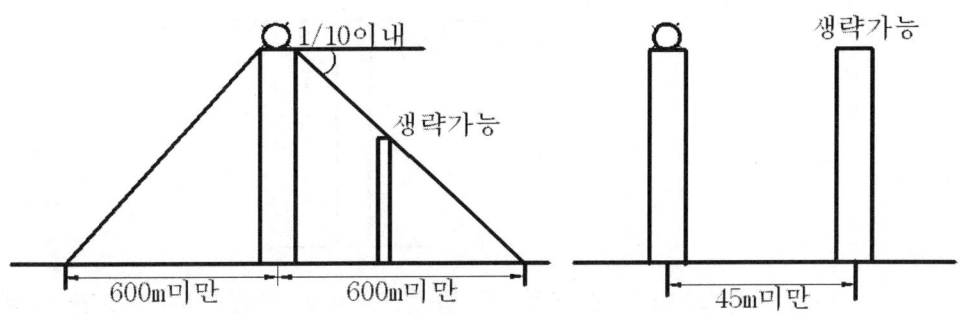

3. 항공 장애등의 종류

항공 장애등의 종류에는 다음의 3종이 있으며 점멸방법, 점멸등의 색상, 광도 등은 항공법 시행규칙 248조에 상세히 설명되어 있으며 대략적인 내용은 다음과 같다.

No.	종 류	색채	분당섬광주기(회)	광도(Cd)
1	저광도 A	적	고정	10 이상
2	저광도 B	적	고정	32 이상
3	중광도 A	백	20~60	2000 이상
4	중광도 B	적	20~60	2000 이상
5	고광도 A	백	40~60	2000 이상
6	고광도 B	백	40~60	20000 이상

4. 설치방법

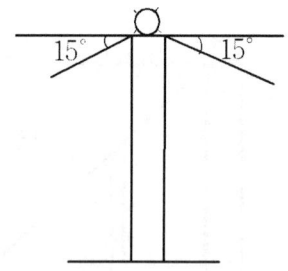

(1) 저광도 항공 장애등 과 중광도 항공 장애등은 수평면 아래 15°상방의 모든 방향에서 식별이 가능할 것
(2) 고광도 항공 장애등은 수평면 아래 5°상방의 모든 방향에서 식별이 가능할 것
(3) 구조물의 정상(피뢰침 제외)에 1개이상 설치
(4) 구조물의 높이가 45m 초과하는 구조물 : 수직거리 45m이내마다 설치
(5) 구조물의 폭이 45m넘는 경우는 가장자리에 45m이내마다 설치
(6) 굴뚝등 기능이 저하될 우려가 있는 곳 : 정상에서 1.5~3m아래쪽에 설치
(7) 구조물의 평균 직경이 6m미만 : 3등을 120°로 배치
(8) 평균 직경이 6m이상 30m 미만 : 4등을 90°로 배치
(9) 다른 인접 물체에 가려지는 경우 : 인접물체상의 대응 위치에 설치

⑩ 섬광장치와 전원부는 10m이내 거리에 설치
⑪ 보수를 위한 발판을 견고히 설치

5. 건조물에 따른 설치 예

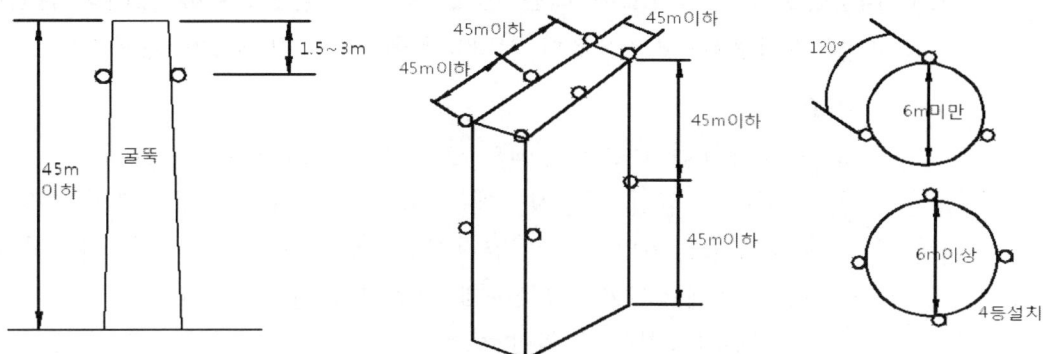

6. 주간 장애 표지

(1) 주간 장애 표지를 설치해야 하는 건축물
  높이에 비하여 그 너비가 좁은 것 (예, 연통, 철탑, 기둥등)
(2) 지선, 가공선, 계류된 기구등
(3) 설치기준
  - 나비 1.5m 미만의 부분, 수직 방향의 길이 1m 미만의 것은 적색 또는 황색 1색을 칠한다.
  - 수직방향 10~20m마다 적색+백색, 황색+백색의 순서로 칠한다.

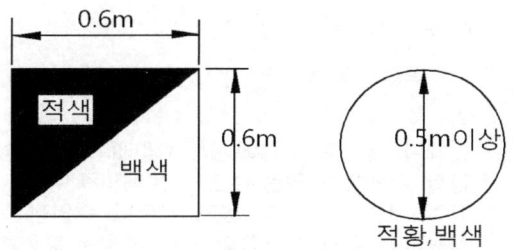

  - 표시 예
  - 지선에는 정사각형(0.6*0.6m)의 적색, 황적색 또는 적색 또는 백색의 기 설치(지선의 중앙에)
  - 가공선에는 구형(0.5m) 이상의 적황색, 백색의 표시물을 45m 간격으로 설치
  - 계류 장치에는 배경의 대비에 있어서 명확히 식별할 수 있도록 칠한다.

7. 신고 기관

   지방 항공청 및 관할 시도 항공 장애등 설치 업무 담당자

3.3. 저압전로의 지락사고에 대한 전로 및 인체 감전보호에 대하여 설명하시오
(대한전기협회-저압전로의 지락보호에 관한 기술지침 개정판)

1. 개요

   최근 국제규격 IEC 60364의 도입으로, IEC에서 규정하는 각각의 접지계통에 대하여 일괄 적용하기에는 일부 상충되는 애로사항이 발생한 기존의 기술 지침을, 저압전로의 접지계통별로 지락보호방식에 대하여 IEC 표준에 따라 체계적이고, 명확하게 개정(2011년) 하였다.
   - 전원자동차단에 의한 보호
   - 2중 또는 강화절연에 의한 보호
   - 비도전성 장소에 의한 보호
   - 비접지 국부 등전위본딩에 의한 보호
   - 전기적 분리에 의한 보호
   - 특별저압(SELV, PELV)에 의한 보호

2. 저압전로의 지락보호 (간접접촉보호)

   (1) 허용 접촉 전압

   저압 전로에 지락이 발생 하였을 경우의 접촉 전압은 사람이 접촉 하는 상태에 따라서 다음 표와 같이 4가지 종류가 있으며 허용 접촉 전압값 이하로 억제해야 한다.

종별	접촉 상태	허용접촉전압
1종	인체가 대부분 수중에 있는 상태(욕조, 수영풀, 사람이 출입할 가능성이 있는 수조나 못등의 내부에 시설하는 전로) IEC에서는 규정하고 있지 않으나 수영장 등 특수 장소에 적용하기 위하여 규정함 (가스전류5mA*인체저항500Ω)	2.5V 이하
2종	인체가 상당히 젖어 있는 상태(욕조, 수영풀, 수조, 못주변, 터널내 등 습기나 수분이 많이 존재하는 장소의 전로)	25V 이하
3종	제1종 및 제2종 이외의 경우로 보통 인체 상태에서 접촉전압이 가해지면 위험성이 높은 상태(주택, 공장, 사무실 등의 일반 장소에서 사람이 직접 접촉 하여 취급하는 전기 설비)	50V 이하
4종	제1종 및 제2종 이외의 경우로 보통 인체 상태에서 접촉전압이 가해져도 위험성이 적은 상태(주택, 공장, 사무실 등 일반 장소의 은폐장소 또는 높은 곳에 시설하는 전기 설비)	제한 없음

(2) 지락 보호 방식의 적용 방법

저압 전로에 지락이 발생 하였을 경우의 보호 방식의 종류는 각종 접촉 상태에 따라 다음 표에 나타낸 방식중 하나를 적용해야 한다.

보호방식		허용접촉전압	제1종 (2.5V)	제2종 (25V)	제3종 (50V)	제4종 (제한없음)
전원자동 차단	과전류차단방식		X	O	O	O
	누전차단방식		△	O	O	O
	누전경보방식		X	O	O	O
2종 또는 강화 절연			X	O	O	O
비 도전성 장소			X	O	O	O
비접지 국부 등전위본딩			X	O	O	O
분리(절연변압기)			X	O	O	O
특별 저압(SELV, PELV)			X	O	O	X

O:단독으로 적용 가능　　X:단독으로 적용 불가
△:수영장등 수조 내부에서 사람이 없을때만 적용

(3) 보호 방식

1) 전원의 자동 차단에 의한 보호

① 전원차단
- 충전부와 노출도전성 부분 또는 보호도체 사이에 교류 50V를 초과하는 접촉전압이 발생할 경우는 그 전원을 자동 차단해야 한다.
- 보호기의 종류 : 과전류 차단기, 누전 차단기등

② 보호 접지와 등전위 본딩

전원의 자동 차단에 의한 보호를 한 경우 보호 접지와 등전위 본딩은 다음에 의한다.
- 보호 접지 : 노출 도전성 부분은 보호 도체에 접속하여야 한다.
- 등전위 본딩 사람이 접촉할 경우 위험한 접촉전압이 발생할 우려가 있는 도전성 부분과 계통외 도전성 부분(철골, 수도관, 가스관, 금속배관 등)은 전기적으로 상호 접속하는 등전위 본딩을 해야 한다.

2) 2종 기기사용에 의한 보호
- 이중 절연 또는 강화 절연 전기기기 사용

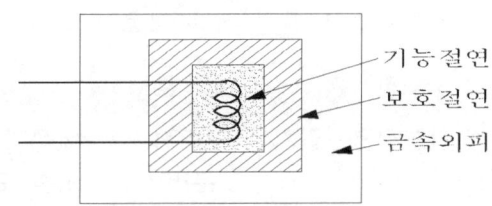

3) 비 도전성 장소(절연 바닥)에 의한 보호
   - 노출 도전성 부분과 계통외 도전성 부분은 사람이 동시에 접촉하지 않도록 배치해야 한다.
   - 보호 도체를 시설하지 않아야 한다
   - 전기 설비는 고정되어야 한다.
   - 해당 장소에 외부의 전위가 인입되지 않도록 해야 한다.
4) 비 접지용 등전위 본딩에 의한 보호
   비 접지용 등전위 본딩은 등전위 본딩용 도체에 의해 모두 접촉 가능한 노출 도전성 부분 및 계통외 도전성 부분을 상호 접속하여야 한다.

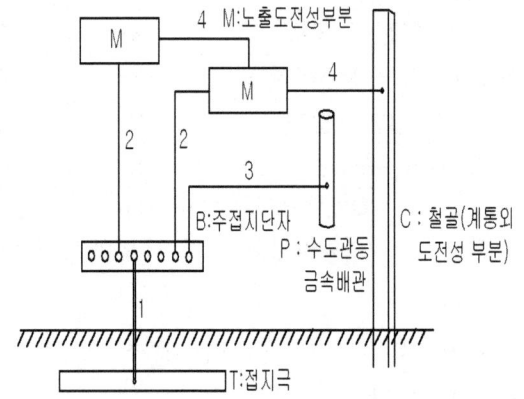

5) 전기적 분리(절연 변압기)에 의한 보호

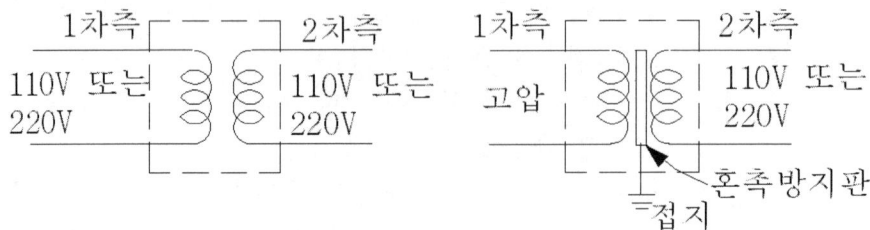

절연 변압기 또는 그와 동등 이상의 안전 등급의 전원으로 하고 전기를 공급하는 전로는 다음 조건을 만족해야 한다.
   - 회로의 전압 : 500V 이하
6) 특별 저압에 의한 보호
   특별 저압에 의한 보호는 교류 50V 이하, 직류 120V 이하의 보호이며 직접 접촉보호나 간접 접촉 보호 양쪽에 시행한다.

항목	전원	회로	대지와의 관계
SELV	안전절연변압기 또는	구조적 분리	- 비접지 회로로 구성 - 노출 도전부 접지 금함

PELV	동등한 전원	있음	- 접지 회로 허용 - 노출도전부 접지 허용
FELV	안전 전원 아님	구조적 분리 없음	- 접지회로 허용 - 노출도전부는 1차측 보호도체에 접속 - 보호도체가 있는 회로에 접속 허용

3.4. 아몰퍼스 고효율변압기와 저소음 고효율 몰드변압기를 비교 설명하시오.

1. 아몰퍼스 변압기란?
(1) 기존 변압기의 무부하손을 검소시키기 위하여
(2) Fe, Si, B등의 혼합물을 용융, 급속 냉각하여 철심을 만듬.
(3) 원자가 규칙적으로 배열되기 전에 고체화되어 불규칙한 배열상태를 가진 두께 0.025mm의 박판임.
(4) 비 결정질이므로 히스테리시스손을 절감할 수 있으며
(5) 두께가 얇아 와류손도 감소시킬 수 있음

2. 아몰퍼스 금속의 특성
(1) 금속 내부 원자가 액체 상태와 같이 불규칙한 비 결정 상태 배열용융, 급속냉각→원자가 규칙적으로 되기 전에 고체화 시켜 B_m을 적게 하여 원자의 회전이 쉬워 히스테리시스손 절감
(2) 철심의 B-H곡선

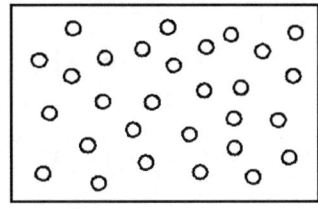

　　　　　<규소강판>　　　　<아몰퍼스 금속>

B : 자속밀도
H : 자계의 세기
P_h : $K_h\ f\ B_m^{1.6}$
k_h : 재질에 따른 히스테리 계수

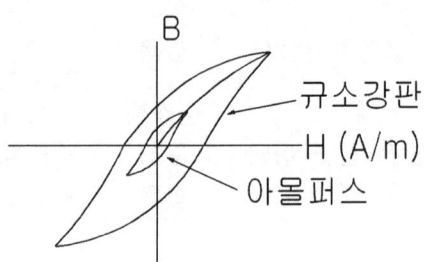

(3) 소재 두께가 얇아 와류손 감소

$$와류손\ Pe = Ke\,(t \cdot f \cdot Bm)^2$$

여기서 Ke : 재질에 따른 와류손 계수
        t : 철판 두께 (mm)
        Bm : 최대 자속밀도

3. 자구 미세화 변압기
(1) 원리
- 자구 미세화 변압기 : 철심을 일반규소강판(CGO) 또는 아몰퍼스 대신 레이저 처리한 자구 미세화 철심을 이용하여 고효율, 저소음을 가능케한 차세대 변압기.
- 자구 미세화 철심 : 철심의 자구(磁區, Domain)를 아래의 방법으로 강제적으로 분할하여 철손을 개선한 것임.

1) 레이저 처리 방법
   규소강판을 500℃ 이상으로 열처리하여 철손을 열화 시킴.
2) Geared Roll에 의한 기계적 방법
3) 화학적 방법등
- 제품별 철손 비교

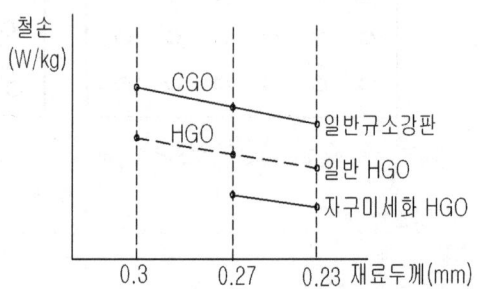

(2) 특징
1) 저손실, 고효율
   기존의 규소 강판 철심을 레이저빔으로 가공 분자구조를 미세하게 분할하여 손실을 적게 함. 부하손 : 30% 저감, 무부하손 : 60~70% 저감
2) 저 소음

아몰퍼스 변압기는 얇은 강판 여러장을 겹쳐서 소음이 크지만 자구 미세화 변압기는 기존 규소 강판과 같은 두께여서 저 소음임.
3) 가공이 용이
4) 대용량 제작 가능
   아몰퍼스 : 1,250kVA한계, 자구 미세화 변압기 : 20MVA가능
5) 과부하 내량 증가로 UPS, 정류기 등 변압기로도 적합
6) 고효율 지자재로 인증되어 보급 확대 기대
7) 아몰퍼스 변압기에 비해 저가

4. 변압기별 특성 비교

구 분	유입형 일반변압기	몰 드	아몰퍼스	자구 미세형
1. 무부하손/ 전력손실	보통	보통	작다	작다
2. 소음	보통	크다	매우 크다	아주 작다
3. 과부하 내량	보통	크다	조금 크다	아주 크다 115% 연속가능
4. 제작용량	소형~대용량	비교적 소용량	1,250kVA 소용량	20MVA대용량
5. 가격	저렴	보통. 100%	비싸다. 200%	중간. 150%
5. 장점	- 소음이 적다 - SA 불필요 - 옥내외 가능	- 절연특성 우수 - 유지보수 용이 - 난연성	- 저손실, 고효율 - 저 고조파 - 과부하내량 우수	- 저손실, 고효율 - 저 고조파 - 과부하내량 우수 - 저소음 - 가공용이 - 대용량 가능
6. 단점	- 오일유출 우려 - 과부하내량 약함	- 소음이 큼 - 무부하손실 큼 - VCB2차 사용시 서지 영향 우려	- 소음이 상당히큼 - 가공이 어려움 - 고가 - 용량한계	

3.5. 태양광발전시스템의 어레이(Array)설치방식별 종류 및 특징에 대하여 설명하시오.

1. 개요
   (1) 대부분의 빌딩표면들은 태양광 발전장치들의 설치에 적합하다.
   (2) 경사진 지붕과 평지붕, 건물의 파사드(정면) 설치법과 일체형 설치법으로 구별할 수 있다.
   (3) 또한 옥외형으로는 가로등형, 정원등형, 발전용과 같은 Field형 등이 있다.

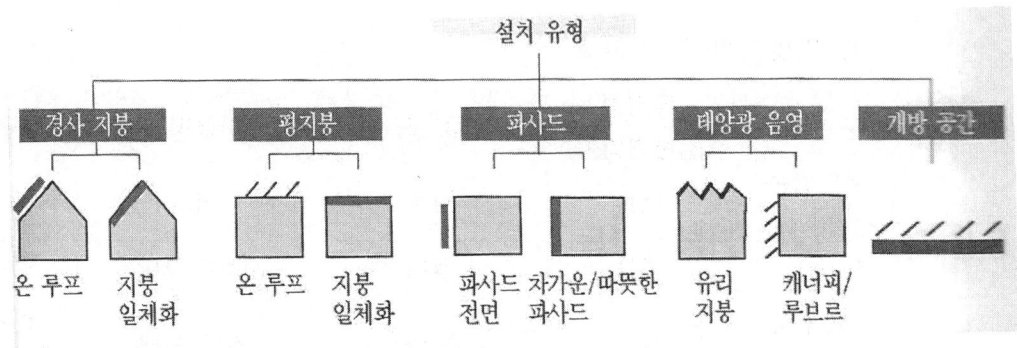

2. 설치 방식별 특징

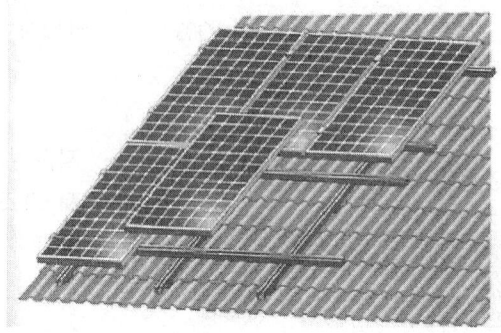

   (1) 경사 지붕형(On-Roof 시스템)
      1) 지붕의 각도
         - 약한 경사 : $5 \sim 22°$
         - 보통 경사 : $22 \sim 45°$
         - 가파른 경사 : $45°$ 보다 큰 경사
      2) 시공방식
         ① 고리 시공형
            고리를 직접 지붕에 고정하고 Array를 위에 얹어놓는 형식으로 다음과 같은 특징이 있다.

장 점	단 점
1. 시공이 간단하다 2. 시설비가 저렴하다.	1. 지붕의 방수가 어렵다. 2. 소형이다.

② 레일형

레일을 이용하여 Array를 지지하는 방법으로 가장 많이 사용하는 보편화된 방법이다.

장 점	단 점
1. 대형화가 가능 2. 조립이 쉽고 빠르다. 3. 유지보수가 쉽다.	1. 시설비가 어느정도 고가이다. 2. 레일의 부식이 발생한다.

(2) 경사 지붕형(In-Roof 시스템)

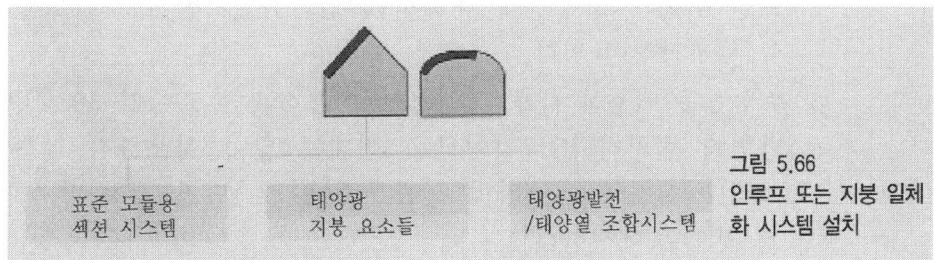

그림 5.66 인루프 또는 지붕 일체화 시스템 설치

지붕커버링을 대체하여 모듈로 덮는 방법

(3) 평지붕용 On-Roof 시스템

지붕에 설치대를 조립하고 그 위에 설치하는 방식으로 옥상을 갖춘 건축물에 적용

장 점	단 점
1. 대형화가 가능 2. 유지보수가 쉽다.	1. 시설비가 고가이다. 2. 레일의 부식이 발생한다.

(4) 결정질 파사드형

건출물의 외벽에 결정질의 모듈을 설치방식으로 건축물의 옥상이 부족

할 때 이용하는 방식으로 설치비가 많이들고 유지보수가 어렵다.
(5) 박막 필름형 파사드형
   유리나 벽에 박막 필름형의 모듈을 설치하는 방식이며 설치공간이 부족한 경우 유리등을 이용하기 때문에 건물의 이용도가 높다.
(6) 유기 염료형 파사드형
   건물일체형(BIPV)에 많이 사용하는 방식으로 유기 염료셀을 이용하기 때문에 필름의 색상을 이용하여 아름다움을 추구할 수 있고, 곡선부위도 처리할 수 있는 차세대형 태양광 시스템이다.

3. 결론
   (1) 위의 방식 외에 가로등형, 정원등형, Field형등이 있으나 설치장소만 다르고 설치 방법은 비슷하다.
   (2) 또한 위에는 고정형에 대해서만 언급하였지만 경사각도를 조절할 수 있는 추적형이 있다.
   (3) 추적형은 대부분 대형 발전용에 이용하지만 효율이 30~40% 좋아지는 반면에 설치비가 고가이므로 현재는 많이 사용하지 않는 방식이다. 그러나 신재생 에너지의 설치부중이 커진단면 점차 추적형으로 설치될 것으로 예상한다.

3.6. 플로어 히팅(Floor-heating) 설계 및 시공 시 고려사항에 대하여 설명하시오.
(적용규격 : 내선규정 4140. 전기온돌)

1. 사용 전압
   대지 전압 300V 이하

2. 발열선 규격
   (1) MI 케이블 또는 발열선 규격에 적합할 것
   (2) 온도가 80℃ 초과하지 않도록 할 것

3. 개폐기 차단기
   (1) 전용의 현장 조작 개폐기 및 과전류 차단기를 각극에 시설(중성극 제외)
   (2) 옥외 : 방수함에 내장
   (3) 지락 보호 : 누전차단기 시설

4. 접지
   금속제 부분 : 제3종 접지

5. 발열선 규격
   (1) 발열체 : 외장에 동관을 사용하는 경우 동니켈, 스텐레스강, 니켈크롬, 철크롬 등의 균일한 재질의 금속제
   (2) 절연체 : 두께 0.6mm이상의 무기절연물, 분말상의 산화마그네슘사용
   (3) 동관 : 0.3 mm이상 두께
   (4) 강관의 경우 : 0.6mm 이상 두께

6. 리드선 규격
   (1) 단면적 $0.75mm^2$ 이상의 연동 소선, 주석 또는 연합금 도금
   (2) 절연체 : 부틸 고무 혼합물, 가교 폴리에틸렌 혼합물로 0.8mm이상

7. 시공시 고려사항
   (1) 다른 전기설비, 약전류 전선, 가스관 등에 전기적 또는 열적 장해를 주지 않도록 시설 할 것
   (2) 조영물의 바닥면에 시설하는 경우 : 바닥면의 온도를 일정하게 유지
   (3) 도로, 주차장 등에 시설하는 경우 : 차량의 중량에 견디도록 포장
   (4) 사람이 접촉할 우려가 없고, 손상 받지 않도록 콘크리트 등 내열성이 있는 것 안에 시설
   (5) 발열관
       - 온도가 120℃를 넘지 않도록 시설
       - 발열관 상호 및 발열관과 박스 접속
       - 접속부의 온도상승이 접속부분 이외의 온도상승보다 높지 않도록

제 4 교 시

4.1. 수중조명등의 시설기준에 대하여 설명하시오.
(관련기준 : 전기설비 판단기준 제241조)(내선규정 제3365조)

1. 개요

   수중 조명은 사람이 헤엄치는 수영장 물속에 설치하는 것과 사람이 들어가지 않는 분수나 연못에 설치하는 등 다양한 종류가 있는데 조명기구가 설치되는 곳이 물과 접하게 될 수 있어 감전사고가 일어날 가능성이 있다. 그러므로 특히 안전을 중요시하여 설계를 해야 될 필요성이 있다.

2. 수중 조명등 설계시 고려사항

   (1) 풀장의 수중 조명은 수직면 조도를 기준으로 해야 한다.
   (2) 조명 기구는 풀장의 측벽 투시창속에 설치한다.
   (3) 투시창에 칼라TV 카메라를 설치하는 경우 수직면의 조도가 750 (lx) 이상이 되도록 한다.
   (4) 물속에서는 광속 투과율이 공기중보다 훨씬 작아지므로 물에 의한 광속의 감쇄를 고려해야 한다.

3. 수중 조명등

   수중 조명등은 HID램프 중 메탈할라이드가 연색성 면에서 우수하며 빔형으로 투광 하는 것이 좋고 전기 설비 판단기준에 의한 시설 기준은 다음과 같다.

   (1) 조명등은 다음에 적합한 용기에 넣어야 하고 손상 받을 우려가 있는 경우는 적당한 방호 장치를 해야 한다.
      - 조사용 창 : 유리 또는 렌즈
      - 기타 부분 : 녹슬지 아니하도록 아연도금 또는 녹 방지 도장 등을 한 금속으로 견고히 제작 할 것.
   (2) 나사 접속기 및 소켓은 자기제일 것
   (3) 외함은 특별 제3종 접지를 하고 접지 단자의 나사는 지름 4mm이상인 것이어야 한다.
   (4) 절연내력 시험:AC2000V 로 1분간 견딜 것(도전부분과 비 도전 부분 간)
   (5) 완성품 시험 : 최대 수심에서(15Cm이하인 것은 15Cm이상) 30분간 정격전압 인가 후 30분 중지를 6회 반복하여 물의 침입등 이상이 없을 것

(6) 배선 : 조명등에 전기를 공급하기 위한 이동전선에는 접속점이 없는 단면적 2.5 ㎟ 이상의 0.6/1 kV EP 고무절연 클로로프렌 캡타이어 케이블을 사용하여야 하며 또한 이를 손상 받을 우려가 있는 곳에 시설하는 경우에는 적당한 방호장치를 할 것.

4. **절연 변압기**
   조명등에 전기를 공급할 목적으로 설치하는 절연 변압기는 다음에 의하여 시설하여야 한다.
   (1) 사용전압 및 절연 내력
      - 사용 전압 : 1차 400V 미만, 2차 150V 이하 일 것
      - 절연 내력 : AC 5000V 로 1분간 견딜 것(1,2차 권선간. 철심과 외함 사이)
   (2) 과전류 차단기
      - 2차측에는 개폐기 및 과전류 차단기를 각 극에 설치 할 것
      - 2차측 전압이 30V 초과시에는 자동 지락 차단 장치 할 것
   (3) 접지
      - 2차측 전로는 접지하지 말 것
      - 2차측 전압이 30V 이하인 경우 : 1,2차 권선사이에 금속제 혼촉 방지판 설치하고 제1종 접지공사를 하고 접지선에 사람이 접촉할 우려가 있는 곳은 450/750 V 일반용 단심비닐절연전선, 캡타이어 케이블 또는 케이블을 사용한다.
      - 과전류 차단기 및 지락 차단 장치에는 금속제 외함을 설치하고 특별 제3종 접지를 할 것.
   (4) 배선
      - 2차측 배선은 금속관 공사로 할 것
      - 이동전선은 접속점이 없는 2.5㎟이상의 0.6/1 kV EP 고무절연 클로로프렌캡타이어 케이블을 사용하여야 하며 손상의 우려가 있는 곳은 적당한 방호장치를 해야 한다.
   (5) 사람이 출입할 우려가 없고 대지 전압이 150V 이하일 때에는 위의 조건들을 완화하여 시설할 수 있다.

4.2. 특고압 차단기 선정을 위한 주요 검토사항에 대하여 설명하시오.

1. 개요
최근에 특고압 차단기로 많이 사용하는 차단기로는 진공차단기가 주류를 이룬다. 그러나 고 신뢰성을 요구하는 장소나 초고층등 장소가 협소한 장소에서는 GIS 또는 GIS와 SWGR를 결합한 C-GIS가 많이 사용되고 있다.

2. 특고압 차단기 종류

구 분	OCB	VCB	GCB	ABB
소호방식	오일분사	진공중 아크확산	Arc를 가스로 흡착	압축공기
정격전압(KV)	3.6kV~300kV	3.6kV~36kV	3.6kV~초고압	12kV이상
주 용도	옥외용	22.9 kV수전용	초고압계통	최근거의 사용안함
서지 발생	중간	최고	최저	저
차단시간(Cycle)	5, 8	3, 5	3, 5	3, 5
방재성	가연성	불연성	불연성	불연성
보수,점검	복잡	간단	간단	중간
수명(회)	10,000	50,000	50,000	10,000
가격	저가	중간	고가	중간

3. 특고압 선정을 위한 주요 검토사항
(1) 정격 전압 (Rated Voltage)
- 규정된 조건 아래에서 그 차단기에 가할수 있는 사용회로 전압의 상한값.
- 선간 전압 실효치로 나타냄.
- 정격 전압 = 공칭전압 x $\dfrac{1.2}{1.1}$ (kv)

공칭전압(kv)	3.3	6.6	22.9	154	345	765
정격전압(kv)	3.6	7.2	25.8	170	362	800

(2) 정격 전류 (Rated Current)

정격 전압, 정격 주파수에서 규정치의 온도 상승 한도를 초과하지 않고 연속적으로 흐를 수 있는 전류의 한도.

$$정격전류(I_n) = \frac{P}{\sqrt{3} \times V \times \cos\theta} \text{ (A)}$$

(3) 정격 차단 전류 (Rated Breaking Current)
- 정격 전압, 정격 주파수에서 규정된 동작책무에 따라 차단할 수 있는 차단전류 한도로서 교류 실효치로 나타냄.
- 한전 표준 : 12.5, 25, 31.5, 40KA

(4) 정격 차단 용량 (Rated Breaking Capacity)

정격 차단 용량 = $\sqrt{3}$ x 정격전압 (kV) x 정격차단전류(kA)   (MVA)

(5) 정격 단시간 전류 (Short Time Withstand Current)
- 규정시간동안 통하여도 열적, 기계적으로 이상이 발생하지 않는 전류의 최대한도
- 교류 실효치로 나타냄.

(6) 정격 투입전류 (Rated Making Current)
- 정격 전압, 정격 주파수에서 표준동작책무에 따라 투입할 수 있는 투입전류의 한도
- 투입전류 최초 주파의 순시 최대치로 표시
- 크기 : 정격 차단 전류의 2.5배 정도임.

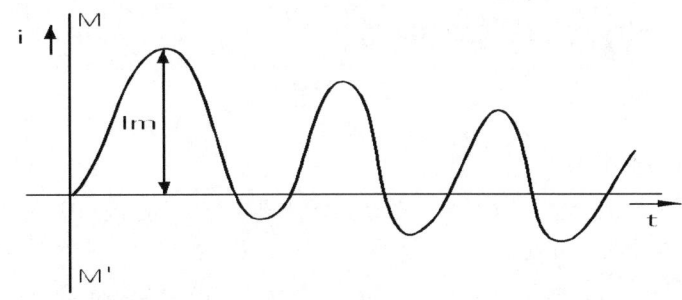

(7) 차단 시간 (Breaking Time)(Interrupting Time)
- 개극시간과 아크시간을 합한것
- 한전 표준

정격전압(kv)	7.2	25.8	170	362	800
정격차단시간 (Cycle)	5	5	3	3	2

(8) 투입시간 (Closing Time)

   차단기가 여자된 순간부터 접촉자가 접촉할 때까지의 시간.

(9) 동작 책무 (Duty Cycle)

   - 규정된 회로조건에서 정격 차단 전류 및 정격 투입 전류를 차단 또는 투입할 수 있는 조건과 횟수

기 준	구 분	동작 책무
KSC 4611 고압 교류 차단기	B형	CO - 15초 - CO
	A형	O - 1분 - CO - 3분 - CO
	C형	O - 0.3초 - CO - 3분 - CO
ES150(한전 표준) I E C	일반	CO - 15초 - CO
	고속재폐로용	O - 0.3초 - CO - 3분 - CO

(10) 정격 절연 강도 (Rated Insulation Level)

   - 절연물의 절연 특성을 나타내는 수치로 표준 내전압으로 나타낸다.

   〈 차단기의 대지간 절연강도 〉

정격 전압(kv)	7.2	25.8	170	362	800
상용주파내전압 (kv. 실효치)	20	60(50)	325	450	830
뇌임펄스 내전압 (kv. 파고치 1.2/50μ S)	60	150(125)	750	1,175	2,250

주. ( )내 수치는 옥내용에 적용

(11) 제어 및 조작 전압

   - 차단기의 전기 조작 방식에는 Solenoid 방식 또는 전동Motor방식이 있음.
   - 교류 방식과 직류 방식중 직류 방식이 많이 사용
   - 민수용은 DC110V가 주로 사용되고 한전에서는 DC 125V를 많이 사용함

4.3. 초고층 빌딩의 계획시 전기설비적인 고려사항과 특징에 대하여 설명하시오.

1. 개요
(1) 서울특별시 초고층 건축물 가이드라인(2009.8.1 시행)을 보면 초고층 빌딩이란 「서울시 건축조례」 제6조 규정에 의한 서울특별시 건축위원회 심의를 받는 "50층 이상 또는 높이(옥탑·장식탑등 포함)가 200m **이상인 건축물**"이라고 되어있다.
(2) 초고층 빌딩은 수변전설비, 간선설비, 승강기설비, 방재설비(화재, 피뢰), 정보통신설비등이 중요하여 설계시 내진, 풍압, 일사량 등에 대한 종합적인 검토가 필요하다.

2. 초고층 빌딩의 특징
(1) 초고층 빌딩은 건축물의 초 대형화가 함께 이루어져 전력설비의 대용량화가 필요하다.
(2) 수직 배치가 되어 전압강하가 심하다.
(3) 바람의 영향이 심하여 풍압 설계가 필요하다.
(4) 지진시에 피해가 막대하므로 내진 설계가 필수이다.
(5) 한 여름같은 때는 일사량이 너무 많아 이에 대비한 설계가 필요하다.
(6) 테러등 사고시 피해가 크기 때문에 이를 방지하기 위항 방범설비가 필요하다.
(7) 높이가 높은 관계로 화재시 화재 진압이 어렵다.
(8) 초고속 엘리베이터가 필수이다.
(9) 피뢰침 설비의 설계가 중요하고 접지를 할 수 있는 면적이 적으므로 접지저항을 낮추기 위한 대책이 필요하다.
(10) 항공 장애등이 필요하고 이를 잘 유지할 수 있는 대책이 필요하다.

3. 초고층 빌딩의 전기적인 고려사항
(1) 수변전 설비
  1) 수변전실 위치
     초고층 빌딩은 높이가 높아 (200m이상) 지하층 1곳의 변전실로는 전압강하가 너무 크기 때문에 30층~40층 정도의 층으로 구분하여 부 변전실을 설계하는 것이 바람직하다.
  2) 변압기, 발전기, 축전지 등은 특히 지진에 대한 고려가 필요하다.
(2) 간선설비
  1) 초고층빌딩은 수직으로 전압강하가 크기 때문에 간선의 용량 설계시 허용전류 외에 전압강하의 계산이 매우 중요하다.

2) 간선은 소용량 : 케이블대용량 : Bus duct가 필수이며
3) EPS에 간선 시공시
   - 수직 하중에 대한 대책
   - 자중에 의한 전선 탈락 방지, 신축
   - 사고시 단락전류에 의한 전자력 등을 함께 고려해야한다.
4) 사고시를 대비한 간선 방식에는 아래와 같은 방식이 있다.

Back Up 방식	Loop 방식	예비 본선 방식
- 중요부하만 양쪽에서 공급하고 일반부하는 일방 공급. - 가장 경제적임.	- 평상시 By Pass : Off - 이상시" : On - 간선, 차단기 용량이 2배 용량이어야 함. - 일반적 배전방식	- 각부하마다 양쪽 FEEDER에서 공급 - 신뢰도 가장 높다 - 설치비 고가

(3) 반송설비

초고층빌딩에서 승강기의 설치는 필수이며 적어도 분당 540m 이상의 초고속이 설치된다. 따라서 설계시 여러 가지 주의가 필요하다.

1) 고속화, 대용량화

운송 능률을 높이기 위하여 고속 운행과 더불어 승차 정원을 늘려야 하며 다음과 같은 사항을 검토해야 한다.
   - 군 관리 운영 시스템 채택
   - 평균 대기 시간을 15~20초 이내로 설계
   - 장애자를 위한 설비 구비

(4) 방재설비

1) 방화 및 소화 설비

어느 층 이상의 고층에는 소방용 사다리가 닿지 않으므로 초고층빌딩에서의 방화설비와 소화 설비는 매우 중요하다.
   - 스프링 클러 전층 설계 및 유지보수 철저
   - 방재센터를 설치하고 화재시 진두지휘토록 설계
   - 중간층과 옥상에 피난장소 설치

2) 피뢰침 설비

- 돌침방식보다는 케이지방식이나 수평도체 방식 적용
- KSC IEC 62305 규격에 맞는 설계 및 시공

3) 항공 장애등
- 항공법에 의해 보통지역은 150m이상의 건축물, 장애물 제한구역에서는 60m이상의 건축물에는 항공장애등을 설치해야한다.

(5) 정보통신 및 OA설비
1) 확장성을 고려하여 전산실이나 OA기기가 많은 장소에는 Access Floor 방식으로 바닥 구성
2) 정전 대책으로 UPS설치
3) Noise 대책 : 건물차폐, 등전위 Bonding
4) 광 CABLE인입 및 LAN 망 구성

4. 기타 고려사항

(1) 내진 설계
1) 건축물과 전기 설비의 공진 방지 설계
    지진 발생시 건축물의 고유 진동수와 전기 설비의 진동수가 겹쳐 공진을 일으키면 그 피해가 더욱 커지게 된다. 따라서 이 공진 주파수를 검토하여 피할 수 있는 설계가 필요하다.
2) 장비의 적정 배치
    - 내진력이 적은 설비, 중요도가 높은 설비를 하부 배치
    - 지진시 오동작 또는 폭발성 우려 기기를 하부 배치
3) 사용 부재를 강화하는 방법
    - 사용 부재를 보강하여 고정할 것
    - 가대의 기초 강화(기기의 바닥, 측면, 상부를 고정)

(2) 예비 전원 설비
1) 발전기
    - 상용 부하 설비 용량의 20~25% 확보
    - 가스 터빈 발전기 권장
2) U P S
    - 전산실, 정보 통신 설비등 공급
    - 상용 부하 용량의 10% 정도 확보

(3) 조명
- 일사량 반영

(4) 접지
- KSC IEC 60364 및 62305 반영 : 공동 접지

- MESH 접지 공법 및 구조체 접지 권장

(5) 피뢰설비
- KSC IEC 62305 반영
- 뾰족한 건물 : 돌침 방식 + 수평 도체 방식 바닥 면적이 넓은 건물 : 수평 도체 방식 또는 MESH 방식 권장

(6) 인접 건물 전파 방해

국내에서는 공중파가 중계소간 방향파 송수신 방식을 사용하므로 빌딩 인접 건물에는 전파장애가 발생할 수 있다.

따라서 옥상에 별도의 안테나를 설치하여 장해 지역에 송신을 할 수 있는 시스템이 요구된다.

(참고) 8.4.3 서울특별시 초고층 건축물 가이드라인(2009.8.1 시행)

제1조(적용대상)

「서울시 건축조례」 제6조 규정에 의한 서울특별시 건축위원회 심의를 받는 50층 이상 또는 높이(옥탑·장식탑 등 포함)가 200m 이상인 건축물(이하 "초고층 건축물"이라 함)에 한하여 적용한다.

제2조(경관계획)

자연환경 및 도시환경과 조화롭게 계획될 수 있도록 경관시뮬레이션을 실시하고 그에 대한 자료를 제시하여야 한다.

제3조(공공환경디자인계획서)

외부 공간 및 건축물 저층부 등에 시민들이 편리하게 이용할 수 있는 공공 공간에 대한 "공공환경디자인계획서"를 제출하여야 한다.

가. 공공기여 항목, 취지, 목적, 효과, 특이사항 등
나. 개방되는 공간의 위치, 면적, 마감방법, 개방시간 등

제4조(일조 등)

건축물로 인한 주변 일조 피해 등에 대한 조사 및 대책을 수립하여야 한다.

제5조(전망층)

건축물 고층부에는 방문객이 이용할 수 있는 전망층을 설치하여야 한다. 다만 건축위원회 심의를 거쳐 적용하지 아니할 수 있다.

가. 조망이 양호한 지역내 최상위 1~2개 층 일반에 개방
나. 권장용도 : 레스토랑, 카페, 전망대, 미술관 등 문화시설(전시·기념물 판매, 관광안내 등)

제6조(교통개선 계획)

① 대중교통과 연계 등 교통량 증가를 억제할 수 있는 대책을 수립하

여 제시하여야 한다.
② 서비스 차량(이삿짐, 택배, 우편, 쓰레기 등)은 일반 차량과 혼재되지 않도록 직접 주변 도로에서 출입하도록 계획하여야 한다

제7조(방재대책)
① 건축물의 구조, 용도, 건축재료, 공간적 특성, 방재설비, 유지 관리, 방재계획 등에 대하여 충분히 검토된 종합 방재계획서를 제출하여야 한다.
② 일반건축물과 차별화된 초고층 건축물의 방재시스템 내용 및 시뮬레이션 결과 등이 포함되어야 한다.
③ 건축물 내 모든 부분에서 임의로 선택한 2방향 이상의 피난 경로를 확보하여야 한다.

제8조(피난안전구역)
피난 안전구역을 설치하는 층 및 개소 수는 방재 시뮬레이션 결과를 반영하여야 한다.

제9조(연돌효과)
연돌효과(굴뚝효과)의 저감방안에 대한 세부적인 계획을 제시하여야 한다.

제10조(피난용 승강기)
① 「건축법」 제64조 규정에 의한 승강기 설치 계획과는 별도로 재난 등으로부터 신속하게 피난할 수 있는 "피난용 승강기"를 설치하여야 한다. 다만 건축위원회의 심의를 거쳐 적용하지 아니 할 수 있다
② 피난용승강기는 비상전원, 방수성능, 내화성능 확보, CCTV 설치, 양방향 통신 설비 등 시설을 갖추어야 한다.

제11조(소화설비)
수계 소화설비 성능확보를 위하여 다음 사항을 계획에 반영하여야 한다.
가. 소화설비 배관의 Loop화 및 이중화
나. 소화설비 배관의 내진설계

제12조(내풍구조)
건축물에 대한 풍방향 및 풍직각 방향의 변위, 가속도, 풍하중, 비틀림, 진동, 공기력 불안정진동 등에 대한 풍동실험 및 풍환경실험 결과를 제출하여야 한다.

제13조(내진구조)
건축물은 지진에 대한 내진력이 충분히 확보되도록 설계하여야 하며, 아울러 적용 기술("내진", "면진", "제진")의 적정여부에 대한

의견을 제시하여야 한다.
제14조(신・재생에너지)
　　건축물 총에너지 사용량의 3% 이상을 「신에너지 및 재생에너지 개발・이용・보급 촉진법」에 의한 신・재생에너지 설비로 생산하여야 한다. 다만 건축위원회의 심의를 거쳐 적용하지 아니할 수 있다.
제15조(친환경에너지 공급)
　　BEMS(Building Energy Management System) 구축 등 지역적 특성 및 건물 에너지 절감을 고려한 전 생애주기 비용(LCC) 분석이 반영된 최적의 에너지 공급 계획서를 제출하여야 한다.
제16조(보안 및 안전관리 등 계획)
　　건축물의 보안 및 안전관리 계획은 별표1 기준을 고려하여야 한다.

【 별표 1 】 보안 및 안전관리 계획 기준

1. **보안시스템**

   가. 피폭 등에 대비하여 옥상층 및 건축물내 주요시설에 대해서는 출입 보안 시스템 계획을 수립
   1) 테러 등에 대비한 보안 시스템
   2) 긴급 상황 발생시 비상통로 이용 대피는 가능하나 시설내부로 무단 침입을 방지할 수 있는 보안시스템

2. **주차 및 차량 출입계획**

   가. 차량을 이용한 범죄 예방을 위해 방문객 전용 주차공간을 확보 하고 진입차선의 별도 지정 등
   나. 지하 방문객 주차장의 기둥주변은 CCTV 등 상시 안전 확인 및 감시 할 수 있는 보안시스템 설치
   다. 차량을 이용한 돌진테러에 대비하여 진입 차량의 속도를 자연스럽게 줄일 수 있도록 계획

3. **감시체계**

   가. 공공에게 개방되는 공간에는 폭발물 은닉에 대비할 수 있도록 조명, CCTV 등 상시 감시 체제를 갖추고, 조경수 등 시설물에 의한 시각적 사각지대가 없도록 한다.
   1) 본 건물과 별도 전원에 의해 유지될 수 있도록 하여야 한다.
   나. 방재실・안전실 등 안전상황실은 통합 설치

4. **보안관리**

   가. 건축물의 용도 및 기능별로 독립적인 진입을 보장하면서도 경비・안

전요원이 배치된 특정 체크포인트를 경유할 수 있는 동선체계로 계획하여야 한다.
1) 지하주차장 및 지하철역 등 대중 교통수단과 연계된 동선은 체크포인트 경유
2) 숙박시설 및 판매시설 등 불특정 다수가 이용하는 지하층 및 주차장과 연계된 엘리베이터의 경우 경비·안전요원에 의한 체크가 가능한 층에서 환승
3) 엘리베이터·에스컬레이터·계단 등은 경비실에서 통제가 용이 하도록 전층 운행 엘리베이터는 사전에 경비실을 경유
4) 택배·우편물 등을 이용한 폭발물·화생방 위험물질의 무단수신을 차단하기 위하여 우편물 집수실은 경비실 인근에 설치
5) 지상·지하 로비층 외벽의 마감자재는 에너지절약형 자재를 선정하되 충돌 또는 폭파시 파편 등으로 인한 안전성 확보
6) 생화학테러 공격에 대비하여 공기 흡배기구는 일정 높이 이상 설치

4.4. 대지저항율에 영향을 미치는 요인들에 대하여 설명하시오.

1. 개요
   (1) 접지 저항
       - 접지 저항은 대지 저항율에 전극의 형상등 함수의 곱이다.

       즉, 접지저항 $R = \rho \cdot f$

       여기서 ρ : 대지 저항률 ($\Omega.m$)
              f : 함수 (전극의 형상에 의해 결정됨)

   (2) 대지 저항율
       - 대지 저항율이란 대지(토양)의 일정 체적의 전기저항이며, 대지 고유저항 이라고도 하며, 단위로는 ($\Omega.m$) 또는 ($\Omega.Cm$)를 사용한다.
       - 접지 저항은 대지 저항율이 낮을수록 낮아져 양호한 값을 얻는다.
       - 대지 저항율에 영향을 주는 요인은 흙의 종류, 수분의 양, 온도, 계절, 흙에 녹아있는 물질의 종류나 농도 등에 따라 변화한다.

분 류	대지 저항율 값($\Omega.m$)	지 역
저 저항율 지역	$\rho < 100$	연안의 저지대
중 저항율 지역	$100 \leq \rho < 1,000$	내륙 평야지대
고 저항율 지역	$1,000 \leq \rho$	산악, 암반지역

2. 대지 저항율에 영향을 주는 요인

(1) 흙의 종류

흙의 종류는 진흙, 점토, 모래질, 사암, 암반지대로 구분되며 대지 저항율은 다음순서로 나타난다.

늪지, 진흙 -> 점토질 -> 모래질 -> 사암 -> 암반지대 순으로 대지 저항이 커져 접지 저항값이 높게 나온다.

분류	진흙	점토	모래
대지저항($\Omega \cdot m$)	80~200	150 ~ 300	200 ~ 500

(2) 수분 함유량

수분을 많이 함유 할수록 접지 저항값이 낮아진다.

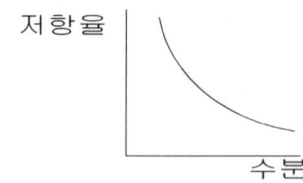

(3) 온도

대지는 온도가 높을수록 저항율이 낮아진다.
(즉, 부저항 특성임)

$$R_2 = R_1 \{ 1 - \alpha (T_2 - T_1) \}$$

여기서 R_2 : T_2 일 때의 저항(Ω)
   R_1 : T_1 일 때의 저항(Ω)
   α : 온도 T_1 에서의 저항 온도계수

(4) 계절

7, 8월 장마기가 대지 저항율이 낮고 1,2월 동절기가 대지 저항율이 높아진다.

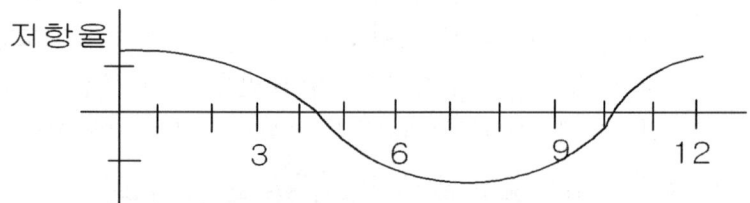

(5) 화학물질
   - 토양속에 전해질의 화학 물질이 있으면 저항율이 크게 감소
   - 전해질 : 물 등 용매에 용해하여 수용액으로 되었을 때, 전리하여 이온(ion)이 발생하여 전류를 흐르게 하는 물질.(예, 염화나트륨)

(6) 기타
- 해수 영향 : 해수 지역에서 저항율이 낮아짐.
- 암석 영향 : 흑연이나 철분이 함유되어 있으면 저항율이 낮아짐.

4.5. 기존 전력망에 정보통신기술을 접목한 전력망에 대하여 설명하시오.

1. 개요
    (1) 그리드(Grid)
        기존의 대규모 집중전원을 중심으로 한 광역적인 전력 시스템.
    (2) 마이크로 그리드(Micro Grid)
        그리드로부터 독립한 분산전원을 중심으로 한 국소적인 전력 시스템으로 그리드와 상호 보완성을 가진 것을 말함.
    (3) 스마트 그리드(Smart Grid)
        - 녹색 성장 전략에 부응하여 기존 전력망(Grid)에
        - 정보 기술(IT)을 접목하여
        - 전력공급자와 소비자가 양방향으로 실시간 정보를 교환하여
        - 에너지 효율을 최적화하는 차세대 전력망임.

2. 스마트 그리드 구성요소(핵심 기술 수준)

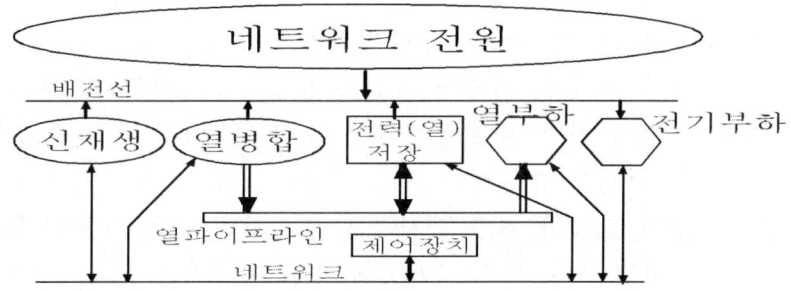

    (1) 신재생에너지
    (2) 지능형 송전 시스템
    (3) 지능형 배전 시스템
    (4) 지능형 전력기기
        - 초전도 기기
        - FACTS (유연 송전 시스템)
        - HVDC (직류 송전 시스템)
        - Smart Meter
    (5) 지능형 전력 통신망

(6) 기타
- 전기차 충방전 시스템
- LED, 그린 가전제품 등 에너지 고효율 전력기기

3. 스마트 그리드 추진 필요성(추진배경) 및 효과
(1) 국가적 차원(에너지. 환경)
- 국가 에너지 소비의 3% 절감(전기에너지의 10%)
- 태양광, 풍력등 신재생 에너지의 보급 확대 기반 조성
- CO_2등 온실가스 배출량 감축 및 기후 변화 대응

(2) 기업 차원(신성장 동력 창출)
- 스마트 미터, 스마트 가전 제품 등 내수 시장 활성화 및 그린 일자리 창출
- 국내 스마트 그리드 산업의 정착 및 세계 시장으로의 진출 (2030년 세계시장 30% 점유 목표)
- 전력, 중전, 가전, 통신 등 제품의 스마트 그리드와 시너지 효과 기대
- 전기차 보급 인프라 구축

(3) 전력 회사 차원
- 발전 시스템의 효율 과 생산성 향상
- 전력 설비 상태의 원격감시 진단 및 고품질 전력을 안정적 공급
- 실시간으로 전력 설비 이상 유무를 감시하여 정전 사고 예방

(4) 개인 차원 (라이프 스타일 변혁)
- 녹색 요금제, 품질별 요금제 도입으로 소비자의 에너지 선택권 제고
- 스마트 미터 사용으로 전기 절감 및 전기 요금 절약
- 각 가정의 분산형 전원을 전력회사에 역 판매하여 수익 창출
- 전기 요금이 저가인 시간대 충전하여 고가인 시간대 판매
- 아파트, 관공서등 주차장에 충전 인프라를 구축, 전기차 사용 확대등

4. 예상 문제점
(1) 보안에 취약하여 해킹에 의한 대규모 정전 우려
(2) IT 기술 발전에 따른 장비의 교체 기간 단축
(3) 고급 전문화된 인력 부족 현상 등

5. 현재 전력망과의 비교

항 목	현재 전력망	스마트 그리드
전원 공급 방식	중앙 전원	분산 전원
구 조	방사형 구조	네트워크 구조
통신 방식	단방향 통신	양방향 통신
기술 기반	아날로그	디지털
사고시 복구	수동 복구	반자동 복구 및 자기 치유
설비 점검	수동 점검	원격 점검
제어 시스템	지역적	광역적
고객의 선택	제한적 선택	다양한 선택

6. 관련 규정
   가. 녹색 성장 전략
      1) 개요
         - 지식 경제부에서는 2009. 1. 22. 그린 에너지 관련 전문가 및 대표 기업이 참여하는 "그린 에너지 전략 로드맵 추진 위원회"를 개최하고 지식 경제부 차관을 위원장으로 하는 추진 위원회를 발족하였다.
         - 이는 미국을 비롯한 선진국의 상당수가 추진하는 저탄소 운동과 발맞춰 신재생 에너지의 활성화를 위한 것이다.
      2) 주요 내용
         - 2012년까지 공공기관 전체 조명의 30%를 LED로 교체
         - 2030년까지 지능형 전력망 구축
   나. Green Energy Road Map 추진 품목

		대 상	발전 시나리오		
			현 재	2012	2030
생산	1	태양광	결정질 Si -> 박막 Si -> 유기 태양광		
	2	풍력	육상 풍력 -> 해상 풍력		
	3	연료전지	개발 단계 -> 건물용 -> 발전용		
	4	전력IT	실증 -> 분산 전원 -> 차세대 EMS		
	5	초전도	고온 초전도 기기 -> 대용량 초전도 기기		
	6	에너지 저장	정보 기기 -> 전력 저장 -> 대용량화		
	7	그린 카	하이브리드-> 전기 자동차		
	8	LED	70~100 Lm/W -> 150~200 Lm/W		
	9	E-절감 건물	조명, 창호, 공조 단열 -> 신재생 에너지 연계		

다. 지능형 전력망의 구축 및 이용촉진에 관한 법률
2011.5.24제정, 2.11.11.25시행(지식경제부)
1. 목적(제1조)
    1) 지능형전력망의 구축 및 이용을 촉진함으로써
    2) 관련 산업을 육성하고
    3) 전 지구적 기후변화에 능동적으로 대처하며
    4) 저탄소(低炭素) 녹색성장형 미래 산업의 기반을 조성하여
    5) 에너지 이용환경의 혁신과 국민경제의 발전에 이바지함을 목적으로 함

2. 지원 사업
    1) 연구개발 지원(제10조)
        정부는 지능형전력망에 관한 연구개발을 활성화하기 위하여 다음 각 호의 어느 하나의 사항을 수행하는 자에게 필요한 행정적·재정적 지원을 할 수 있다.
        - 지능형전력망 기술의 개발
        - 관련 교육과정의 개발 및 인력 양성 등
    2) 투자비용의 지원
        정부는 지능형전력망의 공공성, 안전성 등 공익의 실현에 필요한 투자를 하는 경우에는 그 비용의 전부 또는 일부를 다음의 기금에서 지원할 수 있다.
        - 전력산업 기반기금
        - 정보통신 진흥기금
        - 에너지 및 자원사업 특별회계

3. 기반 조성 및 이용 촉진
    1) 사업자의 등록
        - 지능형전력망 기반 구축사업
        - 지능형전력망 서비스 제공사업
    2) 인증
        - 지능형전력망 기기 및 제품
        - 지능형전력망 서비스
        - 지능형전력망 기기 및 제품 등이 설치된 건축물
    3) 표준화의 추진
        지식경제부장관은 지능형전력망의 안정성 및 상호 운용성을 보장하기 위하여 지능형전력망 기술, 제품 및 서비스 등에 관한 표준을 정하여 고시할 수 있다.

4) 거점지구의 지정
   - 지식경제부장관은 지능형전력망 거점지구를 지정할 수 있다.
   - 국가나 지방자치단체는 거점지구의 조성 및 운영을 위하여 필요한 경우에는 그 조성비 및 운영비의 전부 또는 일부를 지원할 수 있다.

4.6. 22.9kV 수전설비에서 다음 조건에 대하여 F1과 F2에서의 3상 단락전류를 계산하고 차단기의 종류, 정격전류 및 정격차단용량을 선정하시오.

(조건)
- 100MVA기준으로 PU법을 사용한다.
- 22.9/6.6kV 변압기 임피던스는 6%로, 6600/380V 변압기 임피던스는 3.5%이며 제작오차를 고려한다.
- 전동기 기동전류는 전부하전류의 600%로 계산한다.
- 선로의 임피던스는 무시한다.

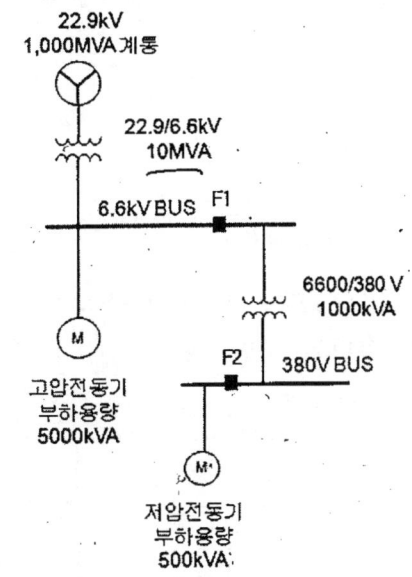

1. pu 계산
   (조건 : 변압기는 제작오차를 최대 ±10% 고려하여 pu값을 10% 적게 하여 단락용량을 크게 계산함)

   (1) 전원측 = $\dfrac{Pn}{Ps} \times 1 = \dfrac{100}{1000} \times 1 = 0.1$

   (2) TR1 = $\dfrac{100}{10} \times 0.06 \div 1.1 = 0.55$

(3) TR2 $= \dfrac{100}{1} \times 0.035 \div 1.1 = 3.18$

(4) M 1 $= \dfrac{100}{5 \times 6} \times 1 = 3.33$

(5) M 2 $= \dfrac{100}{0.5 \times 6} \times 1 = 33.3$

2. 임피던스 Map

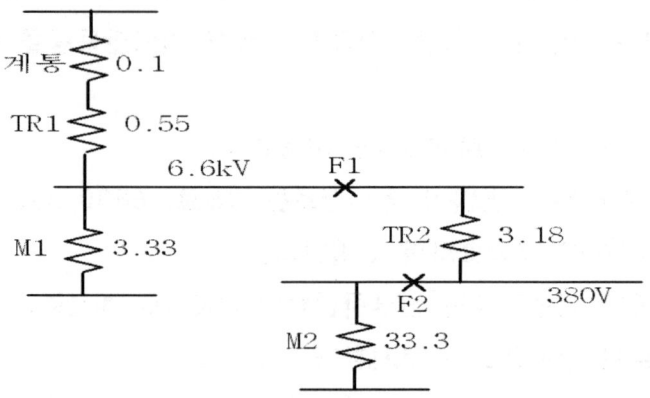

3. F 1 점
　(1) 차단기 정격 전류

$$I_{1n} = \dfrac{P}{\sqrt{3}\ V} = \dfrac{10 \times 10^3}{\sqrt{3} \times 6.6} = 875(A)$$

　　따라서 표준품인 $1250(A)$ 정격 사용
　(2) 단락전류 및 차단기 차단용량
　　① pu 계산

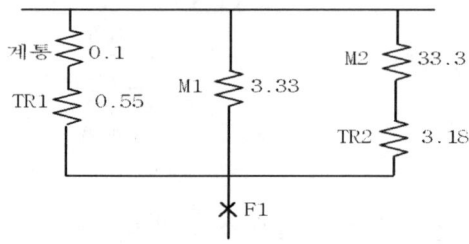

　　위 그림의 F1에서 전원측을 본 합성임피던스를 계산하면 $0.54(pu)$임

　　② 단락전류 $I_{s1} = \dfrac{1}{pu} \times \dfrac{P}{\sqrt{3} \times V} = \dfrac{1}{0.54} \times \dfrac{100}{\sqrt{3} \times 6.6} = 16.2(kA)$

　　따라서 차단기 차단전류는 표준품인 $20(kA)$ 사용

③ 차단기 정격 차단 용량

$$P_{s1} = \sqrt{3}\ V\ Is = \sqrt{3} \times 7.2 \times 20 = 250\,(MVA)$$

따라서 표준품인 260 (MVA) 사용

3. F 2 점

(1) 차단기 정격 전류

$$I_{1n} = \frac{P}{\sqrt{3}\ V} = \frac{1000 \times 10^3}{\sqrt{3} \times 380} = 1519\,(A)$$

따라서 표준품인 2000(A) 정격 사용

(2) 단락전류 및 차단기 차단용량

① pu 계산

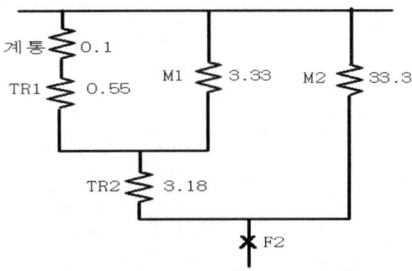

위 그림의 F2에서 전원측을 본 합성임피던스를 계산하면 3.35(pu)임

단락전류 $I_{s1} = \dfrac{1}{pu} \times \dfrac{P}{\sqrt{3} \times V} = \dfrac{1}{3.35} \times \dfrac{100}{\sqrt{3} \times 0.38} = 45.35\,(kA)$

따라서 차단기 차단전류는 표준품인 $70\,(kA)$ 사용 (카다록의 $500V$ 기준)

② 차단기 정격 차단 용량

$$P_{s1} = \sqrt{3}\ V\ Is = \sqrt{3} \times 500 \times 70 = 60\,(MVA)$$

4. 정답

구 분	단락전류(kA)	차단기 종류	차단기정격전류	차단기차단용량
F 1	16.2	VCB	1250	20kA(260MVA)
F 2	45.35	ACB	2000	70kA(60MVA)

5. 참고 : VCB 및 ACB 정격

VCB (진공차단기, Vacuum Circuit Breaker)

기본 형식		HVF314	HVF315	HVF316	HVF611	HVF614	HVF714
적용 규격		IEC 62271-100					
정격전압(kV)		17.5			24/25.8		36
정격전류(A)		1 630	2 1250	2 1250	1 630	1 630	2 1250
		2 1250	4 2000	4 2000	2 1250	2 1250	4 2000
				6 2500		4 2000	6 2500
				7 3150			
차단전류(kA)		25	31.5	40	12.5	25	25
정격주파수(Hz)		50/60					
투입전류(kA)		65	82	104	32.5	65	65
차단용량(MVA)		750	950	1200	520	1000	1600
단시간전류(kA, 3sec)		25	31.5	40	12.5	25	25
절연전압	상용주파 내전압(kV, rms)	38(1min)			50(1min)		70(1min)
	임펄스 내전압(kV, peak)	95(1.2×50μs)			125(1.2×50μs)		170(1.2×50μs)

기본 형식		HVG1099	HVG1011	HVG1131	HVG1132	HVG1141	HVG1142
적용 규격		IEC 62271-100/KSC(4611)		IEC 62271-100			
정격전압(kV)		7.2[3.6]					
정격전류(A)		400	630	630	1250	630	1250
차단전류(kA)		8	12.5	20		25	
정격주파수(Hz)		50/60					
투입전류(kA)		20	32.5	52		65	
차단용량(MVA)		100[60][1]	160[80][1]	260[125][1]		310[160][1]	
단시간전류(kA, 1sec)		8	12.5	20		25	
절연전압	상용주파 내전압(kV, rms)	20(1min)					
	임펄스 내전압(kV, peak)	60(1.2×50μs)					

일반 산업용 〈ACB〉

형식		HiAN 06	HiAN 08	HiAN 10	HiAN 12	HiAN 16	HiAN 20	HiAN 25	HiAN 32	HiAN 40	HiAN 50	HiAN 63
차단기 정격전류[In](A)		630	800	1000	1250	1600	2000	2500	3200	4000	5000	6300
과전류트립장치의 1차 정격전류[Icт](A)		320	320	320	320	320	2000	2000	2000	4000	4000	4000
		630	630	630	630	630		2500	2500		5000	5000
				800	800	800			3200			6300
					1000	1000	1000					
						1250	1250					
							1600					
중성극 정격 전류(A)		630	800	1000	1250	1600	2000	2500	3200	4000	2500(5000)주1)	3200(6300)주1)
정격 절연전압[Ui](V)		AC 1000										
정격 사용전압[Ue](V)		AC 690										
정격 차단전류[Icu](kA, sym)												
IEC VDE BS AS	Icu = 100% Ics AC 690V	50	50	50	50	50	65	65	65	85	100	100
	AC 500V	70	70	70	70	70	70	85	85	100	120	120
	AC 415V 이하	70	70	70	70	70	85	85	85	100	120	120

제97회 (2012.05)
기출문제

건축전기설비
기술사
기출문제

국가기술 자격검정 시험문제

기술사 제 97 회   제 1 교시 (시험시간: 100분)

| 분야 | 전기 | 자격종목 | 건축전기설비기술사 | 수험번호 | | 성명 | |

※ 다음 문제중 10문제를 선택하여 설명하시오. (각10점)

1. OCP(Optimal Capacitor Placement)문제를 설명하시오.

2. 배전 계통에서 고장계산을 하는 이유를 5가지 이상 들고 설명하시오.

3. 시각 순응에 대하여 설명하시오.

4. 눈부심의 손실에 대하여 설명하시오.

5. 한류퓨즈와 비 한류퓨즈의 장·단점과 적용조건을 설명하시오.

6. 그림과 같은 회로에서 교류전압을 인가하는 경우 저항 R을 변화시켜 저항에서 소비되는 전력이 최대가 되기 위한 조건과 최대전력을 구하시오.

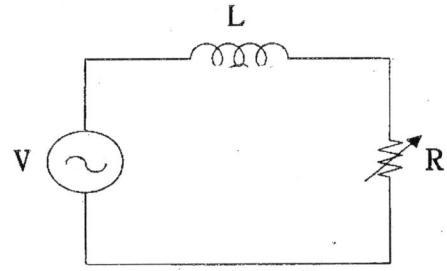

7. 전력간선의 전압강하 계산에서 간이계산식과 정식계산식의 차이점을 설명하시오.

8. 풍력발전설비에서 출력제어방식의 종류를 들고 설명하시오.

9. 전기설비 판단기준 제235조에서 규정하는 도로등의 전열장치의 시설(발열선) 설치기준에 대하여 설명하시오.

국가기술 자격검정 시험문제

기술사 제 97 회   제 1 교시 (시험시간: 100분)

| 분야 | 전 기 | 자격종목 | 건축전기설비기술사 | 수험번호 | | 성명 | |

---

10. 자연채광 시스템의 종류 및 설계시 고려사항에 대하여 설명하시오.

11. TOE(Ton OF Oil Equivalent)에 대하여 설명하시오.

12. 변압기 절연방식의 종류를 들고 설명하시오.

13. 3상 교류계통에서 설비(기기)에 대한 결상 및 역상에 대한 보호방식을 설명하시오.

국가기술 자격검정 시험문제

기술사 제 97 회   제 2 교시 (시험시간: 100분)

| 분야 | 전 기 | 자격
종목 | 건축전기설비기술사 | 수험
번호 | | 성명 | |

※ 다음 문제중 4문제를 선택하여 설명하시오. (각25점)

1. 수전설비 인입구에 시설하는 LBS(부하개폐기) 설계 및 시공시 고려사항에 대하여 설명하시오.

2. 3상 계통에서 Y부하(한 상당 임피던스 : $30+j40\Omega$)와 Δ부하(한 상당 임피던스 : $60-j45\Omega$)가 병렬 연결된 부하에 $(2+j4\Omega)$의 선로를 통해 전력을 공급하고 있다. 전원측 전압은 207.85V이다. 다음 물음에 답하시오.

   1) 전원에서 공급하는 전류, 유효 및 무효전력은?

   2) 부하단 전압은?

   3) Y 부하 및 Δ 부하의 한 상에 흐르는 전류는?

   4) Y 부하 및 Δ 부하에서 사용하는 전력 및 선로손실은?

3. 모터의 보호를 1)모터 기동특성 커브 2)열적보호 3)정지회전자보호 4)단락보호 등의 입장에서 설명하고 TCC(Time Current Characteristic)곡선을 그려서 설명하시오.

4. 전력공급자와 소비자간 실시간 정보교환으로 에너지효율 최적화를 실현하기 위한 측면에서의 스마트 그리드(Smart Grid)에 대하여 설명하시오.

5. 건축물에서의 조명제어와 가로등에서의 조명제어시스템에 대하여 종류를 들고 설명하시오.

국가기술 자격검정 시험문제

기술사 제 97 회 제 2 교시 (시험시간: 100분)

분야	전 기	자격종목	건축전기설비기술사	수험번호		성명	

6. 그림과 같은 계통에서 F점에 단락사고 발생시 전동기의 과도리액턴스(Xd'')에 의한 M.F(Multiplying-Factor)를 고려하여 단락전류를 계산하시오.(단, 전원측과 선로측의 임피던스는 무시한다.)

전동기 용량	Xd''(%)	M.F(Interrupting duty 3~8 Cycle)
500 kVA	17	1.5
100 kVA	17	3

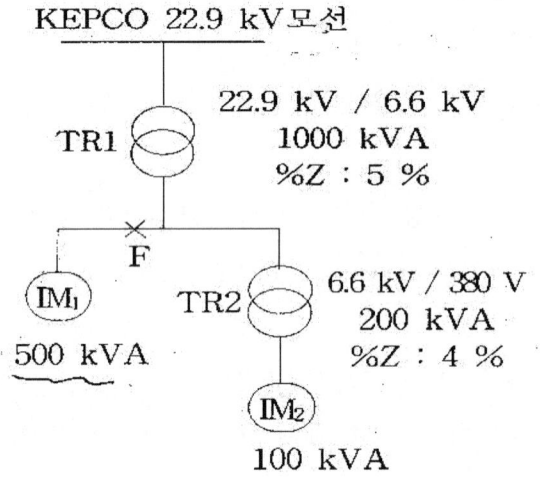

국가기술 자격검정 시험문제

기술사 제 97 회　　　　　　　　　　　제 3 교시 (시험시간: 100분)

| 분야 | 전기 | 자격종목 | 건축전기설비기술사 | 수험번호 | | 성명 | |

※ 다음 문제중 4문제를 선택하여 설명하시오. (각25점)

1. 의료장소(종합병원)의 전기설비 시설기준(KSC IEC 60364)에 대하여 특별히 고려할 사항을 설명하시오.

2. 대규모 수용가 계통에서 과도 불안정(Transient Instability)의 발생원인과 그 영향에 대하여 5가지 이상 설명하시오.

3. 건축물의 고압용 비상발전기 적용시 주요 고려사항에 대하여 설명하시오.

4. 건축물에 적용하는 교류배전방식과 직류배전방식의 장단점을 설명하시오.

5. 건축전기설비에서
   1) 설계감리에 대하여 그 대상과 업무범위에 대하여 설명하고
   2) 시공감리 업무범위에 대하여 설명하시오.

6. 건축물에서의 콘센트 설계방법과 콘센트의 위치 및 설치방법에 대하여 설명하시오.

국가기술 자격검정 시험문제

기술사 제 97 회 　　　　　　　　　　제 4 교시 (시험시간: 100분)

분야	전 기	자격종목	건축전기설비기술사	수험번호		성명	

※ 다음 문제중 4문제를 선택하여 설명하시오. (각25점)

1. SPD(Surge Protective Device)의 설계시 주요 검토사항에 대하여 설명하시오.

2. 그림과 같은 계통에서 계통 Base 용량 및 전압을 100MVA, 13.5kV로 할 때 변압기 T7과 선로 Z1 의 p.u 임피던스를 구하시오.
   (단, 변압기 권선비는 3.31이고 변압기의 저항성분은 무시한다.
   또한 BUS에 표기된 전압은 공칭전압이고 공급전원의 운전전압은 13.5kV이다)

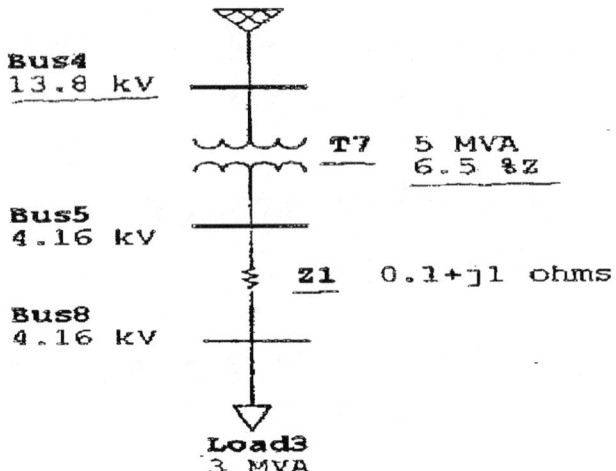

국가기술 자격검정 시험문제

기술사 제 97 회   제 4 교시 (시험시간: 100분)

분야	전기	자격종목	건축전기설비기술사	수험번호		성명	

3. 13.8 kV를 수전하고 있는 변압기의 2차측에 750kVAR의 캐패시터 뱅크가 연결 되어 있다. 이 계통에 가장 악 영향을 미칠 수 있는 고조파의 차수를 구하시오.
   (단, 변압기의 정격은 아래와 같다)

정격 용량	2000 kVA
1차측 정격전압	13.8 kV
2차측 정격전압	480 V
리액턴스	6 %

4. 차단기의 개폐 과전압에 대한 저압 전기설비의 보호방법에 대하여 설명하시오.

5. 비상용 엘리베이터에 대한 아래 내용을 설명하시오.
   1) 설치를 요하는 건물(설치 대상 건물)
   2) 설치 대수와 배치방법
   3) 비상용 엘리베이터의 구조 및 기능

6. 인텔리전트 건축물 등에 적용되고 있는 공통접지와 통합접지 방식에 대하여 비교 설명하시오.

제97회(2012.05)
문제해설

**건축전기설비
기술사
기출문제**

제 1 교 시

1.1. OCP(Optimal Capacitor Placement)문제를 설명하시오.

1. 개요
   (1) OCP(Optimal Capacitor Placement)란 최적의 콘덴서 설치계획을 말하는 것으로
   (2) 주로 배전 계통에서 적용하지만 여기에서는 건축전기설비에서의 콘덴서 설치방법에 대하여 설명하기로 한다.

2. 콘덴서 용량 산출 방법

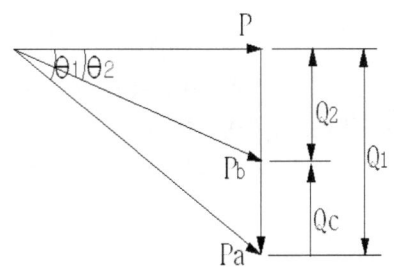

P : 유효전력 (kW)
Pa : 개선전 피상전력(kVA)
Pb : 개선후 피상전력(kVA)

(1) 일정 유효 전력(KW)의 경우
   Q_1 : 개선전 무효 전력(KVAR) $\cos\theta_1$: 개선전 역율
   Q_2 : 개선후 무효 전력(KVAR) $\cos\theta_2$: 개선후 역율
   Qc : 콘덴서 용량
   1) 역율 개선전 무효 전력
      $Q_1 = P \tan\theta_1$
   2) 역율 개선후 무효 전력
      $Q_2 = P \tan\theta_2$
   3) 컨덴서 용량
      $Qc = Q_1 - Q_2 = P(\tan\theta_1 - \tan\theta_2)$
      $= P\left[\dfrac{\sqrt{1-\cos^2\theta_1}}{\cos\theta_1} - \dfrac{\sqrt{1-\cos^2\theta_2}}{\cos\theta_2}\right]$

(2) 일정 피상전력(kVA)의 경우
   △P: 역율 개선 후 증가할 수 있는 유효 전력(KW)
   Pa: 피상 전력(일정)
   Q_1: 개선전 무효 전력(KVAR)
   $\cos\theta_1$: 개선전 역율
   Q_2: 개선후 무효 전력(KVAR) $\cos\theta_2$: 개선후 역율
   Qc: 콘덴서 용량

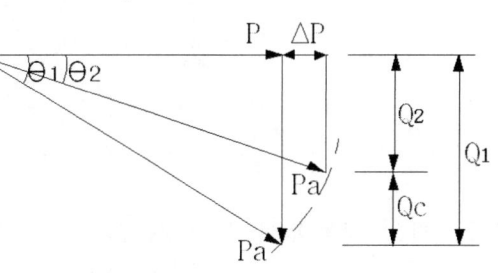

* 콘덴서 용량

$$Qc = Q_1 - Q_2 ≒ Pa(\sin\theta_1 - \sin\theta_2)$$
$$≒ Pa(\sqrt{1-\cos^2\theta_1} - \sqrt{1-\cos^2\theta_2})$$

* 역률 개선에 의해 증가할 수 있는 유효 전력

$$\Delta P = Pa(\cos\theta_2 - \cos\theta_1)(KW)$$

3. 전력용 콘덴서 설치 방법

설치방법에 따라 무효 전력 보상 대상이 다르며 그 방법은 다음과 같다.

방식	그림	특징
수전단 모선(고압) 측에 집합설치	(VCB, VC, SC, ACB, 부하)	1) 경제적이며 유지관리가 쉽다. 2) 역률의 개선은 콘덴서 설치점에서 전원측이 개선되므로 선로 및 부하기기의 개선효과가 작다.
수전단 모선과 부하측 모선에 분산설치	(VCB, VC, SC, ACB, SC)	1) 위 방법보다는 개선 효과가 크나 아래 각 부하에 분산 설치하는 방법보다는 떨어지는 방법이다. 2) 설치비가 위 방법보다 증가한다.
각부하에 분산설치	(VCB, ACB, M)	1) 역률 개선 효과가 가장 크다. 2) 고압용 콘덴서보다 설치면적도 많이 차지하며 초기에 투자되는 비용이 크다.

1.2. 배전 계통에서 고장계산을 하는 이유를 5가지 이상 들고 설명하시오.

1. IEC-60909 에 의한 단락전류 분류

(1) Ik"(Initial Symmetrical Short-Circuit Current. 초기대칭 단락전류)
 - 초기 대칭 단락 전류로 단락 순간에 적용 할 수 있는 유효분 단락

전류 실효치
- 여기에서 구한 Ik"는 기타 계산의 기초가 되고
- 저압 Fuse, MCB, RY 순시 탭 등에 적용

(2) Ip(Peak Short-Circuit Current. 피크 단락 전류)
- 최대 단락 전류 순시치
- Ip = $\sqrt{2}\, k\, I_k''$
  여기에서 k : 고장 상태에서 X/R의 함수임
- Bus 기계적 강도에 적용

(3) Ib(Symmetrical Short-Circuit Breaking Current. 대칭단락 차단전류)
- 스위치 첫 번째 극의 접촉 분리 순간의 유효 대칭 교류분
- Ib는 발전기와 전동기의 기여전류를 계산하여 합산해야 한다.
  Ib = μ Ik" 여기에서 μ : 기여 전류 계수이고 전동기의 기여 전류가 계통에 비해 현저히 작을 경우는 Ib = Ik" 로 해도 실용적으로는 문제가 없다.
- 차단기의 차단 용량 결정시 적용

(4) Ik(Steady-State Short-Circuit Current. 정상 상태 단락전류)
- 과도 상태 소멸 후 실효치
- 발전기의 기여를 고려한 전류로서
- Ik = λ · Ig
  여기에서 λ : 발전기의 여기전압 함수
  Ig : 발전기의 정격 전류임
- 한시 탭 정정에 적용

2. 고장 계산을 하는 이유
  (1) 계통보호
  (2) 보호 계전기 선정
  (3) 고압, 저압 차단기선정
  (4) Power Fuse 선정
  (5) 단락 전류에 의한 기계적 강도 계산
  (6) 단락 전류에 의한 열적 강도 계산 등

1.3. 시각 순응에 대하여 설명하시오.

1. 순응(Adaptation)의 정의
   눈에 들어오는 빛이 극히 적은 경우에는 눈의 감광도는 대단히 높아지고, 눈에 들어오는 빛의 양이 많으면 감광도는 떨어진다.

이와 같이 우리의 눈은 다른 밝기에서도 물체가 보이도록 익숙해지는 것을 순응이라 한다.

2. 순응의 종류
사람이 어두운 데서 밝은 곳으로 갔을 때 또는 밝은 곳에 있다가 어두운 곳으로 갑자기 간다든지 하면 사물을 식별하는데 시간이 걸리며 이를 명순응과 암순응이라 한다.

(1) 명순응
  어두운 곳에서 밝은 쪽으로의 순응 수초~수분 정도 걸린다.
(2) 암순응
  밝은 쪽에서 어두운 쪽으로의 순응 수분~수십분 정도 걸린다.

3. 순응의 적용
  - 터널 조명
  - 극장 조명등

1.4. 눈부심의 손실에 대하여 설명하시오.

1. 눈부심의 원인
눈부심의 대표적인 원인으로는 다음과 같은 것들이 있다.
(1) 휘도가 높은 광원일수록
(2) 광원의 겉보기 면적이 작을수록
(3) 광원이 시야의 중심에 가까울수록
(4) 눈에 입사하는 광속이 많을수록
(5) 눈부심을 주는 광원을 오래 주시할수록
(6) 수직면 조도가 높을수록
(7) 보려는 물체와 주변 사이에 휘도 차이가 심할수록
(8) 순응 결핍 : 주위가 어두운 상태로 눈이 순응되어 있을 때에는 낮은 휘도에서도 눈부심을 일으킨다.

2. 눈부심(Glare)의 종류(55.1.4)
(1) 감능 글레어
  보는 대상물 주위에 고 휘도 광원이 있는 경우 망막 앞에 어떤 휘도를 갖는 광막 커텐이 쳐지기 때문에 보는 대상물을 식별하는 능력을 저하시키는 현상.
(2) 불쾌 글레어

눈부심 때문에 심리적으로 불쾌한 분위기를 느끼는 것을 말한다.
즉, 심한 휘도 차이로 눈의 피로, 불쾌감을 느껴서 시력에 장애를 받는 현상

(3) 직시 글래어
휘도가 높은 광원을 직시 하였을 때 나타나는 현상으로 눈부심을 일으키는 휘도의 한계는 다음과 같다.
* 항상 시야 내에 있는 광원 : 0.2(Cd/㎠) 이하
* 때때로 시야 내에 있는 광원 : 0.5(Cd/㎠) 이하

(4) 반사 글래어
고휘도 광원의 빛이 물질의 표면에서 반사하여 눈에 들어왔을 때 일어나는 현상으로, 반사면이 평평하고 광택이 있는 면의 경우 즉, 정반사율이 높은 면일수록 눈부심이 강하게 된다.

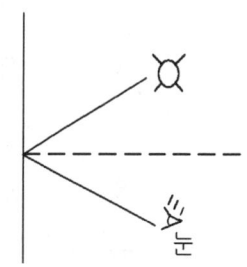

3. 빛의 손실

광원과 시야간의 각도	눈부심에 의한 빛의 손실	실제 조도
40°	40%	60%
20°	50%	50%
10°	70%	30%
5°	85%	15%

4. 결론
(1) 광원과 시야간의 각도에 따라 빛의 손실이 달라진다.
(2) 광원과 시야의 각도가 작을수록 즉, 광원이 시야의 중심에 가까울수록 빛의 손실이 커져 실제 밝기는 어둡게 된다.

1.5. 한류퓨즈와 비 한류퓨즈의 장·단점과 적용조건을 설명하시오.

1. 한류형과 비한류형 비교

No.	구 분	한 류 형	비 한 류 형
1	소호 재료	규소	붕산, 화이버
2	차 단 점	전압 "0"점	전류 "0"점
3	차단 원리	높은 아크 저항을 발생하여 차단	소호가스로 극간 절연내력을 재기 전압 이상으로 높여 차단
4	용 도	옥내용	옥외, 옥내용
5	장 점	1. 차단용량 크다(40kA) 2. 한류 효과 크다 3. 무 방출	1. 과전압 발생 없음 2. 저가
6	단 점	1. 과전압 발생 2. 고가	1. 차단용량 작다(20kA) 2. 용단시 가스 발생 3. 소음 발생

2. PF의 적용 조건

(1) PF의 용도
   1) 변압기 보호 및 그 변압기 회로의 고장전류 차단
   2) 전동기 및 제어장치 회로의 고장전류 차단
   3) 전력용 콘덴서 단락시 콘덴서 보호 및 그 회로 보호
   4) 차단 용량이 부족한 차단기 및 개폐기의 Back-up보호
   5) 단락시 케이블 보호
   6) 기타 기기 및 회로의 단락 보호

(2) 타 개폐기와의 비교

기 능	회로분리		사고차단	
	무부하	부하	과부하	단락
전력용 퓨즈	O			O
차단기	O	O	O	O
개폐기	O	O	O	
단로기	O			
전자접촉기	O	O	O	

(3) 용도별 선정 기준
   가. 변압기 보호용(T형)
      - 변압기의 허용 과부하에 Fuse가 용단 되지 않을 것

- 단락 보호용은 전부하 전류의 2배로 선정
- 변압기의 돌입 전류에 Fuse가 용단 되지 않을 것
- 2차측 단락에 변압기를 보호 할 것
- 타 보호 기기와 절연 협조를 가질 것

나. 전동기 보호용(M형)
- 전동기의 허용 과부하에 Fuse가 용단 되지 않을 것
- 전동기의 기동 전류에 Fuse가 용단 되지 않을 것
- 빈번한 기동과 역전을 할 때 그 반복전류로 용단되지 말 것

다. 콘덴서 보호용(C형)
- 콘덴서의 연속 최대 과부하 전류에 Fuse가 용단 되지 않을 것
- 콘덴서의 돌입 전류에 Fuse가 용단 되지 않을 것

라. 일반 부하용(G형)
- 상시의 부하 전류를 안전하게 통전할 수 있어야 한다.
- 과부하 및 과도 돌입전류는 단시간 허용 특성 이하 일 것
- 반복 부하일 경우 충분한 여유를 가질 것

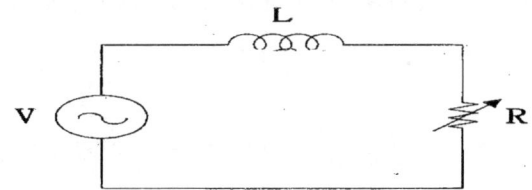

1.6. 그림과 같은 회로에서 교류전압을 인가하는 경우 저항 R을 변화시켜 저항에서 소비되는 전력이 최대가 되기 위한 조건과 최대전력을 구하시오.

1. 최대전력 전달 조건

   전원의 내부 임피던스와 부하측의 임피던스가 정합(Matching)을 이룰 때 전력을 최대로 전송 할 수 있음. 즉 R = jXL 일때 최대 전력이 전달된다.

2. 최대 전력

   (1) 임피던스 $Z = R + jX_L = \sqrt{R^2 + X_L^2}$ ..... (1)

   (2) 전류 $I = \dfrac{V}{Z}$ ..... (2)

   (3) 전력 $P = I^2 R = \left(\dfrac{V}{Z}\right)^2 \cdot R = \dfrac{V^2 R}{(\sqrt{R^2 + X_L^2})^2} = \dfrac{V^2 R}{R^2 + X_L^2}$ ..... (3)

식(2)의 분모, 분자를 R로 나누면 $P = \dfrac{V^2}{R + \dfrac{X_L^2}{R}}$ ……(4)

(4) 최대전력 전달 조건

식(4)의 분모 값이 최소일 경우이므로 미분 값이 0이면 최대전력이 된다. 분모를 A로 치환 후 미분하면

$$\dfrac{dA}{dR} = \dfrac{d}{dR}\left(R + \dfrac{X_L^2}{R}\right) = 1 - \dfrac{X_L^2}{R^2} = 0 \qquad \therefore R = X_L \text{……(5)}$$

따라서 최대전력 전달조건은 $R = jX_L = jwL$이 되고 전원 임피던스와 부하의 임피던스가 동일할 때 최대전력이 전달된다.

식(3)에 조건을 대입하면 $P_{max} = \dfrac{V^2}{2R}[W]$ 또는 $P_{max} = \dfrac{V^2}{2\omega L}[W]$ 가 된다.

1.7. 전력간선의 전압강하 계산에서 간이계산식과 정식계산식의 차이점을 설명하시오.

1. 개요

전압 강하 계산을 위해서는 선로정수로서 저항과 인덕턴스만을 생각하여 단상 등가 회로와 벡터도를 그리면 다음과 같다.

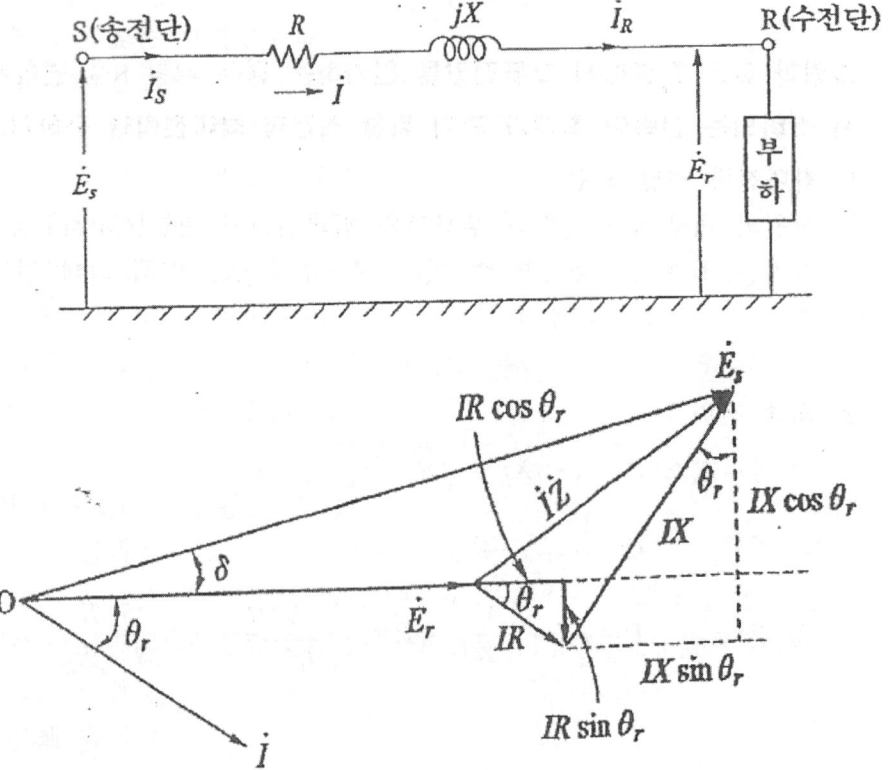

2. 전압 강하 계산

전압강하 계산법에는 변압기를 포함하지 않고 계산하는 임피던스법과 등가저항법이 있으며, 변압기를 포함한 계산법으로는 %임피던스법과 암페어 미터법이 있다.

(1) 임피던스법

상기 그림에서 Es와 Er는 각각 송전단과 수전단이 중선점에 대한 대지전압이다. Er와 전류 I와의 상차각을 θ 라고 하고 Er를 기준벡터로 잡아주면 그림2의 벡터도로부터 송전단 전압은 다음 식으로 구해진다.

Es =(Er + IR cosθ + IX sinθ) + j(IXcosθ − IRsinθ)

위에서 제2항은 제1항에 비해 훨씬 작기 때문에 무시하면 Es = Er +I(R cosθ + X sinθ) 가 된다.

* 전압강하 ΔV = Es− Er =I(R cosθ + X sinθ)

상기식이 상 전압이므로 선간 전압은 $\sqrt{3}$ 배를 하면 된다.

* 위에서 뒤항은 앞항에 비해 적으므로 앞항만 계산하여 간단히 하면

전기방식	전압강하
- 1ɸ2w - 직류 2선식(Kw:2)	$e = \dfrac{35.6\,LI}{1000\,A}$
- 3ɸ3w(Kw: $\sqrt{3}$)	$e = \dfrac{30.8\,LI}{1000\,A}$
- 3ɸ4w, 1ɸ3w(Kw:1)	$e = \dfrac{17.8\,LI}{1000\,A}$

e : 상전압 강하임. 따라서 380/220V 회로에서 전압 강하율은 e / 220 이어야 함.

여기서 e : 각 선간의 전압강하(V)
L : 선로 길이(m)
I : 전부하 전류(A)
A : 전선 단면적(㎟)

1.8. 풍력발전설비에서 출력제어방식의 종류를 들고 설명하시오.

1. 풍력발전설비의 원리 및 구성

(1) 원리

풍력 발전은 풍차의 기계적 에너지를 발전기를 이용하여 전기 에너지로 변환시키는 것으로서 풍력 에너지 E는 다음 식으로 주어진다.

$$E = \frac{1}{2} \rho\, A\, V^3 \;(W)$$

여기서 ρ : 공기의 밀도(kg/㎥)
A : 공기 흐름의 단면적(㎡)
V : 공기의 평균 풍속(m/s))

위의 식에서 알 수 있듯이 풍력 발전 시스템은 풍속의 3승에 비례하기 때문에 상당히 불안정한 발전 시스템이라 할 수 있다. 또한 출력을 크게 하기 위해서는 회전자를 크게 해야 하므로 탑의 높이도 높아져야 한다.

(2) 구성

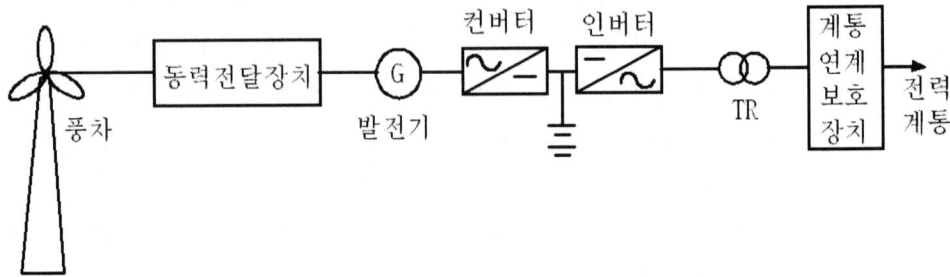

풍력 발전기는 철탑, 풍차(프로펠러), 바람 에너지를 기계 에너지로 변환하는 회전자와 동력 전달 장치, Gear Box, 발전기, 축전지, 전력선 등으로 구성되어 있으며 풍차는 다음과 같은 종류가 있다.
- 수평축형과 수직축형으로 분류된다.
- 현재 수평축 프로펠러형, 3 Blade형이 대부분이다.

2. 풍력 발전의 분류

(1) 구조상 분류
- 수평축 풍력 시스템(HAWT)
- 프로펠라형 수직축 풍력 시스템(VAWT)

(2) 운전 방식
- 정속 운전(통상 Gear형)
- 가변속 운전(통상 Gealess형)

(3) 출력 제어 방식
- Pitch(날개각) Control
- Stall Control

3. 출력 제어 방식

풍력 발전의 출력 제어 방식으로는 Blade를 조절하는 방법과 인버터를 이용하는 방법이 있다.

(1) Pitch(날개각) Control
날개의 경사각(Pitch) 조절로 출력을 능동적으로 제어하는 방식
(2) Stall(失速) Control
한계 풍속 이상이 되었을 때 양력이 회전 날개에 작용하지 못하도록 날개의 공기 역학적 형상에 의한 제어 방식
(3) 인버터 제어
인버터를 이용하여 풍속에 관계없이 일정 출력을 얻을 수 있는 장점이 있다.

1.9. 전기설비 판단기준 제235조에서 규정하는 도로등의 전열장치의 시설(발열선) 설치 기준에 대하여 설명하시오.

1. 설비의 필요성
   (1) 차량 운전자의 안전사고 방지
   (2) 결빙방지, 융설 효과를 극대화하여 원활한 교통 흐름 기대

2. 주요 적용 장소
   (1) 도로 구배(경사) 구간, 터널 입출구
   (2) 공항 활주로, 격납고, 헬리포트장
   (3) 빌딩 아파트 지하 주차장
   (4) 기타 결빙 방지나 눈녹임 필요 장소

3. 시스템 구성
   (1) 로드 히팅 케이블
   (2) 제어 시스템
      - Control Panel
      - 출력 제어 Controler
      - Snow 및 온도 Detector

4. 설계

(1) 소요 전력의 용량

단위 면적당 소요 전력은 기온, 강설량, 풍속, 통전시간 등에 따라 다르나 다음의 수치를 표준으로 하는 것이 적당하다.

시설 장소	설비용량(W/m²)
일반 보도	200 ~ 300
차 도	250 ~ 350
계 단	300 ~ 350

(2) 배선 설계

발열선의 면적과 공급 전압과의 관계

$$A = \frac{P}{WR} \times V$$

여기서 A : 면적(m²)   P : 발열선의 피치(m)
    V : 사용 전압(V)   W : 단위면적당의 소요용량(W/m²)
    R : 발열선의 저항(Ω/m)

(3) 배선 방법
- 시설 장소에서 파형으로 배열하는 방법
- 미리 스페이서로 지지하여 1유니트마다 메트 모양으로 한 것을 사용하는 방법

(4) 발열선 시설시 주의사항
- 발열선에 전기를 공급하는 전로의 대지전압은 300 V 이하일 것
- 상호 접촉되지 아니하도록 할 것
- 꼬임이 발생하지 않도록 배선
- 물건에 감는 경우 일부분에만 온도 상승이 일어나지 않도록 할 것
- 발열선이나 리드선에서 상처가 나지 않도록 할 것

(5) 개폐기 및 과전류차단기
- 전용의 개폐기 및 누전차단기를 시설하여야 한다.
- 시건장치가 있는 함에 시설하는 경우 이외의 옥외에 시설하는 경우에는 지표상 1.8m 이상의 높이에 시설할 것.

(6) 접지

사용전압이 400 V 미만인 것에는 제3종 접지공사,
사용전압이 400 V 이상인 것에는 특별 제3종 접지공사를 할 것

(7) 시설 방법 예(차도 시멘트 콘크리트 포장)
- 히팅 케이블 간격 : 보통 5 ~ 10Cm
- 히팅 케이블 매설 깊이 : 표면으로부터 50 ~ 70 Cm

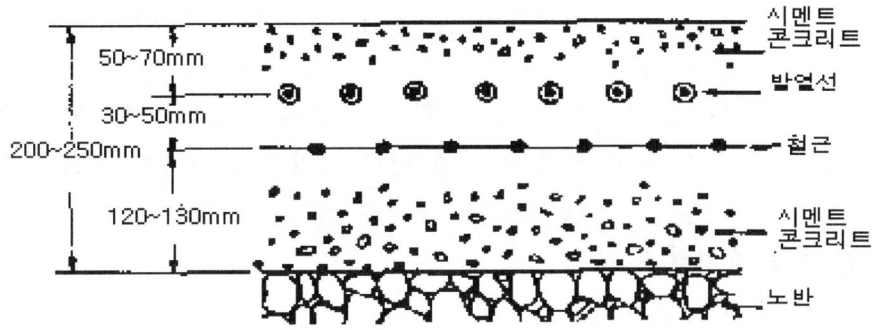

1.10. 자연채광 시스템의 종류 및 설계시 고려사항에 대하여 설명하시오.

1. 천창을 통한 자연광 도입

    (1) 일반천창

    (장점)
    - 비교적 적은 비용이 든다.
    - 날이 맑을 경우 어두운 공간에 가장 효과적인 조명을 제공한다.
    - 태양고도가 높은 적도지방에 효과적이다.

    (단점)
    - 온도 변화의 영향이 크며, 특히 추운 기후에 문제가 있다.
    - 눈부심의 문제를 일으킬 수 있다.
    - 수평 유리창은 수직유리창보다 파손의 위험성이 크다.

    (고려사항)
    - 가능한한 경사지고 동쪽으로 향하는 천창을 계획하는 것이 좋다.
    - 투명한 유리를 사용한 작은 천창이 바람직하다.
    - 작업 면을 간접적으로 조명
    - 눈부심을 제어하고 빛을 넓은 지역으로 반사하기 위한 조절장치를 계획한다.
    - 원하지 않는 빛을 외부로 다시 반사하여 빛의 양을 조절하는 것이 바람직하다.
    - 빛을 정확히 원하는 곳으로 보내기 위하여 루버나 반사경을 사용하는 것이 바람직하다.

    (2) 광정
    - 경사진 면으로 형성된 광정은 하늘과 천장 부분의 휘도차를 완화시키는데 효과적임.
    - 우물 형태의 측면은 반사율이 높아야 하며, 무광택성 마감이 바람직하다.

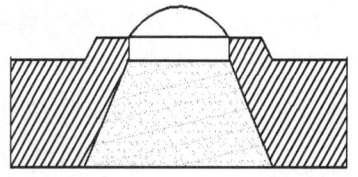

(3) 모니터형과 톱날형 천창(Monitor Roof, Sawtooth Roof)
- 모니터형은 반사율이 높은 지붕표면을 사용하면 내부조도를 향상시킬 수 있다.
- 톱날형 천창은 하늘을 향하여 창을 기울이면주광의 도입을 증가시킬 수 있으나 유리 위에 먼지가 많이 쌓이므로 장점이 상쇄한다.

2. 측창 자연광 도입
(1) 빛 선반장치
창으로 유입된 태양광을 실내 천장면으로 반사시켜 자연채광을 실 안쪽 부분까지 깊숙이 장치 경사 각도를 알맞게 하여 실 깊숙한 부분까지 자연채광을 도달시켜 조명에너지의 절감을 도모.

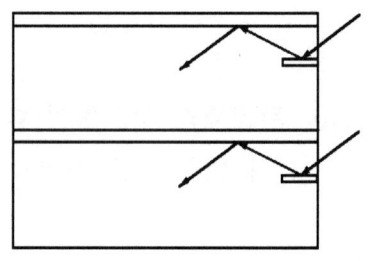

(2) 프리즘 윈도우
자연채광을 적극적으로 실 안쪽 깊숙이 도입

3. 설비형 자연채광 방식
(1) 추미방식 채광장치(반사경 방식)
1) 태양광 자동추미방식 채광장치 마이크로컴퓨터를 이용하여 태양광을 자동적으로 추미하는 방식
2) 태양광 수동 추미방식 채광장치 태양광의 위치변화를 미리 컴퓨터로 계산하고, 최적 반사각도에 적합하도록 반사거울을 설정
(2) 덕트방식
곡면경이나 평면경으로 모은 태양광을 반사율이 높은 거울면으로 원하는 곳에 빛을 비추는 방법 인공조명과 함께 쓰일 수 있어 야간이나 모든 기상조건에서도 시스템이 작용한다는 장점이 있다.
- 수직형 덕트 방식   - 수평형 덕트 방식
- 수직, 수평 병용형 덕트 방식

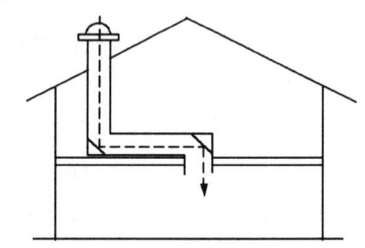

(3) 광섬유 케이블 방식
광섬유 케이블은 구부릴 수 있고 기존건물에도 작은 덕트를 통해 쉽게 설치될 수 있는 우수한 장치이지만 전달되는 빛의 양에 비해 가격이 비싼 단점이 있음

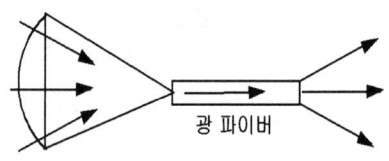

(4) 설비형 자연채광방식의 비교

자연광이 인공조명과 유사한 장치로부터 제공된다면 사용자들은 변화와 자극의 부족함과 조망의 불가능으로 인하여 자연광을 접하고 있다는 느낌을 받지 못하게 될 것이고 따라서 자연광임을 느끼게 해주는 조명 디자인 및 실내디자인이 요구된다.

설비형 자연채광방식의 특성을 비교하면 다음과 같다.

종류	구성	광 송전방식	특징
반사경 방식	태양광추적센서 경면제어장치 반사경	반사율이 높은 여러개의 거울이용	구조가 간단하다. 평균 조도가 높다. 값이 저렴하다.
덕트 방식	태양광 집광장치 내부가 반사율이 높은 거울면으로 구성된 스텐레스 튜브나 금속제 덕트	광덕트를 이용하여 밀폐된 공간으로 빛을 전달	값이 저렴하다. 채광장소가 실내 근거리와 지하에 국한된다.
광섬유 방식	태양광 집광장치 광추적 콘트롤러 조사단말	광섬유 케이블을 이용하여 빛을 전달	효율이 높다. 양질의 빛을 전송한다. 광범위 채광 가능하다.

1.11. TOE(Ton OF Oil Equivalent)에 대하여 설명하시오.

1. TOE란

    (1) TOE란 Ton OF Oil Equivalent의 약자이며

    (2) 열량의 비교를 위한 것으로 타 연료의 열량을 원유 기준으로 환산한 양으로 원유 1kg = 10,000 kcal로 환산하여 기준한 것이고 1 TOE는 107kcal이다.

    (3) 이 단위는 무게가 환산 기준이므로 통상 부피로 계량하는 석유제품, 도시가스 등은 부피를 무게로 환산하는 과정이 선행되어야 한다.

    (4) 예
    - 휘발유 1(l) = 원유 0.83 kg
    - 방카C유 1(kl) = 0.99 TOE
    - 전기 1MW = 0.25 TOE에 해당한다.

2. TOE 적용

    (1) VA(Voluntary Agreement) 자발적 협약제도

- 에너지를 생산, 공급, 소비하는 기업과 정부가 상호 신뢰를 바탕으로 에너지 절약 및 온실가스 배출 감축을 하기 위한 협약으로서
- 기업은 실정에 맞는 목표를 설정하여 이행하고
- 정부는 기업의 목표 이행을 위한 자금과 세제지원, 인센티브 등을 제공하여 기업의 노력을 적극 지원하는 제도임.

(2) 협약대상의 범위
1) 연간 연료사용량이 500 toe(석유환산톤)이상인 자로 연간 에너지사용이 2,000 toe 이상인 자
2) 연간 연료사용량과 관계없이 연간 에너지사용량이 5,000 toe 이상인 자
3) 건물부문 에너지사용자로서 연간 에너지사용량이 2,000 toe 이상인 자
4) 기타 정부 또는 지방자치단체(이하 "정부"라 한다)가 필요하다고 인정하는 자

1.12. 변압기 절연방식의 종류를 들고 설명하시오.

1. 절연방식에 의한 분류

(1) 전 절연
- 비 유효 접지 계통(△결선)에서 BIL 값 전체로 절연 (상전압과 선간전압이 같으므로)

예. 154kv = 5E + 50 KV = 750 KV
즉, 750 KV 까지 절연한다.

(2) 저감 절연
- 유효 접지 계통(Y결선)에서 1선 지락 사고시 전위상승(1.3E) 이하로 절연(상전압이 선간전압의 $\frac{1}{\sqrt{3}}$ 이므로)

예. BIL = 750 KV
- 1000 KV 이상 :-250
  1000 KV 이하 :-100
- 1단 저감 : 650 KV

(3) 균등 절연
- 비 유효 접지 계통에서 변압기 권선을 균등하게 절연

(4) 단 절연
- 유효 접지 계통에서 변압기 권선의 선로측 ~ 중성점 까지 단계적으로 절연

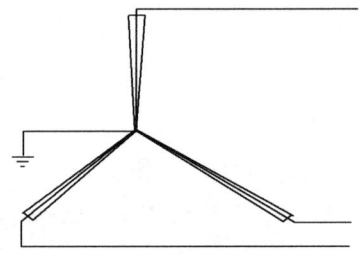

2. 절연 계급(등급)에 따른 분류

전기기기의 절연계급에 따라 온도 상승한도와 구성재료는 KSC 4311에서 아래와 같다.

절연 계급	절연물허용 최고온도(℃)	권선온도 상승한도(K)	절연 재료 및 방법	용 도
Y종	90	-	면, 비단, 종이 등으로 절연한 것	저압기기
A종	105	60	면, 비단, 종이 등을 바니스로 함침시키거나 유중에 담근 것	유입변압기
E종	120	75	에나멜선 사용	전동기
B종	130	80	석면, 유리섬유 등을 합성수지와 조합	몰드TR
F종	155	100	석면, 유리섬유 등을 내열성 합성수지와 조합 한 것	몰드TR
H종	180	125	마이카, 석면, 유리 섬유 등을 실리콘 수지와 조합한 것	건식변압기
200,220,250		135,150	마이카, 자기, 유리 섬유 등을 시멘트와 같은 무기질 재료와 조합한 것	특수기기

1.13. 3상 교류계통에서 설비(기기)에 대한 결상 및 역상에 대한 보호방식을 설명하시오.

1. 고압 전동기

    (1) 단락 보호 : 고압 PF 또는 OCR의 순시 요소
    (2) 과전류 보호 : OCR의 한시 요소
    (3) 지락 보호
        접지계통- OCGR
        비접지 계통 : OVGR, DGR(SGR)
    (4) 과전압 보호 : OVR
    (5) 저전압 보호 : UVR
    (6) 결상 보호 : POR
    (7) 역상 보호 : RPR
        상기 계전기들 중
        - 전류용은 CT(비접지 계통은 ZCT)
        - 전압용은 PT를 계전기 입력단에 설치해야 하며
        - 계전기 동작 신호(접점)를 차단기(주로 VC사용) 에 주어 트립을 시킴.

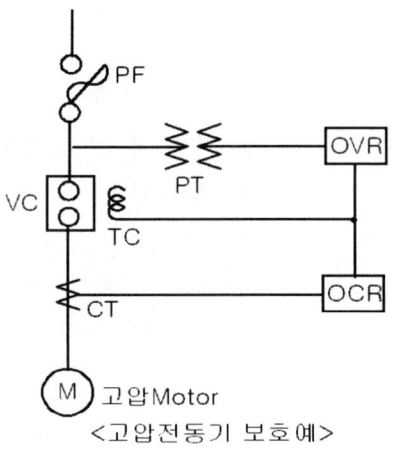

<고압전동기 보호예>

2. 저압 전동기

기 능	Fuse	MCCB	ELB	TH	EOCR 2E	EOCR 3E	EOCR 4E
단 락	O	O	선택	선택			
과전류	△	O	선택	O	O	O	O
결 상					O	O	O
역 상						O	O
지 락			O				O

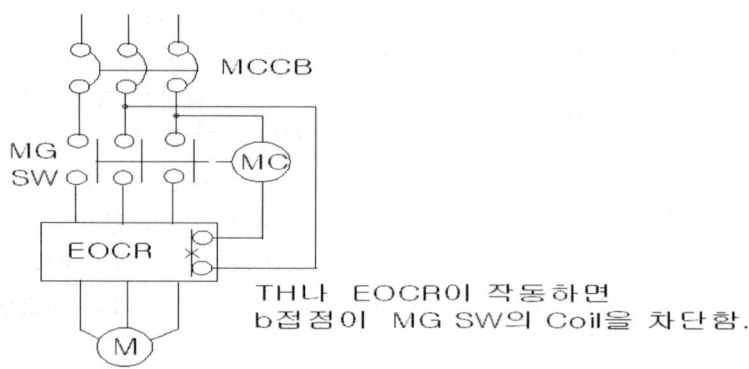

<저압 전동기 보호 예>

3. 전동기 소손 최소화 대책

모든 회전기기의 사용 가능 연한을 10~15년으로 추정하면 장기간 사용한 전동기는 전면의 피로 현상에 의해 약간의 문제가 발생해도 소손으로 이어지게 된다. 따라서 전동기 소손을 최소화 하려면

1) 기계 용량과 특성에 맞는 전동기 선정
2) 용도에 맞는 정확한 계전기 선정
3) 계전기의 TAP을 부하 특성에 맞게 SETTING
4) 계전기의 정상 작동 여부 정기적으로 CHECK
5) 정기 적인 유지 보수(베어링 교체, 윤활유 급유등)
6) 수명이 다해 노후 된 전동기 교체등을 해야 한다.

제 2 교시

2.1. 수전설비 인입구에 시설하는 LBS(부하개폐기) 설계 및 시공시 고려사항에 대하여 설명하시오.

1. 기능
인입 개폐기로 사용되며 부하전류를 개폐할 수 있으나 고장 전류까지 차단을 원할 때는 한류 휴즈 부착형을 사용해야 한다.
 즉 PF 있는 것 : 부하전류의 개폐와 사고 전류 차단이 가능
 PF 없는 것 : 부하전류 개폐 가능하나 사고전류 차단 능력은 없음.

2. 정격
(1) 정격전압 : 12, 24KV.
(2) 정격 전류 : 630A
(3) 정격 단시간 내전류 : 20kA
(4) 정격 차단 전류 : 40KA/rms
  (한류형 Fuse 부착형)

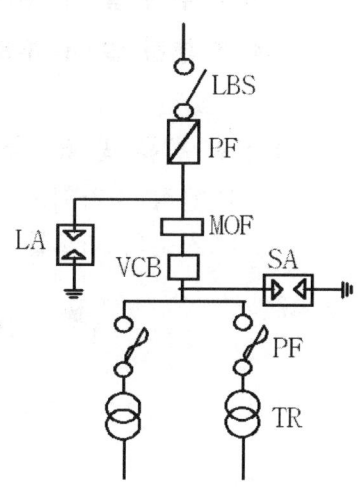

3. 특징
- 3상이 동시에 개로 되므로 결상의 우려가 없다.
- PF 부착형은 단락 전류를 한류퓨즈가 차단하므로 사고의 피해 범위를 줄일 수 있다.

4. 설계시 고려사항
- LBS정격은 사용 회로의 정격(전압, 전류, 단락전류 등)보다 높아야 함.
- LBS는 MOF전단에 설치하는 것이 바람직하다.
- PF는 반드시 예비품을 준비하여야 한다.
- 수동식과 전동식이 있으며 전동식은 DC110V를 권장함.
- PF 있는 제품은 PF 용단시 결상이 되므로 3상을 동시 개방 할 수 있는 구조를 갖추어야 한다.

5. 결론
- 과거에는 인입부에 Int SW를 많이 사용하였으나 최근에는 배전반을 사용하는 관계로 LBS를 많이 적용하고 있다.
- LBS는 어느 정도의 부하 개폐도 가능하며 개방시 DS처럼 개방을 눈으로 확인 할 수 있는 장점이 있다.

- 또한 최근에는 가격도 저렴하여져서 일반적인 수용가의 정식 수전에는 대부분 LBS를 적용하고 있다.

2.2. 3상 계통에서 Y부하(한 상당 임피던스 : 30+j40Ω)와 Δ부하(한 상당 임피던스 : 60-j45Ω)가 병렬 연결된 부하에(2+j4Ω)의 선로를 통해 전력을 공급하고 있다. 전원측 전압은 207.85V이다. 다음 물음에 답하시오.
  (1) 전원에서 공급하는 전류, 유효 및 무효전력은?
  (2) 부하단 전압은?
  (3) Y 부하 및 Δ 부하의 한 상에 흐르는 전류는?
  (4) Y 부하 및 Δ 부하에서 사용하는 전력 및 선로손실은?

1. 전원 전류 및 유, 무효전력
   (1) 단상 등가회로도
      지문의 회로를 그리면 다음과 같다.

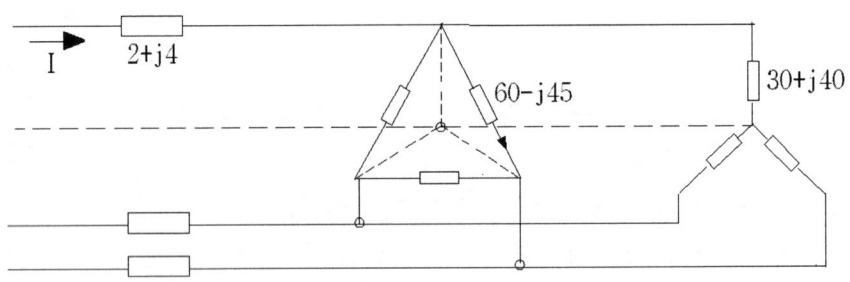

위 회로의 △부분을 $\Delta - Y$ 등가 변환하면

$$Z_{\Delta \to Y} = \frac{Z_{ab}Z_{ca}}{Z_{ab}+Z_{bc}+Z_{ca}} = \frac{(60-j45)(60-j45)}{(60-j45) \times 3} = 20-j15 \ldots (1)$$

위 식(1)의 결과를 단상 등가회로도로 그리면 다음과 같다.

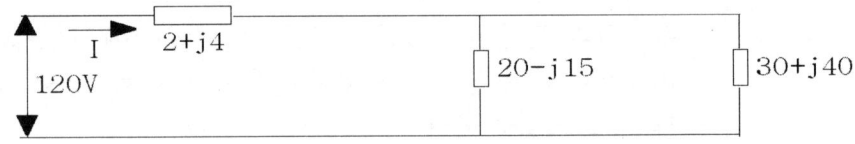

   (2) 전류
      합성임피던스 $Z = 2+j4 + \frac{(20-j15) \times (30+j40)}{(20-j15)+(30+j40)} = 24[\Omega]$

      송전단 전류 $I = \frac{E}{Z} = \frac{120}{24} = 5 \angle 0[A]$.

   (3) 송전단 유, 무효전력
      $P+jQ = EI^* = 120 \times 5 = 600[VA] \ldots (2)$

위 식 (2)는 단상 전력이므로 3상 전력은
$$S = 3(P+jQ) = 3 \times 600 = 1800[VA] \ldots (3)$$
따라서 유효전력 : 1,800[W], 무효전력은 : 0[Var] 이 된다.

2. 부하단 전압

전압강하 $\Delta E = 5.0 \times (2+j4) = 10 + j20 = 22.36 \angle 63.43[V]$

따라서, 부하단 전압의 3상 선간전압은

$$V_L = (120 - 22.36) \times \sqrt{3} = 97.64 \times \sqrt{3} = 169.13[V]$$

3. 부하의 상전류

(1) Y 결선 부하의 상전류

$$I_Y = \frac{V_L}{Z_Y} = \frac{97.64}{30+j40} = 1.173 - j1.562 = 1.953 \angle -53.1[A]$$

(2) △결선 부하의 상전류

Y결선 변환시의 상전류는

$$I_{\Delta \to Y} = \frac{V_L}{Z_{\Delta \to Y}} = \frac{97.64}{20-j15} = 3.124 + j2.343 = 3.9 \angle 36.86[A] \ldots (4)$$

실제의 부하는 △결선이므로 실제의 상전류는

$$I_\Delta = \frac{3.124 + j2.343}{\sqrt{3}} = 1.804 + j1.353 = 2.255 \angle 36.87[A] \ldots (5)$$

4. 부하에서 사용하는 전력 및 손실

(1) 부하에서 사용하는 전력
- Y결선 부하
$$S_Y = V_L I_Y = 97.64 \times (1.173 - j1.562) = 114.53 - j152.51[VA]$$
3상 전력은 $S_Y = 342.42 + j457.54[VA] \ldots (6)$

- △결선 부하 $S_\Delta = 97.64 \times (1.804 + j1.353) = 176.14 + j132.11[VA]$
3상 전력은 $S_\Delta = 528.42 + j396.33[VA] \ldots (7)$

(2) 부하에서 소비되는 전력은
$$S = (342.42 + 528.42) + j(-457.54 + 396.33) = 870.84 - j61.21[VA] \ldots (8)$$

5. 선로 손실

식(3)-(8)하면 되므로
$$P_L = (1800 - 870.84) + j(0+61.21) = 929.16 + j61.21[VA]$$

2.3. 모터의 보호를 1) 모터 기동특성 커브 2) 열적보호 3) 정지회전자보호 4) 단락보호 등의 입장에서 설명하고 TCC(Time Current Characteristic) 곡선을 그려서 설명하시오.

1. 전동기의 소손 원인

   (1) 전기적 원인

종류	원인	현상	보호 대책
1. 과부하	기계의 과중한 부하	과열->절연파괴->소손	OCR, EOCR
2. 결상	연결부위나 접점 등의 결함에 의해 3상중 1상이 결상	토오크 부족으로 회전 중지->과열->소손	결상 계전기 (POR)
3. 층간단락	한상 권선의 절연 취약	코일 단락->소손	PF
4. 선간단락	권선의 열화로 선간 절연 파괴	선간 단락->소손	PF
5. 권선지락	절연 취약 부분에서 몸체로 누설 전류 발생	완전지락으로 발전->소손	지락 계전기 (GR)
6. 과전압	전선로 이상	심할 경우 절연파괴, 소손	과전압 계전기 (OVR)
7. 저전압	전선로 이상	심할 경우 토오크저하로 정격 전류 이상의 전류가 흘러 소손	부족 전압 계전기(UVR)

   (2) 기계적 원인

종류	원인	현상	보호 대책
1. 구 속	과부하로 정지된 상태	정격전류의 수배 전류가 흘러 과열->소손	과전류 계전기
2. 회전자와 고정자 마찰	전동기 축의 이상	기계적 마찰에 의한 열 발생 또는 권선 마모로 과열->소손	과전류 계전기, 정기적인 유지보수
3. 베어링마모, 윤활유, 그리스부족	베어링의 노후, 윤활유, 그리스 미보충	기계적 열로 인한 과열, 소손	정기적인 유지보수

2. 전동기 보호

   (1) 고압 전동기

   1) 단락 보호 : 고압 PF 또는 OCR의 순시 요소

2) 과전류 보호 : OCR의 한시 요소
3) 지락 보호
   접지계통- OCGR
   비접지 계통 : OVGR, DGR(SGR)
4) 과전압 보호 : OVR
5) 저전압 보호 : UVR
6) 결상 보호 : POR
7) 역상 보호 : RPR
   상기 계전기들 중
   - 전류용은 CT(비접지 계통은 ZCT)-
   전압용은 PT를 계전기 입력단에
   설치해야 하며- 계전기 동작 신호
   (접점)를 차단기(주로 VC사용)에
   주어 트립을 시킴.

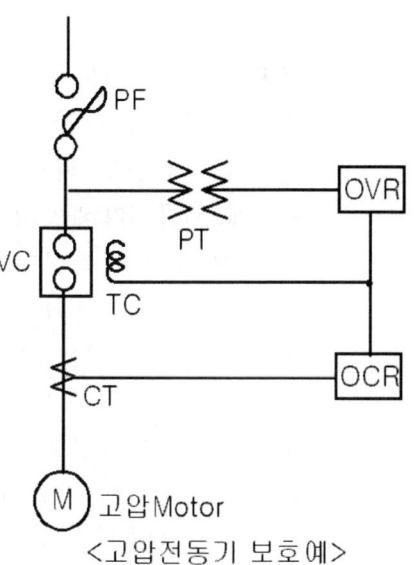

<고압전동기 보호예>

(2) 저압 전동기

기 능	Fuse	MCCB	ELB	TH	EOCR		
					2E	3E	4E
단 락	O	O	선택	선택			
과전류	△	O	선택	O	O	O	O
결상					O	O	O
역상						O	O
지락			O				O

3. 보호 특성 곡선

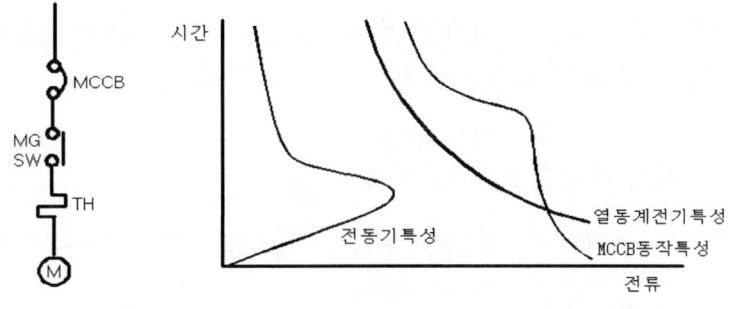

(1) 전전압 기동시 전동기는 정격전류의 6~7배의 기동 전류가 흐른다. 이 때 기동 전류에 의하여 열동 릴레이가 동작하지 말아야 한다.
(2) 단락이나 구속 등에서는 MCCB의 순시 동작이 동작해야 한다.
(3) 따라서 계전기 정정시 기동전류, 과부하, 단락, 지락 등에 대하여 종

합적으로 검토해야 한다.

4. 결론
모든 회전기기의 사용 가능 연한을 10~15년으로 추정하면 장기간 사용한 전동기는 전면의 피로 현상에 의해 약간의 문제가 발생해도 소손으로 이어지게 된다. 따라서 전동기 소손을 최소화 하려면
(1) 기계 용량과 특성에 맞는 전동기 선정
(2) 용도에 맞는 정확한 계전기 선정
(3) 계전기의 TAP을 부하 특성에 맞게 SETTING
(4) 계전기의 정상 작동 여부 정기적으로 CHECK
(5) 정기 적인 유지 보수(베어링 교체, 윤활유 급유등)
(6) 수명이 다해 노후 된 전동기 교체 등을 해야 한다.

2.4. 전력공급자와 소비자간 실시간 정보교환으로 에너지효율 최적화를 실현하기 위한 측면에서의 스마트 그리드(Smart Grid)에 대하여 설명하시오.

1. 개요
(1) 그리드(Grid)
 기존의 대규모 집중전원을 중심으로 한 광역적인 전력 시스템.
(2) 마이크로 그리드(Micro Grid) 그리드로부터 독립한 분산전원을 중심으로 한 국소적인 전력 시스템으로 그리드와 상호 보완성을 가진 것을 말함.
(3) 스마트 그리드(Smart Grid)
 - 녹색 성장 전략에 부응하여 기존 전력망(Grid)에
 - 정보 기술(IT)을 접목하여
 - 전력공급자와 소비자가 양방향으로 실시간 정보를 교환하여
 - 에너지 효율을 최적화하는 차세대 전력망임.

2. 스마트 그리드 구성요소(핵심 기술 수준)

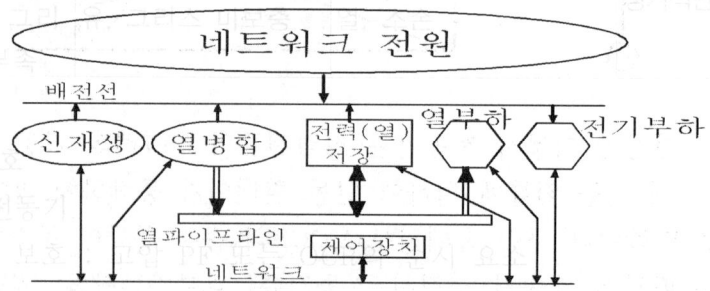

(1) 신재생에너지
(2) 지능형 송전 시스템
(3) 지능형 배전 시스템
(4) 지능형 전력기기
 - 초전도 기기
 - FACTS(유연 송전 시스템)
 - HVDC(직류 송전 시스템)
 - Smart Meter
(5) 지능형 전력 통신망
(6) 기타
 (2) 전기차 충방전 시스템
 - LED, 그린 가전제품 등 에너지 고효율 전력기기

3. 스마트 그리드 추진 필요성(추진배경) 및 효과

(1) 국가적 차원(에너지. 환경)
 - 국가 에너지 소비의 3% 절감(전기에너지의 10%)
 - 태양광, 풍력 등 신재생 에너지의 보급 확대 기반 조성
 - CO_2등 온실가스 배출량 감축 및 기후 변화 대응

(2) 기업 차원(신성장 동력 창출)
 - 스마트 미터, 스마트 가전 제품 등 내수 시장 활성화 및 그린 일자리 창출
 - 국내 스마트 그리드 산업의 정착 및 세계 시장으로의 진출
  (2030년 세계시장 30% 점유 목표)
 - 전력, 중전, 가전, 통신등 제품의 스마트 그리드와 시너지 효과 기대
 - 전기차 보급 인프라 구축

(3) 전력 회사 차원
 - 발전 시스템의 효율 과 생산성 향상
 - 전력 설비 상태의 원격감시 진단 및 고품질 전력을 안정적 공급
 - 실시간으로 전력 설비 이상 유무를 감시하여 정전 사고 예방

(4) 개인 차원(라이프 스타일 변혁)
 - 녹색 요금제, 품질별 요금제 도입으로 소비자의 에너지 선택권 제고
 - 스마트 미터 사용으로 전기 절감 및 전기 요금 절약
 - 각 가정의 분산형 전원을 전력회사에 역 판매하여 수익 창출
 - 전기 요금이 저가인 시간대 충전하여 고가인 시간대 판매
 - 아파트, 관공서등 주차장에 충전 인프라를 구축, 전기차 사용 확대등

4. 예상 문제점
   (1) 보안에 취약하여 해킹에 의한 대규모 정전 우려
   (2) IT 기술 발전에 따른 장비의 교체 기간 단축
   (3) 고급 전문화된 인력 부족 현상 등

5. 현재 전력망과의 비교

항 목	현재 전력망	스마트 그리드
전원 공급 방식	중앙 전원	분산 전원
구조	방사형 구조	네트워크 구조
통신 방식	단방향 통신	양방향 통신
기술 기반	아나로그	디지털
사고시 복구	수동 복구	반자동 복구 및 자기 치유
설비 점검	수동 점검	원격 점검
제어 시스템	지역적	광역적
고객의 선택	제한적 선택	다양한 선택

6. 스마트 그리드 로드맵(한국 스마트 그리드 협회 자료)
   (1) 단계별 목표
       - 2012년 : 세계 최고 수준의 스마트 그리드 "시범도시" 구축
       - 2020년 : "광역 단위" 스마트 그리드 구축
       - 2030년 : 세계 최초 "국가 단위" 스마트 그리드 구축
   (2) 5대 추진 분야
       1) 지능형 전력망
          - 고장 예측 및 자동 복구 시스템 구축
       2) 지능형 신재생
          - 대규모 신재생에너지 발전 단지 조성
          - 에너지 자급 자족 가정 및 빌딩 구현
       3) 지능형 전력 서비스
          - 다양한 전기 요금 제도 개발
          - 지능형 전력 거래시스템 구축
       4) 지능형 소비자
          - 지능형 계량 인프라 구축
          - 에너지 관리 자동화 시스템 구축
       5) 지능형 운송
          - 전국 단위 충전 인프라 구축

2.5. 건축물에서의 조명제어와 가로등에서의 조명제어시스템에 대하여 종류를 들고 설명 하시오.

1. 개요
- 최근 건물의 인텔리젠트화, 대형화에 따라 전등의 효율적 이용을 위한 조명 제어가 중요시 됨.
- 건축물의 조명제어와 가로등 조명제어는 약간의 차이가 있으며 건축물은 실마다 다르게 조명제어를 하는 반면, 최근의 가로등 조명제어는 쌍방향 통신을 통한 조명제어가 개발되어 이용되고 있음

2. 건축물 조명 제어 방법

No	구 분	방 식
1	타임 스케쥴 제어	24시간을 프로그램에 의해 ON/OFF제어(예, 점심시간 소등)
2	그룹/패턴제어	층별, 사무실별, 지역별로 그룹을 지어 단 한번의 조작으로 일괄 제어할 수 있으며 정전시, 청소시, 회의시 등의 패턴별 제어가 가능함.
3	프로그램스위치에 의한 제어	프로그램 스위치를 필요한 장소에 설치하여 중앙감시반과 연계하여 중앙 제어 또는 현장 조작이 가능케 함.
4	정전, 복전 제어	정전시 발전기 용량에 맞추어 순차 점등
5	주광 센서제어	창측과 건물 내부의 조도차를 고려 창측의 주명을 낮에 소등
6	재실자 감시제어	적외선 감지기 등에 의해 실내 사람이 없을 때 자연 소등
7	인체감지센서 제어	계단, 입구 등에 인체 감지 센서를 적용하여 점등

3. 조명 제어 기본 요소
(1) 조명 콘솔(Lighting console)
- 조명장치를 제어하는 장치이다.
(2) 조명 장치(Lighting device)
- 빛을 만들어내는 실제적인 기구
(3) 통신(Communication)
조명 콘솔과 조명 장치를 연결하는 제어 계통

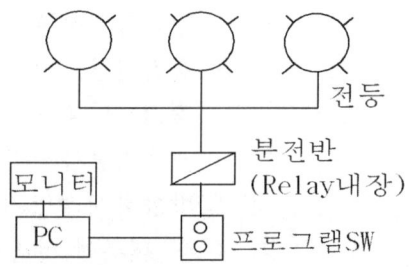

4. 가로등 조명제어 시스템
   (1) 형식 : 옥외형
   (2) 구조
      1) 보호 등급
         - 물의 침투에 대한 보호 : IP X4
         - 외부 분진에 대한 보호 : IP 4X
      2) Door
         전후면 개폐형으로서 이면에도 취부판을 설치하여 함내부에 양 방향감시 점멸기를 설치하는 구조로 한다.
      3) FRAME
         요철이 있는 알루미늄 압출재로서 용접 구조로 하여 가볍고 견고하게 제작되어야 하고, 먼지나 소동물, 빗물의 침투를 방지하는 고무PACKING을 부착하여야 한다.
      4) 침수시 전원차단
         분전함은 배선공간에 침수상태를 감시하는 센서가 부착되어 분전함 침수 우려시 전원을 차단하여 사고파급을 방지하는 장치를 구비하여야 한다.
      5) 접지
         - 외함의 내부에는 접지선을 접속할 수 있는 접속단자를 구비하여야 한다.
         - 문등 기둥부와 분전함 본체는 14㎟ 이상의 편조선에 의해 전기적으로 접속 되어야 한다.
   (3) 주요기기 사양
      1) 주 개폐기
         KS C 8321에 적합한 배선용 차단기를 사용
      2) 분기 개폐기
         KS C 4613에 적합한 누전차단기로서 그 규격은 다음과 같다.
         - 극 수 : 2P
         - 정격전압 : AC 220V
         - 정격전류 : 도면참조
         - 정격감도전류 : 30mA
         - 동작시간 : 0.03sec
         - 정격차단용량 : 2.5KA
         - 보호기능 : 누전, 지락, 과부하, 단락보호 겸용
      3) 양방향감시점멸기
         - 함 내부에 양방향감시점멸기를 설치하여야 한다.
         - 가로등 점소등 제어신호 수신 및 자동 ON, OFF제어가 가능하여야

한다.
- 시간 및 각종 운용데이터 수신 및 자동 보정이 가능하여야 한다.
- 내장된 점소등 시간 자체 보정, 자동 점소등(Auto Control)이 가능하여야 한다.
- 분전함 양방향제어기 정전, 가로등주 동작상태, 분기선로 감시(누선, 단락, 단선) 및 통보가 가능하여야 한다.
  ① 누전차단기(ELB) 동작시, 즉시 원격통보가 가능하여야 한다.
  ② 감시기 고장여부 자기 진단이 가능하여야 한다.
- 분기별 시설물 정보(분기선로수, 분기별 램프수)입력 및 확인이 가능하여야 한다.
- 관제시스템의 가로등, 보안 등의 원격제어 명령의 중계 및 현장 주제어가 가능하여야한다.
- 동작 및 고장 상태 자체 LED 표시가 가능하여야 한다.
  ① 수신상태, 전원, 부하동작, 격등 및 심야설정, 누전, 램프 고장 표시가 가능하여야 한다.
  ② One_touch 버튼 동작으로 감시기 상태 모니터링, 현장조작이 가능하여야 한다.
- 관제 시스템과 분전함 양방향제어기간의 양방향 통신을 이용한 데이터 전송이 가능하여야 한다.
- 개별등과의 감시 및 제어가 가능하여야 한다.(등주감시 점멸 제어기 설치시)
- 기타
  * 내부 조명은 AC 220V 삼파장으로 하고 문개폐와 연동되어 점멸되어야 한다.
  * 기기 취부판에 유지보수전원용 콘센트를 설치하여야 한다.

2.6. 그림과 같은 계통에서 F점에 단락사고 발생시 전동기의 과도리액턴스(X_d'')에 의 한 M.F(Multiplying-Factor)를 고려하여 단락전류를 계산하시오.(단, 전원측과 선로측의 임피던스는 무시한다.)

전동기 용량	X_d'' (%)	M.F(Interrupting duty 3~8 Cycle)
500 kVA	17	1.5
100 kVA	17	3

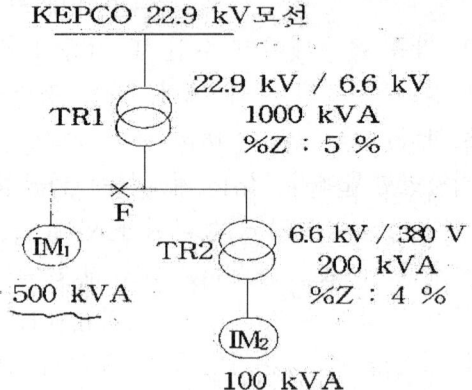

임피던스 환산

(1) 기준용량을 1,000[kVA]로 두면

$X_{T1} = 5[\%]$

$X_{T2} = 4 \times \dfrac{1,000}{200} = 20[\%]$

$X_{M1} = 17 \times \dfrac{1,000}{500} \times \dfrac{1}{1.5} = 22.67[\%]$

$X_{M2} = 17 \times \dfrac{1,000}{100} \times \dfrac{1}{3} = 56.57[\%]$

(2) 합성 임피던스

$\%Z_{TT} = \dfrac{1}{\dfrac{1}{5} + \dfrac{1}{22.67} + \dfrac{1}{20+56.67}} = 3.89[\%]$

2. 단락전류

$I_s = \dfrac{100}{\%Z} \times \dfrac{Pn}{\sqrt{3} \times V} = \dfrac{100}{3.89} = \dfrac{1000}{\sqrt{3} \times 6.6} = 2.25[kA]$

3. M.F(Multiplying Factor)

고장 발생 초기에 과도 리액턴스 X_d''는 M.F(Multiplying Factor)만큼 줄어듦을 의미하고 기여전류분의 리액턴스를 M.F(Multiplying Factor)로 나누어서 적용하면 고장 전류가 M.F에 비례하여 크게 나타난다.

제 3 교 시

3.1. 의료장소(종합병원)의 전기설비 시설기준(KSC IEC 60364)에 대하여 특별히 고려할 사항을 설명하시오.

1. 개요
의료장소에는 전원의 공급정지로 인하여 생명의 위협이 유발되는 장소로서 다음과 같은 비상전원이 확보되어야 한다.

2. 의료장소 구분

구 분	내 용	적 용
GROUP 0	의료기기와 접촉발생이 없는 장소	마사지실
GROUP 1	의료기기와 접촉발생이 있는 장소	일반병실, 물리치료실 검사처치실, 핵의학
GROUP 2	의료기기와 접촉발생이 심한 장소	수술실, 중환자실

3. 비상 전원 분류

등 급	분 류
0 등급(차단 없음)	차단없이 공급가능한 자동 전원
0.15 등급(극소시간 차단)	0.15초 이내에 공급 가능한 자동 전원
0.5 등급(순간 차단)	0.5초 이내에 공급 가능한 자동 전원
15 등급(중간 차단)	15초 이내에 공급 가능한 자동 전원
>15 등급(장시간 차단)	15초 이상에서 공급 가능한 자동 전원

4. 비상 전원 공급

비상전원 절체시간	유지시간	요구실 또는 기기
0.5초 이하	3시간	수술실, 내시경, 필수조명
15초 이하	24시간	배연설비, 소방용승강기 호출시스템, 비상조명
15초 이상	24시간(권장)	소독기기, 냉각기기, 폐기물처리, 축전지

(1) 절환주기가 0.5초 이하인 전원

배전반에서 하나 또는 여러 개의 상도체 전압 결함이 발생할 경우, 특수 안전전원은 수술실 테이블과 내시경과 같은 기타 필수 조명의 조명을 최소 3시간동안 유지하여야 하고, 0.5초를 넘지 않는 절환 주기 내에 전원을 복원하여야 한다.

(2) 절환주기가 15초 이하인 전원

안전조명, 소방에 따르는 기기는 비상전원용 주배전반에서 하나 또는 그 이상의 선도체의 전압이 전원전압 공칭값의 10%이상 감소하였을 때, 최소 24시간 동안 기기를 유지할 수 있는 안전전원에 15초 안에 접속해야한다.

(3) 절환시간이 15초 이상인 전원

① 상기1),2)에서 취급하는 것을 제외한 병원 서비스의 유지를 위해 요구되는 기기는 자동으로 또는 수동으로 최소 24시간 동안 유지 가능한 안전 전원에 접속될 수 있다.

② 기기의 예는 소독기기, 건축물 관련설비(냉. 난방, 환기 시스템 등) 냉각기기, 조리기기 등.

4. 15초 이하에 공급하는 설비

(1) 비상 조명
① 탈출로
② 비상구 표시등
③ 비상 발전기실 및 수변전실
④ 필수 서비스를 위한 방의 각방에 최소 한등이상.
⑤ 그룹1 의료장소의 방은 각방에 최소 한등이상.
⑥ 그룹2 의료장소의 방은 각방의 전등의 50% 이상 전등

(2) 소방 설비
① 소방관을 위해 선정된 승강기
② 연기 추출을 위한 환기 시스템
③ 호출 시스템
④ 화재 감지, 화재경보와 소화 시스템.

(3) 의료 기기
① 압축공기 및 산소공급 설비
② 혼수(마취)피로 및 그 모니터링 장치

5. 전기기기의 선정과 시공

(1) 의료장소 TR

- 배전 시스템 : IT 시스템
- 설치 장소 : 의료장소 근처(내부/외부), 외함속 설치
- TR 2차측 정격전압 : $U_0 \leq 250V$
- 3상 공급시 선간전압 : 250V 이하
- 누설전류 : 0.5 mA 이하
- TR 용량 : 1Φ, 0.5KVA 이상 10KVA이하

(2) 폭발 우려 기기
- 의료용 콘센트 : 0.2m 이상 이격
- 전자파 간섭 및 정전기 축적 방지

(3) 검사
1) 최초 검사
2) 주기적 검사
   - 의료 IT절연, 모니터링 : 12개월
   - 비상 발전기, 절환장치 : 12개월
   - 등전위 접지, TR누설전류 측정 : 36개월
3) 월별 성능 시험
   - 축전지 비상 전원 : 15분
   - 내연기관 비상전원 : 60분

3.2. 대규모 수용가 계통에서 과도 불안정(Transient Instability)의 발생원인과 그 영향에 대하여 5가지 이상 설명하시오.

1. 안정도(stability)
   - 전력계통에 연결된 발전기가 동기 운전을 하기 위해서는 모든 발전기가 같은 전기 속도로 회전해야 하며 어떤 원인으로 발전기의 회전자 위치가 처음 위치에서 앞서거나 또는 뒤졌을 경우 이것을 먼저 있는 위치로 회복시키는 힘이 작용하지 않으면 안 된다.
   - 전력계통에서는 끊임없는 부하 변동이 발생하고 또는 전기 사고 등에 의하여 전력의 생산과 수요간에 불균형이 발생하게 되어 이로 인하여 발전기 상차각이 변하게 되는데, 이의 상태변화 여하에 따라서는 동기 운전이 깨어질 수도 있게 된다.
   즉, 전기적 외란의 크기, 발전기 특성 또는 전력계통 구성 상태에 따라 전력계통의 안정도가 결정된다.
   - 그러나 부하변동, 사고 등에 의해 교란(Disturbance)이 발생하면 각 설비들은 입력과 출력의 평형상태를 유지하지 못하고 동기발전기가 탈조하거나 계통이 붕괴될 수도 있다.

- 그래서 계통내에서 각 구성요소(동기기들)가 교란에 대해 평형상태를 유지하는 능력을 안정도(Stability)라 하며 즉, 동기기(발전기)가 동기화를 유지하는 것이라 할 수 있고 다음과 같은 종류가 있다.
  (1) 위상각 안정도(Rotor Angle Stability) : 발전기의 동기운전 가부 결정
  (2) 주파수 안정도(Frequency Stability) : 주파수 일정 유지 판단
  (3) 전압 안정도(Voltage Stability) : 주파수 붕괴 유무 판단

2. 과도 불안정(Transient Instability)의 발생 원인
   (1) 외란의 크기
   (2) 발전기, 송전선, 부하의 접속방법
   (3) 발전기 임피던스, 계통구성, 발전기 관성, 부하의 유효, 무효전력, AVR 및 조속기 등의 요인에 의해 좌우된다.

3. 안정도 종류
   (1) 정태 안정도(Steady state stability)
       전력계통의 교란이 미비한 경우 안정하게 송전(발전)할 수 있는 능력이다.
       즉, 부하가 미소하게 변하는 상태에서 지속적으로 송(발)전 할 수 있는 능력으로 이 경우의 안정범위 내의 최대전력을 <u>정태 안정 극한전력</u>(steady state power limit)이라 한다.
       극한 전력(極限電力) : 어떤 조건하에서 송전 선로가 안정도를 유지하면서 보낼 수 있는 최대의 전력
   (2) 과도 안정도(Transient stability)
       부하가 갑자기 크게 변동 한다든지, 계통에 사고가 발생하여 계통에 큰 충격이 주어진 경우에도 각 발전기가 동기를 유지해서 계속 운전이 가능한 정도를 말하며 이때의 극한 전력을 <u>과도 안정 극한 전력</u>이라 한다.
       즉, 전력 계통에 발전기 탈조, 부하 급변, 지락(地絡), 단락(短絡) 따위의 급격한 움직임에 대하여 발전기가 안정 상태를 유지하는 정도를 말함.
   (3) 동태 안정도(Dynamic stability)
       주파수 안정도는 동태 안정도로 나타내며 입력의 변화 즉 자동전압조정기(AVR)나 조속기 등의 제어효과를 고려한 경우의 안정도임.
       즉, 최근에 와서 고성능의 AVR 및 Power Electronics 설비들의 고속 스위칭 작용을 이용한 FACTS(Flexible AC Transmission

System) 기술이 이용되면서, 이들의 제어 효과까지도 고려한 경우의 안정도를 동태 안정도라 한다.

4. 안정도 향상 대책

(1) 송전 전력 $P = \dfrac{Vs\,Vr}{X} \sin \sigma$

(2) 안정도 향상 대책

대책	내용
1. 직렬리액턴스(X)를 작게 한다.	- 발전기나 변압기의 리액턴스를 작게 한다. - 선로의 병행 회전수를 늘리거나 복도체 또는 다도체 방식을 채용한다. - 직렬 콘덴서를 삽입하여 선로의 리액턴스를 보상한다.
2. 전압 변동을 작게 한다.	- 속응 여자 방식을 채용한다. - 계통을 연계한다.
3. 고장전류를 줄이고 고장 구간을 신속 분리	- 적당한 중성점 접지방식을 채용하여 지락전류를 제한한다. - 고속도 계전기, 고속도 차단기 채용 - 고속도 재폐로 방식 채용
4. 고장시 발전기 입출력을 작게 한다.	- 조속기의 동작을 빠르게 한다. - 고장 발생과 동시에 발전기 회로의 저항을 직렬 또는 병렬로 삽입하여 발전기 입출력의 불 평형을 작게 한다.

3.3. 건축물의 고압용 비상발전기 적용시 주요 고려사항에 대하여 설명하시오.

1. 개요

발전기는 사용 목적에 따라 상용 발전기와 비상용 발전기로 구분되며 전압별로는 고압 발전기와 저압 발전기가 있으며 문제에 의해 고압 발전기는 다음과 같은 사항을 고려해야 한다.

2. 발전기실 설계시 고려사항

건축적 고려사항	1. 장비의 반. 출입이 용이할 것 2. 유지 보수에 충분하게 벽, 천정과 이격 시킬 것 3. 전기 기기실끼리 집합되어 있을 것 4. 불연재료 재료로 건축되고 출입문은 방화문을 사용할 것 5. 배수가 가능할 것 6. 굴뚝 설치가 가능할 것 7. 급기와 배기가 가능하고 짧을 것

	8. 급유가 가능할 것 9. 수냉식-냉각수 공급이 가능 할 것 10. 기초는 가능한 한 방진, 독립기초를 할 것 11. 연료 탱크와 발전기는 2m이상 이격할 것 12. 발전기와 건축물은 최소 600mm이상 이격할 것
환경적 고려사항	1. 환기가 잘되고 환기 시설을 할 것 2. 고온의 장소를 피하고 필요시 냉난방을 할 것 3. 다습한 장소를 피하고 필요시 제습장치를 할 것 4. 화재나 폭발의 위험이 없는 장소 5. 염해에 대하여 고려할 것 6. 부식성 가스나 유해성가스가 없는 곳 7. 홍수, 침수의 우려가 없는 곳 8. 방음 시설을 갖출 것
전기적 고려사항	1. 부하의 중심에 있을 것 2. 전원 인입이 편리 한 곳 3. 간선 등 배선이 용이한 곳 4. 장래 증설이 가능 할 것 5. 경제적 일 것 6. 기술 발달에 따른 신제품을 사용하여 효율성, 편리성을 기할 것

3. 발전기실 설계

(1) 발전기실의 넓이

$S > 1.7\sqrt{P}(㎡)$ (추천치 $S > : 3\sqrt{P}$)

여기서 S : 발전기실의 소요면적(㎡)
P : 마력(HP)
가로 : 세로 = 1.5 ~ 2 : 1 이 이상적임

(2) 발전기실의 높이

H = 엔진 높이의 2배 이상

(3) 발전기실 기초

1) 기초 중량 $W = 0.2\,Wg\sqrt{N}(kg)$

여기서 W : 발전기 기초 중량(kg)
Wg : 발전기 설비 총 중량(kg)
N : 엔진의 회전수(rpm)

2) 기초 깊이

$$깊이 = \frac{Wg}{2402.8 \times B \times L}$$

여기서 Wg : 발전기 설비 총 중량(kg)
2402.8 : 콘크리트 밀도(kg/㎥)

B : 기초의 폭(m)
L : 기초의 길이(m)

(4) 공기 소요량
- 1, 2차 수냉식 엔진의 경우

$Q = Q_1 + Q_2 + Q_3 \ (m^3 / min)$

Q : 총 공기 소요량, 약 0.5 ~ 0.6(m^3 / min. PS)

Q_1 : 연소 공기량(m^3 / min)

Q_2 : 실온 상승 억제 공기량(m^3 / min)

Q_3 : 유지, 보수 인원 필요 공기량(m^3 / min)

보통 1인당 0.5(m^3 / min)

- 가스터빈. 라디에이터 냉각 방식은 이보다 더 크다.

4. 환경 대책

(1) 소음 대책

소음종류	원 인	대 책
1. 배기음	- 디젤엔진 중 가장 큰 소음원임. - 배기가스가 고속 또는 충격적인 유동으로 대기 중에 배출될 때 발생	- 소음기 설치
2. 기관음	- 기관 속도 영향이 크고 회전 속도가 높을수록 커진다.	- 방음 커버로 몸체를 차폐 - 건물 구조를 방음 구조로 함. - 저속도 회전기 채택.
3. 소음기 종류	팽창식 / 흡음식(흡음판) / 공명식	

(2) 진동 대책

1) 진동 원인
- 회전 운동에 의한 불균형
- 폭발, 압력 운동의 관성력에 의한 진동
- 불완전 연소에 의한 회전 변동
- 운동부 가공 오차에 의한 불균형 등

2) 대책
- 방진 고무 채택 : 소용량에 적합
- 방진 스프링 채택 : 중, 대용량에 적합

(3) 대기 오염 방지 대책
   1) 배기 가스 분류
      - 유황 산화물(SOx) : 석유 계통의 유황분이 연소 되면서 발생함.
        대기중의 수분(H_2O)과 혼합하여 호흡기 장해를 유발한다.
      - 질소 산화물(NOx) : 연소 공기중 질소와 산소가 고온으로 화합하면서 발생함.
   2) 대책
      - 유황분이 적은 연료 사용
      - 연료를 예열하고 배기가스에 탈류 장치 설치
      - 높은 연통을 사용하여 배기가스의 확산 방지
      - 기관 연소 시스템을 개량(디젤→가스 터빈)

3.4. 건축물에 적용하는 교류배전방식과 직류배전방식의 장단점을 설명 하시오.

1. 개요
   - 발전소에서 만들어진 교류전력을 정류기로 직류로 변환하여 송전
   - 수전점에서 직류를 교류로 재 변환하여 전력공급
   - 국내 : 제주 ~ 해남간 101 km * 2회선(180kv)

2. HVDC 구성

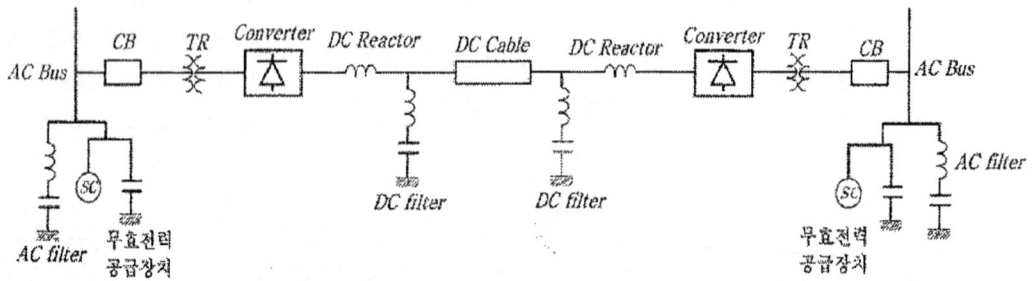

   (1) 변환 장치
      1) 수은 아크 밸브
         - 아크가 적고, 보수가 간단하며 회로 구성이 자유로워 대부분 직류 송전에서 사용함.
      2) 사이리스터 밸브
         - 주로 GTO를 사용
         - 자기 소호 능력이 좋다.
   (2) 변환기용 변압기
      - 사고시 과대한 고장전류를 억제하기 위하여 일반 변압기보다 리액턴스가 수% 높고 고조파 억제용을 사용

- 제주 계통은 13%
(3) 직류 차단기
- 직류에는 전류 '0'점이 없어 직류 차단을 하려면 전류 '0'점을 발생 시켜야 하므로 전류 '0'점 발생장치가 필요함.
- 과전압 억제와 대용량의 에너지를 흡수할 수 있는 능력이 요구됨.
(4) 직류 리액터
- 순 변환소, 역 변환소에 설치되며 평활한 전류가 되도록 함.
- 계통 사고시 전류 상승률을 억제시킴.
(5) 고조파 필터 : 고조파 억제 및 제거 기능
(6) 직류 케이블 : 주로 유침지 SOLID케이블 사용
(7) 기타
- 직류 피뢰기
- 직류 애자
- 제어 및 보호 방식 등

3. HVDC 특징

송전 계통은 일반적으로 장거리 이거나 대용량의 송전일 경우가 많고 다음과 같은 장단점이 있다.

(장점)

(1) 전압의 최대치가 낮다.

$$직류전압 = 교류 치고치(Em) \times \frac{1}{\sqrt{2}} 로$$

- 케이블의 절연이 낮아도 되고
- 철탑에서 애자수를 감소 시킬 수 있음.

(2) 표피 효과가 없어 전선의 허용전류가 커짐.

$$표피효과에 따른 침투 깊이 \delta = \frac{1}{\sqrt{\pi f \mu k}} (mm)$$

여기서 f ; 주파수 μ : 투자율(H/m)   k ; 도전율

(3) 유전체손이 없다

유전체손 $Wd = E\ IR = 2\pi\ f\ c\ E^2\ \tan\delta$ (W/m)에서 f = 0 이므로 Wd = 0 이다.

(4) 충전 용량이 없으므로
- 페란티 현상, 발전기 자기여자 현상 없다.

(5) 무효 전력이 0 이다.

$QL = V\ I\ \sin\theta = 0$

(왜냐하면 직류는 전압과 전류가 동상이어서 $\sin\theta = 0$ 이기 때문임)

(6) 유도 장해 영향 없음

전자 유도 발생전압 $Em = -j\omega M1 \cdot 3I_0$

$\omega = 2\pi f = 0 \therefore Em = 0$

(단점)

(1) 전압의 변성이 어렵다.

교류는 변압기로서 간단히 변성이 가능하나 직류는 변압기변성이 불가

(2) 교류/직류 변환장치의 설치비가 고가임.

(3) 변환장치에서 고조파가 많이 발생.

(4) 차단시 아아크가 크게 발생하므로 차단기 선정이 어려움.

교류 : "0"점 차단 가능

직류 : "0"점이 없다

(5) 무효 전력 발생 장치가 필요

전동기 등 무효 전력을 필요로 하는 설비에 무효 전력을 공급키 위하여 별도의 무효전력 발생 장치가 필요함.

(6) 전기 부식현상이 크다.

4. HVDC의 적용분야

(1) 해저 케이블 송전

(2) 대용량 장거리 송전

(3) 교류 계통간 연계 : 비동기 연계, 주파수가 다른 계통 연계

(4) 도시 밀집지역의 직류송전(단락용량 경감)

5. 개발 과제 및 전망

(1) 직류 차단기 개발

현재는 부하차단이나 고장제거를 교류계통에서 시행하지만 직류 계통의 다 단자망 구성을 위해서는 직류 차단기 개발이 필수적임.

(2) 필터의 소형화

고조파 제거를 위한 필터는 기중 절연을 하고 있으며 이로 인해 설치면적이 과대하고, 염해의 가능성이 있어 소형, 밀폐식 필터 개발 필요

(3) 연계 방식

- 분산형 전원, 신재생 에너지 등의 계통 연계를 기술적으로 개발
- 남북연계, 동북아 전력망 연계 등에 대비 직류 송전의 기술적 과제를 점진적으로 해결함으로서 직류 송전 운전 경험 축적.
- 국내에서는 해남 ~ 제주간 해저에서만 적용하고 있으나, 최근 가공 송전 방식도 직류 송전을 위한 시험설비가 전축 고창에 설치되어 연구, 개발 중에 있으며 결과에 따라 확대될 전망임.

3.5. 건축전기설비에서
   1) 설계감리에 대하여 그 대상과 업무범위에 대하여 설명하고
   2) 시공감리 업무범위에 대하여 설명하시오.

1. 설계감리(전력기술관리법 시행령 제18조 설계감리 등)
   ① 설계감리를 받아야 하는 전력시설물의 설계도서는 다음 각 호의 어느 하나에 해당하는 전력시설물의 설계도서로 한다.
     1. 용량 80만킬로와트 이상의 발전설비
     2. 전압 30만볼트 이상의 송전·변전설비
     3. 전압 10만볼트 이상의 수전설비·구내배전설비·전력사용설비
     4. 전기철도의 수전설비·철도신호설비·구내배전설비·전차선설비·전력사용설비
     5. 국제공항의 수전설비·구내배전설비·전력사용설비
     6. 층수가 21층 이상이거나 연면적이 5만제곱미터 이상인 건축물의 전력시설물.
        다만, 공동주택의 전력시설물은 이를 제외한다.
     7. 기타 지식경제부령이 정하는 전력시설물
   ② 설계도서의 설계감리는 종합설계업 등록을 한 자 또는 지식경제부령이 정하는 기준에 해당하는 설계감리자로서 지식경제부장관의 확인을 받은 자가 수행한다.
   ③ 설계감리를 받고자 하는 자는 당해 설계도서를 작성한 자를 설계감리자로 선정하여서는 아니된다.
   ④ 제2항의 규정에 불구하고 다음 각 호의 어느 하나에 해당하는 자가 설치 또는 보수하는 전력시설물의 설계도서는 그 소속의 전기분야 기술사, 특급기술자 또는 특급감리원(경력수첩 또는 감리원수첩을 교부받은 자를 말한다)이 그 설계감리를 수행할 수 있다.
     1. 국가 및 지방자치단체
     2. 정부투자기관
     3. 지방공사 및 지방공단
     4. 한국철도시설공단
     5. 환경관리공단, 한국가스공사, 인천국제공항공사, 한국공항공사
     6. 전기사업자
   ⑤ 설계감리의 업무범위는 다음 각 호와 같다.〈신설 2006.6.22〉
     1. 전력시설물공사의 관련법령·기술기준·설계기준 및 시공기준에의 적합성 검토
     2. 사용자재의 적정성 검토

3. 설계내용의 시공가능성에 대한 사전 검토
4. 설계공정의 관리에 관한 검토
5. 공사기간 및 공사비의 적정성 검토
6. 설계의 경제성 검토
7. 설계도면 및 공사시방서 작성의 적정성 검토

2. 시공감리 업무
1. 공사계획의 검토
2. 공정표의 검토
3. 발주자·공사업자 및 제조자가 작성한 시공 설계도서의 검토·확인
4. 공사가 설계도서의 내용에 적합하게 행하여지고 있는지에 대한 확인
5. 전력시설물의 규격에 관한 검토·확인
6. 사용자재의 규격 및 적합성에 관한 검토·확인
7. 전력시설물의 자재 등에 대한 시험성과에 대한 검토·확인
8. 재해예방대책 및 안전관리의 확인
9. 설계변경에 관한 사항의 검토·확인
10. 공사진척부분에 대한 조사 및 검사
11. 준공도서의 검토 및 준공검사
12. 하도급에 대한 타당성 검토
13. 설계도서와 시공도면의 내용이 현장조건에 적합한지 여부와 시공가능성 등에 관한 사전검토
14. 기타 공사의 질적향상을 위하여 필요한 사항으로서 지식경제부령이 정하는 사항

3.6. 건축물에서의 콘센트 설계방법과 콘센트의 위치 및 설치방법에 대하여 설명하시오.

1. 개요
콘센트 시설에 대하여는 내선규정에 규정되어 있고 그 정격전압은 사용전압과 동등 이상의 것으로 다음 각 호에 의하여야한다.

2. 시설 기준
(1) 콘센트는 꽂음형 또는 걸림형의 것을 사용 할 것
(2) 노출형 콘센트는 내구성이 있는 조영재에 견고하게 부착 할 것
(3) 콘센트를 조영재에 매입할 때는 견고한 금속제 또는 난연성 박스에 시설할 것

(4) 박스의 매입 깊이(벽 표면과 박스 전면의 차)가 10mm 이상일 경우는 박스에 이음 틀을 부착하거나 플레이트가 직접 벽판에 눌리지 않도록 시설 할 것
(5) 박스 사용을 생략할 경우 벽판의 두께 : 3.5mm 이상이 바람직하고 벽판 두께가 그 이하일 경우는 보조금구등으로 견고하게 시공 할 것.

〈 박스 사용의 예 〉　　　　　〈 박스 생략의 예 〉

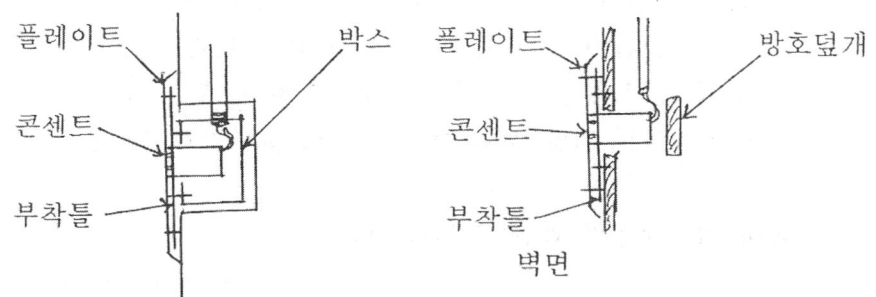

(부착틀을 박스에 견고하게(부착틀을 벽판에 견고하게 밀착시켜 부착 할 것) 밀착시켜 부착할 것)
(6) 콘센트를 바닥에 시설할 경우는 방수구조의 플로어박스에 설치할 것
(7) 콘센트를 옥외에 시설할 경우는 지상 1.5m 이상 높이에 시설하고 방수함 속에 넣을 것
(8) 욕실내에는 콘센트를 시설하지 말 것
　　단, 방수형의 환기용 환풍기를 사람이 쉽게 접촉하지 아니하는 위치에 설치할 경우와 양식 욕실 내에 다음 각 호에 의해 시설하는 경우는 가능하다.
　　1) 감전 보호용 누전차단기(정격감도전류 15mA이하, 동작시간 0.03초) 또는 절연 변압기(정격용량 3KVA 이하)로 보호된 회로.
　　2) 접지극이 있는 방적형 콘센트 사용
　　3) 설치 위치는 바닥면상 80Cm이상으로하고 욕조에서 가급적 이격
(9) 접지극 또는 접지용 단자를 시설해야 하는 장소
　　1) 습기가 많은 장소 또는 수분이 있는 장소
　　2) 전기 세탁기용, 전자렌지용 및 온수 세정식 좌변기용 콘센트
　　3) 의료용 전기 기계기구용 콘센트
　　4) 주택의 옥내 전로
　　5) 200V 이상의 콘센트
(10) 용도가 다른 콘센트
　　- 동일구내에 전기방식(전압, 직류, 교류등)이 다른 회로는 서로 다른 구조의 콘센트를 시설할 것
　　- 또는 색별 표시등으로 오용을 방지 할 것.

제 4 교 시

4.1. SPD(Surge Protective Device)의 설계시 주요 검토사항에 대하여 설명하시오.

1. 개요
   (1) 배전 계통으로부터 전달되는 대기현성으로 인한 과도 전압 및 기기 개폐 과전압에 대한 전기설비 보호를 목적으로 한다.
   (2) 전력공급점에 나타날 수 있는 과전압, 년간 뇌우일수, 서지보호장치의 위치 및 특성등을 고려하여 보호장치를 결정한다.
   (3) 여기에서는 저압 서지 보호를 주로 다루기로 한다.

2. 옥내 배전계통의 과전압 Catagory

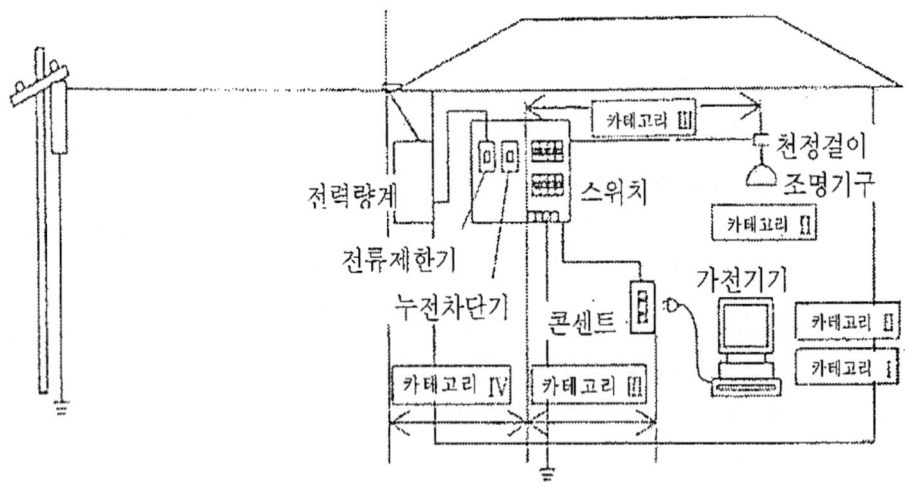

카테고리 Ⅳ	카테고리 Ⅲ	카테고리 Ⅱ	카테고리 Ⅰ
전력량계	주택분전반	조명기구	전자기기
누전차단기	배선용 차단기(분기)	냉장고·에어컨	기기내부
인입용전선	콘센트	세탁기·전자레인지	
	스위치	TV·비디오	
	조광스위치	다기능전화기·	
	팬던트 조명스위치	FAX	
	실내배선용전선	컴퓨터	

3. SPD 형식

형 식	설치 위치 및 보호대상	시험 항목
Class I	인입구 부근, 직격뢰 보호	Iimp
Class II	인입구 부근, 유도뢰 보호	IMAX
Class III	기기 부근, 유도뢰 보호	Uoc

4. SPD 구조 및 기능

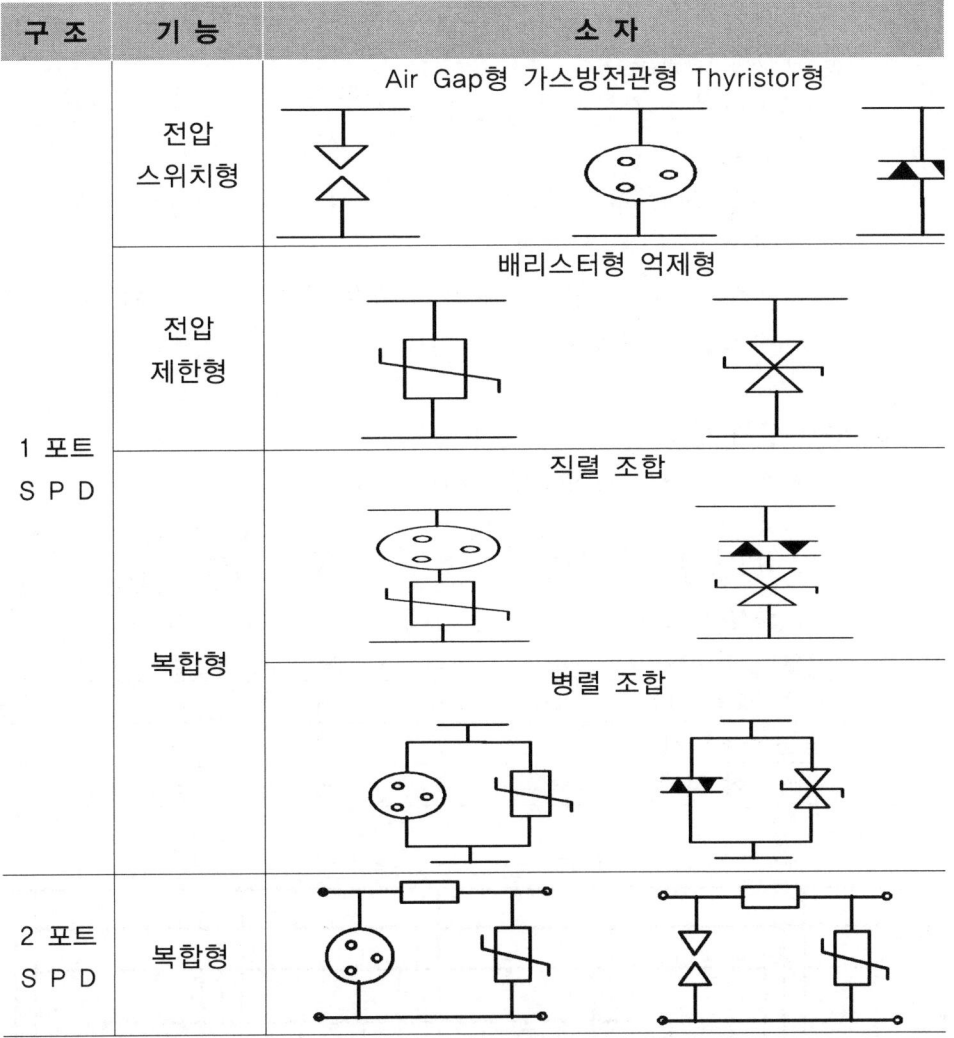

(1) 동작 형태별 분류
　1) 전압 스위칭형
　　　서지가 인가되지 않은 경우는 높은 임피던스 상태에 있다가, 서지가 유입되면 급격히 임피던스가 낮아져 이상전압을 방전시키는 것
　2) 전압 제한(LIMIT)형

서지가 인가되지 않은 경우는 높은 임피던스 상태에 있다가, 서지가 유입되면 연속적으로 임피던스가 낮아져 이상전압을 방전시키는 것.

3) 복합형

전압 스위칭 소자 및 전압 제한형 소자 모두를 갖는 TYPE으로 가스 방전관과 배리스터를 조합것이 대표적이다.

(2) 용도별 분류

1) 전원용 SPD

분전반, UPS, 모터 제어반, 발전기 등의 입입부에 설치

2) 신호 제어용 SPD

자동화 및 감시 제어 시스템의 입출력부에 설치하여 기기보호

(3) SPD의 구비조건

- 상시에는 전압강하와 손실이 적고 정상 신호에 영향을 주지 말아야 한다.
- 이상 전압 유입시에는 가능한 낮은 동작 전압과 빠른 시간에 응답하여 이를 차단한 후
- 이상 전압이 해소된 후에는 즉각 원래 상태로 회복되는 능력을 가지고 있어야 한다.

5. SPD 설치 방법

(1) 보호 가능 모드(KSC IEC 61643 표3)

SPD위치	TN-C	TN-S	T T	I T(중성성 있는 경우)	I T(중성성 없는 경우)
상-중성선 사이	-	①	①	①	-
상- PE 사이	-	②	②	②	O
상-PEN 사이	O	-	-	-	-
중성선-PE 사이	-	O	O	O	-
상- 상 사이	+	+	+	+	+

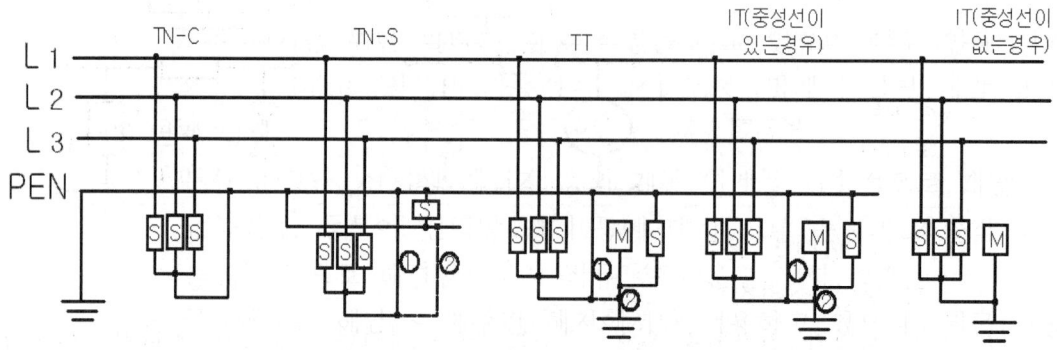

O : 적용 가능 - : 적용 불가 + : 선택사항 ①② : 둘중 택1

(2) SPD규격이 보호 대상 기기의 특성에 적합해야 한다.

(3) SPD는 건축물 인입구 또는 설비 인입구와 가까운 장소에 설치
(4) SPD의 접지는 가능한 한 공통접지를 하는것이 좋다.
(5) 접속도체는 가능한 짧게 배선하고(0.5m이하)
(6) 접지극에 직접 접속하는것이 좋다.
(7) 접지도체 단면적은 10㎟ 이상의 동선 또는 이와 동등할 것
  (단, 건축물에 피뢰설비가 없는 경우는 단면적이 4㎟ 이상의 동선가능)

6. SPD 보호 장치 설치 장소
  (1) 전력 공급을 우선하는 회로 : SPD의 회로내에 설치
  (2) 기기 보호를 우선하는 회로 : SPD의 전원측에 설치
  (3) 위1) 및2)를 동시 확보하는 회로 : SPD를 병렬로 설치

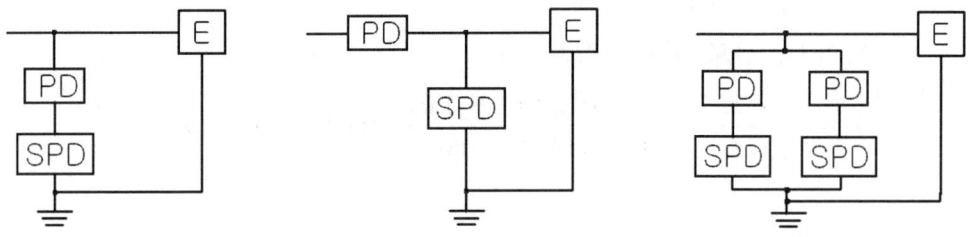

위에서 SPD : 서지보호기, PD : SPD보호기, E : 피보호기기임.

4.2. 그림과 같은 계통에서 계통 Base 용량 및 전압을 100MVA, 13.5kV로 할 때 변압기 T7과 선로 Z1의 p.u 임피던스를 구하시오.
(단, 변압기 권선비는 3.31이고 변압기의 저항성분은 무시한다. 또한 BUS에 표기된 전압은 공칭전압이고 공급전원의 운전전압은 13.5kV이다.)

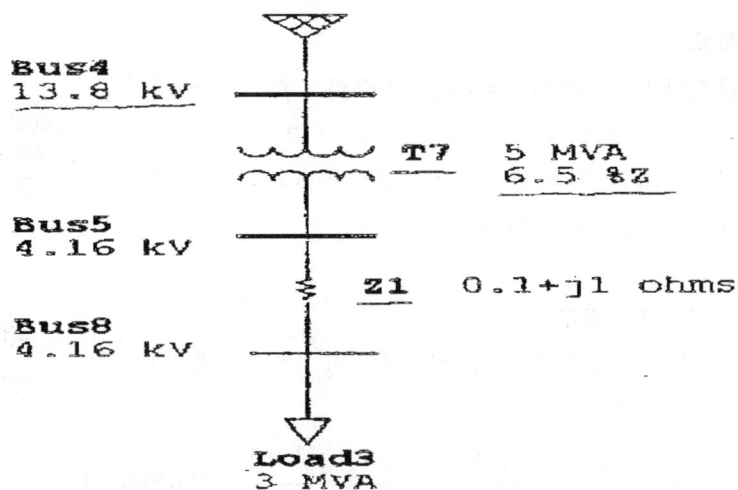

1. 변압기 임피던스
    (1) 100[MVA] 기준
    (2) 임피던스(pu) $Z_T = 0.065 \times \dfrac{100}{5} = j1.3[pu]$ .... (1)
    (3) 이는 13.8[kV]에서의 임피던스이므로 기준전압 13.5[kV]로 환산하면
    $$Z_T = j1.3 \times \left(\dfrac{13.8}{13.5}\right)^2 = j1.358[pu]$$

2. 선로 임피던스
   변압기 권선비를 적용한 변압기 2차 전압은
   $$V_2 = \dfrac{V_1}{a} = \dfrac{13.5}{3.31} = 4.0785[kV]$$
   따라서, 선로 임피던스는
   $$Z_1 = \dfrac{P \cdot Z}{10 V^2} = \dfrac{100 \times 10^3 \times (0.1 + j1.0)}{10 \times 4.0785^2 \times 100} = 0.6011 + j6.01[pu]$$

4.3. 13.8 kV를 수전하고 있는 변압기의 2차측에 750kVAR의 캐패시터 뱅크가 연결 되어 있다. 이 계통에 가장 악영향을 미칠 수 있는 고조파의 차수를 구하시오.(단, 변압기의 정격은 아래와 같다)

정격 용량	2000 kVA
1차측 정격전압	13.8 kV
2차측 정격전압	480 V
리액턴스	6 %

1. 개요
   문제에서 주어진 계통은 그림과 같이 콘덴서뱅크가 Y 결선인 경우도 있고 Δ결선인 경우도 있다. 그러나 일반적으로 저압 콘덴서는 대부분 Δ결선으로 사용한다.

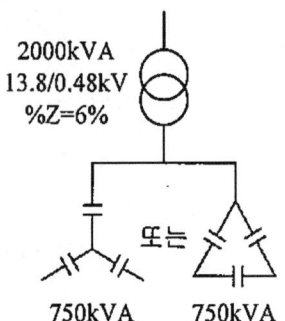

2. Y 결선인 경우
   (1) 변압기 2차측에서 본 변압기 기본파에 대한 임피던스
   $$X_L = \dfrac{10 V^2 \times \%Z}{P} = \dfrac{10 \times 0.48^2 \times 6}{2000} = 0.0069(\Omega)$$
   (2) 콘덴서 1상의 용량은 250kVA이므로 1상의 리액턴스는

$$X_C = \frac{V^2}{P} = \frac{480^2}{250 \times 10^3} = 0.92(\Omega)$$

(3) 공진 조건 $nX_L = \frac{X_c}{n}$

따라서 $n^2 = \frac{X_c}{X_L} = \frac{0.92}{0.0069}$ 에서 $n = \sqrt{\frac{0.92}{0.0069}} \fallingdotseq 11$

즉, 11차 고조파가 가장 영향이 크다.

3. Δ결선인 경우

(1) 변압기 2 차측에서 본 변압기 기본파에 대한 임피던스

$$X_L = \frac{10 V^2 \times \%Z}{P} = \frac{10 \times 0.48^2 \times 6}{2000} = 0.0069(\Omega)$$

(2) 콘덴서 1상의 용량은 750kVA이므로 1상의 리액턴스는

$$X_C = \frac{V^2}{P} = \frac{480^2}{750 \times 10^3} = 0.31(\Omega)$$

(3) 공진 조건 $nX_L = \frac{X_c}{n}$

따라서 $n^2 = \frac{X_c}{X_L} = \frac{0.31}{0.0069}$ 에서 $n = \sqrt{\frac{0.31}{0.0069}} \fallingdotseq 7$

즉, 7차 고조파가 가장 영향이 크다.

4.4. 차단기의 개폐 과전압에 대한 저압 전기설비의 보호방법에 대하여 설명하시오.

1. 개요

(1) 회로차단은 역율이 나쁠수록(전압과 전류의 위상이 클수록) 어려워지며, 이것은 전류 "0" 일 때 접점간 전압이 높기 때문이다.

(2) 충전전류(무부하 선로의 개폐), 진상 전류(전력용 콘덴서 개폐) 여자전류(무부하 변압기 개폐)의 개폐가 주로 문제됨.

(3) 개폐서지는 뇌서지에 비해 비록 파고값은 낮으나 지속시간이 수 ms로 비교적 길기 때문에 기기의 절연에 주는 영향을 무시할 수 없다.

(4) 과도 전류 : 모든 전기 설비의 전원 투입시에는 큰 전류가 흐르며 잠시 후 소정의 부하전류로 흐른다. 과도 전류가 흐르는 순간 회로에는 과도 전압강하가 발생하게 되어 접촉자 개방, 전동기 감속 등의 중대한 문제가 발생할 수 있어 이러한 곳은 선로의 굵기 선정에 유의해야 한다.

2. 개폐시 현상

종류	현 상	대 책
충전 전류 개폐 서지	- 충전전류는 앞선 전류로서 차단하기는 쉽지만 재점호를 일으키는 경우가 있고, 그때마다 서지에 의한 이상전압이 발생한다. - 투입시 1) 과도전압 : 교류 전압 최대값의 2배까지 나타난다. 2) 돌입전류 : Imax = Ic($1 + \sqrt{\frac{Xc}{Xl}}$). 약 5~6배 3) 돌입 주파수 = $f\sqrt{\frac{Xc}{X_L}}$ - 차단시 : 재점호 차단과정 중 회복전압에 이르는 과정에서 과도전압(재기전압)이 나타나게 되며, 재기 전압이 크면 차단기 접촉자 사이에 절연이 파괴되어 아크가 발생하는 재 점호가 일어나며, 그 크기는 교류 전압 최대값의 약3배에 이르는 서지가 발생하며, 반복 재점호의 경우에는 최대 상전압의 약6~7배의 높은 전압이 발생한다.	1. 진공차단기, 공기 차단기, 소유량 차단기 사용억제 2. 진공차단기 등 서지 발생 차단기 설치시는 S.A를 차단기 2차측에 설치 3. 중성점 접지 4. 차단속도를 빠르게 하여 재점호 방지
여자 전류 차단 서지	- 유도성(지연전류) 소전류 차단시 발생하는 서지로서 다음과 같은 2종류의 서지가 있다. 1) 전류 재단(절단) 서지 변압기나 전동기가 소용량인 경우 서지가 더 심하며 진공차단기등 소호력이 강한 차단기로 차단시 전류가 자연 "0"점 전에 강제적으로 소호되는 현상. 이상전압 e = L $\cdot \frac{di}{dt}$(V) 2) 반복 재점호 서지 전류 절단으로 서지 발생시 차단기의 극간 절연이 충분히 회복되지 않으면 재발호 현상이 나타나고 조건에 따라 발호, 소호가 짧은 시간에 여러번 반복되는 현상을 반복 재점호라 한다.	- 유도성부하에 병렬로 적당한 콘덴서 설치 - 여자전류값이 작아 DS로도 절단이 가능 하면 DS설치하여 절단. - VCB : S.A 설치 - 소호력이 큰 진공차단기, 공기 차단기, 극유량 차단기 사용배제
고장 전류 차단 서지	- 중성점을 리액터접지 시킨 계통에서 고장전류는 90°에 가까운 지상 전류이다. 이것을 전류 영점에서 차단하면 차단기의 차단 전압이 상규 전압의 약 2배 이하로 걸릴 수 있다	- 일반적으로 방지대책이 필요치 않으나 높은 값의 전압이 걸리는 경우에는 중

		성점에 저항접지를 실시
3상 비동기 투입	- 차단기의 각상 전극은 정확히 동일한 시간에 투입되지 않고 근소하나마 시간적 차이가 있는 것이 보통이다. - 이 차이가 심한 경우는 상규 대지 전압의 3배 전후의 써지가 발생할 수 있다.	변압기 2차측에 콘덴서나 피뢰기 설치
고속 재폐로 서지	- 재 폐로시에 선로의 잔류 전하에 의해 재 점호가 일어나면 큰 써지가 발생한다.	- 재투입시간을 늦게 한다. - 차단 후 선로의 잔류 전하를 대지로 방전 시킨 후 재투입한다.
무부하 선로 투입	- 무부하선로에 최대치 Em의 전원을 투입하면 전압의 진행파가 선로의 종단에 도달했을 때 종단이 개방되어 있으므로 정반사하여 2Em의 이상전압이 발생한다.	2배 정도의 이상전압이므로 특별한 대책은 강구하지 않는다.

4.5. 비상용 엘리베이터에 대한 아래 내용을 설명하시오.
1) 설치를 요하는 건물(설치 대상 건물)
2) 설치 대수와 배치방법
3) 비상용 엘리베이터의 구조 및 기능

1. 설치를 요하는 건물 및 설치 대수

구 분	승용 승강기	비상용 승강기
일반 건축물	6층 이상 연면적 2,000㎡ 이상	높이 31m를 초과하는 건축물 - 최대 바닥면적 1,500㎡ 이하 : 1대 이상 - 최대 바닥면적이 1,500㎡를 초과 : 1,500㎡를 넘는 3,000㎡ 마다 1대씩 더한 대수
공동주택	6층 이상(6인승 이상) - 계단실형 : 계단실마다 1대 이상 - 복도형 : 100세대마다 1대 이상	10층 이상인 공동주택 : 승용승강기를 비상용승강기의 구조

〈 건축법 〉
　제64조(승강기)
　　① 건축주는 6층 이상으로서 연면적이 2,000㎡ 이상인 건축물을 건축

하려면 승강기를 설치하여야 한다.
② 높이 31m를 초과하는 건축물에는 대통령령으로 정하는 바에 따라 제1항에 따른 승강기뿐만 아니라 비상용승강기를 추가로 설치하여야 한다.

〈 시행령 〉

시행령 제90조(비상용 승강기의 설치)
① 법 제64조제2항에 따라 높이 31m를 넘는 건축물에는 다음 각 호의 기준에 따른 대수 이상의 비상용 승강기를 설치하여야 한다. 다만, 법 제64조제1항에 따라 설치되는 승강기를 비상용 승강기의 구조로 하는 경우에는 그러하지 아니하다.
 1. 높이 31m를 넘는 각 층의 바닥면적 중 최대 바닥면적이 1,500㎡ 이하인 건축물: 1대 이상
 2. 높이 31m를 넘는 각 층의 바닥면적 중 최대 바닥면적이 1,500㎡를 넘는 건축물: 1대에 1,500㎡를 넘는 3,000㎡ 이내마다 1대씩 더한 대수 이상

〈 주택건설기준 등에 관한 규정 〉

제15조(승강기등)
① 6층 이상인 공동주택에는 대당 6인승 이상인 승용승강기를 설치해야 한다.
② 10층 이상인 공동주택의 경우에는 제1항의 승용승강기를 비상용승강기의 구조로 하여야 한다.

〈 시행규칙 〉

제4조(승강기) 영 제15조제1항 본문의 규정에 의하여 6층 이상인 공동주택에 설치하는 승용승강기의 설치기준은 다음 각 호와 같다.
 1. 계단실형인 공동주택에는 계단실마다 1대이상을 설치하되,
 2. 복도형인 공동주택에는 100세대마다 1대이상을 설치

2. 비상용 엘리베이터의 구조 및 기능

〈 건축물의설비기준등에관한규칙 〉

제10조(비상용승강기의 승강장 및 승강로의 구조)
 1. 승강장의 구조
 가. 승강장의 창문·출입구 기타 개구부를 제외한 부분은 당해 건축물의 다른 부분과 내화구조의 바닥 및 벽으로 구획할 것. 다만, 공동주택의 경우에는 승강장과 특별피난계단의 부속실과의 겸용부분을

특별피난계단의 계단실과 별도로 구획하는 때에는 승강장을 특별피난계단의 부속실과 겸용할 수 있다.

나. 피난층을 제외한 각층의 내부와 연결될 수 있도록 하되, 그 출입구에는 갑종방화문을 설치할 것

다. 노대 또는 외부를 향하여 열 수 있는 창문이나 배연설비를 설치할 것

라. 벽 및 반자가 실내에 접하는 부분의 마감재료는 불연재료로 할 것

마. 채광이 되는 창문이 있거나 예비전원에 의한 조명설비를 할 것

바. 승강장의 바닥면적은 비상용승강기 1대에 대하여 $6m^2$이상으로 할 것. 다만, 옥외에 승강장을 설치하는 경우에는 그러하지 아니하다.

사. 피난층이 있는 승강장의 출입구로부터 도로 또는 공지에 이르는 거리가 30m이하일 것

아. 승강장 출입구 부근의 잘 보이는 곳에 당해 승강기가 비상용승강기임을 알 수 있는 표지를 할 것

2. 승강로의 구조

가. 승강로는 당해 건축물의 다른 부분과 내화구조로 구획할 것

나. 승강로는 전층을 단일구조로서 연결하여 설치할 것

4.6. 인텔리전트 건축물등에 적용되고 있는 공통접지와 통합접지 방식에 대하여 비교 설명하시오.

1. 개요

기존 건축물의 접지 형태는 보호용, 기능용, 뇌 보호용의 접지를 분리한 이른바 독립 접지를 한 건축물이 많다. 건물의 부지 면적이 한정되어 있는 상황에서 독립 접지는 전위 간섭의 영향을 받기 쉽고 접지 기능을 충족시키지 못하는 경우가 많다. 그러나 공통 접지는 접지 계통의 전위가 같고 전위 간섭 등의 영향이 적다.

2. 독립접지

- 개별적으로 접지하되 상호 20m 이상 이격 설치 할 것
- 가장 이상적이나 현실적으로 어려움
- 1접지극이 타 접지극에 영향을 미치지 않을 것
- 접지 전극간 이격 거리에 영향을 주는 요인

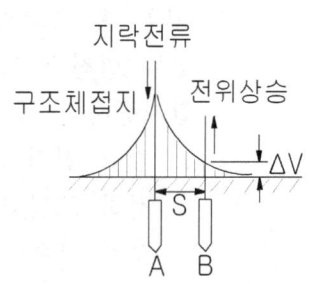

1) 접지 전류의 최대치
2) 전위상승 허용치
3) 접지 장소의 대지 저항율

산정전류	전위상승 허용값(V)		
	2.5	25	50
10	63	6	3
50	318	32	16
100	637	64	32

- 하나의 예로 위 그림과 같이 접지전극(직경 7mm, 길이3m) 2개로 독립접지 공사를 시행한 경우 독립접지의 상정 접지전류 I(A)에 의한 전위상승 ΔV 와 이격거리 S(m) 관계는 위 표와 같다.
  (대지저항율 ρ =100 Ω.m)

3. 판단기준 제 18 조(접지공사의 종류)

① 접지공사는 다음 표에서 정한 것으로 하며 각 접지공사별 접지저항 값은 표에서 정한 값 이하로 유지하여야 한다.
다만 공통접지 및 통합접지를 하는 경우는 제외한다.

접지공사의 종류	접지저항 값
제1종 접지공사	10 Ω
제2종 접지공사	변압기의 고압측 또는 특고압측의 전로의 1선 지락전류의 암페어 수로 150(1초를 초과하고 2초 이내에 자동적으로 전로를 차단하는 장치를 설치할 때는 300, 1초 이내에 자동적으로 고압전로 또는 사용전압 35 kV 이하의 특고압전로를 차단하는 장치를 설치할 때는 600)을 나눈 값과 같은 Ω 수
제3종 접지공사	100 Ω
특별 제3종 접지공사	10 Ω

4. 공통 접지(common earthing system)

⑥ 고압 및 특고압과 저압 전기설비의 접지극이 서로 근접하여 시설되어 있는 변전소 또는 이와 유사한 곳에서는 다음 각 호에 적합하게 **공통접지공사**를 할 수 있다.
1. 저압 접지극이 고압 및 특고압 접지극의 접지저항 형성 영역에 완전히 포함되어 있다면 위험전압이 발생하지 않도록 이들 접지극을 상호 접속하여야 한다.
즉, 전력계통의 접지를 공통으로 하는 것을 말한다.

2. 공통 접지공사를 하는 경우 고압 및 특고압계통의 지락사고로 인해 저압계통에 가해지는 상용주파 과전압은 다음 표에서 정한 값을 초과해서는 안 된다.

고압계통에서 지락고장시간(초)	저압설비의 허용 상용주파 과전압(V)
> 5	$U_o + 250$
≦ 5	$U_o + 1,200$
중성선 도체가 없는 계통에서 U_o는 선간전압을 말한다.	

3. 그 밖에 공통접지와 관련된 사항은 KS C IEC 60364-4-44 및 KS C IEC 61936-1의 10에 따른다.

5. **통합 접지(global earthing system)**

⑦ 전기설비의 접지계통과 건축물의 **피뢰설비 및 통신설비 등의 접지극을 공용하는 통합접지**(국부접지계통의 상호접속으로 구성되는 그 국부접지계통의 근접구역에서는 위험한 **접촉전압이 발생하지 않도록 하는 등가 접지계통**)공사를 할 수 있다.

즉, 전력계통, 통신계통, 피뢰계통까지 공동으로 하는 접지를 말한다.

이 경우 제6항의 규정을 따르며, 낙뢰 등에 의한 과전압으로부터 전기설비 등을 보호하기 위해 KS C IEC 60364-5-53-534에 따라 서지보호장치(SPD)를 설치하여야 한다.

6. **설치 요건**

(1) 공통접지는 대부분 철골, 철근 등을 접지 전극으로 활용하여 접지하는데 이 경우 대지와의 사이에 전기저항치가 2Ω 이하이여야 한다.

(2) 철골, 철근등을 접지 전극으로 활용하는데 문제점 고려
   1) 접지 도선을 통해 많은 노이즈와 서지 전류 유입
   2) 철골 구조 하부에 전식
   3) 콘크리트 균열에 의한 안전성등

(3) 특히 IEC 60364와 62305 도입에 따라 통합접지(등전위접지)를 하기 위해서는 반드시 철골등 건축물의 모든 금속부분을 등전위 본딩을 해야 한다.

7. 비교

항목	개별 접지	통합 접지
구성 방식	- 통신용, 보안용, 피뢰용 등을 각각 분리 접지 - 이격거리 필요	- 구조체접지등을 이용하여 통신용, 보안용, 피뢰용등의 접지를 공통으로 구성
장점	- 다른 기기의 영향이 적다. - 노이즈 영향이 적다 - 원인 규명이 용이하다.	- 장비간 전위차 미 발생 - 접지계통이 단순하여 유지보수용이 - 합성저항 저감효과 크다 - 경제적이다.
단점	- 소요접지저항을 얻기 어렵다. - 공사비 고가 - 고장시 시스템간전위차 발생으로 기기 고장 우려	- 뇌격 등에 의해 정보통신기기 등에 노이즈 영향 발생 - 계통 접지에 이상전압 발생시 타 기기에 영향
채택 국가	한국, 일본	미국 및 유럽

6장

제98회 (2012.08)
기출문제

건축전기설비
기술사
기출문제

국가기술 자격검정 시험문제

기술사 제 98 회 　　　　　　　　　　　제 1 교시 (시험시간: 100분)

분야	전기	자격종목	건축전기설비기술사	수험번호		성명	

※ 다음 문제중 10문제를 선택하여 설명하시오. (각10점)

1. 정격전압이 같은 A, B 2대의 단상변압기가 있다. A변압기는 용량 100 kVA, 퍼센트 임피던스 5% 이고, B변압기는 용량 300 kVA, 퍼센트 임피던스 3% 이다. 이 두 변압기를 병렬로 운전하여 360 kVA의 부하를 접속하였을 때에 각 변압기의 부하분담을 구하고 퍼센트 임피던스가 같은 경우와 비교 설명하시오.

2. 축전지 설비의 자기방전의 의미와 원인에 대하여 설명하시오.

3. 저압공급 다선식(단상3선식 또는 3상4선식)에서 개폐운전시 중성선을 차단하는 접지계통과 차단하지 않아야 되는 접지계통을 구분하여 설명하고, 차단기 종류와 차단기를 적용하는 이유를 설명하시오.

4. 전기설비 트래킹 현상에 의한 절연열화에 대하여 설명하시오.

5. 변압기 등가회로를 그리고 임피던스 전압에 대하여 설명하시오.

6. 대기전력의 종류와 저감방법에 대하여 설명하시오.

7. 직류 고속차단기의 방향성에 따른 종류와 유도분로의 선택특성에 대하여 설명하시오.

8. 건축전기설비의 에스컬레이터 안전장치에 대하여 설명하시오.

9. 항공장애표시등과 항공장애 주간표지 설치기준에서 설치하지 않아도 되는 조건에 대하여 설명하시오.

10. 정류기 용량과 정류기용 변압기 용량이 다른 이유를 설명하시오.

11. 건축물 조명설계시 보수율의 구성요인에 대하여 설명하시오.

12. 이중비 CT의 내부 접속도를 간단히 그려서 설명하시오.

13. 태양광 발전시스템에서 태양전지 어레이 설치완료후 어레이 검사방법에 대하여 설명하시오.

국가기술 자격검정 시험문제

기술사 제 98 회 　　　　　　　　　　제 2 교시 (시험시간: 100분)

분야	전기	자격종목	건축전기설비기술사	수험번호		성명	

※ 다음 문제중 4문제를 선택하여 설명하시오. (각25점)

1. 고압콘덴서에 고장이 발생한 경우 사고의 확대와 파급방지를 위한 고장검출방식에 대하여 설명하시오.

2. 대형 건축설비의 분전반 설치와 EPS(Electrical Pipe Shaft)설계시 고려사항에 대하여 설명하시오.

3. 신재생에너지의 효율을 극대화 할 수 있는 에너지 저장장치(Energy Storage System)에 대하여 설명하시오.

4. 분산형 전원 계통연계방식의 주요 고려사항에 대하여 설명하시오.

5. 접지설비 및 보호도체 선정방법에 대하여 설명하시오.

6. KS C에서 규정하는 TN계통(저압)의 아래사항을 설명하시오.
   1) 간접접촉보호를 위한 전압종류별 최대 차단시간
   2) 저압기기 허용 스트레스전압과 차단시간
   3) 접지계통 종류별 고장전압과 스트레스 전압 현황 (U_f, U_1, U_2)

국가기술 자격검정 시험문제

기술사 제 98 회 　　　　　　　　　　제 3 교시 (시험시간: 100분)

| 분야 | 전기 | 자격종목 | 건축전기설비기술사 | 수험번호 | | 성명 | |

※ 다음 문제중 4문제를 선택하여 설명하시오. (각25점)

1. Mold 변압기 3차 차단기로 VCB를 사용하여 3.3kV 유도전동기 부하에 전력을 공급한다. 변압기 보호용 SA(Surge Arrester)를 다음 계통조건으로 적용할 때 단선도를 작성하고 각 설비 (VCB, SA 등)에 대하여 설명하시오.
   - 22.9 / 3.3 kV 3상 Mold 변압기 1,000 kVA (BIL : 40 kV)
   - VCB 의 개폐서지 전압은 정격전압의 3배

2. 객석이 50,000석 이상의 국제경기를 할 수 있는 경기장을 건설하고자 한다. 이에 대한 야간조명설비, 객석음향설비 및 TV 중계설비에 대하여 기본계획을 수립하시오.

3. 건축전기설비의 내진설계에 있어서 설계시점에서 유의하여야 할 사항에 대하여 설명하시오.

4. 최근 국토해양부 및 환경부에서 고시한 친환경 건축물 인증제도의 인증대상, 인증기관 인증등급에 대하여 설명하시오.

5. 고조파 발생원이 많은 수용가에서 역율을 개선하는 방법에 대하여 설명하시오.

6. 다음과 같은 수전설비에서 MOF의 과전류강도를 계산하고, 정격 과전류강도를 선정하시오.
   - 한전측 변압기 %Z : 14.5 % (45 MVA기준)
   - 한전변압기에서 수용가 MOF까지의 %임피던스 : 3.4 + j7.4 (100 MVA 기준)
   - X/R 값에 의한 α 계수 (최대 비대칭 전류 실효치 계수) : 1.5
   - 단락사고시 PF의 동작시간 : 0.02초 (200AF/40AT) MOF CT비 : 30/5
   - 수용가 수전변압기 용량 :3상3선, 22.9 kV / 380-220V, 750 kVA

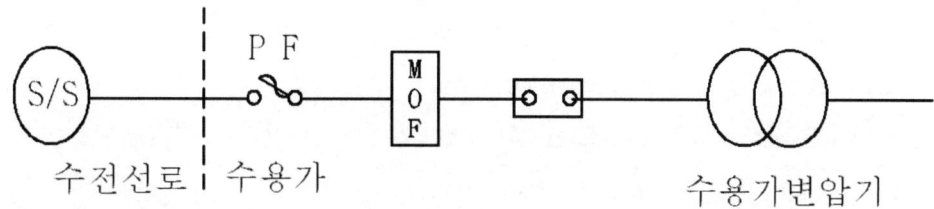

국가기술 자격검정 시험문제

기술사 제 98 회 　　　　　　　　　　제 4 교시 (시험시간: 100분)

분야	전기	자격종목	건축전기설비기술사	수험번호		성명	

※ 다음 문제중 4문제를 선택하여 설명하시오. (각25점)

1. 비접지계통 지락사고 검출방법의 종류 및 특징을 비교 설명하시오.

2. 대형 건축물의 에너지 절약을 위한 조명제어에 대하여 설명하시오.

3. 지붕형 태양광 발전설비 설계순서를 들고 설명하시오.

4. 기설치되어 있는 고압유도전동기(3상, 3.3kV) 배선시스템을 비접지 계통에서 저저항 접지계통으로 변경하려고 한다. 비 접지 계통과 저 저항 접지계통의 특성을 설명하고 저 저항 접지 계통의 신설 및 보완한 설계내용을 설명하시오.

5. KS C IEC 62305 (Part III 외부 피뢰시스템)에 의거하여 대형 굴뚝을 낙뢰로부터 보호하기 위한 대책에 대하여 설명하시오.

6. 전기설비 기술기준의 판단기준에 의한 케이블트레이의 공사기준에 대하여 설명하고 다음과 같은 조건에서 케이블트레이 내측폭을 선정하시오.

    - 케이블 트레이 종류 : 사다리형 케이블 트레이
    - 120 [mm^2] 이상과 120mm^2 미만의 다심 케이블을 동일 케이블트레이에 시설할 경우
    - CV Cable 35mm^2 / 3C x 10조　d=25mm
    - CV Cable 50mm^2 / 3C x 8조　d=29mm
    - CV Cable 120mm^2 / 3C x 5조　d=41mm
    - CV Cable 150mm^2 / 3C x 1조　d=46mm
    - CV Cable 240mm^2 / 3C x 2조　d=57mm
    - d : 케이블 완성품의 바깥지름 (케이블의 지름)

6장

제98회 (2012.08)
문제해설

건축전기설비
기술사
기출문제

제 1 교 시

1.1. 정격전압이 같은 A, B 2대의 단상변압기가 있다. A변압기는 용량 100 kVA, 퍼센트 임피던스 5% 이고, B변압기는 용량 300 kVA, 퍼센트 임피던스 3% 이다. 이 두 변압기를 병렬로 운전하여 360 kVA의 부하를 접속하였을 때에 각 변압기의 부하분담을 구하고 퍼센트 임피던스가 같은 경우와 비교 설명하시오.

1. 계통도

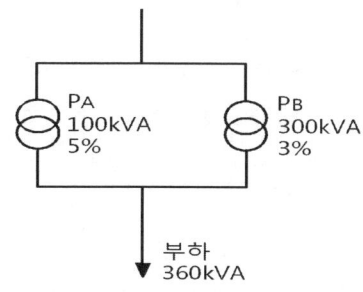

2. % 임피던스와 용량이 다른 경우 부하 분담

   (1) TR 용량비
   $$m = \frac{Pa 용량}{Pb 용량} = \frac{100}{300} = 0.33$$

   (2) 부하 분담
   $$Pa = \frac{m \times \%Zb}{\%Za + m \times \%Zb} \times P = \frac{0.33 \times 3}{5 + 0.33 \times 3} \times 360 = 60(kVA)$$

   $$Pb = \frac{\%Za}{\%Za + m \times \%Zb} \times P = \frac{5}{5 + 0.33 \times 3} \times 360 = 300(kVA)$$

3. %Z가 같고 용량이 다른 경우

   용량에 비례하여 부하를 분담한다
   $$Pa = \frac{100}{100 + 300} \times 360 = 90(kVA)$$

   $$Pb = \frac{300}{100 + 300} \times 360 = 270(kVA)$$

1.2. 축전지 설비의 자기방전의 의미와 원인에 대하여 설명하시오.

1. 자기방전 의미
축전지 용량 손실의 하나로서 충, 방전 중 및 개로의 상태에서도 자기방전이 이루어지며 축전지 내부에서 자연적으로 축전지의 용량을 감소시키는 작용으로, 음극판의 Pb가 전해액의 (SO4)와 서서히 반응하여 황산납으로 변하는 현상임.

2. 자기방전 원인
(1) 온도
축전지 온도가 높을수록 자기 방전량은 증가하고 이 증가의 비율은 온도 25℃ 까지는 대략 직선으로 증가하며 그 이상의 온도에서는 급속하게 증가한다.

(2) 불순물
바륨, 백금, 금, 은, 동, 니켈, 안티몬 및 염산, 질산, 유기산등의 불순물이 양극, 음극 표면에 접착되면 현저하게 자기방전을 일으킨다.
무보수 밀폐형의 경우는 무시하여도 무방하다.
방전을 계속하면 양극판의 과산화납(Pb O2)이 황산납(Pb SO4)으로 변하여 전기를 발생 할 수 없게 된다.

3. 설페이션(Sulphation)
연축전지를 방전상태로 오래 방치시 극판상에 황산연의 미립자가 응집하여 비교적 큰 결정의 백색 피복물 즉, 백색 황산염이 발생하는 현상

(1) Sulphation의 영향
  1) 전지 용량 감소
    이 백색 피복물은 부도체 이므로 작용물질의 면적이 감소하여 전지의 용량이 감소함.
  2) 수명 단축
    작용 물질을 탈락시켜 수명을 감축함.
  3) 기타 현상(영향)
    - 내부 저항이 대단히 증가
    - 전해액의 온도 상승
    - 황산의 비중이 낮아지고
    - 가스의 발생이 심해짐.

(2) Sulphation 대책
  1) Sulphation 현상이 가벼운 경우 : 과충전을 하면 됨.

2) Sulphation 현상이 심한 경우 : 희류산 또는 중성 유산염으로 장시간 충전하면 이 백색 피복물을 제거할 수 있음.

1.3. 저압공급 다선식(단상3선식 또는 3상4선식)에서 개폐 운전시 중성선을 차단하는 접지계통과 차단하지 않아야 되는 접지계통을 구분하여 설명하고, 차단기 종류와 차단기를 적용하는 이유를 설명하시오.

1. 판단기준 제 40 조 (과전류차단기의 시설 제한) 접지공사의 접지선, 다선식 전로의 중성선 및 전로의 일부에 접지공사를 한 저압 가공전선로의 접지측 전선에는 과전류차단기를 시설하여서는 아니 된다.
다만, 다선식 전로의 중성선에 시설한 과전류차단기가 동작한 경우에 각 극이 동시에 차단될 때 또는 저항기·리액터 등을 사용하여 접지공사를 한 때에 과전류차단기의 동작에 의하여 그 접지선이 비접지 상태로 되지 아니할 때에는 그러하지 아니하다.

2. IEC 60364 계통
   (1) TN-C 방식

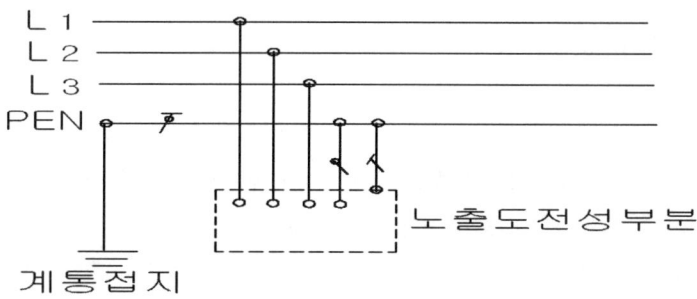

중성선(N)과 보호도체(PE)를 공용으로 사용하기 때문에 안전을 고려하여 중성선은 개로하지 않는것이 바람직함.

   (2) TN-S 방식

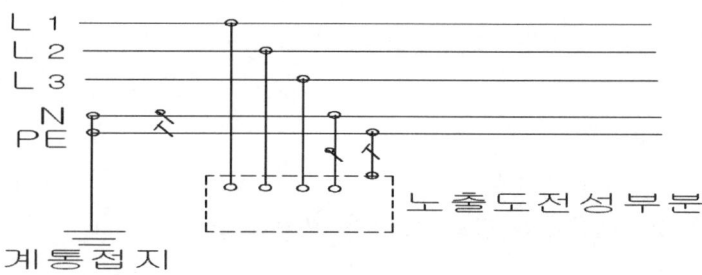

중성선과 보호 도체를 별도로 구성한 접지 시스템으로 전기 기기의 모든 노출 도전부(외함)는 별도의 접지선에 연결되어 있어 중성선을 차단해도 안전성이 보장되기 때문에 중성선 차단이 가능함.

3. 개폐 시간
(1) 개로시

중성선을 상전선과 함께 개로할 때는 중성선은 상전선과 동시에 또는 늦게 개로 해야 한다.

왜냐하면 중성선을 먼저 개로하면 상전선의 부하들이 상과 상사이에 직렬로 되어 저항분이 큰 부하는 과전압이 걸리고 저항이 적은 부하는 저전압이 걸리기 때문이다.

(2) 폐로시

중성선을 상전선과 함께 폐로할 때는 중성선은 상전선과 동시에 또는 먼저 폐로 해야 한다.

왜냐하면 중성선을 늦게 폐로하면 상전선의 부하들이 상과 상사이에 직렬로 되어 저항분이 큰 부하는 과전압이 걸리고 저항이 적은 부하는 저전압이 걸리기 때문이다.

4. 차단기 종류
(1) ACB (기중 차단기)
　1) 소호 원리

　　Arc Chute(소호실)를 두어 아아크를 흡수 소호하는 특성으로 전차단 시간이 35mS(약2Cy) 이내로 차단 성능을 높임.

　2) 특징
　　- 소형 경량화하여 배전반등에 내장 가능
　　- OCR등 보호 계전기 내장
　　- 최근에는 보호 계전기로 디지털 계전기를 채택하여 신뢰도 향상 및 사고 기록등이 가능함.
　　- 정격 : 3P, 4P, 1000V, 630~5,000A, 차단용량 : 50~100KA
　　- 전차단 시간 : 3Cycle

(2) MCCB
　1) 보호장치와 개폐기구가 동일 Case 에 몰딩되어 있으며
　2) 과전류와 단락 보호가 가능하고
　3) 특성

- 차단 정격 : 최대 600V에서 120KA
- 종류 : 차단 용량에 따라 경제형, 표준형, 고차단형
- 동작 특성 : 열동식, 전자식
- 최근 가변 조정형 시판(ACB 동작 특성과 유사)

(3) ELB(누전차단기)
1) 선로의 누전 전류를 검출하여 회로 차단
2) 용도별, 감도별, 동작시간별로 분류된다.
3) ELB 이용 목적
- 감전 보호
- 전기 화재 보호등.

1.4. 전기설비 트래킹 현상에 의한 절연열화에 대하여 설명하시오.

1. 트랙킹 현상
(1) 고체 절연물 표면에 수분을 포함한 먼지, 전해질의 미소물질등이 부착되면 그 표면에서 방전이 발생하고
(2) 이런 현상이 반복되면 절연물 표면에 점차 도전성 통로, 즉 Track이 형성되는데 이런 현상을 Tracking이라 한다.
(3) 도자기나 애자등 무기절연물은 이런 현상이 적으나 플라스틱과 같은 유기 절연물은 탄화되어 흑연등의 도전성 물질을 생성하기 쉬우므로 화재의 원인이 된다.

2. Tracking 현상에 의한 절연 열화
(1) 제1단계 : 표면 오염에 의한 도전로 형성
(2) 제2단계 : 미소 발광, 방전 현상 발생
(3) 제3단계 : 표면에 열화개시 및 Track 형성

3. Tracking 현상 방지 대책
(1) 자기재 애자 사용
(2) 폴리머 애자 사용시
- EPDM Rubber 사용
- Tracking 시험
- 수산화 알루미늄을 고분자 물질에 첨가시켜 성형시킨 애자를 사용
(3) 폴리머 물질 사용한 저압기기 Tracking 대책
- 연결 부위의 오염 물질 주기적 제거

- 방진 제품 사용
- 정기적 안전 관리.

1.5. 변압기 등가회로를 그리고 임피던스 전압에 대하여 설명하시오.

1. 변압기 등가회로

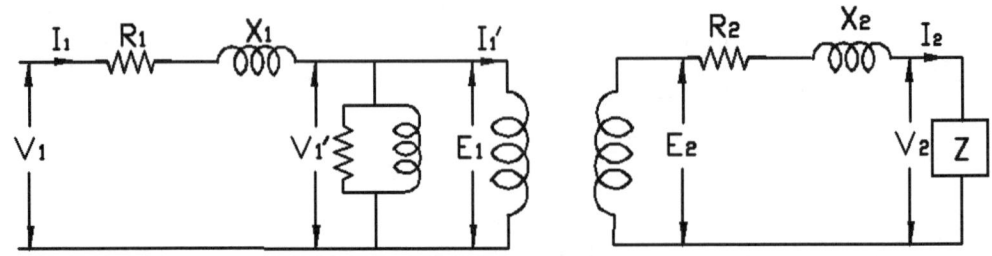

2. 벡터도

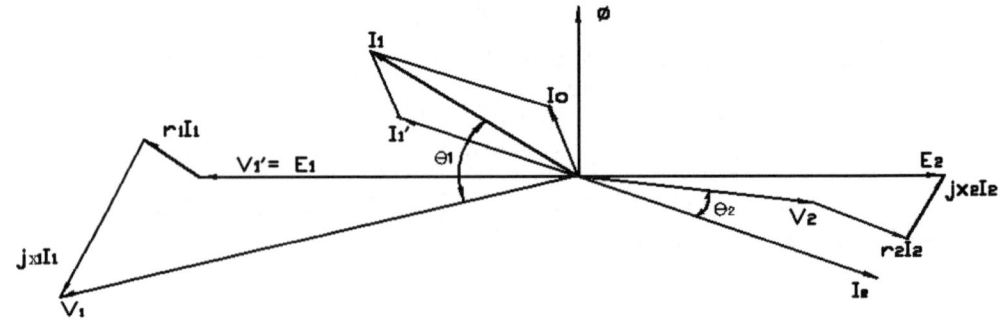

3. 임피던스 전압

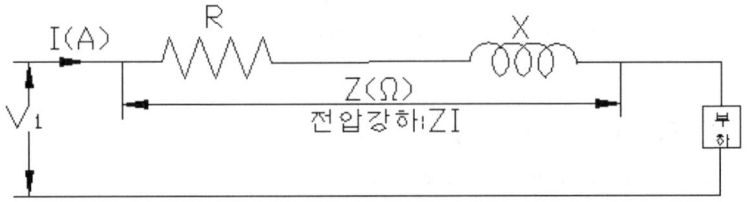

(1) 그림과 같이 임피던스 $Z(\Omega)$가 접속되고, $V(V)$의 정격전압이 인가된 회로에 정격전류 $I(A)$가 흐르면 $Z\,I$의 전압강하가 발생하며, 이를 임피던스 전압이라 함.

(2) 이 임피던스 전압을 1차정격전압에 대한 백분율을 %임피던스(%Z)라 함

$$\%임피던스(\%Z) = \frac{임피던스\ 전압(Vs)}{1차\ 정격전압(V_1)} \times 100 = \frac{Z I_1}{V_1} \times 100 (\%)$$

(3) 단락 시험 접속도

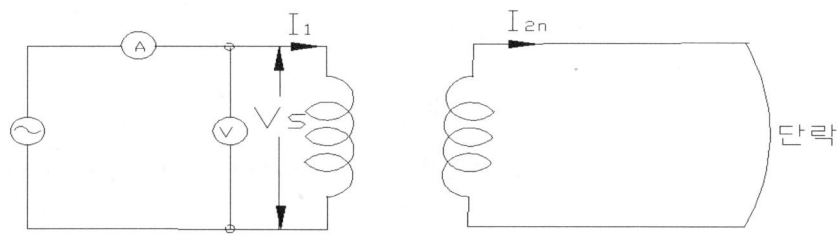

위 그림과 같이 2차측(저압측)을 단락하고 1차측에 정격 주파수의 저전압을 서서히 인가하여 정격전류가 흐를 때의 1차 인가 전압 (Vs)을 임피던스 전압이라 함

1.6. 대기전력의 종류와 저감방법에 대하여 설명하시오.

1. 대기전력의 정의

(1) 전원을 끈 상태에서도 전기제품에서 소비되는 전력
(2) 즉, 기기(器機)가 외부 전원과 연결된 상태에서 해당 기기의 주기능을 수행하지 않거나 내외부의 켜짐 신호를 기다리는 상태에서 소비되는 전력
(3) 가구당 연간 306kWh(35,000원)를 소비하여 우리나라 가정 전력소비량의 11%정도가 대기전력으로 소모됨.
(4) 2004년 에너지관리공단에 따르면 우리나라에서 사용되는 전자기기의 평균 대기전력은 3.6W로 총 100만kW 전력을 소비한다.
(5) 낭비되는 에너지를 줄이기 위해 세계적으로 '대기전력 1W 이하 운동'이 추진되고 있으며, 우리나라도 전자 제품 대기전력을 2010년까지 1W 이하로 낮추기 위한 국가 로드맵(스탠바이 코리아 2010)을 2005년 확정했다.

2. 대기전력의 종류

구 분	개 념	해 당 기 기
무부하 모드 (No Load)	플러그가 꽂혀있는 상태에서 소비되는 전력	어댑터(직류전원장치, 교류어댑터, 휴대전화, 충전기, 전기충전기)
OFF 모드	전원버튼을 이용해 전원을 꺼도 소비되는 전력. 0~3W 전력 소비	TV, 비디오, DVD 플레이어, 전자레인지, PC, 모니터, 프린터, 복사기
수동 대기 Mode	리모컨을 이용해 전원을 꺼도 소비되는 전력. 3W 수준	TV, 비디오, DVD 플레이어, 오디오, 휴대전화 충전기

능동 (Avtive) 대기 Mode	네트워크로 연결된 디지털기기는 전원을 꺼도 20~40W의 전력이 소비된다. 사용자는 꺼진 것으로 착각	홈네트워크, 셋톱박스 (아나로그TV로도 디지털hd방송을 수신할 수 있게 만든 것)
Sleep (수면) 모드	기기가 작동중 사용하지 않는 대기 상태에서 소비되는 전력	PC,모니터, 프린터, 팩시밀리, 복사기, 스캐너, 복합기

3. 대기전력 저감방안

(1) 대기전력 자동 차단 콘센트 사용

　건물 매입형 배선용 꽂음 접속기로서 지식경제부 고시에 의하여 대기전력저감 우수제품으로 등록된 자동 절전 제어장치를 말한다.

(2) 대기전력 차단 스위치 사용

　대기전력 차단을 위해 2개 이상의 콘센트가 연결되어 있고, 연결된 전체 콘센트를 한꺼번에 전원을 켜고 끌 수 있는 일괄 제어기능과 개별 콘센트를 분리하여 전원을 켜고 끌 수 있는 개별 제어기능 등 2가지 기능을 모두 갖춘 수동 또는 자동스위치를 말한다.

(3) 에너지 절약 설계기준에 의한 대기전력차단장치 설치 의무사항

　1) 공동주택은 거실, 침실, 주방에는 대기전력자동차단 콘센트 또는 대기 전력차단 스위치를 1개 이상 설치하여야 하며, 대기전력자동차단콘센트 또는 대기전력 차단스위치를 통해 차단되는 콘센트 개수가 전체 콘센트 개수의 30% 이상이 되어야 한다.

　2) 공동주택 외의 건축물은 대기전력자동차단콘센트 또는 대기전력차단 스위치를 설치하여야 하며 대기전력 자동차단콘센트 또는 대기전력차단 스위치를 통해 차단되는 콘센트 개수가 전체 콘센트 개수의 30% 이상이 되어야 한다.

(4) 기타 대기 전력 저감 방안

　1) TV등 리모콘 동작 제품

　　전원을 대기 상태로 놓지 않고 본체에 있는 PUSH BUTTON SWITCH를 눌러 내부 전원을 차단

　2) 컴퓨터

　　미 사용시 전원 플러그 제거

　3) 에어컨

　　각방에 인체 감지 센서와 단말 제어 장치에 의한 제어

　4) 조명 기기

리모콘을 사용하지 않고 덤플러 스위치로 전원선을 절단 인체 감지 센서와 조명을 연동해서 에너지 절감
5) 비데, 냉온수기
보온 전력의 단수를 낮추어 평소의 대기전력량을 줄임
패턴 제어 방식으로 자동 절감

1.7. 직류 고속차단기의 방향성에 따른 종류와 유도분로의 선택특성에 대하여 설명하시오.

1. 개요
   (1) 직류회로에서 회로에 발생한 고장전류를 차단기 자체로 검출하여, 고속도로 회로를 열어 고장전류가 최대치에 도달하기 이전에 차단하는 차단기.
   (2) 고장전류와 보통 부하전류의 판별을 위해 전류의 돌진율을 검지하여 차단하는 기능(선택특성)을 가지고 있다.
   (3) 전철에서는 많은 기중식차단기가 사용되고 있으며 최근에는 GTO를 소자를 사용한 GTO 차단기, 진공 밸브를 사용한 진공 차단기가 개발되어 있다. 이러한 것은 아크의 소호장치로서 산화아연 비 직선저항에 의한 한류작용으로 차단하여 기중식 차단기에 비교하여 저소음의 차단기로 되어 있다.

2. 기중차단기 구조

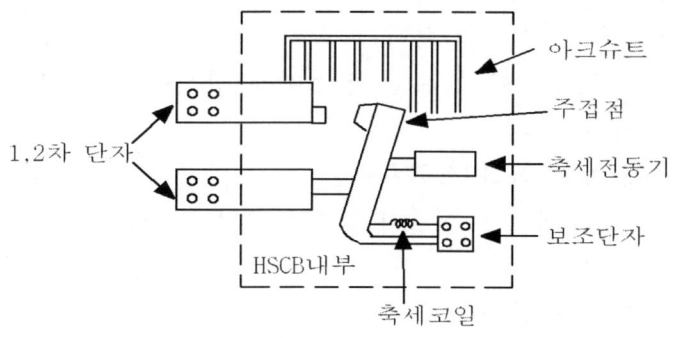

3. 고속 차단기 종류
   (1) 정방향 고속 차단기
      - 정상 전류와 동일방향의 과전류에 대하여 자동 차단함
      - 용도 : 급전용(54F), 정극용(54P), 부극용(54N) 필터장치, 인버터용
   (2) 역방향 고속 차단기

- 정상 전류와 역방향 전류에 대한 과 전류시 작동함
- 정극용(54P), 부극용(54N)

(3) 양방향 고속 차단기
- 전류의 방향에 관계없이 과 전류시 동작
- 용도 : 급전 타이 포스트의 상하선 접속용 차단기

4. **유도분로의 특성**

(1) 선택특성
트립코일과 병렬로 유도분로설치, 정상시 분로코일로 흐르다 돌진율이 클 때 트립 코일측 회로로 많이 흐르게 되어 트립함

(2) 돌진율
사고전류(단락전류) i 의 상승률은 사고순간인 t = 0에서 최대가 되며, 초기 상승률 $(\frac{di}{dt})_{t=0} = \frac{E}{L}$ 이고 이때 $\frac{di}{dt}$ 를 차단기의 돌진율(돌입율) 이라 함.

즉, 돌진율 = $(\frac{di}{dt})_{t=0} = \frac{E}{L}$ 임.

1.8. 건축전기설비의 에스컬레이터 안전장치에 대하여 설명하시오.

1. **전기적 안전 장치**

(1) 구동 체인 안전 스위치
- 구동 체인이 과다하게 늘어나거나 절단 될 경우 전동기를 정지 시킴과 동시에 E/S 를 안전하게 정지시킴. (서서히 정지 시켜 승객의 넘어짐 방지)

(2) 스텝 체인 안전 스위치
- 스텝 체인이 느슨하게 늘어나거나 절단 될 경우에 전동기를 정지 시킴.

(3) 스텝 주행 안전 스위치
- 스텝과 스텝 사이에 이물질이 끼거나 스텝 롤러가 파손되어 이상 주행 할 경우 E/S 를 곧바로 정지 시킴.

(4) 스커드 가드 안전 스위치
- 스텝과 스커드 가드 사이에 이물질이나 신발 등이 끼이면 그 압력에 의해 스위치가 동작 E/S 를 멈춤.

(5) 전자 제동 장치
　　　　- 동력이 끊어질 경우 자동으로 E/S를 정지시킴.
　　(6) 과전류 안전 스위치
　　　　- 모터에 정격 전류 이상 흐를 때 정지시킴.
　　(7) 역전 방지 방치
　　　　- 과부하로 인한 역전 운행을 막아줌.

2. 건축물 안전 장치
　　(1) 삼각부 안내판
　　　　- E/S 와 교차되는 천장의 밑 부분에 협각이 이루어지므로, 이 부분은 인접 E/S 의 측면을 포함하여 안전사고의 발생요소로서 위험 개소를 경고하기 위하여 설치
　　(2) 칸막이 판
　　　　- E/S 와 Floor 플레이트 측면에 간격이 있을 경우에 설치
　　(3) 낙하물 유해방지
　　　　- E/S 상호간 또는 E/S 와 건축물 바닥 사이에 간격이 있을 경우 낙하물에 의한 위해 방지를 위해 각층마다 망을 설치.
　　(4) 셔터 운전 안전 장치
　　　　- E/S 상부 승강구 또는 그 주위에 셔터가 설치 된 경우, 셔터가 달혔을 때에는 E/S 가 운행되지 않도록 인터록 설치.
　　(5) 난간 설치
　　　　- 상부의 Floor 플레이트 부근의 승강부 주위에 난간을 설치하여 추락을 방지

3. 기계 브레이크
　　- 구동 체인이 느슨해지거나 끊어지면 슈가 작동하여 전원 차단
　　- 드럼식과 디스크식이 있음.
　　- 급히 정지시 승객의 넘어짐 방지를 위해 최저 정지거리 두어야함.

1.9. 항공장애표시등과 항공장애 주간표지 설치기준에서 설치하지 않아도 되는 조건에 대하여 설명하시오.

1. 설치해야 하는 구조물
　　항공기 운항에 안전을 저해할 우려가 있다고 인정하는 구조물로서 아래와 같은 구조물에 설치한다.

(1) 지표 또는 수면으로부터 150m이상(장애물 제한 구역에서는 60m) 높이의 구조물
(2) 그러나 다음의 구조물은 150m미만이라도 설치 하여야한다.
   - 굴뚝, 철탑, 기둥과 같이 그 높이에 비하여 그 폭이 좁은 구조물
   - 뼈대로만 이루어진 구조물
   - 가공선을 지지하는 탑
   - 계류장치(주간에 시정이 5000m 미만이거나 야간에 계류하는 것)

2. 설치하지 아니할 수 있는 구조물
   - 항공 장애등이 설치된 구조물로 부터 반지름 600m 이내에 위치한 구조물로서 그 높이가 항공 장애등이 설치된 구조물의 정상으로부터 수평면에 대한 하방 경사도가 10분의 1인 경사도 보다 낮은 구조물
   - 항공 장애등이 설치된 구조물로부터 반지름 45m 이내의 지역에 위치한 구조물로서 그 높이가 항공기 장애등이 설치된 구조물과 동일하거나 낮은 구조물

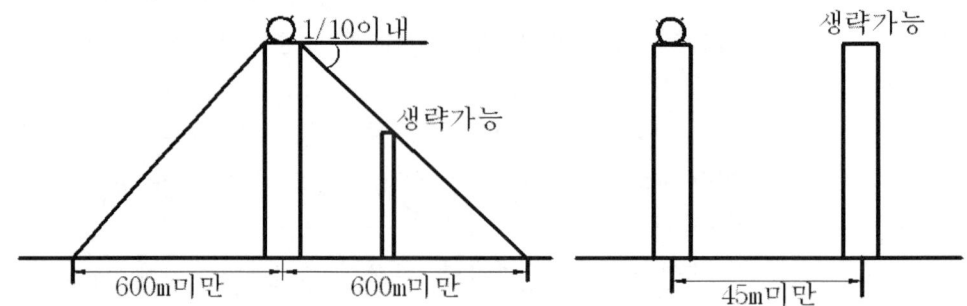

1.10. 정류기 용량과 정류기용 변압기 용량이 다른 이유를 설명하시오.

1. 개요
   (1) 정류기 정격용량은 직류이므로 평균치이고
      즉, 정류기 용량 = 직류 (평균) 전압 * 직류 (평균) 전류
   (2) 정류기용 변압기의 정격 용량은 교류 실효치로 나타냄
      즉, 변압기 용량 = 교류 (실효) 전압 * 교류 (실효) 전류 임.

(3) 정류기 (3상 전파) 회로

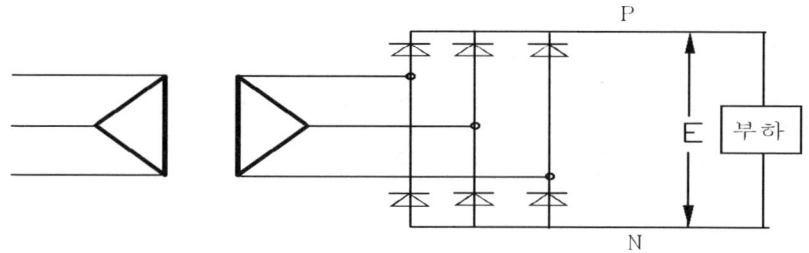

2. 교류 전압(실효치) 과 직류 전압 (평균치) 비교
   (1) 파형

   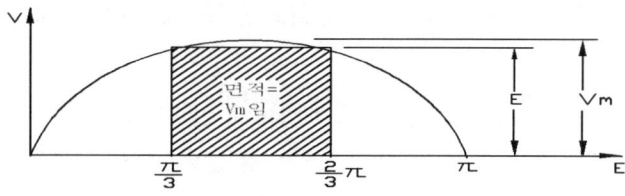

   (2) 직류 전압 평균치 (E)

   $E = \dfrac{Vm}{\dfrac{\pi}{3}} = \dfrac{3}{\pi} Vm = \dfrac{3}{\pi} \sqrt{2}\, V$ 임 (여기서 실효치 $V = \dfrac{Vm}{\sqrt{2}}$ 이므로)

   $= 1.35\ V$

   즉, 직류 전압 평균치 = 교류 전압 실효치 x 1.35배임.

   (3) 교류 전압 실효치 (V)

   위 공식에서 $V = \dfrac{E}{1.35} = 0.74\ E$ 임

   즉, 교류 전압 실효치 = 직류 전압 평균치의 0.74 배임.

3. 교류 전류(실효치) 과 직류 전류 (평균치) 비교
   (1) 파형

   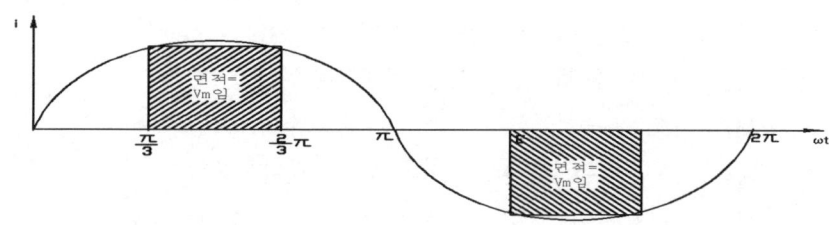

   (2) 교류 전류 실효치 $I = \sqrt{\dfrac{\dfrac{2}{3}\pi}{\pi}}\, I_D = \sqrt{\dfrac{2}{3}} \cdot I_D = 0.816\ I_D$

   여기서 I_D : 직류 전류 평균치 임

(3) 즉, 교류 전류(실효치) 는 직류 전류 (평균치) 의 0.816 배임.

4. 정류기용 변압기 용량

$Pt = \sqrt{3}$ x 전압 실효치 x 전류 실효치 x 10^{-3}

$\quad = \sqrt{3}$ x V x I x 10^{-3} (kVA)

$\quad = \sqrt{3}$ x $\dfrac{E}{1.35} \times 0.816 I_D$ x 10^{-3} = 1.047 x PR

여기서 PR 은 정류기 용량 (kW)임.

1.11. 건축물 조명설계시 보수율의 구성요인에 대하여 설명하시오.

1. 개요
   (1) 보수율은 광 손실율(LLF:Light Loss Factor)과 같은 의미이며 감광보상율의 역수로서 서양의 구역 공간법에서 적용하는 방법임.
   (2) 조도 계산 결과를 실제 상황에 맞도록 보정하는 역할을 하며 회복 불가능한 요인과 회복 가능한 요인이 있다
      * 회복 불가능한 요인 : 조명기구 주위온도, 열방출 요인 공급 전압, 안정기, 램프 광출력 요인(열화)등
      * 회복 가능한 요인 : 조명기구 먼지, 실내의 먼지, 램프의 수명 요인등
   (3) 광 손실율(LLF) = 안정기 요인 * 램프 광출력 요인 * 조명기구 먼지 요인
      * 실내의 먼지 요인

2. 보수율의 수식 설명

   M = Ml * Mf * Md * Me

   (1) Ml = M_1 * M_2
      Ml : 램프 자체의 사용 시간에 따른 효율 저하
      M_1 : 램프 동정 특성을 고려한 보수율
      M_2 : 램프 교체 방법을 고려한 보수율
   (2) Mf : M_4
      Mf : 조명기구 사용 시간에 따른 효율 저하
      M_4 : 조명기구 효율 열화 특성을 고려한 보수율
   (3) Md = M_3 * M_4
      Md : 램프 및 조명기구의 오손에 의한 효율 저하
      M_3 : 램프 오손 특성을 고려한 보수율

M₄ : 조명기구 오손 특성을 고려한 보수율
(4) Me : 실내 반사면의 오손을 고려한 보수율

1.12. 이중비 CT의 내부 접속도를 간단히 그려서 설명하시오.

1. CT의 개요와 종류

대용량의 전류가 흐르는 기기나 계통의 상태 파악과 보호 장치 등을 위하여 대용량의 전류를 직접 측정기나 계기등에 사용하는 것은 위험하다. 따라서 계측 또는 보호를 위하여 전력 계통의 전압, 전류를 일정한 비율로 소전류, 저전압 상태로 변환하여 사용하는 것이 편리하고 안전하다.

이렇게 전류를 변환 하는 것이 계기용 변류기(CT)라 하고, 종류에는 권선형, 관통형, 붓싱형이 있다.

2. 다중비 CT

(1) 전력 계통에서 광범위하게 사용할 수 있도록 변류비가 두 개 이상인 CT로 그림 1은 1차 권선을 두 개로 하여 직렬 또는 병렬 결선을 하므로서 변류비를 변경하는 방식이고

(2) 그림 2는 2차 권선의 중간에 여러 개의 TAP을 만들어 변류비를 변경하는 방식이다.

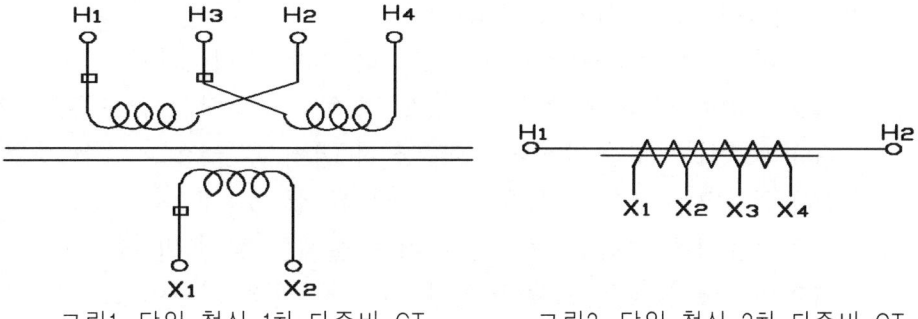

그림1. 단일 철심 1차 다중비 CT   그림2. 단일 철심 2차 다중비 CT

1.13. 태양광 발전시스템에서 태양전지 어레이 설치완료후 어레이 검사방법에 대하여 설명하시오.

1. 전기설비 판단기준 54조

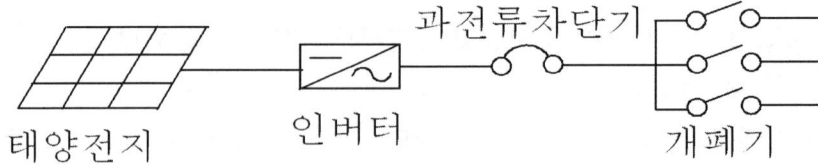

   (1) **충전부분**은 노출되지 아니하도록 시설할 것.
   (2) 단락 보호 : **과전류 차단기 설치하여** 전로 보호
   (3) 부하측 : 전로에 부하전류를 개폐할 수 있는 용량의 **개폐기** 시설.
   (4) **전선**: 2.5㎟이상의 연동선
   (5) 전선 **접속**은
       - 나사 조임 그 밖에 이와 동등 이상의 효력이 있는 방법으로
       - 견고하고 전기적으로 완전하게 접속함과 동시에
       - 접속점에 장력이 가해지지 아니하도록 할 것.
   (6) 배관공사 : 합성 수지관, 금속관, 가요 전선관, 케이블 공사로 할 것.
   (7) 모듈 : **자중, 적재하중**, 적설 또는 풍압, 지진, 진동, 충격에 대하여 안전한 구조의 것이어야 한다.

2. 태양전지 모듈 설치시 주의사항
   (1) 제조업체의 사용설명서를 성실히 지켜 조립, 설치
   (2) 그 지방의 최대 풍속 및 빙설 하중을 초과하지 않도록 할 것
   (3) 건조하고 맑은 날 공구 이용하여 설치
   (4) 설치하는 동안 모듈을 밟지 않도록 할 것
   (5) 모듈위에 뾰족한 물체나 무거운 물체를 놓지 말 것
   (6) Frame이 없는 모듈은 운반, 설치시 파손 위험이 크므로 특히 주의.
   (7) Frame에 Hole을 가공하지 말 것
       Hole가공시 보증을 받을 수 없음.
   (8) 채광창 및 지붕에 설치시 깨끗하게 할 것
   (9) 유지 보수, 점검용 통로 확보

3. 케이블 포설시 주의사항
   (1) 케이블 극성에 주의
       극성이 바뀌면 다이오드나 인버터 손상 우려 있음
   (2) 주간에는 모듈에서 전력이 발생하므로 주의 할 것.

(3) 케이블 곡율 반경 고려하여 포설
(4) 어린이나 동식물로부터 보호 되도록 설치
(5) 피뢰침이나 피뢰 인하도선과 이격하여 설치
(6) 날카로운 모서리 주의
(7) 루프 회로가 생기지 않도록 주의
(8) 길이를 최대한 짧게
(9) 폭발성 물질이 있는 환경이나 가연물질이 있는 장소를 피해 설치
(10) 직사광선이 닿지 않는 장소에 설치
(11) AC, DC, 동력, 제어 등 종류별로 설치
   부득이 같은 트레이에 설치 시에는 격벽 처리하고 접지 실시

제 2 교 시

2.1. 고압콘덴서에 고장이 발생한 경우 사고의 확대와 파급방지를 위한 고장검출 방식에 대하여 설명하시오.

  1. 개요

    콘덴서는 외부 환경에 의한 고장과 내부 사고에 의한 고장으로 분류 할 수 있으며, 보호 방식은 기계적인 방법과 전기적인 방법이 있다.

  2. 콘덴서의 열화 원인

    (1) 주위 온도 영향

      콘덴서의 최고 허용 온도는 일반적으로 40℃이다.

      따라서 주위 온도가 높은 경우 과열에 따라 수명이 단축되게 된다.

    (2) 과전압 및 과전류

      허용 전압 : 110% 이하

    (3) 고조파 전류

      허용 고조파 전류 : 35% 이하

  3. 열화 방지 대책

    (1) 온도 상승 방지
- 발열기기와 200mm 이상 이격
- 콘덴서 기기간 : 100mm 이상 이격
- 상부 : 300mm 이상 공간 확보
- 환기구 및 환기 장치 설치

    (2) 과전압 대책
- 진상 운전 방지(진상시 컨덴서 개방)
- 유도 전동기의 자기 여자 용량 이하로 콘덴서 설치
- 완전 방전 후 재투입
- 개로시 재점호 발생하지 않는 차단기 선정(진공 개폐기, 가스차단기)

    (3) 과전류 대책
- 직렬 리액터 설치(투입시 돌입전류 및 고조파 전류 억제)
- 직렬 리액터 용량 (제5고조파 : 6%, 제3고조파: 변압기 △결선)

4. 보호 방식
   (1) 외부 환경에 의한 보호
      1) 과전압 보호
         콘덴서의 연속 사용 전압은 정격 전압의 110% 정도이므로 그 이상의 전압에 대하여는 보호를 해야 한다. 일반적으로 정격 전압의 130%에서 2초내 동작하도록 하며 과거에는 유도형 한시 과전압 계전기를 많이 사용하였으나 최근에는 전자식 디지털 계전기가 많이 보급되고 있다.
      2) 저전압 보호
         정격 전압의 70% 이하에서 2초내 동작
         기타는 위 과전압 계전기와 동일
   (2) 내부 사고에 의한 보호
      1) 단락 보호 (PF)
         * 소자 파괴에서 단락에 이르는 순간에 단락전류를 차단하여 회로를 개방
         * PF의 한류효과에 의하여 1/2 CYCLE정도로 차단
         * 선정시 고려사항
            ㄱ. 콘덴서 정격전류의 1.5배 정격전류를 통전 할 수 있을 것
            ㄴ. 콘덴서 정격전류의 7배 전류가 0.2초간 흘러도 용단하지 않을 것
            ㄷ. 돌입 전류에 동작하지 말 것
         * PF의 보호는 콘덴서 정격용량 50 KVAR 이하가 적합하다.
      2) 과전류 보호(OCR)
         일반적으로 과전류 계전기 사용
         투입시 투입전류(정격 전류의 약5배)에 동작하지 말아야 함.
         동작은 정격 전류의 150% 정도가 적당함.
      3) 지락 보호(OCGR, SGR)
         전력 계통의 중성점 접지방식, 대지 분포 용량 등에 따라 그 영향이 다르기 때문에 일괄적인 보호 방식은 곤란함.
         모선에 접속된 타 Feeder와 선택 차단방식 적용

5. 기기내부 사고 검출 방식
   콘덴서 내부 소자가 절연 파괴 되면 과전류로 소자가 소손, 탄화하여 내부 아아크열로 인한 절연유가 분해 가스화되어 내압이 상승하고 용기나 부싱이 파괴되며 내부 고장시 회로로부터 신속히 분리되어야 한다.
   (1) 중성점 전류 검출 방식(Neutral Current Sensing)
      Y결선한 콘덴서 2조를 병렬로 결선하여 콘덴서 1개 소자 고장시 중선점에 불평형 전류를 감지하여 고장회로를 제거하는 방식

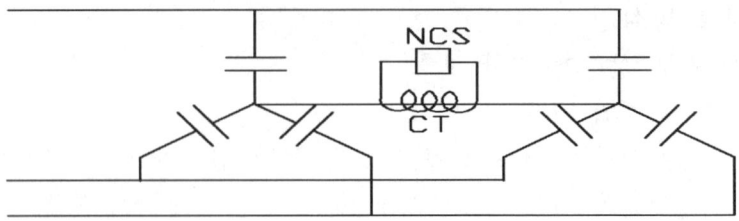

〈 특징 〉
- 검출 속도가 빠르고 동작이 확실함.
- 회로 전압의 변동, 직렬 리액터의 유무, 고조파의 영향을 받지 않는다.
- 콘덴서 회로 투입시 돌입전류에 의한 오동작이 없다.

(2) 중성점 전압 검출 방식 (Neutral Voltage Sensing)
단일 스타 결선에 보조 저항을 단자에 설치하여 보조 중성점을 만들어 중성점의 불평형 전압을 검출하는 방식

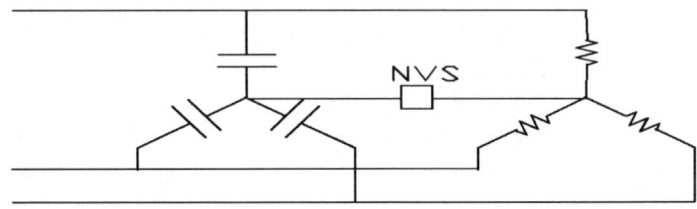

(3) Open Delta 보호 방식
각상의 방전 코일 2차측에 그림과 같이 Open Delta로 결선한 것으로 평형 상태에서는 V 전압이 0 Volt 이나 사고시에는 이상 전압이 검출된다. (22.9 kv 계통에 적용)

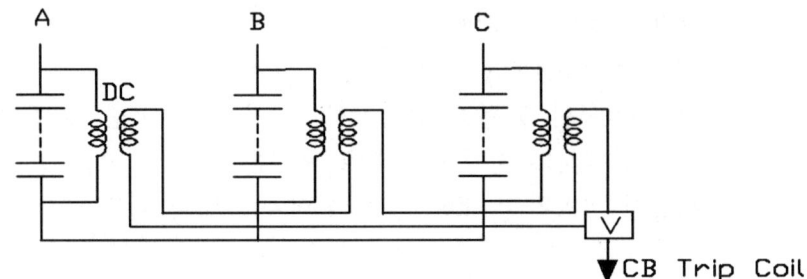

(4) 전압 차동 보호 방식
Open Delta 보호 방식과 같은 전압 검출 방식이나 절연 처리의 잇점으로 고압에서 특고압까지 적용(6.6kv~22.9kv)

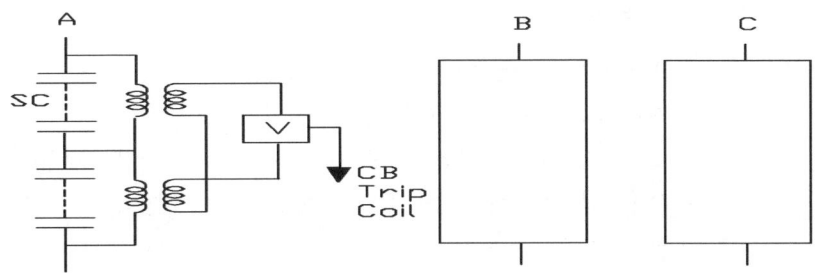

(5) 보호용 접점 방식

콘덴서내 일부 소자 절연 파괴시 내압상승에 따른 용기 변형을 압력스위치 또는 마이크로 스위치로 검출하여 차단기 개방

가. 내압식 보호 접점 방식 내압 검출용
   압력 스위치와 보호용 접점 구성
나. 암 스위치 방식
   - 용기의 팽창 부위를 검출하는 방식
   - (마이크로 스위치 등)Arm Switch
     보호 방식
   - 콘덴서 외함의 팽창 변위를 검출하여 고장을 판별하는 방식.
     75 kvar 이하 : 10mm정도
     75 kvar 이상 : 15mm정도에서
   Arm에 연결된 Limit SW 동작

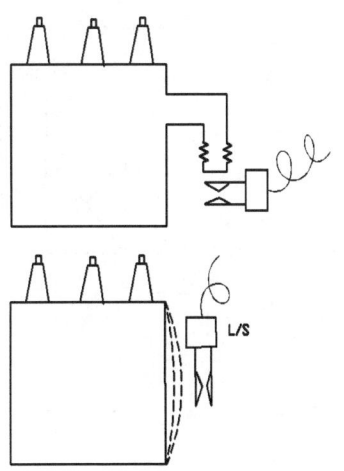

2.2. 대형 건축설비의 분전반 설치와 EPS(Electrical Pipe Shaft)설계시 고려사항에 대하여 설명하시오.

1. 분전반
   (1) 분전반 설치시 고려사항
      - 분전반의 설치 위치
      - 분전반의 설치 높이 및 설치 공간
      - 분전반의 설치시 의장 등
   (2) 분전반 설치 방법
      1) 설치 위치
         - 부하 중심 및 간선의 입출입이 가능한 곳
         - 각층에 1개 이상 설치

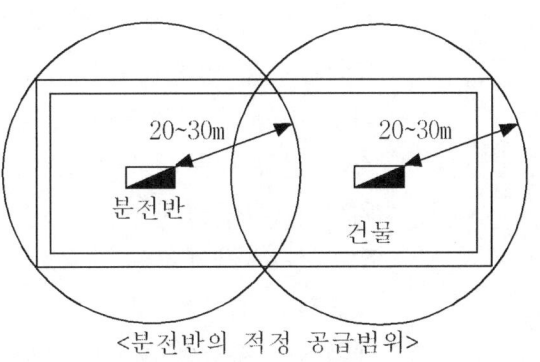

<분전반의 적정 공급범위>

- 부하 직선 거리 20~30m 마다 설치
- 1000㎡ 당 1면 이상
- 예비 회선(10~20%) 포함 40회선 이내
- 보수 조작에 편리한 복도나 계단 부근 벽면을 이용하여 설치
- 사용 전압이 다른 개폐기는 식별이 용이하도록 시설

2) 분전반 설치 높이 및 설치 공간
- 바닥에서 상부까지 1800mm 이하
- 바닥에서 중앙을 1400mm 기준
- 바닥에서 하부를 1000mm 이상
- 분전반끼리 60mm 이상
- 분전반 전면에서 벽까지 거리 : 600mm 이상을 원칙으로 한다.

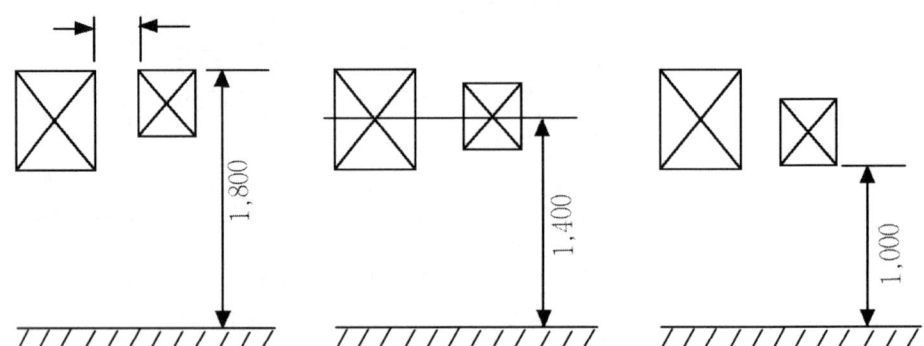

3) 설계 및 시공시 고려 사항
- 조명, 콘센트 등 용도별 분리
 (한 분전반에 사용 전압이 다른 개폐기를 사용할 경우 중간 격벽 설치)
- 상용과 비상용 별도 분전반 설치 또는 격벽 처리
- 대형 기기 별도 회로 (예, 에어컨, 대형 냉장고등)
- 복도 계단 등 공용 부분 별도 분리
- 1회로 수용 면적 : 6 X 6 ㎡ 기준
- 대형 전등 수구 : 300VA 로 본다 (대형수구 : 39 mmϕ 이상)
  소형 전등 수구 : 150 VA 로 본다(소형수구 : 26 mmϕ 이하)
- 외함에 접지 공사
- ELB는 주 개폐기로 사용 금지(MCCB 사용)
- 노출형 : 튼튼히 고정
  매입형 : 후면에 Mesh 취부하여 몰탈이 잘 접합되도록 제작.

2. E P S (Electric Pipe Shaft)
    (1) 설치 위치 및 설치 면적
        1) 설치 위치
            - 부하 중심
            - 배선 인 출입이 용이
            - 출입구 : 복도등 공용 부분에 접할 것
            - 굴뚝, 가스관, 상하수관 등 타 설비와 구획
        2) 설치 면적
            - 바닥 면적 대비 : 1% 내외(TPS 별도 설치)
            - 바닥 면적 1000㎡당 1개소 설치가 바람직함
            - 약전 배관과의 관계도 고려
    (2) 관계자들과 협의
        1) 건축 설계자와 협의
            - EPS 설치 위치 및 공간 및 간선의 루트
            - 보등 건축 구조물 통과시 건축 내력 문제 등
        2) 기계 설계자와 협의
            - 기계의 위치, 용량, 종류, 기동 및 운전방식
            - 제어반의 위치
            - 샤프트 내에 설비의 배관이 설치될 경우 상호 배치에 대한 협의 등
    (3) 구조
        - 내화 구획 및 방화문
        - 문턱을 최소한 10 cm이상 바닥에서 높여 침수를 방지할 것
        - 관통부 내화 구조
        - 내부 조명 & 작업용 콘센트
        - 점검 및 최소 작업 공간 : 600mm이상 확보

2.3. 신재생에너지의 효율을 극대화 할 수 있는 에너지 저장장치(Energy Storage System)에 대하여 설명하시오.

1. 에너지 저장 장치의 종류
    (1) 초전도 에너지 저장 장치
        1) 전력을 콘덴서가 아닌 코일에 저장
        2) $W = \frac{1}{2} L I^2$ (J)만큼의 에너지를 코일에 저장하는 장치
        3) 무손실이므로 저장 효율이 높고 장기간 저장이 가능

(2) 전지 저장 장치
    1) 전지전력 저장장치는 충방전 반복 이용이 가능한 2차 전지임.
    2) 전력을 직접 화학에너지로 변환 저장
    3) 필요시 방전하여 화학 에너지를 전기 에너지로 변환하여 이용

(3) 증기 저장 장치
    1) 화력 발전소나 열병합 발전소의 증기를 압력 용기에 저장 후
    2) 필요시 증기 터빈에 공급
    3) 또는 온수로 교환하여 온수를 이용하는 방식임.

(4) 양수 발전
    1) 심야 또는 경부하시 잉여 전력을 이용하여 낮은곳의 물을 상부 저수지에 양수, 저장하여 피크시에 위치 에너지를 이용 발전하는 방식
    2) 효율 : 60 ~ 65%

(5) 플라이 휠 저장장치
    1) 회전체의 관성 모멘트를 이용
    2) 심야시 관성력을 진공 상태의 운동 에너지로 저장
    3) 피크 부하시 발전하는 방식임.

(6) 압축공기 저장장치(Compressed Air Energy Storage)
    1) 심야 전력을 이용 압축기로 공기를 저장하였다가
    2) 첨두시 발전을 하여 이용하는 방식
    3) 압축공기를 저장하기 위한 저장 탱크 필요(주로 지하 이용)
    4) 효율 : 약70%로 양수발전보다도 우수함.

구 분	SMES	BESS	양수발전	플라이 휠	압축공기
1.효율,용량	90%,대	70%,중	60%,대	90%,대	70%,대
2.충전시간	수 시간	수 시간	수 시간	수 분	수 시간
3.건설기간	수 년	수 개월	수 년	수 주	수 년
4.환경파괴	약간있음	환경오염	환경파괴	환경친화	약간영향
5.실용화	개발중	실용화단계	실용화단계	개발중	실용화단계

2. 초전도 에너지 저장 장치

(1) SMES의 기본 구성

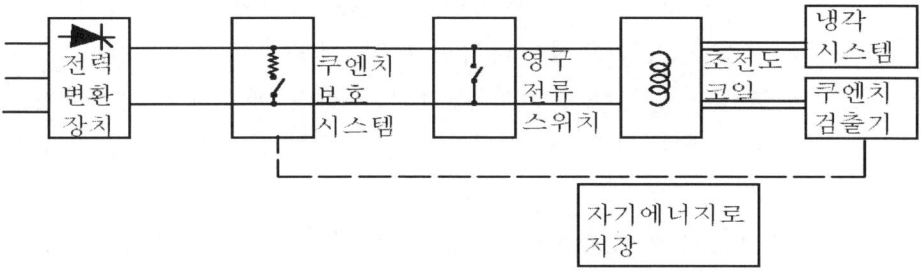

1) 전력 변환 장치

    에너지 저장을 위하여 교류 전력을 직류 전력으로 또는 교류 전력 공급을 위하여 직류 전력을 교류 전력으로 변환하는 장치

2) 쿠엔치 보호 시스템

    쿠엔치 검출기의 신호에 의해 코일에 저장된 에너지를 안전하게 방전시키기 위해 저항과 지류 스위치로 구성되어 있다.

3) 영구 전류 스위치

    초전도 코일 양단을 단락하여 에너지를 저장하기 위해 사용

4) 초전도 코일

    외기와 진공으로 단열된 냉각 용기에 수납됨.

5) 냉각 시스템

    코일을 냉각하여 초전도 상태로 유지하기 사용

6) 쿠엔치 검출기

    초전도 코일의 쿠엔치(초전도가 안 되는 상태)를 검출하기 위한 장치

(2) 저장 원리

초전도 물질은 극 저온하에서는 전기 저항이 0이 되므로 초전도 상태가 된 물질은 에너지가 소비되지 않는다. 따라서 이 물질을 사용한 도체로 코일(폐회로)을 만들면 일단 흘린 전류는 이론적으로 영구히 흐르게 되며 이 원리를 이용한 것이 SMES이다.

코일에 축적 되는 에너지 $W = \dfrac{1}{2} L I^2$ (J)

여기서 L : 코일의 인덕턴스(H)

I : 코일에 흐르는 전류(A) 이다.

1.3. 전지 에너지 저장장치(BESS:Battery Energy Storage System)

1. Bess란
- 전지전력 저장장치는 충방전 반복 이용이 가능한 2차 전지임.
- 전력을 직접 화학에너지로 변환 저장
- 필요시 방전하여 화학 에너지를 전기 에너지로 변환하여 이용
- 최근에는 신재생에너지를 이용한 발전소 건설이 늘어나 이의 필요성이 커짐.
- 전철이나 경전철의 제동시 발생하는 회생전력을 저장하여 이용하는 BESS도 개발하여 상용화되고 있음.

2. 구성

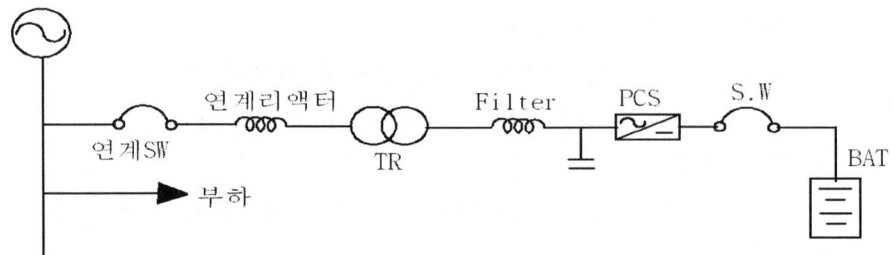

3. 특징

(장점)
(1) 에너지 밀도가 연 축전지보다 3~5배 높다.
(2) Compact화가 가능하고 저장 효율이 높다.
(3) 모듈 구조로 양산할 수 있어 건설 기간 단축 가능
(4) 모듈 구조 이므로 고장시 신속한 복구가 가능
(5) 기동 정지 및 부하 추종 특성이 우수하여 첨두 부하용으로 적합.
(6) 대규모 발전 수준까지 에너지 변환이 가능.
(7) 소음, 분진 등 환경 장해가 거의 없어 도심지 설치가 가능
(8) COx, NOx 등 대기 오염 물질이 적다.
(9) 가까운 시기에 실현 가능성이 높다.

(단점)
(1) COST가 높다.
(2) 내용 년수(전지 수명)가 짧다.
(3) 고도의 보수 관리 기술이 요구된다.

4. 적용
   (1) 첨두 부하 공급용
   (2) 전력 계통 안정용
   (3) 부하 변동 억제용
   (4) 주파수 안정용 및 조상용

2.4. 분산형 전원 계통연계방식의 주요 고려사항에 대하여 설명하시오.

1. 개요
   태양광 발전을 비롯한 신재생 에너지 및 분산형 전원이 전력회사측과 계통을 연계하여 병렬운전하기 위해서는 다음과 같은 점을 검토하여야 함.
   - 계통 검토 (배전선로, 단락 용량, 보호 협조)
   - 전원 상태 확인 (전압, 주파수, 역률)
   - 전력 품질 확인 (고조파, 고주파, 상 불평형)

2. 계통 연계시 고려할 점
   (1) 계통 검토
      1) 배전선로
         - 분산형 전원을 전력회사의 배전선로 중간에 연계시 배전선로의 용량이 부족할 수 있어 여기에 대한 검토가 필요함.
      2) 단락 용량
         - 계통 연계시 사고가 발생하면 발전기의 단락전류 증대로 단락용량이 증가함.
         - 이로 인한 기존 차단기 용량 등 계통 전체의 구성을 검토해야 함.
         - 대책 : 한류 리액터 설치, 발전기 리액턴스 등 검토
      3) 보호 협조
         - 계통 사고시 분산형 전원이 입을 수 있는 사고는 단락, 지락, 낙뢰 등이 있음.
         - 대책 : 계통 사고(단락, 지락, 낙뢰 등)로 인한 전력 계통의 사고 파급을 사전 예측 계산에 의한 보호 시스템 구성
   (2) 전원 상태 확인
      1) 전압 변동
         - 태양광 발전은 출력이 기후, 구름 속도 등에 따라서도 변함.
         - 배전 선로에 분산형 전원을 연계시 연계 지점의 전압상승이 발생함.
         - 대책

* 전압 변동율이 상용 전압의 규정치 이내에 들도록 설계
* 배전선로 1 Feeder에 연계하지 말고 분산하여 접속

2) 주파수
- 분산형 전원의 주파수가 상용 전원의 주파수와 일치하도록 해야 함
- 대책 : 주파수 계전기 설치

3) 역율
- 역율은 진상 및 지상이 발생할 수 있음.
- 대책
  지상시 : 동기 조상기 진상 운전, 전력용 콘덴서 투입
  진상시 : 동기 조상기 지상 운전, 전력용 콘덴서 분리

(3) 전력 품질
1) 고조파
- 주로 인버터 사용으로 발생함
- 대책 : Filter 설치
  PWM방식의 인버터 사용(고조파 5%미만 발생)

2) 고주파
- 주로 인버터의 Switching에 의해 발생함.
- 대책 : Active Filter 설치

3) 상 불평형
- 연계 운전시 상 불평형이 되면 중성선의 전압이 상승하고 불평형 전류가 흐르게 된다.
- 대책 : 연가, 편단 접지, 크로스 본딩 등

3. 단독 발전 운전 방지
(1) 단독 발전 운전이란

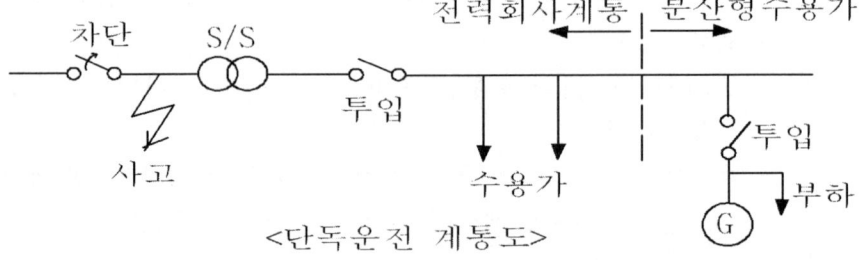

<단독운전 계통도>

1) 위 그림처럼 계통측의 사고나 단전으로 계통측의 모선에 전압이 인가되지 않더라도, 그 계통의 부하와 그에 연계된 분산형 전원의 수급이 균형을 이룬다면 분산형 전원의 단독 운전이 이루어진다.
2) 이렇게 단독운전이 계속 된다면 계통측의 전원이 복전 되었을 때 여러가지 문제가 발생된다.

(2) 단독 발전 운전 문제점
　　1) 단독 운전이 계속되고 있을 때 계통측의 전원이 복전 된다면 전력 회사 전원과 분산형 전원의 **위상차**로 인하여 단락사고나 탈조가 일어나 계통에 악영향을 끼치게 된다.
　　2) 전력 회사측에서 이 계통이 정전일거라 생각하고 생각하고 작업을 하게 되는 작업원에게 **감전의 우려**가 발생함
(3) 방지 대책
　　1) 수동(Passive) 방식의 검출 장치
　　　　분산형 전원이 단독 운전으로 이행할 때 다음 요소들을 검출
　　　　- 과부족 전압 신속 검출 차단
　　　　- 과전류 차단
　　　　- 주파수 변동 차단
　　　　　위의 방법은 부하가 분산형 전원과 균형을 이룬다면 단독 운전의 검출이 불가능할 수도 있다는 단점이 있어 이를 보완한 다음 방법이 있음
　　2) 능동(Active) 방식의 검출 방식
　　　　- 설비의 유효전력 및 무효전력 등을 상시 변동을 주어
　　　　- 분산형 전원이 단독운전으로 이행할 때 나타나는 주파수 등을 검출하여 단독 운전을 판단하는 방식임.

2.5. 접지설비 및 보호도체 선정방법에 대하여 설명하시오.

1. 접지선 굵기 산정시 고려사항
(1) 고장시 안전하게 흐를 수 있는 통전 전류
(2) 접지선의 온도 상승, 열축적
(3) 전원측 차단기와의 협조
(4) 기계적 강도, 내구성, 내식성등

2. 접지선 굵기 산정
(1) 접지선 온도 상승

$$\theta = 0.008 \left(\frac{Is}{A}\right)^2 \cdot t \, (℃)$$

여기서 Is : 고장 전류 (20· In) (A)
　　　　In : 주 차단기의 정격전류 (A)
　　　　A : 동 접지선의 단면적 (㎟)
　　　　t : 차단기의 동작시간(=통전시간) (Sec)

(2) 접지선 굵기 (IEC 60364)

*기술 기준 : $A = \dfrac{\sqrt{Is^2 \cdot t}}{k}$

상기식에 Is : 20 In

θ (k) : 120℃

t : 0.1초(6Cycle)를 대입하면

접지선 굵기 A = 0.052 In (㎟) 이 된다.

(3) 피뢰침 및 피뢰기 접지선 굵기

$$A = \dfrac{\sqrt{Is^2 \cdot t}}{282} \; (㎟)$$

여기서 Is : 낙뢰 전류 = 고장전류
t : 고장 지속 시간 (초)

예, Is : 2.5(KA), t : 1(초) 라면

$$A = \dfrac{1}{282} \times 2500 = 8.86$$

따라서 안전율을 고려하고 IEC규정에 의한 접지선 GV10㎟사용

3. 규격에 의한 접지선 최소 굵기

(1) 전기 설비 기술 기준 및 판단기준 제19조 ①항. 내선규정 1445-1 2010년 접지선 최소 굵기 개정됨.

분 류	접지저항값	접지선 최소 굵기	적 용
제1종	10 Ω	공칭단면적 6㎟ 이상	피뢰침, 피뢰기, SA, 고압 및 특고 외함
제2종	150/Ig, 300/Ig	공칭단면적 16㎟ 이상	고저압 혼촉방지, TR2차
제3종	100 Ω	공칭단면적 2.5㎟ 이상	사용전압 400V 미만 기기 외함
특별3종	10 Ω	공칭단면적 2.5㎟ 이상	〃 〃 이상 기기 외함

(2) 제1종 접지

최대규격의 인입선(동). mm²	접지선 굵기(동선). mm²
35 이하	10
50	16
70	25
70초과 185이하	35
185초과 300이하	50
300초과 500이하	70

(3) 제2종 접지 (내선규정 1445-5)

1상당 변압기 용량은 3상 TR용량의 1/3로 한다.
(즉, 3상300KVA=〉1상100KVA로 환산)

변압기 1상당 용량			접지선 굵기	
110V	220V	440V	동 선	알루미늄선
10 KVA 까지	20 KVA 까지	40 KVA 까지	6 mm² 이상	10 mm² 이상
20 KVA 까지	40 KVA 까지	80 KVA 까지	10 mm² 이상	16 mm² 이상
50 KVA 까지	100 KVA 까지	200 KVA 까지	25 mm² 이상	50 mm² 이상
100 KVA 까지	200 KVA 까지	400 KVA 까지	50 mm² 이상	95 mm² 이상
200 KVA 까지	400 KVA 까지	800 KVA 까지	95 mm² 이상	120 mm² 이상
300 KVA 까지	600 KVA 까지	1200 KVA 까지	150 mm² 이상	240 mm² 이상

(4) 제3종 및 특별 제3종 보호도체 굵기 (판단기준 제19조 ⑥항)

상도체의 단면적 S (mm2)	보호도체의 최소 단면적(mm2)
S ≤ 16	S
16 〈 S ≤ 35	16
S 〉 35	$\dfrac{S}{2}$

2.6. KS C에서 규정하는 TN계통(저압)의 아래사항을 설명하시오.
1) 간접접촉보호를 위한 전압종류별 최대 차단시간
2) 저압기기 허용 스트레스전압과 차단시간
3) 접지계통 종류별 고장전압과 스트레스 전압 현황 (U_f, U_1, U_2)

1. 개요
(1) 적용 규격 : 내선규정 5220-1, KSC IEC 60364-442

(2) 목적
고압 및 저압 계통에 공급하는 변전설비의 고압 계통 지락 사고시에 인체와 저압계통 기기의 안전을 도모하기 위한 목적임.

2. 용어 정의
(1) 고장 전압
저압 계통에 공급하는 변전설비의 고압 계통 1선 지락사고로 인하여 저압 계통 설비의 노출 도전성 부분과 대지 간에 발생하는 전압(U_f)

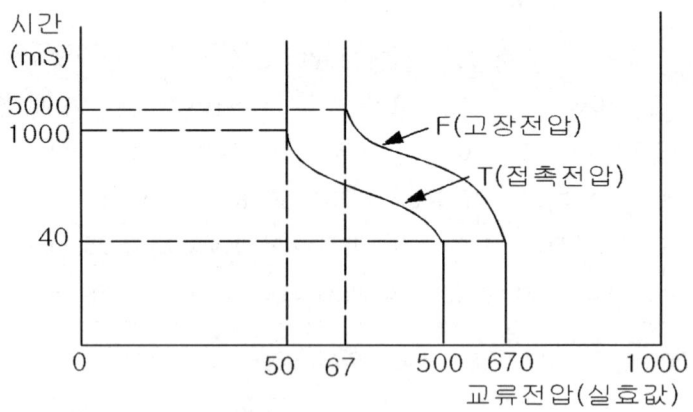

(2) 스트레스 전압
저압 계통에 공급하는 변전설비의 고압 계통 1선 지락사고로 인하여 저압 계통 설비의 노출 도전성 부분과 전로 간에 발생하는 전압
- U1 : 변전설비와 저압 전로 간에 발생하는 전압
- U2 : 저압 계통 노출 도전성 부분과 전로 간에 발생하는 전압
- 허용 스트레스 전압
고압 계통의 지락사고에 의한 수용가 설비의 저압 기기에 가해지는 스트레스 전압의 크기와 지속 시간은 다음 값을 초과해서는 안 됨.

저압 설비의 기기 허용 교류 스트레스 전압(V)	차단시간 (S)
Uo + 250	> 5
Uo + 1200	≤ 5

1. Uo : 저압 계통의 상 전압
2. 위행은 소호 리액터 접지와 같이 차단시간이 긴 경우 적용
3. 아래행은 직접접지 계통과 같이 차단시간이 짧은 경우 적용

3. 고장 전압 기준

(1) T N 계통

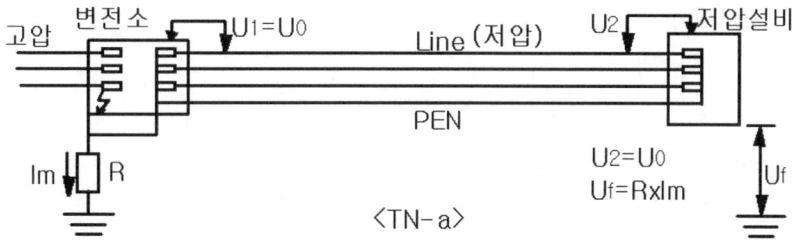

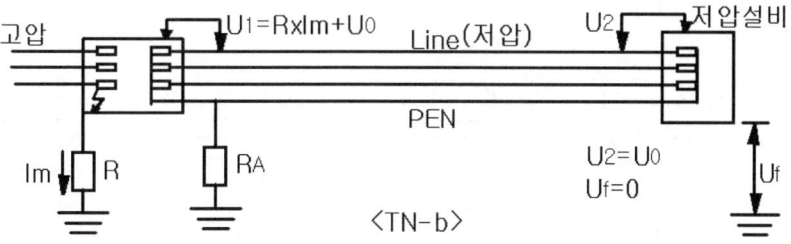

I_m : 고압계통 지락전류
R : 고압계통 노출도전성부분의 접지극 접지저항
U_0 : 저압계통의 상전압
U_f : 저압계통 노출도전성부분의 고장 전압
U_1 : 고압계통 스트레스 전압
U_2 : 저압계통 스트레스 전압

1) 고장 전압
   가. TN-a : $U_f = R \times I_m$ (위 그래프의 시간 내 차단 될 것)
   나. TN-b : $U_f = 0$

2) 스트레스 전압
   가. TN-a : $U_1 = U_0$, $U_2 = U_0$
   나. TN-b : $U_1 = R \times I_m + U_0$, $U_2 = U_0$

(2) T T 계통

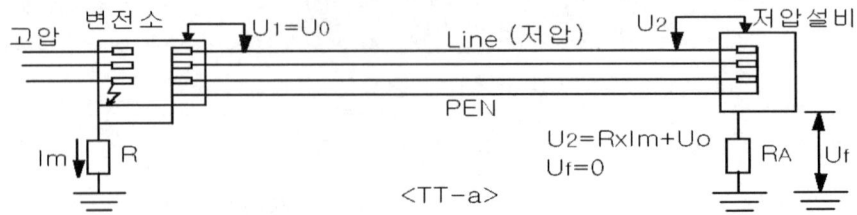

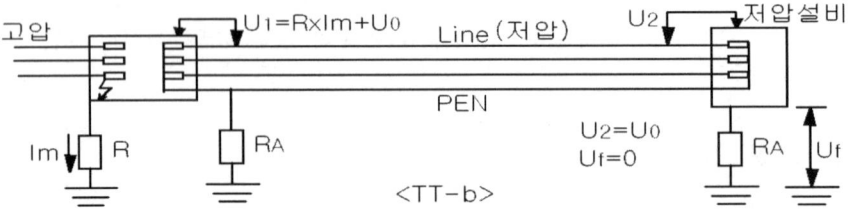

1) 고장 전압

　가. TT-a : Uf = 0

　나. TT-b : Uf = 0

2) 스트레스 전압

　가. TT-a : U1 = U0, U2 = R x Im + U0

　나. TT-b : U1 = R x Im + U0, U2 = U0

(3) I T 계통

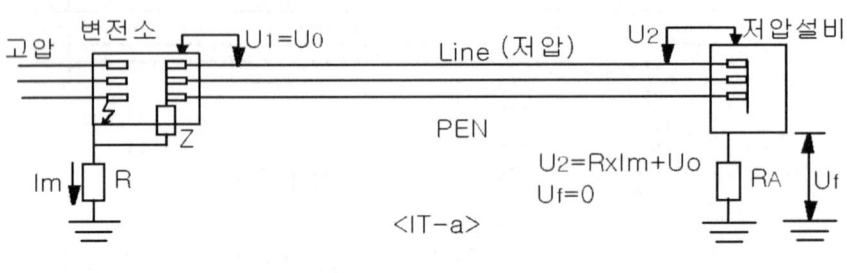

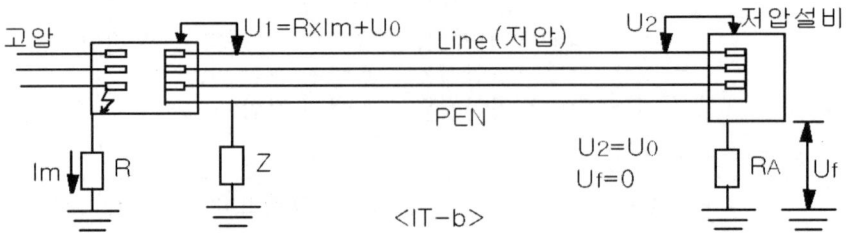

5. 변전소내의 접지설비

(1) 변전소 내 접지 저항은 고장 전압 및 스트레스 전압의 기준에 따라 부여된 조건을 만족하는 값으로 할 것

(2) 다음 어느 한 경우는 1)호의 조건을 만족하는 것으로 한다.

- TN계통, TT계통 또는 IT계통에서 변전소 내 접지저항이 1Ω이하인 경우.
  단, 특고압 수전인 경우는 접지 저항이 1Ω이하라도 충분히 검토해야 함
- 1km를 초과하는 케이블의 금속제 외피를 적절히 접지한 경우

제 3 교 시

3.1. Mold 변압기 3차 차단기로 VCB를 사용하여 3.3kV 유도전동기 부하에 전력을 공급한다. 변압기 보호용 SA(Surge Arrester)를 다음 계통조건으로 적용할 때 단선도를 작성하고 각 설비 (VCB, SA 등)에 대하여 설명하시오.

- 22.9 / 3.3 kV 3상 Mold 변압기 1,000 kVA (BIL : 40 kV)
- VCB 의 개폐서지 전압은 정격전압의 3배

1. 개요

S A는 피뢰기와 비슷한 구조로 개폐 써지와 같은 과도 이상전압에 변압기나 전동기 등 내전압이 낮은 기기보호를 위해 설치한다.
L A : 뇌서지 등 파고치가 높고 이상전압의 지속시간이 짧은 곳에 사용
S A : 개폐써지 등 파고치가 낮고 이상전압의 지속시간이 긴 곳에 사용

구 분	파고치	파두장*파미장
뇌 서지	높다	1.2 * 50 μs 정도 (짧다)
개폐 서지	낮다	250 * 2500 μs 정도 (길다)

2. S A 정격

공칭 전압(KV)	3.3	6.6	22.9
정격 전압(KV)	4.5	7.5	18
공칭 방전전류(KA)	5	5	5

3. 단선도 및 기기 정격

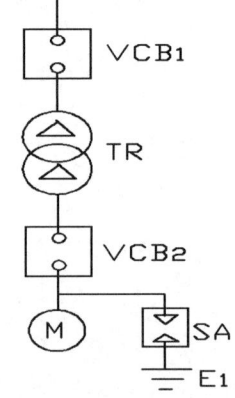

VCB1 : 변압기 보호용 차단기
   25.8kV, 630A, 12.5kA
TR : 3Φ 22.9 / 3.3 kV
   1,000 kVA , BIL : 40 kV
VCB2 : 전동기 보호용 차단기
   3.6kV, 400A, 8kA
SA : 전동기 보호용
   4.5kV, 5kA

4. 문제점 검토
   (1) TR 정격
      - 용량 : 전동기의 기동에 충분한 용량일 것
      - BIL : VCB 개폐 Surge 전압이 정격전압의 3배이면 22.9 x 3 = 68.7 kV 이므로 40kV는 문제가 있음
   (2) Mold TR 절연 계급
      BIL = $1.25 \times \sqrt{2} \times$ 상용주파내전압
      (상용주파내전압 = 공칭전압 × 2.3)
      = $1.25 \times \sqrt{2} \times 22.9 \times 2.3 ≒ 95KV$

정격 전압(KV)	상용주파(KV)	BIL(KV)
3.3	10	25
6.6	16	35
22	50	95

5. 결론
   (1) VCB는 변압기의 1차 정격전류가 25.2(A)이므로 최소 정격인 25.8kV, 630A, 12.5kA22ㅈ2ㅉㅉㅉㅈ를 적용하고
   (2) SA는 4.5kV, 5kA, Gapless Type을 적용하기로 한다.
   (3) 그러나 전동기 조작용으로 VCB를 적용하는 것은 문제가 있음
      왜냐하면 차단기는 개폐보다는 사고 차단에 목적이 있으므로 개폐수명이 짧음 (기계적 개폐 수명. VCB : 20,000회, VC : 100만회(VCB의 50배))
   (4) 대책으로는 정동기 조작용은 차단기 대신에 VC(진공 개폐기)를 적용하고 변압기 전단의 VCB는 현재대로 적용하면 됨.
   (5) 개선된 단선도 및 정격은 그림과 같다.
      VCB : 변압기 보호용 차단기
         25.8kV, 630A, 12.5kA
      TR : 3Φ 22.9 / 3.3 kV
         1,000 kVA , BIL : 95 kV
      V C : 전동기 조작용 개폐기
         3.6kV, 200A, 6.3kA
      SA : 전동기 보호용
         4.5kV, 5kA

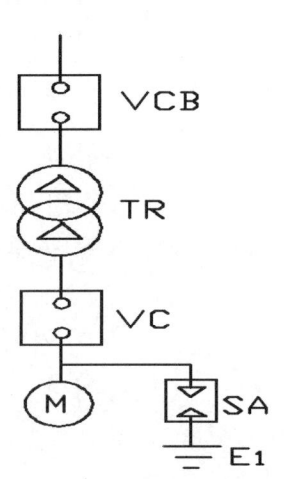

3.2. 객석이 50,000석 이상의 국제경기를 할 수 있는 경기장을 건설하고자 한다. 이에 대한 야간조명설비, 객석음향설비 및 TV 중계설비에 대하여 기본계획을 수립하시오.

가. 야간 조명 설비

1. 개요
옥외 경기장의 조명 설계는 경기장의 종류(축구장, 야구장, 테니스장등)에 따라 달라지며, 국내경기 및 국제 경기에 따라서도 조도의 기준이 다르기 때문에 이러한 점을 고려하여 설계해야 한다.

2. 경기장 조명 시설의 주안점
(1) COLOR TV 및 HD TV 중계가 가능한 조도 확보
(2) 경기 종류에 따른 효율적인 조명 제어
(3) 조명 기구 위치 및 경량의 조명기구 설치
(4) 관중석 및 선수를 위한 안전 조명
(5) 정전시 비상 전원 확보 및 무 정전 시스템
(6) 경기 중 정전시 즉시 재 점등 가능한 등기구 채택
(무 전극 램프나 PLS 램프 선정)

3. 경기장 조명 요건
(1) 조도
- KSA 3011에 의하면

종 목	일반경기(lx)	공식경기(lx)
축 구	150 ~ 300	300 ~ 600
야구(외야기준)	300 ~ 600	600~1500
야구(내야기준)	600 ~ 1500	1500~3000
테니스	300~600	600~1500

- 관람석 : 30 ~ 60 (lx)
- 수직면 조도도 함께 고려해야 함.

(2) 조도의 균일도 (최소/평균)
- 넓은 경기장(축구, 야구) : 0.4이상
- 좁은 경기장(농구, 테니스 등) : 0.5 이상
- 수직면 균제도 (최소/최대) : 1/3 이상

(3) 눈부심

- 선수와 관중의 시야를 확보하도록 Glare Zone($30°$)을 피할 것.
- 인근 도로의 운전자, 거주자의 눈부심 고려

(4) 연색성(Ra) 과 색온도(K)
- 색온도가 낮으면(붉은색 계통) 따뜻한 느낌을 주고 색온도가 높으면 (푸른색 계통) 차가운 느낌을 줌.

3. 조명 기구 배치 예
(1) 축구장

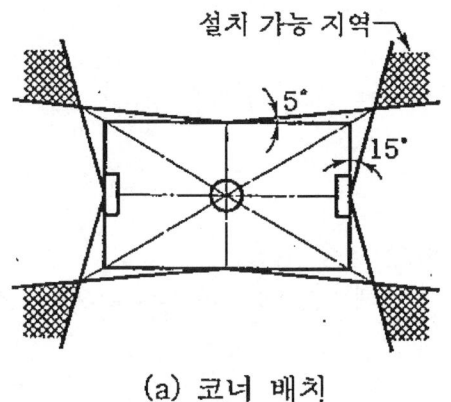

(a) 코너 배치   (b) 분포 배치

(2) 야구장   (3) 테니스장

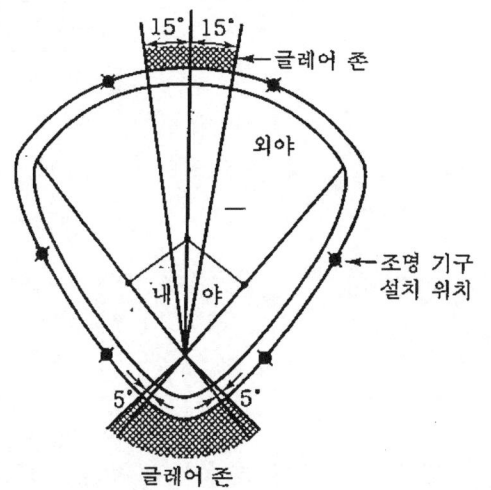 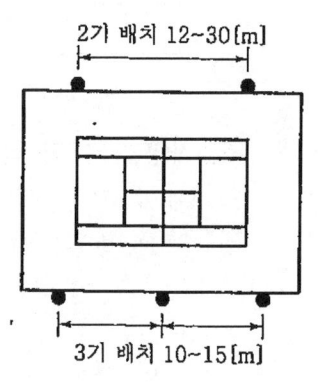

4. 기타 고려 사항
(1) 비상 조명
- 상용전원과 발전기 전원을 병렬 운전하여 각각 50%씩 부하 분담하여 전원 사고시 고장에 대비

- 조명기구의 절반은 재 점등 부가 장치 부착 하여 전원 절체시 점등 유지(75%이상 조도유지)

(2) 조명 제어
- 단계별 점등 (연습, 일반시합, 일반 TV, HD TV)
- 관중석 조명은 비상조명으로 즉시 재 점등 할 수 있는 램프 사용
- 중앙 통제소에서 일괄 제어

(3) 유지 보수
- 1년에 1회 이상 정기적 유지 보수(광속저하 방지)
- 일정 기간 경과 후 일괄적으로 램프 교환하여 램프 간 광속차 줄임.
- 램프 교환이 쉬운 기구 채택
- 고천정 또는 타워에 설치되므로 유지 보수용 Work Way 설치.

나. 객석 음향 설비 및 TV 중계 설비

1. P A System 구성 (음악방송, 비상 방송 겸용)

확성 설비는 마이크, CD플레이어, 테이프 레코더, 주 증폭기, 스피커등으로 구성한다.

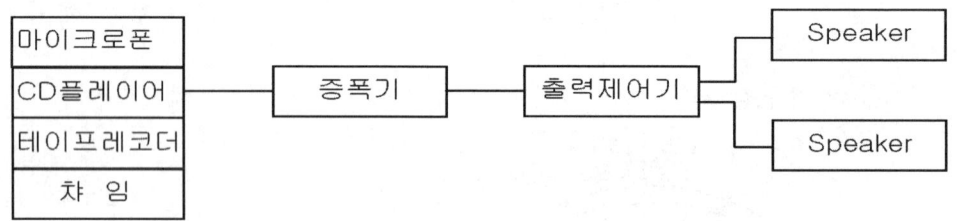

2. 사용기기 및 특성

(1) AMP (전기 E 증폭)

1) 증폭도 : 입력에 대한 출력의 비

증폭도 = $10 \log \dfrac{P\,out}{P\,in}$ (dB)

2) 주파수 특성

주파수에 따라 증폭도가 변화하는 비율 증폭도가 50 ~ 15,000 Hz에서 균일하면 좋은 증폭기임.

3) 무왜 최대 출력

증폭기에서 파형의 찌그러짐이 없이 빼낼 수 있는 최대 출력.

(3) Speaker (전기 E -> 음 E)

1) 종류
- 콘 TYPE : 진동판을 직접 진동하여 음파 발생 주파수 특성 우수

(음악용)
- 혼 TYPE ; 진동판과 공간파를 중개하는 기구(Horn)을 갖는다.
  지향성 우수, 실외(체육관, 공연장, 집회용)
2) 배치 방법 : 분산 배치 : 실내
   집중 배치 : 집회
   혼합 배치

3. 음향 설비 설계
(1) 음향 출력
- 들을려는 범위(60~70dB) +(주위 소음 + 20~20 dB)
- 음향 출력은 거리 제곱에 반비례하여 감소한다.

필요 음향 출력 = $\dfrac{V(방의 용적. m^3)}{280,000 \times 효율}(W)$

- 청각 한도 : 최소 30~최대130 dB에서 3000~4000Hz가 가장 감도 좋음.

(2) 스피커 개수 결정 및 배치
- 스피커, 마이크가 가까우면 호울링이 발생함
- 스피커 배치 : 마주보면 안되고 각도를 주어야 함.
  사람의 뒤쪽에 설치시 방향감을 잃는다.
  스피커 분산하면 명료도가 저하되어 될 수 있는 대로 스테이지 방향의 상부, 좌우에 둔다.

(3) 방송실 : 잡음 차단을 위해 독립설치, 온도 조절 장치.
  내부 반향 방지위해 방음, 유리창 설치

3.3. 건축전기설비의 내진설계에 있어서 설계시점에서 유의하여야 할 사항에 대하여 설명하시오.

1. 내진 설계 기준(건축법)
   (1) 층수 3층 이상 건축물
   (2) 연면적 1,000㎡ 이상 건축물
   (3) 기둥과 기둥사이의 거리가 10m 이상인 건축물
   (4) 높이 13m 이상 건축물
   (5) 처마 높이 9m 이상 건축물
   (6) 국가적 문화유산으로 보존할 가치가 있는 건축물
   (7) 국토해양부령으로 정하는 지진구역안의 건축물

- 지진 구역안의 건축물 : 지진구역 1내의 중요도 특 또는 1의 건축물
- 지진 구역 1 : 강원도, 전라남도, 남해안, 제주도를 제외한 전 지역

(8) 중요도 및 중요도 계수

중요도	구 분	용도 및 규모	중요도 계수
특	지진후 피해복구에 필요한 중요시설과 유해물질을 다량 저장하고 있는 구조물	연면적 1,000㎡이상 위험물 저장 및 처리시설, 국가 또는 지방자치 청사, 외국공관, 소방서, 발전소, 방송국, 전신전화국, 종합병원, 수술이나 응급시설이 있는 병원	1.5
1	지진으로 인한 피해를 입을 경우 대중에게 큰 위험을 초래할 수 있는 구조물	위 시설 연면적 5,000㎡이상 공연장, 집회장, 관람장, 전시장, 운동시설, 판매시설, 운수시설, 아동복지시설, 노인복지시설, 사회복지시설 3. 5층이상 숙박시설, 오피스텔, 기숙사, 아파트 4. 학교	1.2
2,3	-	내진등급 특,1에 해당하지 않는 구조물	1.0

2. 내진 설계 목적
   (1) 인명의 안전성 확보
      지진발생시 전기설비의 파괴로 인한 직접적인 영향으로부터 인명을 안전하게 보호하기 위하여 설치방법 등을 강구해야 한다.
   (2) 재산의 피해 축소
      지진이 내습한 이후 각종 장비의 신속한 복구 및 피해를 최소화하여야 한다.
   (3) 설비 기능의 유지
      지진 발생시 인명의 신속한 대피 및 인명구조를 위한 장비사용과 비상전원의 기능을 확보하여야 한다.

3. 전기 설비의 중요도
   사회적 중요도, 용도 등을 고려하여 등급 결정한다.
   (1) A급(비상용) : 지진시 피해를 크게 주며 인명 보호에 중요한 역할을 할 수 있는 설비(비상 발전기, 비상 승강기, 축전지, 비상 간선)
   (2) B급(일반용) : 지진 피해로 2차 피해를 줄 수 있는 설비

(변압기, 배전반, 일반 간선)
(3) C급(기타) : 지진 피해를 비교적 적게 받는 설비로서 비교적 간단히 보수 및 복구될 수 있는 설비 (일반 조명등, 콘센트 등)

4. 내진 대책
   (1) 건축물과 전기 설비의 공진 방지 설계
   지진 발생시 건축물의 고유 진동수와 전기 설비의 진동수가 겹쳐 공진을 일으키면 그 피해가 더욱 커지게 된다. 따라서 이 공진 주파수를 검토하여 피할 수 있는 설계가 필요하다.

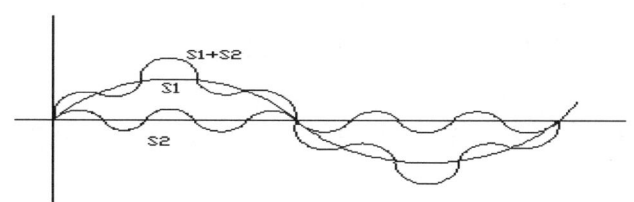

   $S_1 + S_2$ =최대
   $S_1 - S_2$ =최소
   충격파가 5주기시 공진 제일 커진다.

   (2) 장비의 적정 배치
      1) 내진력이 적은 설비, 중요도가 높은 설비를 하부 배치
      2) 지진시 오동작 또는 폭발성 우려 기기를 하부 배치
      3) 공조 위생등 설비 배치시 피난 경로를 피하여 배치
      4) 중요 시설은 점검 확인이 용이한 장소에 배치

   (3) 사용 부재를 강화하는 방법
      1) 전기 설비 배관 및 행거등의 사용 부재의 강도(관성력,인장력등) 확보
      2) 사용 부재를 보강하여 고정할 것

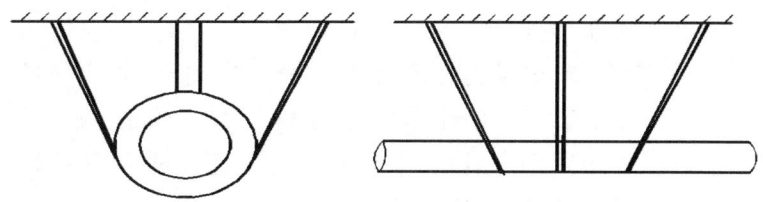

   (4) 가대의 기초 강화(기기의 바닥, 측면, 상부를 고정)

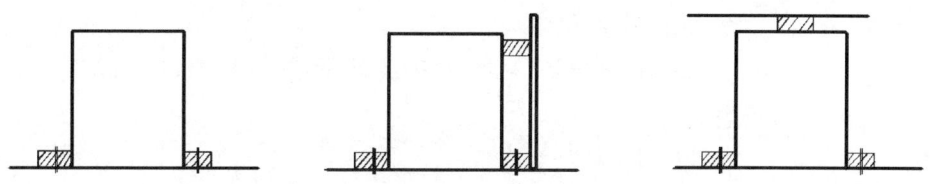

(5) 기기별 내진 대책
   1) 변압기
      * 기초 앙카 볼트로 고정
      * 방진 장치가 있는 것은 내진 Stopper 설치
      * 지지 애자 부분에 가요 전선으로 접속하여 변압기 보호
   2) 가스 절연 개폐장치
      (옥외 가스 절연 장치.GIS)
      * 기초부를 중심으로 한 정적 내진 설계
      * 가공선 인입의 경우 붓싱은 공진을 고려하여 동적 설계
        (큐비클형 가스 절연 개폐장치. C-GIS)
      * 반과 반, 반과 변압기 접속 : 가요성 케이블 사용
   3) 보호 계전기
      * 진동에 약한 유도형 대신 진동에 강한 정지형 또는 디지털형 사용
      * 기초부를 보강한다.
      * 협조상 가능한 범위에서 타이머를 삽입한다.
   4) 자가 발전 설비
      * 기초와 주변 기초를 별도로 콘크리트 기초
      * 바닥에 진동을 흡수하기 위한 고무판을 설치
      * 연료는 외부 공급 방식이 아닌 자체 저장 시설에 의해 공급할 것
        (도시 가스는 지진발생시 공급이 차단될 우려가 있음)
      * 발전기 냉각방식은 외부 시수가 아닌 자체 라디에터 냉각방식 일 것
        (시수는 지진 발생시 공급 차단 우려 있음)
      * 엔진의 배기덕트, 냉각수, 연료라인 등에는 가요관 설치
   5) 축전지 설비
      * 앵글 Frame은 관통 볼트에 의하여 고정시키거나 또는 용접 방식이 바람직 함.
      * 바닥면 고정은 강도적으로 충분히 견딜 수 있도록 처리한다.
      * 축전지 상호간의 틈이 없도록 내진 가대를 제작할 것
      * 축전지 인출선은 가요성이 있는 접속재로 충분한 길이의 것을 사용하고 S자 배선을 한다.
   6) 엘리베이터
      * Rail 이탈 주의
      * 로프나 케이블 등이 승강로의 돌출부에 걸리지 않도록 시공
   7) 전선
      * 가요성 자재 사용
      * 접속부 배선은 여유 있게 한다.

8) 케이블 트레이 및 케이블 덕트
   일정 간격(8m정도)마다 내진 지지

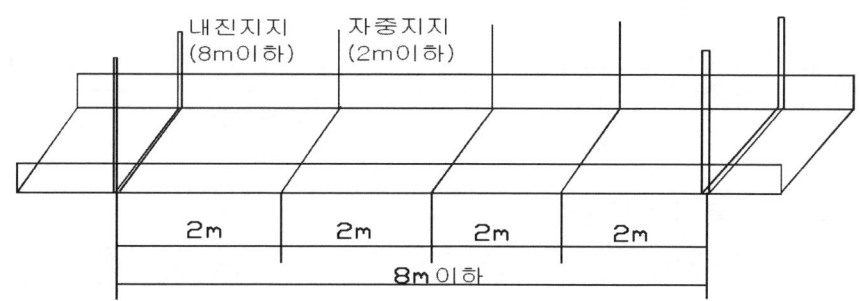

3.4. 최근 국토해양부 및 환경부에서 고시한 친환경 건축물 인증제도의 인증대상, 인증기관, 인증등급에 대하여 설명하시오.

1. 개요
친환경건축물의 건설을 유도·촉진하기 위하여 친환경건축물(이하 그린빌딩「Green Building」이라 함)인증제도를 도입 시행하고 운영체계, 인증심사기준, 심사절차등 시행에 필요한 세부사항을 정함
그린빌딩은 "에너지 절약. 자원 절약 및 재활용, 자연환경의 보전, 쾌적한 주거환경을 목적으로 설계, 시공, 운영 및 유지관리, 폐기까지의 라이프사이클에서 환경에 대한 피해가 최소화되도록 계획된 건축물"로 정의된다. 관련 법규 : 건축법 제65조(친환경 건축물 인증)

2. 친환경 건축물 인증대상
(1) 주거용건물 : 단독주택, 공동주택, 주상복합건물
(2) 비주거용 건물 : 업무용 건물, 백화점, 공장, 학교등
(3) 준공된 건축물을 대상으로 인증하되 건축주가 희망하는 경우에는 설계단계에서 심사하여 예비인증 수여

3. 인증 기관
(1) 대한주택공사 주택도시연구원, 한국에너지기술연구원, (주)크레비즈큐엠
(2) 교육환경연구원
(3) 환경공단, 환경건축연구원, 환경산업기술원 등

4. 인증 등급

등 급	평가점수	비 고
최우수 그린빌딩	80점 이상	100점 만점
우 수 그린빌딩	70점 이상	
그린빌딩	60점 이상	

5. 항목별 심사내용

부 문	세 부 항 목
1. 실내환경	- 공간별 냉난방 조절능력 - 설비기계실 및 설비기기의 방음 대책 - 외부소음 차음 대책 - 업무 공간 내 자연광 유입 - 업무 공간 내 실내 조명설비 설계 - 공기정화성능 - 환기 설계, 습식 냉각탑 관리
2. 환경부하	- CO_2 배출 저감 - 우수부하 절감대책 - 재활용 생활폐기물 분리수거
3. 입지·교통 및 생태환경	- 대중교통에의 근접성 - 자전거 이용 - 기존 자연자원 보존률 - 표토 재활용율 - 생태환경을 고려한 인공환경녹화기법
4. 자원소비	- 연간 운영에너지 소비절감률 - 대체에너지 이용 (태양열 등) - 업무용 상수 절감 대책 - 우수 및 중수도 이용 - 기존 구조체의 사용 - 환경친화제품 사용
5. 관리	- 환경관리 계획의 타당성 및 시행 - 운영/관리 문서 및 지침 제공의 타당성 - 사용자 매뉴얼 제공
6. 서비스의 질	- 기계실 및 전기실 장비의 유지보수 및 교환작업의 용이성 - 설비시스템의 유지보전 및 교환작업의 용이성 - 정보통신 및 첨단 보안설비 채용의 타당성 - 노약자·장애자 배려의 타당성(4개 항목)
6개부문	총 34개 항목

참고 : 친환경 주택 건설기준 (2009년 10월 20일. 국토해양부장관)

제9조(고효율 기자재의 사용)

가정용보일러, 변압기, 전동기(단, 0.7kW 이하 전동기, 소방 및 제연 송풍기용 전동기는 제외)는 고효율에너지기자재로 인증받은 제품을 사용하여야 한다.

제13조(대기전력자동차단장치의 설치)

거실, 침실, 주방에는 대기전력자동차단콘센트 또는 대기전력차단스위치를 각 개소에 1개 이상 설치하여야 한다.

제14조(일괄소등스위치의 설치)

세대 내에는 일괄소등스위치를 설치하여야 한다. 다만, 전용면적이 60㎡ 이하인 경우에는 적용하지 않을 수 있다.

제15조(조명) 조명은 다음 각 호의 기준에 따라 설치한다.

1. 세대 및 공용부위에 설치되는 조명기구는 고효율조명기기 제품 또는 동등 이상의 성능을 가진 제품을 사용하여야 한다. 단, LED는 제외한다.
2. 단지 내의 공용화장실에는 화장실의 사용여부에 따라 자동으로 점멸되는 스위치를 설치하여야 한다.
3. 세대 내 조명, 공용부 보안등, 경관등 또는 지하주차장 조명등은 LED 조명으로 설치할 것을 권장한다.

제16조(실별 온도조절장치의 설치)

세대 내에는 각 실별로 난방온도를 조절할 수 있는 실별 온도조절장치를 설치하여야 한다. 다만, 전용면적이 60㎡ 이하인 경우에는 적용하지 않을 수 있다.

제19조(신·재생에너지의 설치)

각종 신·재생에너지 설비는 지식경제부고시 「신·재생에너지설비의 지원·설치·관리에 관한 기준」에 따라 설치하여야 한다.

3.5. 고조파 발생원이 많은 수용가에서 역률을 개선하는 방법에 대하여 설명하시오.

1. 개요

최근 전력 전자 기술의 발달로 많은 반도체 소자(비선형 부하)가 급증하는 추세에 따라 정현파 이외의 비 정현파가 전원에 영향을 주어 여러 부하들에 이상 전압 발생, 과열 및 소손, 소음 및 진동, 전력손실, 오동작 등의 원인이 되고 있어 특별한 대책이 강구되고 있다.

2. 고조파와 역율 관계

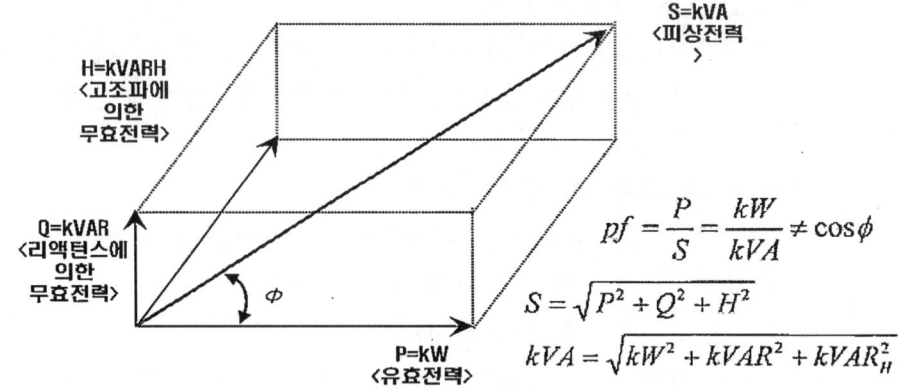

고조파는 그림과 같이 역율을 저하시켜 부하측에서 이용할 수 있는 전력량이 감소하게 된다.

뿐만 아니라 고조파가 포함되면 선로의 전류가 증가하게 되어 선로 및 기기가 과열 되게 된다.

3. 고조파 발생 원인
   (1) 변환장치에 의한 고조파 변환장치 (정류기, 인버터, 컨버터, VVVF 등) 내의 Power Electronics 에 의한 고조파는 2차측의 AC/DC 변환에 따른 구형파의 잔량이 1차 전원측에 유입되는 현상임.
      - 6펄스 변환 장치의 고조파 전류 : 기본파 전류의 약 50~60%임.
      - 12펄스 변환 장치의 고조파 전류 : 기본파 전류의 약 15~20%임.
   (2) 아크로 및 전기로에 의한 고조파
      아크로는 용해시 3상 단락 또는 2선 단락 또는 아크 끊김과 같은 현상을 반복하기 때문에 고조파가 많이 발생한다. 특히 제3고조파가 많다.
      이 아크로는 실제 고조파보다 플리커 문제가 더 커서 플리커에 대한 대책이 필요하다.
   (3) 회전기에 의한 고조파
      발전기, 전동기 등 회전기는 구조상 슬롯이 있어 어쩔 수 없이 고조파가 발생하고 있으며 특히 기동 시 많은 고조파가 발생한다. 특히 제5고조파가 많다.

(4) 변압기에 의한 고조파
변압기의 자화 특성은 직선적이 아니고 히스테리현상 등에 의해 왜곡 파형이 되어 고조파의 원인이 된다. 그러나 제일 많이 발생하는 제3고조파는 Δ결선을 통해 내부에서 해결되고 제5고조파 이상은 많이 나타나지 않아 크게 문제 되지 않는다.

(5) 기타 원인
- 역율 개선용 콘덴서와 그 부속기기
- 형광등 및 방전등

4. 고조파에 의한 영향

고조파가 전력 계통에 유입 되었을 때 미치는 영향은 크게 유도장해, 기기에의 영향, 계통 공진으로 구분 할 수 있다.

(1) 유도 장해
가. 정전 유도 : 전력선과 통신선의 정전 용량에 의한 장해(고전압 원인)
나. 전자 유도 : 전력선의 시스 전류와 통신선과의 상호 인덕턴스에 의해 발생하는 전자 유도 장해 중 전자 유도 장해의 영향이 더 큰 통신 장해 및 잡음의 원인이 된다. (대전류 원인)

(2) 전압 파형 왜곡 현상

(3) 고조파에 의한 과전류 발생

(4) 계통 공진에 따른 고조파 전류 증폭
가공선 및 케이블의 대지 정전 용량, 진상용 콘덴서등과 같은 용량성 리액턴스와 변압기 및 회전기의 유도성 리액턴스가 병렬 공진을 일으켜 고조파 전류의 증폭 현상을 일으킨다.

(5) 전기 기기에의 영향

No.	기 기 명	영 향
1	발 전 기	권선의 과열, 소손
2	변 압 기	철심의 자기적인 왜곡현상으로 소음 발생 손실(철손,동손) 증가, 용량 감소
3	회 전 기	진동 발생, 회전수 변동, 손실 증가, 권선의 온도 상승
4	콘 덴 서	용량성일수록 소음, 진동, 과열 및 소손
5	조명 기구	역율 개선용 콘덴서 또는 안정기의 과열, 소손
6	CABLE	중성선 과열
7	전력량계	오차발생, 전류 코일 소손
8	계 전 기	위상 변화로 오동작
9	음향 기기	전자부품의 열화, 수명 저하, 잡음 발생
10	전력 FUSE	과전류로 용단
11	계기용 변성기	측정 오차 발생

5. 고조파에 의한 역율 개선 방법

(1) 발생원에서의 대책
- 변환 장치의 다 펄스화
  변환장치의 펄스수를 늘릴수록 고조파 전류는 현저히 감소한다.
  예) 6펄스 -> 12펄스 : 약 70% 고조파 전류 감소
- 능동 필터 (Active Filter)
  전원측에서 유출되는 고조파 전류와 반대 위상의 고조파 전류를 발생시켜 상쇄

(2) 부하측에서의 대책
- 수동 필터 (Passive Filter)
  부하단 근처에 필터를 접속하여 고조파 전류를 그 회로에 흡수.
- 기기의 고조파 내량 증가 : 고조파 전류, 고조파 전압의 왜곡에 견딜 수 있도록 고조파 내량을 증가 시킨다.
- 외장 도체의 접지를 철저히 하여 좋은 차폐 효과를 얻을 수 있도록 한다.

(3) 계통측에서의 대책
- 병렬 공진을 일으키지 않도록 계통을 구성 (유도성이 되도록)
- 발전기의 Hunting 현상을 방지 할 수 있는 용량 선정
- 변압기 : 고조차 분을 고려한 변압기 용량 선정

변압방식을 TWO-STEP방식 채택
　　　제3고조파를 흡수할 수 있도록 변압기 △결선
　　　고조파 부하용 변압기와 배전선을 일반 부하용과 분리
- 전원 단락 용량의 증대 : 부하의 고조파 발생량은 전원 단락 용량을 크게 하면 역비례하여 작아진다.
- 간선의 굵기 : 정상 전류분외에 고조파 전류를 계산하여 충분한 굵기 선정

3.6. 다음과 같은 수전설비에서 MOF의 과전류강도를 계산하고, 정격 과전류강도를 선정하시오.

- 한전측 변압기 %Z : 14.5 % (45 MVA기준)
- 한전변압기에서 수용가 MOF까지의 %임피던스 : 3.4 + j7.4 (100 MVA 기준)
- X/R 값에 의한 α 계수 (최대 비대칭 전류 실효치 계수) : 1.5
- 단락사고시 PF의 동작시간 : 0.02초 (200AF/40AT) MOF CT비 : 30/5
- 수용가 수전변압기 용량 :3상3선, 22.9 kV / 380-220V, 750 kVA

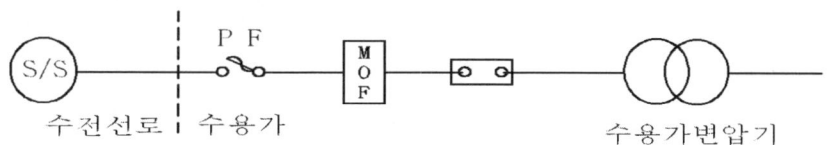

1. % 임피던스 계산

(1) 기준 용량 : 100 (MVA)로 함

(2) 한전측 %Z

$$\%Z_s = \frac{Pn}{Ps} \times \%Zs = \frac{100}{45} \times 14.5 = 32.2(\%) \text{ - 유도성으로 계산}$$

(3) 선로 %Z : 3.4 + j7.4 (%)

(4) TR은 부하에 따라 계산에 삽입할 경우도 있으나 어떤 부하인지 확실치 않아 무시

(5) %Z 합성

j32.2 + 3.4 + j7.4 = 3.4 + j 39.6 = 39.75(%)

2. 계통 단락 전류 계산

$$Is = \frac{100}{\%Z} \times In = \frac{100}{\%Z} \times \frac{Pn}{\sqrt{3} \times V} = \frac{100}{39.75} \times \frac{100}{22.9} = 6.34(kA)$$

X/R 값에 의한 비대칭 계수가 1.5 이므로 Is = 6.34 x 1.5 = 9.51 (kA) 임

3. **MOF 의 과전류 강도**

    (1) CT 과전류 강도 $Sn \geq S \times \sqrt{t}$ (kA)

    여기서 S : 계통 사고 전류

    t : 통전 시간 (초) 이므로

    $Sn \geq 9.51 \times \sqrt{0.02}$ = 1.34 (kA)

    과전류 강도 배수 = 1340/30 = 44.7(배)

    (2) 표준이 40In, 75In, 150In, 300In이 있으므로 75In을 적용하면 됨.

제 4 교 시

4.1. 비접지 계통 지락사고 검출방법의 종류 및 특징을 비교 설명하시오.

1. 개요

접지 계통은 CT의 잔류회로를 이용하여 간간히 지락 보호를 할 수 있으나, 비접지 계통은 지락 전류가 작기 때문에 보호 방식이 간단하지 않다. 따라서 비 접지 계통에 사용할 수 있는 지락 보호 방식에 대하여는 다음과 같은 방법들이 있다. (시험에서는 지락 검출 내용만 기술하면 됨)

No.	보호방식	검출회로	계전기
1	지락 과전압 계전 방식(64)	GPT	OVGR
2	방향 지락 계전 방식(SGR.67G)	GPT + ZCT	DGR(SGR)
3	지락 과전압 지락 방향 계전방식	GPT + ZCT	OVGR + DGR(SGR)
4	누전 경보 방식	ZCT	ELD
5	누전 차단 방식	ZCT(내장)	ELB
6	접지 콘덴서 방식	접지형 콘덴서	ELB
7	절연 변압기 보호	차단을 하지 않기 위해 이용	
8	2중 절연 보호	평소 사용이 많은 회로 보호	

2. 비접지 계통 지락사고 검출방법

   (1) GPT(접지 변압기) 이용

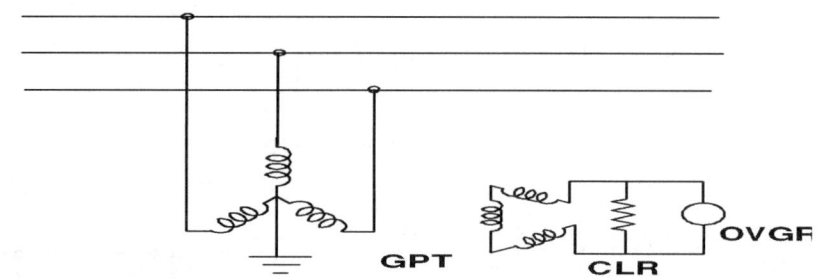

- 비접지 계통에서 지락 사고 발생시 지락 전류의 귀로가 없으므로 지락 전류 검출이 어려워 GPT(접지 변압기)를 이용하여 지락 전압을 검출하여 차단기를 동작하여 선로 및 기기를 보호한다.
- 계전기로 OVGR을 이용할 경우 감도가 예민하고 회로가 여러개 일 경우 선택 차단을 할 수 없기 때문에 주로 Main 회로에만 이 방식

을 이용함.
(2) ZCT(영상 변류기) 이용

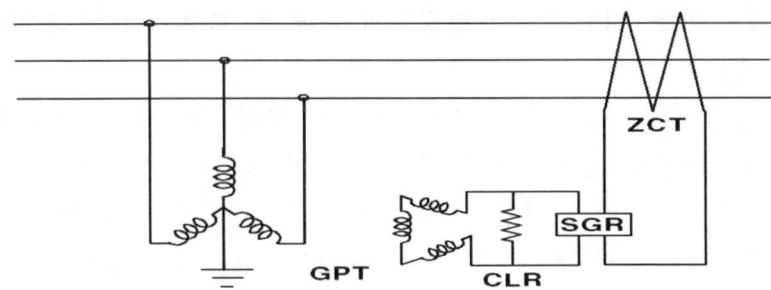

- SGR을 사용하여 사고 선로를 선택 차단하는 경우 이용.
- 위 그림과 같이 GPT는 3차측은 Open Delta결선하여 제한저항에 $3V_0$가 나타나 SGR 전압 요소에 인가된다.
- 지락 전류는 선로 충전 전류와 제한 저항에 의한 전류의 합인데 비교적 적다
- 사고회선과 건전회선의 지락전류 방향이 반대이므로 이것으로 선택성을 갖는다.

(3) GPT + ZCT 이용

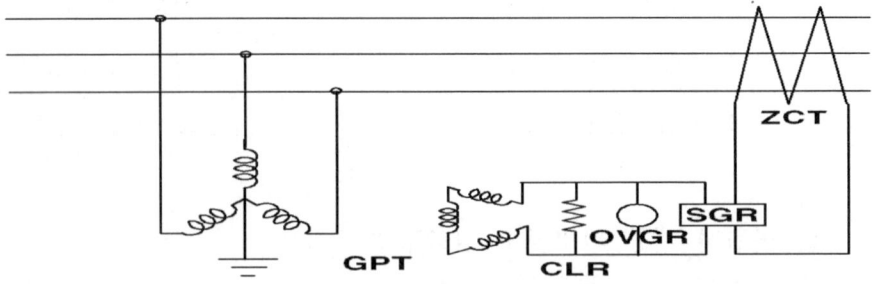

- 주로 OVGR은 주 회로에 사용하고 SGR은 분기 회로에 사용 하는데 둘 다 너무 예민하여 전체 회로를 차단하는 경우가 많이 발생한다.
- 따라서 이 둘을 조합하여 OVGR 접점과 SGR 접점을 직렬로 구성하여 모두가 작동하였을 때 지락 회로만을 차단하기 위해 사용함.
- 신뢰성이 높은 회로이다.

(4) 접지 콘덴서 방식
비접지 계통에서 지락전류를 얻기 위하여 콘덴서를 이용하는 방식 트립보다는 경보를 주로 함.

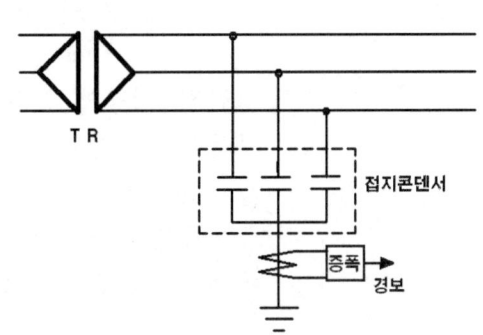

4.2. 대형 건축물의 에너지 절약을 위한 조명제어에 대하여 설명하시오.

1. 개요
- 최근 건물의 인텔리젠트화, 대형화에 따라 전등의 효율적 이용을 위한 조명 제어가 중요시 됨.
- 종래의 격등 소등과 같은 방법에서 최근에는 프로그램 스위치와 중앙 제어 시스템을 연계한 조명제어 시스템이 도입되고 있음.

2. 조명제어 시스템 기능
(1) 그래픽 감시 및 제어
  다양한 그래픽 화면 제공으로 운영자가 편리하게 조명설비의 감시 및 제어 동작을 수행
(2) 그래픽 편집 기능
  운영자의 운영방식에 따라 운영자가 쉽게 그래픽 화면을 편집
(3) 스케쥴 설정 및 소등 연장 기능
  시간 설정 방법에 따라 스케쥴 설정과 시간 연장이 가능
(4) 인터페이스 기능
  조명 제어 시스템 외의 소방, 출입관제등과 연동 제동제어
(5) 동작 확인 기능
  조명의 동작을 모니터에 표시하여 원격에서 현장의 상황을 확인
(6) 센서 감지 기능
  센서 감지시 표시를 하여 보행자 또는 차량등 이동체의 감지와 위치를 파악하고 센서의 동작 유무를 확인
(7) 디밍 제어
  램프의 밝기를 단계별로 조절하는 기능

3. 조명 제어 시스템 도입 효과
(1) 관리의 효율성 향상
(2) 에너지 절약 및 전력 요금 최소화
(3) 거주자의 편리성 추구
(4) 쾌적한 근무 환경 조성
(5) 효율적인 조명의 제어 실현
(6) 정전시 최소의 조명 확보등

〈 조명제어 콘트롤러 〉

4. 조명 제어 방법

No	구 분	방 식
1	타임 스케쥴제어	24시간을 프로그램에 의해 ON/OFF제어(예,점심시간 소등)
2	그룹/패턴제어	층별, 사무실별, 지역별로 그룹을 지어 단 한번의 조작으로 일괄 제어할 수 있으며 정전시, 청소시, 회의시등의 패턴별 제어가 가능함.
3	프로그램스위치에 의한 제어	프로그램 스위치를 필요한 장소에 설치하여 중앙감시반과 연계하여 중앙 제어 또는 현장 조작이 가능케 함.
4	정전,복전 제어	정전시 발전기 용량에 맞추어 순차 점등
5	주광 센서 제어	창측과 건물 내부의 조도차를 고려 창측의 주명을 낮에 소등
6	재실자 감시제어	적외선 감지기등에 의해 실내 사람이 없을 때 자연 소등
7	인체감지센서 제어	계단, 입구등에 인체 감지 센서를 적용하여 점등

5. 조명제어 시스템 비교

구 분		On/Off 제어 아나로그 디밍 제어	디지털 디밍 제어
Addressing		회로별로만 가능	등기구 단위로 제어 가능
배 선		복잡하고 회로별로 LCP까지 각각 배선	2선 신호선만 필요
디밍	백열등 할로겐	1 ~ 100 (%)	1 ~ 100 (%)
	형광등	10 ~ 100 (%)	1 ~ 100 (%)
모니터링		릴레이 및 디머 유닛별로 상태 감시, 등기구별 상태감시 불가	등기구별로 상태감시 가능 램프 안정기 소손 확인 가능
확 장 성		용도 및 구획 변경시 전원 회로를 재 구성해야 함	용도 및 구획 변경시 추가 공사 불 필요
개별 조명환경		개별 조명 환경 조성 불가	등기구별 디밍제어로 사무 환경에 따른 다양한 조명 환경 구성 가능
에너지 절감		미미함	재실 유무, 외부 조도에 따라 자동 디밍이 가능하므로 에너지 절감 효과가 큼

6. 조명 제어 기본 요소
(1) 조명 콘솔 (Lighting console)
 - 조명장치를 제어하는 장치이다.
(2) 조명 장치 (Lighting device)
 - 빛을 만들어내는 실제적인 기구
(3) 통신 (Communication)
 - 조명 콘솔과 조명 장치를 연결하는 제어 계통

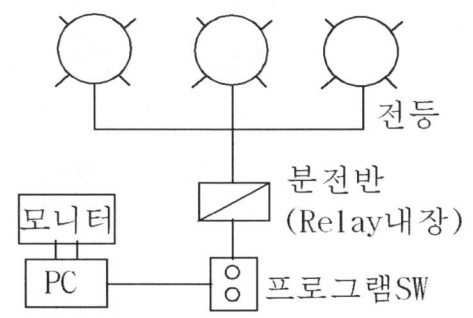

4.3. 지붕형 태양광 발전설비 설계순서를 들고 설명하시오.

1. 개요
최근에 태양광 발전 설비는 대형 발전용외에도 주택용으로 많이 설치되고 있다.
정부에서 여기에 대한 시설비를 상당액 보조해 주어 대용량의 전력을 사용하는 단독주택의 수요가 급증하고 있다.

2. 지붕형 태양광 발전설비 설계순서

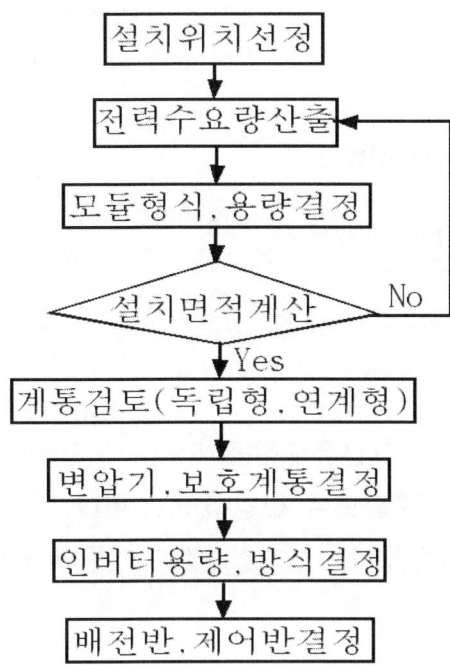

3. 설계시 고려할 점

No.	항목	고려할 점
1	설치 위치 결정	양호한 일사 조건(태양고도, 일사시간, 일사량 등)
2	전력 수요량 (발전량) 결정	태양광 발전으로 공급해야 할 구역 또는 지역의 전력 수요량을 산정하여 발전량을 결정.
3	모듈 형식, 모듈 용량 결정	모듈 형식 : 결정질 실리콘, 박막 실리콘, 염료 감응형 등 모듈 용량 : 계통 연계 전압 고려, 직 병렬수 결정 　회사에 따라 용량, 효율 등이 다름
4	설치 면적 계산	모듈 용량에 따라 어레이 설계 어레이 수에 맞추어 설치 면적 계산
5	계통 검토	독립형 : 전력 회사와 관계없이 독립 운전 연계형 : 전력 회사와 연계하여 태양광 발전용량이 　남을때는 전력회사에 역 송전
6	변압기, 보호 계통 검토	변압기 : 효율 고려, 주로 몰드 변압기 사용 보호 계통 : 연계 발전시 전압, 주파수, 위상, 　상회전등이 일치해야 하므로 관련 　계전기 설치 검토 　필히 전력 회사측과 사전 협의
7	인버터 형식, 용량 검토	형식, 전압, 주파수, 용량등 검토
8	배전반 제어반등 검토	배전반 : 금속 폐쇄 배전반 (MCSG) 또는 GIS검토 제어반 : 전력 제어, 조명제어, 설비제어, 방범설비등 　종합 시스템(BAS)

4.4. 기설치되어 있는 고압유도전동기(3상, 3.3kV) 배선시스템을 비접지 계통에서 저 저항 접지계통으로 변경하려고 한다. 비 접지 계통과 저 저항 접지계통의 특성을 설명하고 저 저항 접지 계통의 신설 및 보완한 설계내용을 설명하시오.

1. 개요
    (1) 비접지 계통과 저저항 접지 계통은 접지 방법뿐 아니라 보호 계전기 방식이 많이 다르다.

(2) 단락 및 과부하 보호는 2-CT방식(2-OCR)에서 3-CT(3-OCR)방식으로 약간 변경하면 되지만 지락보호는 전혀 다르다.
(3) 비 접지 계통은 지락 전류가 수백 mA로 적지만 저 저항 접지는 직접 접지계통에 가까워 수A~수백A 의 큰 전류가 흐른다.

2. 접지방식 비교

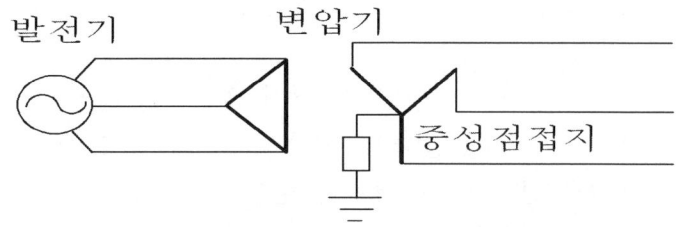

- 직접 접지 방식 (Zn = 0)
- 저 저항 접지 방식 (Zn = R , 30Ω 이하)
- 고 저항 접지 방식 (Zn = R , 100~1,000Ω)
- (소호) 리액터 접지 방식 (Zn = jXℓ)
- 비 접지 방식 (Zn = ∞)

(1) 비 접지 방식

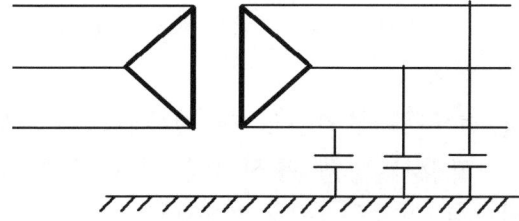

〈 장점 〉
1) △-△ 결선 변압기 사용시 채택
2) 선로의 길이가 짧거나 전압이 낮은(33Kv) 계통에서 사용
3) 대지 정전 용량이 작아 대지 충전 전류가 적음
4) 지락 고장시 지락 전류는 아주 작아서 그대로 송전 가능함.
5) 단상 변압기를 △-△ 결선으로 사용중 1대 고장시 V-V결선 운전 가능

〈 단점 〉
1) 전압이 높고 선로 길이가 긴 경우는 대지 정전 용량이 증가하여 지락 사고시 이상 전압 발생 가능

(2) 저항 접지

저항접지 방식은 저항값이 30Ω 이하인 저 저항 접지 방식과 100~1,000Ω인 고 저항 접지 방식이 있고 저저항 접지는 직접 접지 방식에 가까운 특성이 있다.

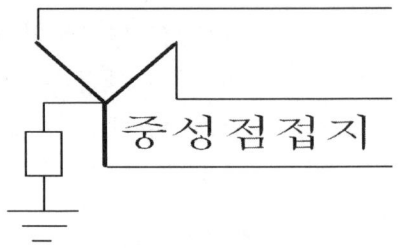

(3) 직접 접지 방식 ($Z_n = 0$)

〈 장점 〉

1) 지락 사고시 건전상의 대지 전압은 거의 상승하지 않아 (1.3 이하) 선로 애자 개수를 줄이고 기기의 절연 레벨을 낮출 수 있다.

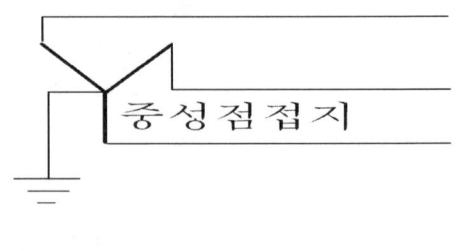

2) 선로 전압 상승이 낮기 때문에 정격 전압이 낮은 피뢰기 사용 가능
3) 단 절연 가능

단 절연 : 중성점은 항상 0 전위이므로 선로측에서 중성점에 이르는 전위 분포를 점차 낮추어 변압기 중량이 가벼워지고 가격을 낮출 수 있다.

4) 지락시 지락 전류가 커서 보호 계전기 동작이 확실하고 고속 차단기와의 조합으로 고속 차단 방식(6Cy이내 차단)이 가능.

〈 단점 〉

1) 지락 전류가 저 역율의 대 전류이므로 과도 안정도가 나빠진다.
2) 지락 고장시 병행 통신선에 전자 유도 장해를 줄 수 있으나 고속 차단으로 영향을 줄일 수 있다.
3) 지락 전류가 커서 기기에 충격에 의한 손상을 줄 수 있다.

이 방식은 절연 레벨의 저감이 가장 큰 장점으로 우리 나라의 송전 계통에서 채택하는 방식이다.

3. 비접지 계통에서 저 저항 접지계통으로 변경시 보완한 설계 내용

(1) 중성점 접지

기존 비접지 계통은 접지를 하지 않지만 저 저항 접지는 저저항(수십 Ω)을 이용하여 접지를 하는 것으로 저항의 주변에 화재등의 우려가 없는지 주의해야 한다.

(2) 비 접지 계통

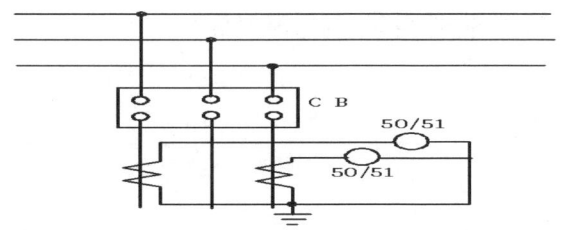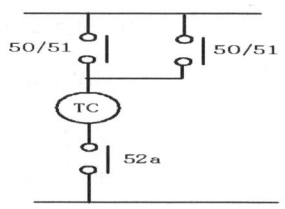

1) 단락 및 과부하 보호
   그림과 같이 2-CT에 2-OCR 을 적용
2) 지락 보호

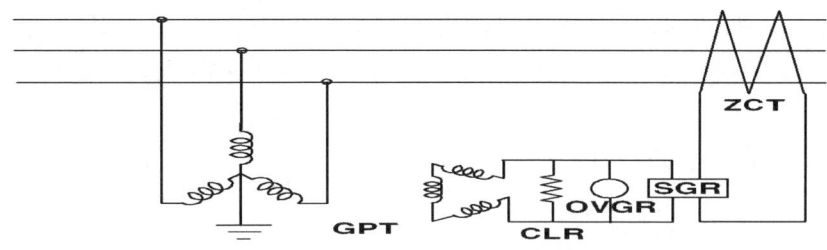

   - 지락 전류가 적어 CT의 잔류 회로를 이용할 수가 없음
   - 일반적으로 계측부에는 GPT + ZCT의 변성기를 이용하고 계전기에는 SGR을 이용하여 지락회로만 차단함.

(3) 직접 접지 계통 및 저 저항 접지 계통

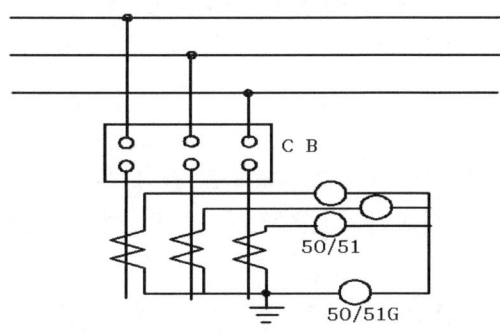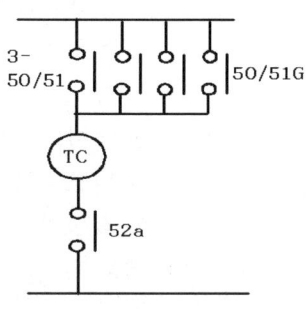

1) 과전류 및 단락 보호
   그림과 같이 3-CT에 3-OCR 을 적용
2) 지락 과전류 계전기
   - 지락 전류가 많기 때문에 CT의 잔류 회로를 이용할 수가 있음
   - 일반적으로 계측부에 별도의 GPT나 ZCT의 변성기가 필요없고 CT의 잔류회로를 이용하여 OCGR(지락 과전류 계전기. 50/51G) 동작으로 차단기 동작함.

4.5. KS C IEC 62305 (Part III 외부 피뢰시스템)에 의거하여 대형 굴뚝을 낙뢰로부터 보호하기 위한 대책에 대하여 설명하시오.

1. IEC 62305 구성
   (1) 제1부 : 일반적 사항
   (2) 제2부 : 위험성 관리
   (3) 제3부 : 구조물과 인체의 보호
   (4) 제4부 : 구조물 내부의 전기 전자 시스템 보호

2. KSC IEC 62305 제3부 구조물과 인체의 보호
   제3부에서는 피뢰 시스템에 의한 구조물의 물리적 손상보호 및 피뢰 시스템 주위의 접촉전압과 보폭 전압에 의한 인축의 보호에 대하여 설명한다.

   (1) 수뢰부 시스템
   1) 수뢰부의 종류
      - 돌침 방식
        선단에 뾰족한 금속도체를 설치, 뇌격전류를 흡입, 방류
        수평 면적이 좁은 건물, 위험물 저장소에 적용
      - 수평도체
        보호하고자하는 건축물의 상부에 수평도체를 설치하여 인하도선을 통하여 대지로 방류하며 투영 면적이 비교적 큰 건물이나 송전선 등에 유리.
      - 메쉬 방식(케이지 방식)
        피보호물 주위를 적당한 간격의 Mesh로 감싸, 완전히 보호하는 방식이며, 산악지대, 레이더기지, 휴게소, 천연기념물, 나무 등에 적용
   2) 배치 방법
      구조물의 모퉁이, 뾰족한점, 용마루 등 모서리에 다음의 하나 이상의 방법으로 수뢰부 시스템을 배치해야한다.
      - 보호각법 : 간단한 형상의 건물에 적용
      - 회전 구체법 : 모든 경우에 적용 가능
      - 메쉬법 : 보호 대상 구조물의 표면이 평평한 경우에 적합

3) 보호 레벨별 회전 구체 반경, 메쉬 치수, 보호각

피뢰시스템 레벨	보 호 법		
	회전구체반경 r(m)	메시법폭 W(m)	보호각 α^0
I	20	5 X 5	아래 그림 참조
II	30	10 X 10	
III	45	15 X 15	
IV	60	20 X 20	

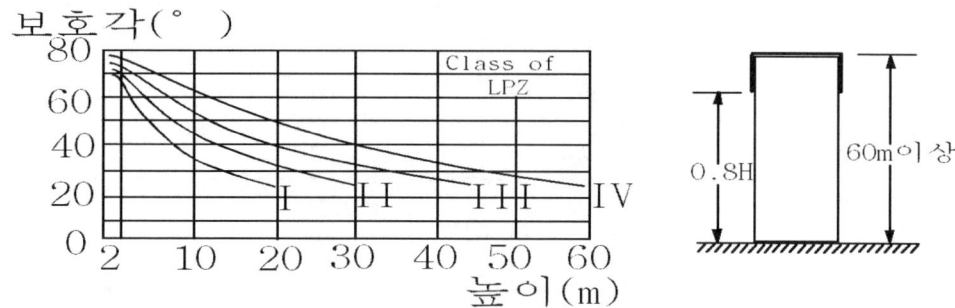

(2) 인하도선 시스템

뇌격 전류에 의한 손상을 줄이기 위하여 뇌격점과 대지 사이의 인하도선은 다음과 같이 설치한다.
- 여러개의 병렬 전류 통로를 형성 할 것
- 전류 통로의 길이를 최소로 할 것
- 구조물의 도전성 부분에 등전위 본딩을 실시할 것
- 지표면과 매 10~20m높이마다 측면에서 인하도선(16㎟이상)을 서로 접속.
- 수뢰부가 분리된 피뢰 시스템의 인하도선은 돌침인 경우 1조 이상 분리되지 않은 피뢰 시스템은 2조 이상의 인하도선이 필요하다.
- 인하도선은 가능한한 구조물의 모퉁이마다 설치한다.
- 인하도선이 절연재료로 피복되어 있어도 처마 또는 수직 홈 통안에 설치하면 안된다.
- 벽이 불연성 재료인 경우 인하도선을 벽의 표면이나 내부에 설치 가능하나, 가연성인 경우 뇌격 전류에 의한 온도 상승이 벽에 위험을 주지 않는다면 인하도선을 벽에 설치할 수 있다.
- 벽이 가연성 재료이며 온도 상승이 벽에 위험을 주는 경우에는 벽에서 0.1m 이상 이격하여 인하도선을 설치해야한다.
- 인하도선과 가연성 재료 사이의 거리를 충분히 확보할 수 없는 경

우에는 인하도선의 단면적을 100㎟이상으로 한다.
- 자연적 부재이용 : 철골등 자연부재의 상단부와 하단부의 전기저항이 0.2Ω이하인 경우 인하도선으로 사용할 수 있으며 이때에 접속부는 땜질, 용접, 압착, 나사 조임등의 방법으로 확실하게 해야 한다.

1) 인하도선 및 수평 환도체 간격

단위 : m

보호 수준	인하 도선 간격	수평 도체 간격
I	10	10
II	10	10
III	15	15
IV	20	20

2) 전선 최소 굵기

단위 : ㎟

보호 수준	인 하 도 선	수 뢰 부
I ~ IV (동)	50	50

(3) 접지 시스템

접지 시스템에서 접지극은 다음의 두 종류가 있다.

1) A형 접지극

판상 접지극, 수직 접지극, 방사형 접지극등

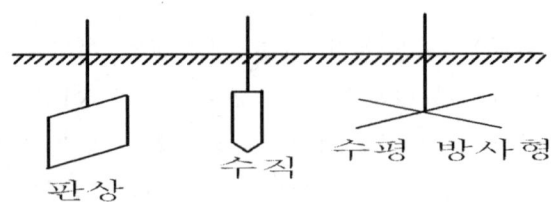

2) B형 접지극

환상 접지극, 망상 접지극, 또는 기초 접지극

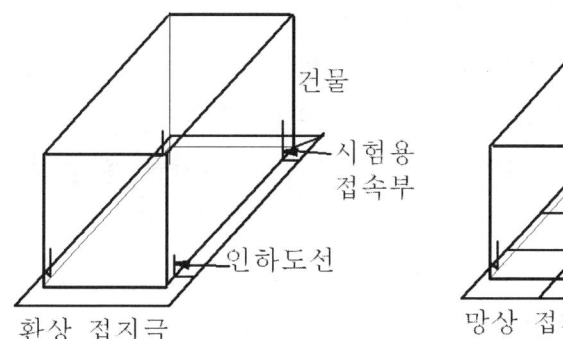
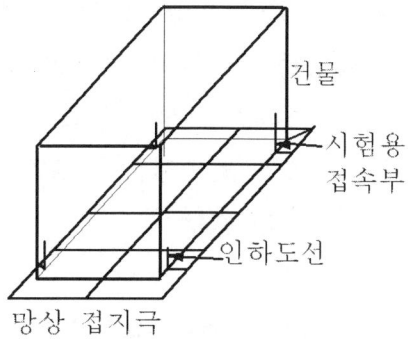

환상 접지극   망상 접지극

(4) 등전위 본딩

상기 방식은 외부 피뢰 시스템인 반면 내부 피뢰 시스템으로 가장 좋은 방법중 하나는 등전위 본딩이며, 다음과 같은 계통을 서로 접속함으로서 등 전위화를 이룰 수 있다.
- 구조물 금속 부분
- 금속제 설비
- 내부 시스템
- 구조물에 접속된 외부 도전성 부분과 선로

피뢰 등전위 본딩을 내부 시스템에 시설할 대 뇌격 전류 일부가 내부 시스템에 흐를 수 있으므로 이의 영향을 고려해야한다.

1) 설치방법
- 본딩용 도체는 쉽게 점검할 수 있도록 설치하고 본딩 바에 접속해야 한다.
- 높이 20m이상의 건축물에는 두 개 이상의 본딩바를 설치하고 상호 접속해야 한다.

2) 도체의 최소 단면적

본딩 위치	재료	최소 단면적(㎟)
본딩바 상호 및 본딩바와 접지 시스템	Cu	16
	Al	22
내부 금속 설비와 본딩바 사이	Cu	6
	Al	8

4.6. 전기설비 기술기준의 판단기준에 의한 케이블트레이의 공사기준에 대하여 설명하고 다음과 같은 조건에서 케이블트레이 내측폭을 선정하시오.
- 케이블 트레이 종류 : 사다리형 케이블 트레이
- 120 [mm^2] 이상과 120mm^2 미만의 다심 케이블을 동일 케이블트레이에 시설할 경우
- CV Cable 35mm^2 / 3C x 10조 d=25mm
- CV Cable 50mm^2 / 3C x 8조 d=29mm
- CV Cable 120mm^2 / 3C x 5조 d=41mm
- CV Cable 150mm^2 / 3C x 1조 d=46mm
- CV Cable 240mm^2 / 3C x 2조 d=57mm
- d : 케이블 완성품의 바깥지름 (케이블의 지름)

1. 관련 규격 (전기설비 판단기준 제194조(케이블 트레이 공사)
   (1) 모든 케이블이 공칭단면적 120 mm^2 미만의 케이블인 경우에는 이들 케이블의 단면적의 합계(케이블의 완성품의 단면적의 합계를 말한다. 이하 이 조에서 같다)는 표 194-1에 표시하는 최대허용 케이블 점유면적 이하로 할 것.

   [표 194-1] 최대허용 케이블 점유면적

트레이 내측폭[mm]	150	200	300	400	500
점유면적[mm^2]	4,500	6,000	9,000	12,000	15,000
트레이 내측폭[mm]	600	700	800	900	1,000
점유면적[mm^2]	18,000	21,000	24,000	27,000	30,000

   (2) 단면적 120 mm^2 이상의 케이블, 단면적 120 mm^2 미만의 케이블과 함께 동일 케이블 트레이 안에 시설하는 경우에는 단면적 120 mm^2 미만의 케이블들의 단면적의 합계는 표 194-2에 표시하는 계산식에 의하여 구한 최대허용 케이블 점유면적 이하로 하여야 하며 단면적 120 mm^2 이상의 케이블은 단층으로 시설하고 그 위에 다른 케이블을 얹지 말 것.

[표 194-2] 최대허용 케이블 점유면적

트레이 내측폭[mm]	150	200	300	400	500
점유면적[mm²]	4,500 -30×sd	6,000 -30×sd	9,000 -30×sd	12,000 -30×sd	15,000 -30×sd
트레이 내측폭[mm]	600	700	800	900	1,000
점유면적[mm²]	18,000 -30×sd	21,000 -30×sd	24,000 -30×sd	27,000 -30×sd	30,000 -30×sd

여기서, sd는 120 mm² 이상인 다심케이블의 바깥지름의 합계치를 말한다.

2. 케이블 트레이 내측폭

(1) 120mm² 미만을 2층 배열하는 경우

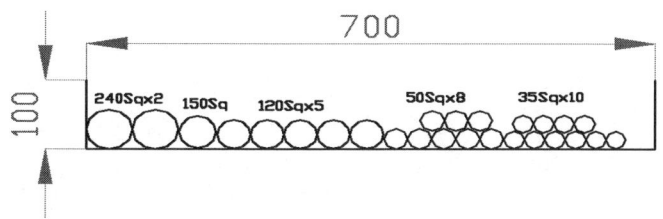

(2) 120mm² 미만도 1층 배열하는 경우

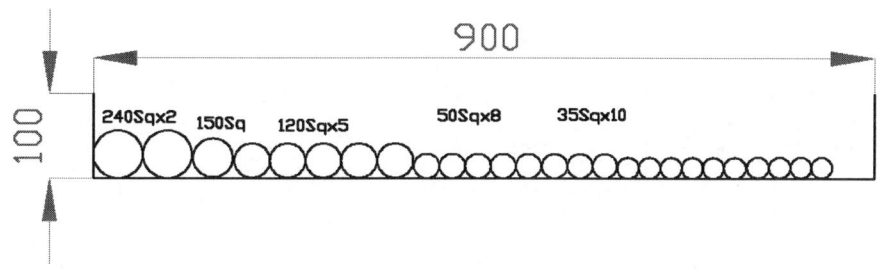

3. 결론

위의 1방법에 의하여 120mm² 미만은 2층 배열을 하면 되겠지만 열발산 등을 고려하여 2방법에 의하여 폭 900mm 높이 100mm를 적용하는 것이 바람직함.